T0216512

Mathematik visuell und interaktiv

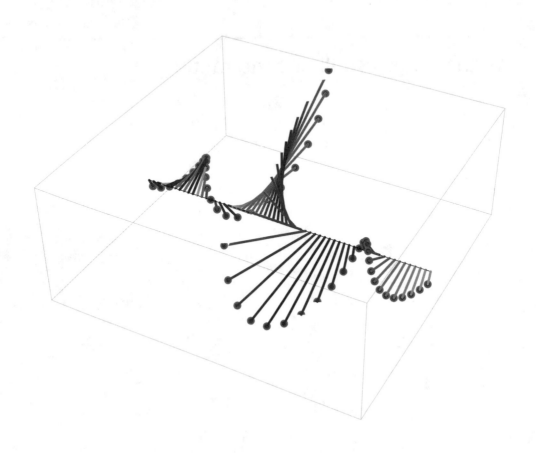

Hans Cycon

Mathematik visuell und interaktiv

für Ingenieure und Naturwissenschaftler

 Springer Spektrum

Hans Cycon
FB 1: Ingenieurwissenschaften – Energie und
Information, Hochschule für Technik und
Wirtschaft (HTW) Berlin
Berlin, Deutschland

ISBN 978-3-658-30244-3   ISBN 978-3-658-30245-0   (eBook)
https://doi.org/10.1007/978-3-658-30245-0

Die Deutsche Nationalbibliothek verzeichnet diese Publikation in der Deutschen Nationalbibliografie;
detaillierte bibliografische Daten sind im Internet über http://dnb.d-nb.de abrufbar.

Planung/Lektorat: Iris Ruhmann
Springer Spektrum ist ein Imprint der eingetragenen Gesellschaft Springer Fachmedien Wiesbaden GmbH und
ist ein Teil von Springer Nature.
Die Anschrift der Gesellschaft ist: Abraham-Lincoln-Str. 46, 65189 Wiesbaden, Germany

Vorwort

Mathematik ist die Sprache der Ingenieure. Eine Sprache zu lernen heißt, jenseits von aller Abstraktion auch Bilder im Bewusstsein zu formen und zu gewinnen. In diesem Sinne soll dieses Buch helfen, mathematische Zusammenhänge zu „erkennen".

Dieses Werk ist kein klassisches Lehrbuch zur Mathematik. Davon gibt es viele ausgezeichnete Versionen. Es ist mehr, nämlich eine Art „mathematisches Bilderbuch", welches die visuelle Wahrnehmung des Lesers ansprechen und seine „mentalen Bilder" ausprägen soll. Die visuelle Wahrnehmung ist direkter und weniger codiert als Schrift oder Sprache.

Die mathematischen Ausführungen sind nicht in strengem, rigorosem Stil mit allen Verzweigungen dargestellt und weit entfernt von Vollständigkeit. Es geht hier darum, mathematische Ideen und Prinzipien vorzustellen. Aus diesem Grund enthält der Text auch keine mathematischen Beweise, was die Lesbarkeit für mathematisch interessierte Laien erhöhen dürfte.

Die Grafiken in diesem Werk sind mit dem Computer-Algebra-System Mathematica generiert, was Interaktivität und die Darstellung mit elektronischen Medien ermöglicht. Dies trägt auch wesentlich zum ästhetischen Eindruck des Buches bei.

Dieses Buch ist entstanden aus Vorlesungen und Übungen zur Mathematik für Ingenieure an der HTW Berlin.

Ein Wort des Dankes geht an Dr. Hans Blersch für die kritische Begleitung und die unzähligen klärenden Gespräche bei der Entstehung des Buches und Dr. Jennifer Rasch für die exzellente technische Unterstützung.

Berlin   Hans Cycon
Mai 2020

Hinweise zum Gebrauch dieses Buches

Dieses Buch bietet ergänzende Materialien in Form von Videos und interaktiven CDF-Animationen.

- Alle Videos sind unter der im Text genannten URL verfügbar und auch per QR-Code abrufbar.
- Alle CDF-Animationen, die im Text genannt werden, finden Sie unter der jeweils zu Beginn eines Kapitels angegebenen DOI im Bereich „Supplementary Material".

CDF-Dateien können heruntergeladen werden (auf Windows PC oder Apple MacOS) und (evtl. nach Eingabe von „enable dynamics") interaktiv bedient werden. Voraussetzung ist, dass auf dem lokalen System der (kostenlose) Wolfram CDF-Player installiert wurde: https://www.wolfram.com/player

Die Interaktivität findet immer lokal statt. Die CDF-Daten werden vom Server gehostet und transferiert wie gewöhnliche Daten. Der lokale CDF-Player arbeitet nach Aufruf der CDF-Datei interaktiv.

Inhaltsverzeichnis

Boolesche Algebren und Mengen

In diesem Kapitel werden zunächst die wichtigsten Grundlagen der mathematischen Logik zusammengefasst. Aus Aussagen und logischen Verknüpfungen entsteht eine Struktur, die sich sowohl in der (naiven) Mengenlehre als auch bei der Zusammensetzung von Schaltern oder von logischen Bausteinen mit binären Zuständen wiederfindet. In der Mengenlehre wird dies visualisiert mit sogenannten Venn-Diagrammen. Damit wird die gemeinsame Basis des mathematischen Argumentierens und der digitalen Algorithmen sichtbar.

In Abschn. 1.1 wird zunächst die Aussagenlogik entwickelt. Daraus ergeben sich die Prinzipien der Mengenlehre und schließlich auch die der Schaltalgebra (Abschn. 1.2 und 1.3). Man abstrahiert daraus die darüberliegende gemeinsame Struktur, die Boolesche Algebra (Abschn. 1.4). Abschließend wird in Abschn. 1.5 der Aufbau der reellen Zahlen, der wichtigsten Menge der Mathematik, dargestellt.

1.1 Grundbegriffe der Aussagenlogik

Mathematik besteht zum größten Teil aus Aussagen. *Aussagen* sind Sätze, denen eindeutig die Wahrheitswerte wahr (w) oder falsch (f) zugeordnet werden können. Es gibt kein Drittes, das heißt, man hat eine zweiwertige Logik. Aussagen bestehen aus einem *Subjekt* und einem *Prädikat*.

Beispiel 1.1
- „Zwei ist eine gerade Zahl" ist eine Aussage mit dem Wahrheitswert w. Dabei ist „zwei" das Subjekt und „ist eine gerade Zahl" das Prädikat.
- „Fünf ist kleiner als zwei" ist eine Aussage mit dem Wahrheitswert f. Dabei ist „Fünf" das Subjekt und „ist kleiner als zwei" das Prädikat.

© Springer Fachmedien Wiesbaden GmbH, ein Teil von Springer Nature 2020
H. Cycon, *Mathematik visuell und interaktiv*,
https://doi.org/10.1007/978-3-658-30245-0_1

Tab. 1.1 Wahrheitstafeln der Aussagenlogik

		und	oder	Implikation	NAND	Äquivalenz	Xor
p	q	$p \wedge q$	$p \vee q$	$p \Rightarrow q$	$p \mid q$	$p \Leftrightarrow q$	$\neg(p \Leftrightarrow q)$
w	w	w	w	w	f	w	f
w	f	f	w	f	w	f	w
f	w	f	w	w	w	f	w
f	f	f	f	w	w	w	f

Aussageformen sind Prädikate $A(x)$ mit einem variablen Subjekt x, die durch die konkrete Wahl von x zu einer Aussage werden. Im Beispiel 1.1 ist „x ist eine gerade Zahl" eine Aussageform $A(x)$, die den Wahrheitswert w oder f hat, je nachdem, welche ganze Zahl für x gewählt wird. Aussagen lassen sich verknüpfen zu neuen Aussagen mit (ein- oder zweistelligen) Operatoren, genannt *Junktoren*:

- *Konjunktion* („und" Verknüpfung) $p \wedge q$
- *Disjunktion* („oder" Verknüpfung) $p \vee q$
- *Negation* („Negation") $\neg p$

Die Definitionen der Junktoren und die daraus abgeleiteten Verknüpfungen werden beschrieben durch **Wahrheitstafeln** (s. Tab. 1.1):

Bemerkung 1.1
Xor entspricht umgangssprachlich der Aussage „entweder – oder" (d. h. dem „oder").

Durch Vergleich der Wahrheitstafeln ergeben sich die folgenden **„Rechenregeln".** Alle diese Regeln kann man „verstehen", wenn man die Wahrheitstafeln aufschreibt und miteinander vergleicht. Das Zeichen „=" zwischen zwei Aussagen entspricht der Äquivalenz der Wahrheitstafeln.

$p \wedge q = q \wedge p$ Kommutativgesetze

$p \vee q = q \vee p$

$p \wedge (q \wedge r) = (p \wedge q) \wedge r$ Assoziativgesetze

$p \vee (q \vee r) = (p \vee q) \vee r$

$p \wedge (q \vee r) = (p \wedge q) \vee (p \wedge r)$ Distributivgesetze

$p \vee (q \wedge r) = (p \vee q) \wedge (p \vee r)$

$\neg(p \wedge q) = \neg q \vee \neg p$ Morgan-Regeln

$\neg(p \vee q) = \neg q \wedge \neg p$

Wir führen noch folgende Abkürzungen ein:

$\mathbf{1} := q \vee \neg q$ genannt *Einselement* (**Verum**)

$\mathbf{0} := q \wedge \neg q$ genannt *Nullelement* (**Falsum**)

Bemerkung 1.2

- Die Aussage **1** ist immer wahr.
- Die Aussage **0** ist immer falsch.
- Dann gelten die Aussagen: $\mathbf{1} \wedge q = q, \mathbf{1} \vee q = \mathbf{1}, \mathbf{0} \wedge q = \mathbf{0}, \mathbf{0} \vee q = q$
- In der Literatur wird das Einselement **1** manchmal mit **W** und das Nullelement **0** mit **F** bezeichnet (s. I. Bronstein et al. 1999, S. 184).

Beispiel 1.2

$$(q \wedge \neg q) \vee (\neg p \wedge \neg q) = \mathbf{0} \vee (\neg p \wedge \neg q) = (\neg p \wedge \neg q)$$

Wir fassen zusammen:

Definition 1.1

Alle Aussagen zusammen mit den Junktoren ($\wedge$, $\vee$, $\neg$) bilden die *Algebra der Aussagenlogik.*

Eine Erweiterung der Junktoren sind die sogenannten Quantoren.

Definition 1.2

Quantoren sind Allaussagen bzw. Existenzaussagen.

1. Der *Allquantor* ist ein verallgemeinertes „und":

$$\bigwedge_x A(x)$$

Das heißt: Für alle x ist $A(x)$ wahr. (Eine andere Schreibweise ist $\forall x\, A(x)$.)

2. Der *Existenzquantor* ist ein verallgemeinertes „oder":

$$\bigvee_x A(x)$$

Das heißt: Es gibt (mindestens) ein x, für das $A(x)$ wahr ist. (Eine andere Schreibweise ist $\exists x : A(x)$.)

Für Quantoren gibt es auch verallgemeinerte Morgan-Regeln.
Die **Negation** des Allquantors ergibt:

$$\neg \left(\bigwedge_x A(x) \right) = \bigvee_x \neg A(x) \tag{1.1}$$

Das heißt: Es gibt (mindestens) ein x, sodass gilt: $\neg A(x)$

Beispiel 1.3 zu (1.1)
Wenn es nur weiße und schwarze Schwäne gibt und $A(x)$ bedeutet „der Schwan x ist weiß", dann gilt: Die **negierte** Aussage zu „alle Schwäne sind weiß" (d. h. nicht alle Schwäne sind weiß) ist äquivalent zu „es gibt (mindestens) einen schwarzen Schwan" (s. Abb. 1.1). Entsprechend gilt:

Die **Negation** des Existenzquantors ergibt:

$$\neg \left(\bigvee_x A(x) \right) = \bigwedge_{\mathbf{x}} \neg A(x) \tag{1.2}$$

Das heißt: Für alle x gilt: $\neg A(x)$.

Beispiel 1.4 zu (1.2)
Wenn es nur weiße und schwarze Schwäne gibt und $A(x)$ bedeutet „der Schwan x ist weiß", dann gilt: Die **negierte** Aussage „es gibt einen weißen Schwan" (d. h., es gibt keinen weißen Schwan) ist äquivalent zu „alle Schwäne sind nicht weiß" (s. Abb. 1.2).

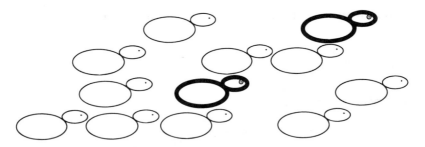

Abb. 1.1   Mindestens ein schwarzer Schwan

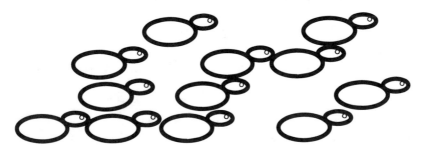

Abb. 1.2   Alle Schwäne sind nicht weiß

1.2   Die Mengenalgebra

Was sind Mengen? Wir benutzen zunächst die Definition von Cantor (s. T. Arens et al. 2012, S. 25):

Definition 1.3
Mengen sind Zusammenfassungen von bestimmten, wohlunterschiedenen Objekten zu einem Ganzen. Die so zusammengefassten Objekte heißen *Elemente* der Menge (Schreibweise: $x \in \mathbf{A}$ heißt x ist Element von $\mathbf{A}$).

Wichtig ist dabei, dass Mengen so definiert sein müssen, dass immer *eindeutig entscheidbar* ist, ob ein Element zur Menge gehört oder nicht. Dies ist notwendig, um Russels Antinomie zu vermeiden. B. Russel hat in der „naiven" Definition von Cantor einen Widerspruch entdeckt. Das berühmteste Beispiel dazu: In einem Dorf rasiert der Barbier alle Männer, die sich nicht selbst rasieren. Rasiert er sich selbst? (s. T. Arens et al. 2012, S. 26).

Mengen können als *Aussageform* geschrieben werden:
$\mathbf{A} = \{x \mid A(x) \text{ ist wahr}\} =$ die Menge aller x mit $A(x)$ ist wahr, Kurzform: $\mathbf{A} = \{x \mid A(x)\}$
bzw.
$\mathbf{B} = \{x \mid B(x) \text{ ist wahr}\} =$ die Menge aller x mit $B(x)$ ist wahr, Kurzform $\mathbf{B} = \{x \mid B(x)\}$
Damit können wir definieren:

Schnittmenge	$\mathbf{A} \cap \mathbf{B} := \{x \mid x \in \mathbf{A} \wedge x \in \mathbf{B}\}$
Vereinigungsmenge	$\mathbf{A} \cup \mathbf{B} := \{x \mid x \in \mathbf{A} \vee x \in \mathbf{B}\}$
Differenzmenge	$\mathbf{A} \backslash \mathbf{B} := \{x \mid x \in \mathbf{A} \wedge \neg x \in \mathbf{B}\}$
LeereMenge	$\phi := \{x \mid x \in \mathbf{A} \wedge \neg x \in \mathbf{A}\}$
A *ist Teilmenge von* **B**:	$\mathbf{A} \subseteq \mathbf{B}$, wenn gilt $(A(x) \Rightarrow B(x))$

Sprechweisen dazu sind:

$$\mathbf{A} \cap \mathbf{B}: \mathbf{A} \text{ geschnitten mit } \mathbf{B}$$

$$\mathbf{A} \cup \mathbf{B}: \mathbf{A} \text{ vereinigt mit } \mathbf{B}$$

$$\mathbf{A} \backslash \mathbf{B}: \text{Differenz } \mathbf{A} \text{ ohne } \mathbf{B}$$

$$(\mathbf{A} \cup \mathbf{B}) \backslash (\mathbf{A} \cap \mathbf{B}): \text{ entweder } \mathbf{A} \text{ oder } \mathbf{B}$$

Mengen haben zusammen mit ihren Verknüpfungen eine Struktur, die aus der Aussagenlogik erzeugt wird. Wir definieren daher:

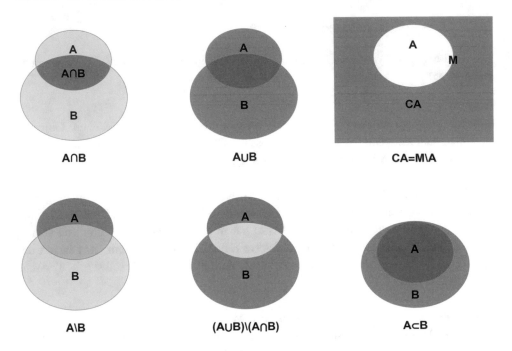

Abb. 1.3 Venn-Diagramme der Mengenalgebra

Definition 1.4
- Die Menge aller Teilmengen P(M) einer gegebenen Grundmenge M (einschließlich der leeren Menge ϕ) heißt *Potenzmenge von M* und hat die „Verknüpfungen" $A \cap B$, $A \cup B$.
- Das Komplement CA von A ist definiert als $CA := M \backslash A$.
- Die Potenzmenge P(M) zusammen mit den Mengenoperationen $\cap, \cup$ und C, $\{P(M), \cap, \cup\, C\}$ heißt die *Mengenalgebra von M*.

Venn-Diagramme stellen die Verknüpfungen auf P(M) grafisch dar (s. Abb. 1.3):

1.3 Die Schaltalgebra

Eine technische Realisierung von Aussagen sind Schalter in elektrischen Stromkreisen, die offen oder geschlossen sein können. Andere Realisierungen sind logische Bauelemente, die binäre Zustände 1 oder 0 haben können. Wenn man solche Schalter zu Schaltungen zusammensetzt, entstehen Schaltzustände, die den Aussagen in der Aussagenlogik entsprechen.

Seien o—(p)—o und o—(q)—o Schalter. Dann werden die Aussagen wie folgt realisiert:

• Die „und"-Aussage $p \wedge q$ durch Reihenschaltung   o—(p)—(q)—o

- Die „oder"-Aussage $p \vee q$ durch Parallelschaltung

- Die Negation von $\text{—(}p\text{)—}$ durch die entgegengesetzte Schalterstellung

- Die „Eins"-Aussage (die immer wahr ist) durch den immer geschlossenen Schalter

- Die „Null"-Aussage (die immer falsch ist) durch den immer offenen Schalter

Damit können wir definieren:

Definition 1.5
Alle Schalter zusammen mit den Schalterzuständen heißen **Schaltalgebra.**

Beispiel 1.5
Betrachte die Schaltung in Abb. 1.4. Diese Schaltung wird mit der **Aussagenlogik**
beschrieben durch:

$$((\neg p \vee \neg q) \vee p) \wedge ((p \wedge q) \vee \neg p) \wedge \neg q$$
$$=((\neg p \vee p) \vee \neg q)) \wedge ((p \vee \neg p) \wedge (q \vee \neg p)) \wedge \neg q$$
$$=((\mathbf{1} \vee \neg q)) \wedge ((\mathbf{1}) \wedge (q \vee \neg p)) \wedge \neg q$$
$$=\mathbf{1} \wedge (q \vee \neg p) \wedge \neg q$$
$$=(q \vee \neg p) \wedge \neg q$$
$$=(q \wedge \neg q) \vee (\neg p \wedge \neg q)$$
$$=\mathbf{0} \vee (\neg p \wedge \neg q)$$
$$=(\neg p \wedge \neg q)$$

Das bedeutet, dass die Schaltung in Abb. 1.4 äquivalent ist zur Schaltung in Abb. 1.5.

Abb. 1.4 Schaltalgebra aus
Beispiel 1.5

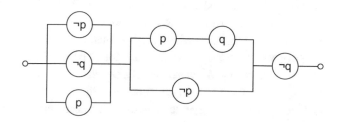

Abb. 1.5 Schaltalgebra aus
Beispiel 1.5, vereinfacht

Tab. 1.2 Boolesche Algebren

Operator	Aussagenlogik	Mengenalgebra	Schaltalgebra	Bedeutung
Konjunktion	$p \wedge q$	$A \cap B$ Schnittmenge	(Reihensch.)	„und"
Disjunktion	$p \vee q$	$A \cup B$ Vereinigung	(Parallelsch.)	„oder"
Negation	$\neg p$	CA Komplement von A zu M	(Schalterumkehr)	„nicht"
Eins	1	M Grundmenge	(geschlossen)	Einselement
Null	0	ϕ leere Menge	(offen)	Nullelement

1.4 Boolesche Algebra

Zusammengefasst sehen wir: Die Algebra der Aussagenlogik, die Mengenalgebra und die Schaltalgebra haben die gleiche Struktur. Dies führt zur

Definition 1.6
Die gemeinsame Struktur von Aussagenlogik, Mengenalgebra und Schaltalgebra wird abstrahiert und heißt dann **Boolesche Algebra.**

Anders gesagt: Die Algebra der Aussagenlogik, die Mengenalgebra und die Schaltalgebra sind Boolesche Algebren (s. Tab. 1.2).

1.5 Die Menge der reellen Zahlen

Ausgehend von der Menge der **natürlichen Zahlen** $\mathbb{N} := \{0,1,2,3, \ldots\}$ kann man durch sukzessive Erweiterung der Rechenoperationen die ganzen Zahlen $\mathbb{Z}$, dann die rationalen Zahlen $\mathbb{Q}$ und schließlich die reellen Zahlen $\mathbb{R}$ einführen.

Zwei natürliche Zahlen kann man addieren und erhält dann wieder eine natürliche Zahl. Die Subtraktion a – b zweier natürlicher Zahlen führt aber zu „negativen" Zahlen, wenn b größer ist als a. Deshalb erweitert man die natürlichen Zahlen zur Menge der **ganzen Zahlen.** Das ist die Menge der negativen und positiven natürlichen Zahlen sowie die Zahl 0:

$$\mathbb{Z} := \{\ldots - 3, -2, -1, 0, 1, 2, 3, \ldots\}$$

Die ganzen Zahlen können miteinander multipliziert werden und man erhält wieder ganze Zahlen. Wenn man aber ganze Zahlen durcheinander dividiert, entstehen im Allgemeinen „Brüche", die man nicht immer zu einer ganzen Zahl „kürzen" kann. Dies

Abb. 1.6 Zahlenmengen

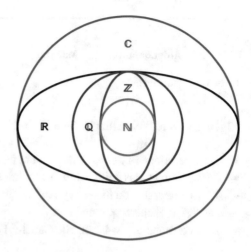

motiviert die Erweiterung der ganzen Zahlen zur Menge der ***rationalen Zahlen***. Das ist die Menge aller Brüche von ganzen Zahlen:

$$\mathbb{Q} := \{p/q \mid p \in \mathbb{Z},\ q \in \mathbb{Z},\ q \neq 0\}$$

In der Menge der rationalen Zahlen kann man addieren, subtrahieren, multiplizieren und dividieren (außer durch Null).

Die rationalen Zahlen kann man mehrfach mit sich selbst multiplizieren (potenzieren) und erhält wieder rationale Zahlen. Aber $\mathbb{Q}$ hat immer noch „Lücken", denn wenn man Wurzeln aus rationalen Zahlen zieht, entstehen Zahlen, die nicht immer in $\mathbb{Q}$ sind. $\sqrt{2}$ ist z. B. keine rationale Zahl. Auch die Eulersche Zahl e und die Zahl π sind nicht in $\mathbb{Q}$. Diese Zahlen werden mit Hilfe von Näherungsverfahren approximiert. Es entstehen dabei Zahlenmengen, genannt Folgen, die sich in der Nähe eines Wertes, des Grenzwertes, immer mehr verdichten. Man sagt: Die Folgen konvergieren gegen den Grenzwert. (Der Begriff eines Grenzwertes wird in Kap. 4 genauer beschrieben). Die Besonderheit dieser Folgen ist, dass die Folgenglieder rational sind, aber der Grenzwert nicht.

Wenn man nun alle solche konvergenten Folgen, deren Grenzwerte nicht in $\mathbb{Q}$ liegen, einbezieht, entsteht eine erweiterte Menge. Damit wird die Menge der rationalen Zahlen $\mathbb{Q}$ wiederum vervollständigt zur Menge der ***reellen Zahlen*** $\mathbb{R}$. $\mathbb{R}$ besteht dann neben $\mathbb{Q}$ aus allen Grenzwerten von konvergenten Folgen (genauer: Cauchy-Folgen[1]).

Eine letzte Erweiterung ist notwendig, wenn man alle Lösungen von quadratischen Gleichungen wie $x^2 + 1 = 0$ hinzufügt. Dies führt dann zu den ***komplexen Zahlen*** $\mathbb{C}$ (s. Kap. 3). Es gilt also (1.3) (s. Abb. 1.6):

$$\mathbb{N} \subset \mathbb{Z} \subset \mathbb{Q} \subset \mathbb{R} \subset \mathbb{C} \tag{1.3}$$

---

[1] ***Cauchy-Folgen*** sind Zahlenfolgen aus rationalen Zahlen, bei denen für hinreichend große Indizes die Differenz von benachbarten Folgengliedern beliebig klein wird (s. R. Wüst 2002, Bd. I, S. 117).

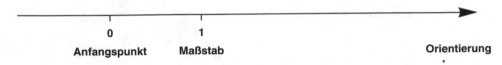

Abb. 1.7 Zahlengerade

Eigenschaften der reellen Zahlen $\mathbb{R}$ sind:

- Die Operationen $+$, $-$, $\cdot$, $:$ führen nicht aus $\mathbb{R}$ hinaus.
- $\mathbb{R}$ ist geordnet, das heißt, für $a, b \in \mathbb{R}$ mit $a \neq b$ gilt immer $a < b$ oder $a > b$.
- $\mathbb{R}$ ist überall dicht, das heißt, für $a, b \in \mathbb{R}$ mit $a \neq b$ gibt es immer eine Zahl $c = \frac{a+b}{2} \in \mathbb{R}$ mit $a < c$ und $c < b$.
- $\mathbb{R}$ ist vollständig, das heißt, alle Cauchy-Folgen haben Grenzwerte in $\mathbb{R}$.

Die reellen Zahlen $\mathbb{R}$ können dargestellt werden durch die **Zahlengerade** (s. Abb. 1.7). Man sagt: $\mathbb{R}$ *ist ein vollständiger geordneter Körper* (s. R. Wüst 2002, Bd. I, S. 39).

Elementare Funktionen und grundlegende Formeln

2

In diesem Kapitel werden die elementaren Funktionen und Formeln vorgestellt, die zentrale Bedeutung für die Formulierung von technischen und physikalischen Zusammenhängen und Abhängigkeiten haben.

In Abschn. 2.1 wird der Begriff einer Funktion eingeführt. Abschn. 2.2 widmet sich den verschiedenen Darstellungsformen von Funktionen samt Beispielen. In weiteren Unterkapiteln werden wichtige elementare Funktionen wie trigonometrische und hyperbolische Funktionen, Exponentialfunktionen sowie ihre Umkehrfunktionen diskutiert. Darüber hinaus wird die Darstellung in Polarkoordinaten eingeführt und mit einigen Beispielen ergänzt.

2.1 Elementare Funktionen

Die wesentliche Eigenschaft von Funktionen ist die Eindeutigkeit, das heißt, dass einer Größe genau eine davon abhängige Größe zugeordnet wird. Die verschiedenen Größen werden dabei mit reellen Zahlen beschrieben. Funktionen sind also Abbildungen zwischen reellen Zahlen.

Definition 2.1
Eine Funktion ist eine Abbildung $f: \mathbb{R} \to \mathbb{R}$, das heißt, eine *eindeutige* Zuordnung einer reellen Zahl x zu einer anderen reellen Zahl $y = f(x)$. Das heißt formal:

$$\text{Aus } f(x_1) \neq f(x_2) \text{ folgt } x_1 \neq x_2, \quad x_1, x_2 \in D_f.$$

Elektronisches Zusatzmaterial Die elektronische Version dieses Kapitels enthält Zusatzmaterial, das berechtigten Benutzern zur Verfügung steht. https://doi.org/10.1007/978-3-658-30245-0_2

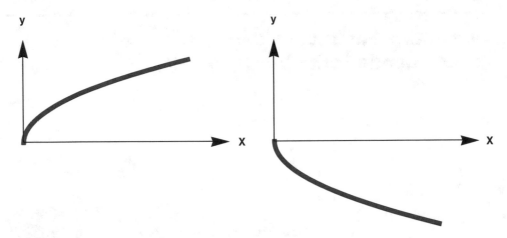

Abb. 2.1 **a** Positiver Zweig der Wurzelfunktion, **b** Negativer Zweig der Wurzelfunktion

Die Menge der $x \in \mathbb{R}$, die abgebildet werden, heißt **Definitionsbereich** D_f, und die Menge der Bildpunkte heißt **Wertebereich** W_f. x heißt dann **unabhängige Variable** und y heißt **abhängige Variable**. Schreibweise:

$$f : x \to y = f(x), \quad x \in D_f$$

Beispiel 2.1

$$y = f(x) = \sqrt{x}, \quad x \in [0, \infty)$$

ist eine Funktion (s. Definition 2.1) und

Beispiel 2.2

$$y = f(x) = -\sqrt{x}, \quad x \in [0, \infty)$$

ist eine Funktion (s. Abb. 2.1), aber die Kurve in Abb. 2.3b ist **keine** Funktion.

2.2   Darstellung von Funktionen

2.2.1   Explizite Darstellung

Funktionen können mathematisch auf verschiedene Weisen dargestellt werden.

Beispiel 2.3
Die Formel

$$y = f(x) = \pm\sqrt{x}, \quad x \in [0, \infty)$$

ist positiver und negativer Zweig in expliziter Darstellung der Wurzelfunktion (s. Abb. 2.1).

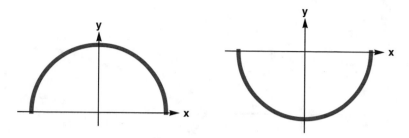

Abb. 2.2   a Positiver Zweig der Kreisfunktion, **b** Negativer Zweig der Kreisfunktion

Beispiel 2.4
Die Formel

$$y = f_1(x) = \pm\sqrt{1 - x^2}, \quad x \in [-1, 1]$$

ist positiver und negativer Zweig der Kreisfunktion (s. Abb. 2.2).

2.2.2   Implizite Darstellung

Gleichungen vom Typ

$$F(x, y) = 0$$

sind implizite Darstellungen einer Kurve.

Die Auflösung von Gleichungen vom Typ $F(x,y)=0$ nach y ist zwar ebenfalls eine indirekte Zuordnung eines Wertes x nach der Lösung y. In diesem Sinne ist die Gleichung eine „implizite" Funktion. Da Gleichungen aber oft mehr als eine Lösung haben können, ist die so definierte Zuordnung nicht immer eindeutig. Das heißt, die durch die Gleichung erzeugte Zuordnung kann sich z. B. aus mehreren Zweigen von expliziten Funktionen zusammensetzen. In diesem Sinne ist eine implizite Darstellung nicht immer die Darstellung einer Funktion. Man spricht deshalb auch manchmal von einer ***Relation,*** das heißt von einer Untermenge der Wertepaare $<x, y>$ aus $\mathbb{R} \times \mathbb{R}$ oder, weniger mathematisch ausgedrückt, von einer ***Kurve.***

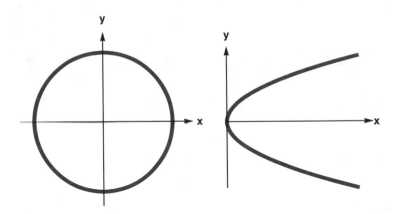

Abb. 2.3 a Kreisdarstellung, **b** Wurzeldarstellung.

Beispiel 2.5: Kreisdarstellung (s. Abb. 2.3a)

$$F(x, y) = y^2 + x^2 - 10 = 0$$

Die zugehörige Kurve setzt sich zusammen aus zwei expliziten Funktionen, s. Abb. 2.2.

Beispiel 2.6: Wurzel implizit (s. Abb. 2.3b)

$$F(x, y) = y^2 - x = 0$$

Die zugehörige Kurve setzt sich zusammen aus zwei expliziten Funktionen, s. Abb. 2.1.

Beispiel 2.7: Die Parabel

$$F(x, y) = y - x^2 = 0$$

ist eine implizite Darstellung einer Funktion, s. Abb. 2.4a.

Beispiel 2.8: Die „Gaußsche Glockenfunktion"

$$F(x, y) = \ln(y) + x^2 = 0$$

ist eine implizite Darstellung einer Funktion, s. Abb. 2.4b.

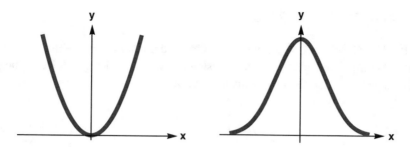

Abb. 2.4 **a** Parabelfunktion, **b** Gaußsche Glockenfunktion

Beispiel 2.9: Die Hyperbel

$$F(x, y) = xy - 1 = 0$$

ist eine implizite Darstellung einer Funktion, s. Abb. 2.5a.

Beispiel 2.10: Die „Hyperbel gedreht"

$$F(x, y) = x^2 - y^2 - 1 = 0$$

ist **keine** Funktion. Sie setzt sich zusammen aus zwei expliziten Funktionen, s. Abb. 2.5b.

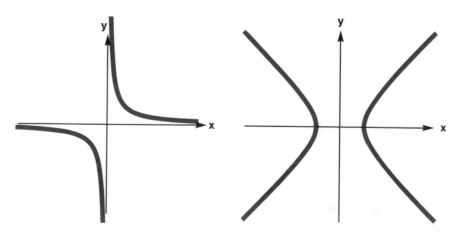

Abb. 2.5 **a** Hyperbelfunktion, **b** implizite Hyperbeldarstellung

2.2.3 Parameterdarstellung

Wenn die Koordinaten x und y Funktionen eines Parameters t sind, entsteht eine **Parameterdarstellung.** Dies dient z. B. zur Darstellung von zeitabhängigen Bewegungen im zweidimensionalen oder dreidimensionalen Raum:

$$\left. \begin{matrix} x(t) \\ y(t) \end{matrix} \right\}, \quad t \in [t_1, t_2]$$

Beispiel 2.11: Schiefer Wurf (s. Abb. 2.6)

$$\left. \begin{matrix} x(t) = t \\ y(t) = t - t^2 \end{matrix} \right\}, \quad t \in [0, 1]$$

Beispiel 2.12: Kreis (zwei Durchläufe)

$$\left. \begin{matrix} x(t) = \cos(t) \\ y(t) = \sin(t) \end{matrix} \right\}, \quad t \in [0, 4\pi]$$

Die beiden Koordinaten x und y sind Kosinus- und Sinusfunktionen mit der gleichen Frequenz über zwei Perioden (s. Abb. 2.7).

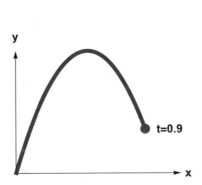
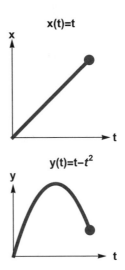

Abb. 2.6 Parameterdarstellung des schiefen Wurfs. Im Video ▶ sn.pub/ocAskH wird die zeitliche Animation des schiefen Wurfs sichtbar

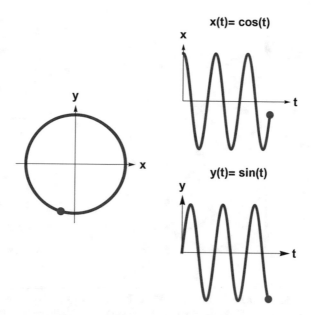

Abb. 2.7 Parameterdarstellung eines Kreises. Im Video ▶ sn.pub/b1PW5j wird die zeitliche Animation von zwei Kreisdurchläufen sichtbar

Beispiel 2.13: Lissajous-Figur

$$\left.\begin{array}{l} x(t) = \cos{(5t)} \\ y(t) = \sin{(3t)} \end{array}\right\}, \quad t \in [0, 4\pi]$$

Die beiden Koordinaten x und y sind Kosinus- und Sinusfunktionen mit verschiedenen Frequenzen. Dies führt zu einer Kurve mit fünf Maxima in x-Richtung und drei Maxima in y-Richtung (s. Abb. 2.8).

Beispiel 2.14: 3D-Lissajous-Figur

$$\left.\begin{array}{l} x(t) = \cos{(5t)} \\ y(t) = \sin{(7t)} \\ z(t) = \sin{(t)} \end{array}\right\}, \quad t \in [0, 2\pi]$$

Die drei Koordinaten x, y und z sind Kosinus- und Sinusfunktionen mit verschiedenen Frequenzen. Dadurch entsteht eine Kurve im Dreidimensionalen mit fünf Maxima in x-Richtung, sieben Maxima in y-Richtung und einem Maximum in z-Richtung (s. Abb. 2.9).

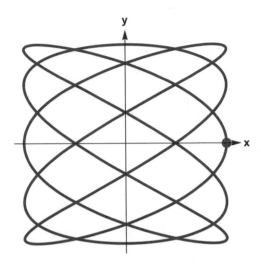

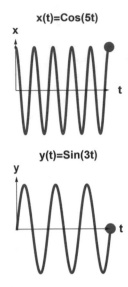

Abb. 2.8 Parameterdarstellung einer Lissajous-Figur. Im Video ► sn.pub/pTOSgi wird die zeitliche Animation von einer Lissajous-Figur mit drei waagerechten und fünf senkrechten Maxima sichtbar

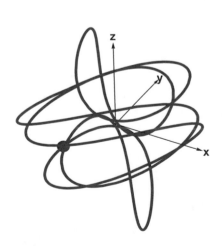

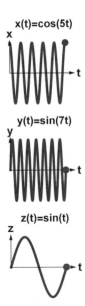

Abb. 2.9 Parameterdarstellung einer 3D-Lissajous-Figur. Im Video ► sn.pub/OQBBCQ wird die zeitliche Animation einer 3D-Lissajous-Figur mit fünf Maxima in x-Richtung, sieben Maxima in y-Richtung und einem Maximum in z-Richtung sichtbar

Beispiel 2.15: 3D-Spirale

$$\left.\begin{array}{l} x(t) = \cos(t) \\ y(t) = \sin(t) \\ z(t) = t \end{array}\right\}, \quad t \in [0, 4\pi]$$

Die Koordinaten x und y sind Kosinus- und Sinusfunktionen mit der gleichen Frequenz und die z-Koordinate ist linear abhängig von t. Dies beschreibt eine Spirale im Dreidimensionalen (s. Abb. 2.10).

Die **Umrechnung** einer (2D-) *Parameterdarstellung*

$$\left.\begin{array}{l} x(t) \\ y(t) \end{array}\right\}, \quad t \in [t_1, t_2]$$

in eine *explizite Darstellung* erfolgt in zwei Schritten:

1. **Schritt:** Auflösen der Funktion $x(t)$ nach t, falls möglich. Das ergibt $t(x)$, die Umkehrfunktion von $x(t)$, s. Abschn. 2.2.
2. **Schritt:** Einsetzen von $t(x)$ in $y(t) = y(t(x)) = \tilde{y}(x)$. Damit hat man $\tilde{y}(x)$ explizit.

Beispiel 2.16

$$\left.\begin{array}{l} x(t) = \sqrt{t} \\ y(t) = t^2 \end{array}\right\}, \quad t \in [0, 1]$$

1. **Schritt:** Auflösen der Funktion $x(t)$ nach t: $t(x) = x^2, x \in [0, 1]$.
2. **Schritt:** Einsetzen: $y(t(x)) = (x^2)^2 = x^4, x \in [0, 1]$. Somit ist $\tilde{y}(x) = x^4, x \in [0, 1]$.

Wie bei der impliziten Darstellung ist diese Umrechnung nicht immer eindeutig. Es kommt vor, dass sich zwei (oder mehr) explizite Funktionen ergeben (s. Beispiele 2.3 und 2.4) oder dass die Auflösung nach t nicht möglich ist (s. Beispiele 2.6, 2.13, 2.14 und 2.15). Dann gibt es keine explizite Darstellung.

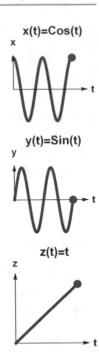

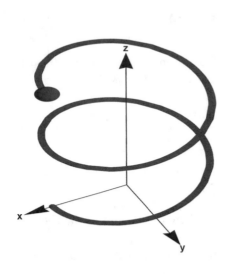

Abb. 2.10 Parameterdarstellung einer 3D-Spirale (Schraubenlinie). Im Video ▶ sn.pub/qTfWly wird die zeitliche Animation von zwei Kreisdurchläufen entlang der z-Achse sichtbar

2.3   Die Umkehrfunktion

Es gibt oft auch das umgekehrte Problem, dass man die Zuordnung $f: x \to y$ umkehren will zu $y \to x$. Dann sucht man die Umkehrfunktion f^{-1}. Diese ist aber *nur dann* wieder eine Funktion, wenn einerseits f *injektiv* (*eineindeutig*) ist, das heißt,

$$\text{aus } x_1 \neq x_2 \text{ folgt } f(x_1) \neq f(x_2), \quad x_1, x_2 \in D_f,$$

und andererseits *surjektiv* ist, das heißt, jeder Wert in W_f ist Bildpunkt von f (s. T. Arens et al. 2012, S. 178). Eine Abbildung, die injektiv und surjektiv ist, heißt mathematisch *bijektiv*. Damit haben wir:

$$f \text{ bijektiv} \Leftrightarrow f \text{ umkehrbar} \Leftrightarrow \text{ es existiert } f^{-1}$$

Dabei ist der Definitionsbereich $D_{f^{-1}}$ von f^{-1} gleich dem Wertebereich W_f von f.

Definition 2.2
Wenn f eine bijektive Funktion ist, dann heißt sie ***umkehrbar***.

Nicht alle Funktionen sind umkehrbar, z. B. ist

$$y(x) = f(x) = x^2, \quad x \in \mathbb{R}$$

nicht umkehrbar, da nicht injektiv (s. Abb. 2.11). Das heißt, es gibt

$$x_1 \neq x_2 \quad \text{mit } f(x_1) = f(x_2).$$

Es gilt der leicht erkennbare

Satz 2.1
Eine Funktion f ist ***umkehrbar***, wenn sie streng monoton wachsend oder streng monoton fallend ist (s. R. Wüst 2002, Bd. I, S. 178).

Wenn man von einer umkehrbaren Funktion $f : x \to y$ die Umkehrfunktion f^{-1} bestimmt, hat man eine Abbildung $f^{-1} : y \to x$. Das heißt: y ist die unabhängige Variable und x die abhängige Variable. Konventionell sollte aber im Funktionsbegriff y abhängig von x sein. Daher werden die Variablennamen in einem 2. Schritt vertauscht. Damit haben wir zwei Schritte:

Bestimmung der Umkehrfunktion

1. **Schritt:** Auflösen von $y = f(x)$ nach $x = f^{-1}(y) = g(y)$
2. **Schritt:** Variablentausch $x \leftrightarrow y$: $y = f^{-1}(x) = g(x)$

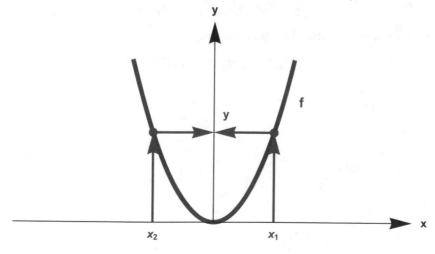

Abb. 2.11 Nicht umkehrbare Funktion

Beispiel 2.17: Bestimmung der Umkehrfunktion der Geraden

$$y = f(x) = 2x - 1, \quad D_f = [0,3], \quad W_f = [-1,5]$$

1. **Schritt:** Auflösen von $y = f(x)$ nach x:

$$x = f^{-1}(y) = \frac{y}{2} + \frac{1}{2}, \quad D_{f^{-1}} = [-1,5], \quad W_{f^{-1}} = [0,3]$$

2. **Schritt:** Variablentausch $x \leftrightarrow y$:

$$y = f^{-1}(x) = \frac{x}{2} + \frac{1}{2}, \quad D_{f^{-1}} = [-1,5], \quad W_{f^{-1}} = [0,3]$$

Durch den Variablentausch werden auch Definitionsbereiche und Wertebereiche vertauscht, d. h. es gilt:

$$D_f \leftrightarrow W_{f^{-1}} \text{ bzw. } W_f \leftrightarrow D_{f^{-1}} \text{ (s. Abb. 2.12)}$$

Wenn also

$$y = f(x) = 2x - 1, \quad D_f = [0,3], \quad W_f = [-1,5],$$

dann ist

$$y = f^{-1}(x) = \frac{x}{2} + \frac{1}{2}, \quad D_{f^{-1}} = [-1,5], \quad W_{f^{-1}} = [0,3].$$

Beispiel 2.18: Umkehrfunktion der einseitigen Parabel (s. Abb. 2.13)
Wenn die Funktion nur auf der positiven Achse definiert ist,

$$y = f(x) = x^2, \quad D_f = \mathbb{R}^+, \quad W_f = \mathbb{R}^+,$$

dann kann man eine Umkehrfunktion definieren:

$$y = g(x) = f^{-1}(x) = \sqrt{x}, \quad D_{f^{-1}} = \mathbb{R}^+, \quad W_{f^{-1}} = \mathbb{R}^+$$

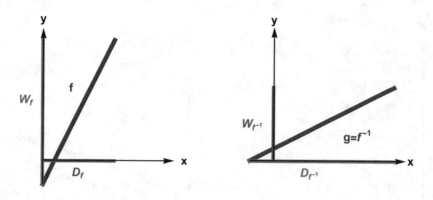

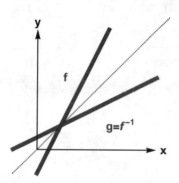

Abb. 2.12   Umkehrfunktion einer Geraden

Beispiel 2.19: Umkehrfunktion der e-Funktion (s. Abb. 2.14)
Die Exponentialfunktion

$$y = f(x) = e^x, \quad D_f = \mathbb{R}, \quad W_f = \mathbb{R}^+$$

ist streng monoton wachsend und hat eine wohlbekannte Umkehrfunktion, die Logarithmusfunktion:

$$y = g(x) = f^{-1}(x) = \ln(x), \quad D_{f^{-1}} = \mathbb{R}^+, \quad W_{f^{-1}} = \mathbb{R}$$

In der xy-Ebene sehen wir: Die Umkehrfunkion von f entsteht grafisch, wenn man den Graphen von f (d. h. alle Punkte x, $f(x) \in \mathbb{R}^2$) an der Hauptdiagonalen $y = x$ spiegelt (s. Abb. 2.12, 2.13 und 2.14).

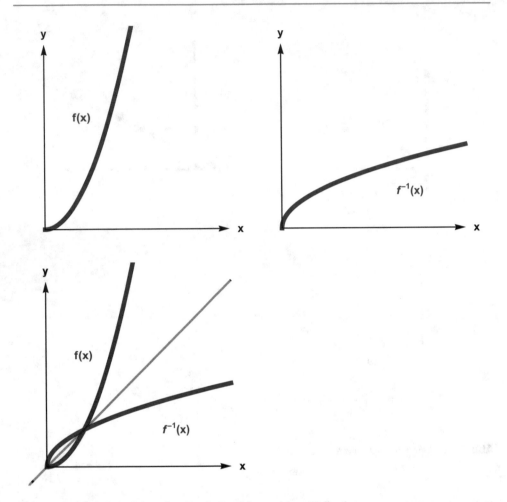

Abb. 2.13   Umkehrfunktion einer Parabel auf der positiven Halbachse

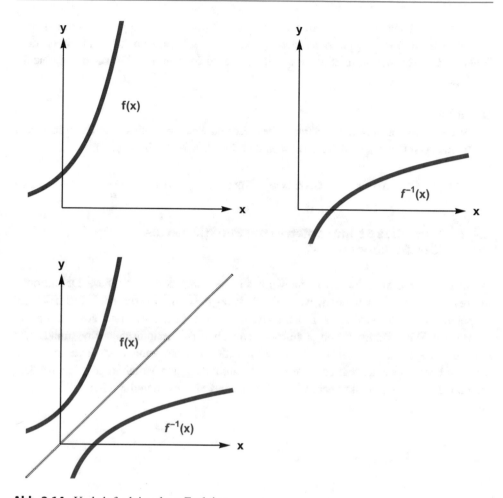

Abb. 2.14 Umkehrfunktion der e-Funktion

2.4 Trigonometrische Funktionen

Wir bemerken zunächst: Winkel werden in zwei verschiedenen Maßen gemessen: mit dem Bogenmaß b in rad und mit dem Gradmaß φ in °. Die Umrechnung erfolgt mit der Formel

$$b = \frac{2\pi}{360°}\,\varphi.$$

Der Vollkreis mit dem Radius $r = 1$ hat den Winkel 2π im Bogenmaß und 360° im Gradmaß.

In einem rechtwinkligen Dreieck sind die Winkelfunktionen (trigonometrische Funktionen) für $\alpha \in \left[0, \frac{\pi}{2}\right]$ wohldefiniert (s. Definition 2.3 und Abb. 2.15). Die besondere Eigenschaft der Winkelfunktionen ist, dass sie nicht von der Größe des Dreiecks abhängen.

Definition 2.3
Die Winkelfunktionen *Sinus, Kosinus, Tangens* und *Kotangens* **des Winkels** α in einem rechtwinkligen Dreieck (s. Abb. 2.16) sind definiert durch Gleichung (2.1):

$$\sin\alpha := \frac{a}{h}, \quad \cos\alpha := \frac{b}{h}, \quad \tan\alpha := \frac{a}{b}, \quad \cot\alpha := \frac{b}{a} \tag{2.1}$$

2.4.1 Darstellung trigonometrischer Funktionen als Kreisfunktionen

Wenn die Hypotenuse $h = 1$ ist, dann gilt $\sin\alpha = a$ und $\cos\alpha = b$. Diese Definitionen können auch erweitert werden, wenn der Winkel $\alpha = 90°$ überschreitet. Dann ist die Hypotenuse der Radius eines Einheitskreises. Wenn man $\sin\alpha$ und $\cos\alpha$ über der Achse $\alpha \in \mathbb{R}$ als Funktion von α aufträgt, entstehen die periodischen Kreisfunktionen $\sin\alpha$ und $\cos\alpha$ mit der Periode 2π (s. Abb. 2.17). Ebenso kann man die Funktionen $\tan x$ und $\cot x$ über der reellen Achse mit der unabhängigen Variablen $x \in \mathbb{R}$ auftragen (s. Abb. 2.18). Winkelfunktionen, trigonometrische Funktionen und Kreisfunktionen sind Synonyme.

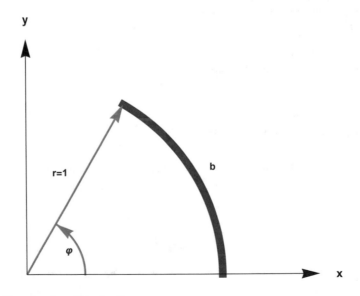

Abb. 2.15 Bogenmaß und Gradmaß

Abb. 2.16 Trigonometrische
Funktionen im rechtwinkligen
Dreieck

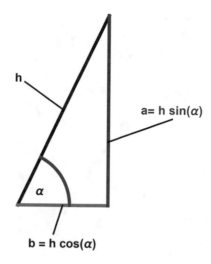

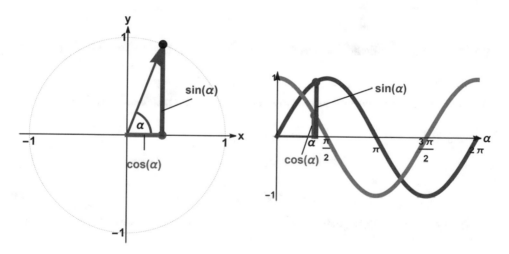

Abb. 2.17 Sinus- und Kosinusfunktionen als „Kreisfunktionen". Im Video ▶ sn.pub/KZIjGr
wird durch die zeitliche Animation der Zusammenhang zwischen Winkelfunktionen und ihrer
Kreisdarstellung sichtbar

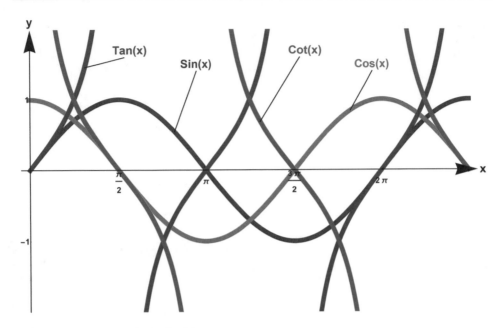

Abb. 2.18 Trigonometrische Funktionen

Wichtige Eigenschaften und Folgerungen der trigonometrischen Funktionen

- *Symmetrien*

$$\sin(-x) = -\sin x \quad \text{Sinus ist ungerade.} \tag{2.2}$$

$$\cos(-x) = \cos x \quad \text{Kosinus ist gerade.} \tag{2.3}$$

- Wenn wir mit j die imaginäre Einheit ($j^2 = -1$) bezeichnen (s. Kap. 3), ergibt sich die *Eulersche Formel*[1]:

$$e^{\pm jx} = \cos x \pm j \sin x \tag{2.4}$$

(Dies wird in Kap. 7, Beispiel 7.8 begründet, s. Bemerkung 7.6.)

- Durch Addition bzw. Subtraktion der beiden Gleichungen (2.4) ergeben sich die *komplexen exponentiellen Darstellungen* von $\sin x$ und $\cos x$:

$$\sin x = \frac{e^{jx} - e^{-jx}}{2j} \tag{2.5}$$

---

[1]„Eulers wunderbare Formel" wurde 1740 entdeckt (s. T. Needham 2001, S. 11).

und

$$\cos x = \frac{e^{jx} + e^{-jx}}{2} \tag{2.6}$$

- Die Gleichungen (2.5) und (2.6) heißen auch **Eulersche Gleichungen**. (Geometrische Begründung s. Kap. 3, Beispiel 3.3, Abb. 3.6)
- Daraus folgen die *Additionstheoreme* für Sinus und Kosinus:

$$\sin (x \pm y) = \sin x \cos y \pm \cos x \sin y \tag{2.7}$$

$$\cos (x \pm y) = \cos x \cos y \mp \sin x \sin y \tag{2.8}$$

$$\sin x + \sin y = 2 \cos \left(\frac{x - y}{2} \right) \sin \left(\frac{x + y}{2} \right) \tag{2.9}$$

Ebenso folgt die **Formel von Pythagoras** trigonometrisch. Es gilt für alle $x \in \mathbb{R}$:

$$\cos (x - x) = 1 = \cos^2 x + \sin^2 x \tag{2.10}$$

2.4.2 Anwendungen für trigonometrische Funktionen

Überlagerung (Addition) von Sinusfunktionen mit verschiedenen Frequenzen

Wenn man Sinusfunktionen verschiedener Frequenzen mit ganzzahligem Frequenzverhältnis addiert, entstehen wieder periodische Funktionen. Man spricht dann von **Überlagerung** (oder **Superposition**) der Schwingungen. Die Berechnung der Überlagerung einer Schwingung mit einer Schwingung der doppelten Frequenz (s. Abb. 2.19) ergibt sich aus dem Additionstheorem (2.9):

$$\sin (\omega t) + \sin (2\omega t) = 2 \cos \left(\frac{1}{2} \omega t \right) \sin \left(\frac{3}{2} \omega t \right)$$

Ein anderer Effekt entsteht bei Überlagerung von zwei „sehr ähnlichen" Sinusfunktionen. Dies führt zu einer Schwingung, deren Amplitude periodisch schwankt mit der sogenannten Modulationsfrequenz. Die Modulationsfrequenz (= Schwebungsfrequenz) ist gleich dem halben Frequenzunterschied der beiden Schwingungen. Diesen Effekt nennt man **Schwebung** (s. Abb. 2.20).

Dies lässt sich ebenfalls aus dem Additionstheorem (2.9) für die beiden Sinusterme $\sin (11t)$ und $\sin (10t)$ in Abb. 2.20 ableiten:

$$\sin (11t) + \sin(10t) = \underbrace{2 \cos \left(\frac{11 - 10}{2} t \right)}_{\text{Ampl. Modulation}} \sin \left(\frac{11 + 10}{2} t \right) \tag{2.11}$$

Die Schwebungsfrequenz ist gleich dem halben Frequenzunterschied $\frac{11-10}{2} = \frac{1}{2}$.

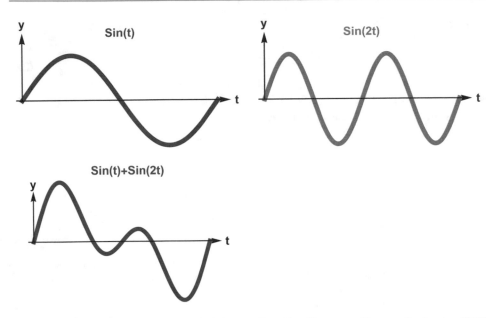

Abb. 2.19 Überlagerung von Sinusfunktionen (doppelte Frequenz für $\omega = 1$). In der CDF-Animation zu dieser Abbildung kann man interaktiv die Überlagerung verändern. Die CDF-Animation ist unter der zu Beginn des Kapitels angegebenen DOI abrufbar. Nur mit CDF-Player abspielbar

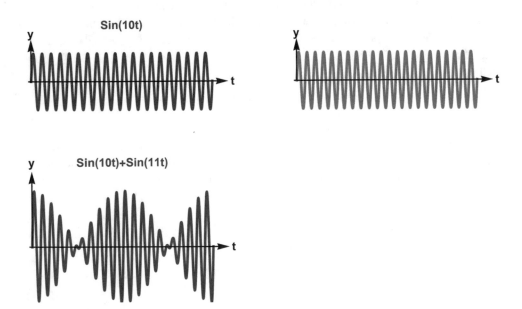

Abb. 2.20 Schwebung (Überlagerung) von trigonometrischen Funktionen (ähnlicher Frequenz)

Amplitudenmodulation

Wenn man auf die Amplitude A einer Schwingung mit einer (Träger-) Frequenz ω_T eine andere Schwingung mit kleinerer (Signal-) Frequenz ω_s und der Amplitude $a < A$ addiert, entsteht eine **Amplitudenmodulation** (s. Abb. 2.21)

$$f(t) = \underbrace{(a\sin(\omega_s t) + A)}_{\text{Ampl. Modulation}} \sin(\omega_T t)$$

$$(2.12)$$

Frequenzmodulation

Wenn man die Frequenz einer Schwingung mit der Frequenz ω_T periodisch mit einer zweiten Frequenz ω_s periodisch verändert, entsteht eine sogenannte **Frequenzmodulation** (s. Abb. 2.22):

$$f(t) = \sin(\omega_T t + (\sin(\omega_s t))$$

$$(2.13)$$

Amplitudenmodulation und Frequenzmodulation werden benutzt bei der analogen Signalübertragung, indem auf der Senderseite auf eine Trägerfrequenz ω_T ein Signal mit der Frequenz ω_s aufmoduliert wird, das auf der Empfängerseite wiedergewonnen wird.

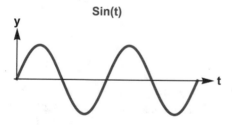

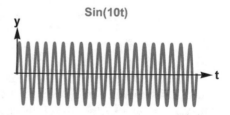

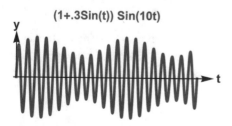

Abb. 2.21   Amplitudenmodulation

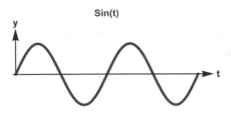

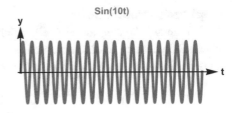

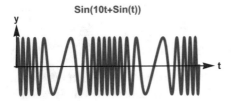

Abb. 2.22 Frequenzmodulation. Im Video ▶ sn.pub/XTS9C0 werden die verschiedenen Modulationen akustisch animiert

Die Addition von Sinusfunktionen mit gleicher Frequenz wird jedoch einfacher mit Hilfe von komplexen Zeigern berechnet, s. Abschn. 3.5, Beispiel 3.16 und Abb. 3.20.

2.5   Arkusfunktionen

Da die trigonometrischen Funktionen periodisch sind, haben sie keine „globalen" Umkehrfunktionen. Wenn man jedoch den Definitionsbereich einschränkt auf geeignete Intervalle, in denen die Funktionen streng monoton sind, kann man Umkehrfunktionen

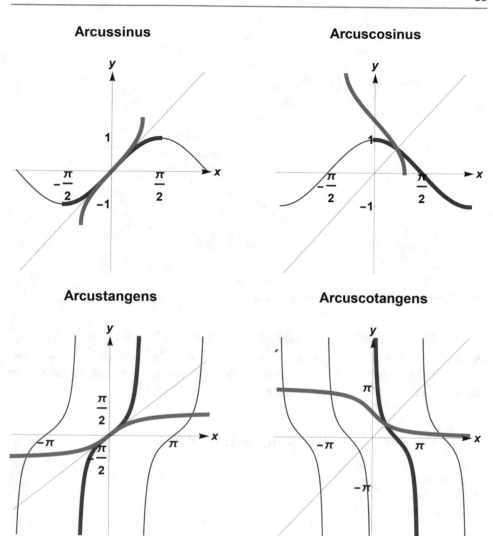

Abb. 2.23 Arkusfunktionen (grün) mit Kreisfunktionen (rot)

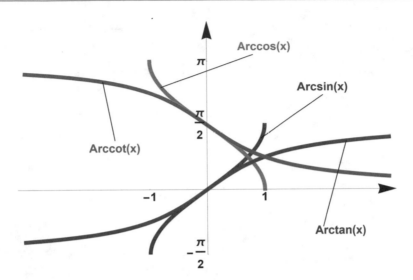

Abb. 2.24 Arkusfunktionen, zusammengefasst

definieren (s. Abb. 2.23). Diese Umkehrfunktionen der trigonometrischen Funktionen heißen *Arkusfunktionen* (s. Abb. 2.23 und 2.24). Die grafische Darstellung erhält man durch Spiegelung an der Hauptdiagonalen $y = x$.

2.6   Exponential- und Logarithmusfunktionen

Definition 2.4

Die Funktion

$$f(x) = b^x, \quad x \in \mathbb{R} \text{ für } b > 0 \tag{2.14}$$

heißt *Exponentialfunktion,* wobei b *Basis* und x *Exponent* der Exponentialfunktion heißt (s. Abb. 2.25).

Man sieht in Abb. 2.25, dass b^x *streng monoton wachsend* ist, wenn die Basis $b > 1$ ist, und *streng monoton fallend,* wenn $b < 1$ ist. Speziell wenn $b = e$ (Eulersche Zahl) ist, dann heißt $f(x)$ *e-Funktion*

$$f(x) = e^x, x \in \mathbb{R}. \tag{2.15}$$

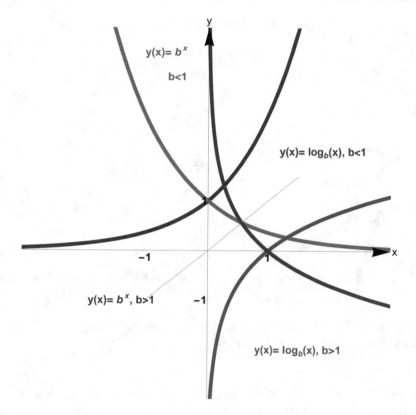

Abb. 2.25 Exponential- und Logarithmusfunktionen

Definition 2.5

Die Umkehrfunktion $g(x)$ von b^x heißt *Logarithmusfunktion mit der Basis* **b**:

$$g(x) := \log_b (x), \quad x \in \mathbb{R}^+\backslash\{0\} \tag{2.16}$$

Wenn die Basis b=e ist, heißt die Umkehrfunktion $g(x)$ *Logarithmus-naturalis-Funktion*

$$g(x) = \log_e(x) =: \ln (x), x \in \mathbb{R}. \tag{2.17}$$

Jede Exponentialfunktion lässt sich als e-Funktion schreiben:

$$y = f(x) = b^x = e^{\ln(b^x)} = e^{\ln (b)x}, \quad x \in \mathbb{R} \tag{2.18}$$

Daraus folgt eine Formel für den Wechsel der Basis:

$$g(x) = \log_b(x) = \frac{\ln (x)}{\ln (b)}, \quad x \in \mathbb{R} \tag{2.19}$$

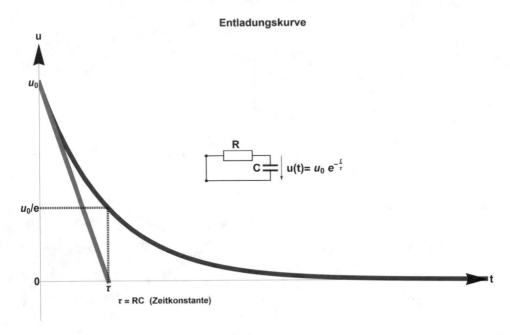

Abb. 2.26 Entladungskurve eines Kondensators

(Setze $y = b^x$, dann folgt aus (2.18): $\ln(y) = \ln(b)\,x$ und somit $x = \log_b(y) = \frac{\ln(y)}{\ln(b)}$; Variablenwechsel ergibt (2.19).)

Beispiel 2.20: Entladungskurve
Die elektrische Spannung bei der Entladung eines Kondensators C mit der Anfangs-spannung u_0 über einen Widerstand R erfolgt mit der Entladungsfunktion $u(t) = u_0\,e^{-\frac{t}{\tau}}$, wobei die Zeitkonstante $\tau = RC$ ist (s. Abb. 2.26).

Beispiel 2.21: Aufladungskurve
Die elektrische Spannung beim Aufladen eines Kondensators C mit der angelegten Spannung u_0 über einen Widerstand R erfolgt mit der Aufladefunktion $u(t) = u_0\left(1 - e^{-\frac{t}{\tau}}\right)$, wobei die Zeitkonstante $\tau = RC$ ist (s. Abb. 2.27).

Bei der Entladungskurve schneidet die Tangente (grün) am Startpunkt $t = 0$ die t-Achse beim Wert der Zeitkonstante τ (s. Abb. 2.26). Entsprechend schneidet bei der Auf-ladungskurve die Tangente (grün) die Achse $u_0 = \text{konst}$ ebenfalls beim Wert der Zeit-konstante τ (s. Abb. 2.27).

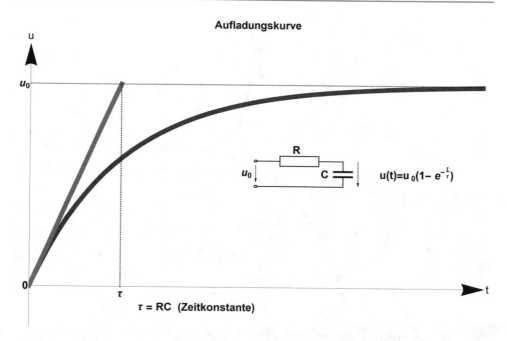

Abb. 2.27 Aufladungskurve eines Kondensators

2.7 Hyperbelfunktionen

Hyperbelfunktionen sind Funktionen, die aus Exponentialfunktionen zusammengesetzt sind. Die Definitionsgleichungen ähneln denen der komplexen exponentiellen Darstellungen der trigonometrischen Funktionen (2.5) und (2.6). Daher haben sie auch ähnliche Eigenschaften.

Definition 2.6

Die Funktionen

$$\sinh x := \frac{e^x - e^{-x}}{2} \tag{2.20}$$

$$\cosh x := \frac{e^x + e^{-x}}{2} \tag{2.21}$$

einerseits und

$$\tanh x := \frac{e^x - e^{-x}}{e^x + e^{-x}} \tag{2.22}$$

$$\coth x := \frac{e^x + e^{-x}}{e^x - e^{-x}} \tag{2.23}$$

andererseits heißen ***Hyperbelfunktionen*** (s. Abb. 2.28).

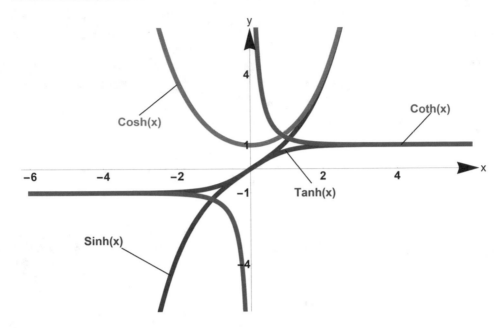

Abb. 2.28 Hyperbelfunktionen, zusammengefasst

Analog zu (2.7) und (2.8) folgen aus den Definitionen (2.20) und (2.21) die **Additions-theoreme für Hyperbelfunktionen:**

$$\sinh(x \pm y) = \sinh x \cosh y \pm \cosh x \sinh y \tag{2.24}$$

$$\cosh(x \pm y) = \cosh x \cosh y \pm \sinh x \sinh y \tag{2.25}$$

Daraus folgt die zu (2.10) analoge Formel (2.26):

$$\cosh(x - x) = \cosh 0 = 1 = \cosh^2 x - \sinh^2 x \tag{2.26}$$

$\cosh(x)$ und die verschobene Parabel $1+x^2$ sind verschieden (s. Abb. 2.29). In der Nähe von $x=0$ gibt es jedoch große Ähnlichkeit, denn $1+x^2$ ist das Taylorsche Approximationspolynom 2. Grades von $\cosh x$ an der Stelle $x=0$ (s. Abschn. 7.2). Die Funktion $y=\cosh x$ beschreibt eine Kurve, die eine frei hängende Kette unter dem Einfluss der Schwerkraft annimmt, und heißt daher auch „Kettenlinie" (s. Abb. 2.29).

Abb. 2.29 Vergleich von
$y = \cosh x$ und $y = 1 + x^2$

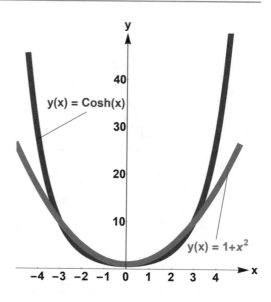

2.8   Areafunktionen

Definition 2.7
Die Umkehrfunktionen der Hyperbelfunktionen heißen *Areafunktionen* (s. Abb. 2.30
und 2.31).

* arsinh x, gesprochen *Areasinus hyperbolikus,* ist die Umkehrfunktion von $\sinh x$,
* arcosh x, gesprochen *Areakosinus hyperbolikus,* ist die Umkehrfunktion von $\cosh x$,
* artanh x, gesprochen *Areatangens hyperbolikus,* ist die Umkehrfunktion von $\tanh x$,
* arcoth x, gesprochen *Areacotangens hyperbolikus,* ist die Umkehrfunktion von $\coth x$.

Die grafische Darstellung der Areafunktionen erhält man durch Spiegelung an der
Hauptdiagonalen (s. Abb. 2.30).

Zur Namensbildung der Umkehrfunktionen der Kreis- und Hyperbelfunktionen
Wir betrachten eine geometrische Interpretation (s. Abb. 2.32):

* Bei **Kreisfunktionen**
  Wegen (2.10) $\cos^2 t + \sin^2 t = 1$ ist

$$\begin{cases} x = \cos t \\ y = \sin t \end{cases}, \quad t \in [0, 2\pi]$$

eine Parameterdarstellung des Kreises $x^2 + y^2 = 1$ (s. Beispiel 2.4). Die Umkehrfunktionen der Parameterfunktionen heißen $t = \arcsin y = \arccos x$ und t ist der Winkel
(Arkus) im Bogenmaß des Einheitskreises (s. Abb. 2.32).

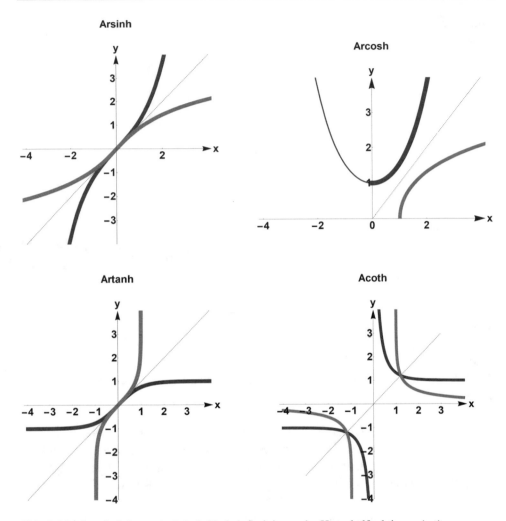

Abb. 2.30 Areafunktionen (grün) als Umkehrfunktionen der Hyperbelfunktionen (rot)

- Bei **Hyperbelfunktionen**
  Wegen (2.26) $\cosh^2 t - \sinh^2 t = 1$ ist

$$\begin{cases} x = \cosh t \\ y = \sinh t \end{cases}, \quad t \in \mathbb{R}$$

eine Parameterdarstellung der Hyperbel $x^2 - y^2 = 1$ (s. Beispiel 2.10). Die Umkehrfunktionen der Parameterfunktionen heißen $t = \text{arsinh } y = \text{arcosh } x$ und t ist eine
Fläche (Area) (s. Abb. 2.32 und Bemerkung 2.1).

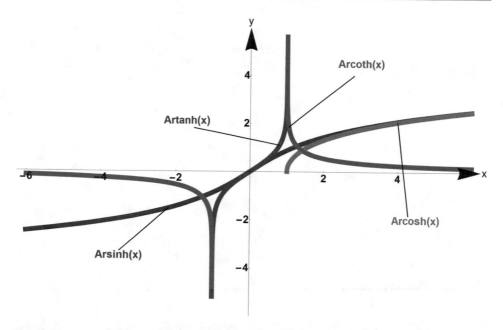

Abb. 2.31   Areafunktionen, zusammengefasst

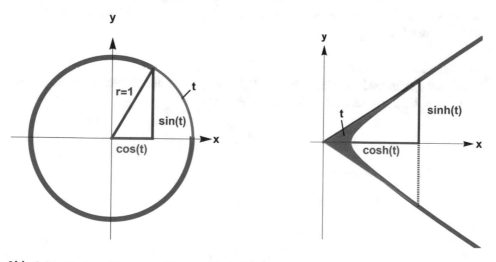

Abb. 2.32   Kreisfunktionen und Hyperbelfunktionen

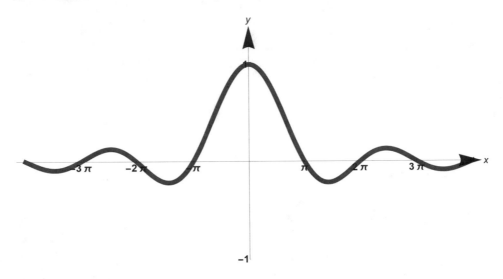

Abb. 2.33 Die Si-Funktion

Bemerkung 2.1
Der Parameter t ist der Flächeninhalt der gelben Fläche A in der Abb. 2.32 zwischen der Hyperbelfunktion $y = \sqrt{x^2 - 1}$ und der Verbindungsgeraden zwischen (0,0) und $(\cosh t, \sinh t)$. Diese lässt sich berechnen (s. Integralrechnung, Abschn. 8.3, Beispiel 8.11 und Abb. 8.12).

Beispiel 2.22: Si-Funktion
Eine häufig auftretende Funktion in der Signalanalyse ist die **Si-Funktion**, auch sinc-Funktion (Abb. 2.33) genannt (s. Kap. 20, Abb. 20.4):

$$\text{Si}(x) := \frac{\sin x}{x}. \tag{2.27}$$

Si(x) hat die gerade Symmetrie:

$$\text{Si}(x) = \text{Si}(-x)$$

Es gilt:

$$\lim_{x \to 0} \frac{\sin x}{x} = 1$$

(s. Beispiel 7.4).

2.9   Polarkoordinaten

Die Lage eines Punktes P in der x,y-Ebene kann statt mit den kartesischen Koordinaten (x, y) auch mit dem Abstand $r \geq 0$ zum Ursprung und dem Winkel φ von der x-Achse aus dargestellt werden (s. Abb. 2.34). (r, φ) heißen dann **Polarkoordinaten**. Es gilt:

$$x = r \cos \varphi$$
$$y = r \sin \varphi \qquad (2.28)$$

Die Umrechnung zwischen kartesischen Koordinaten und Polarkoordinaten ergibt sich aus den Formeln:

Kartesisch	Polar
$\begin{cases} x = r \cos \varphi \\ y = r \sin \varphi \end{cases}$	$\begin{cases} r = \sqrt{x^2 + y^2} \\ \varphi = \arctan \left(\frac{y}{x} \right) \end{cases}$

2.9.1   Darstellung von Kurven in Polarkoordinaten

Eine in Polarkoordinaten dargestellte Kurve wird beschrieben durch $r=f(\varphi)$, $\varphi \in D_f$, in Kurzschreibweise: $r=r(\varphi)$, $\varphi \in D_f$ (s. Abb. 2.35). Die mit Polarkoordinaten dargestellten Kurven sind im strengen Sinn keine Funktionen als Abbildungen von $\mathbb{R}$ nach $\mathbb{R}$ im kartesischen Koordinatensystem. Wenn man aber die Winkelvariable auf der reellen Achse und die r-Variable senkrecht dazu aufträgt, hat man die Eigenschaften einer Funktion für $\varphi \in D_f \subset \mathbb{R}$.

Abb. 2.34 Polarkoordinaten

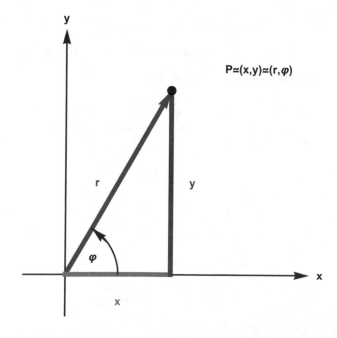

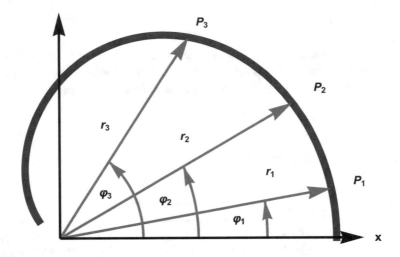

Abb. 2.35   Darstellung einer Kurve mit Polarkoordinaten

Beispiel 2.23: Archimedische Spirale (s. Abb. 2.36)

$$r = r(\varphi) = 2\varphi, \quad \varphi \in [0, 2\pi]$$

Einzelne Punkte berechnet man als Wertetabelle:

φ	0	$\frac{\pi}{6}$	$\frac{2\pi}{6}$	$3\frac{\pi}{6}$	$\frac{4\pi}{6}$	$\frac{5\pi}{6}$	π	$\frac{7\pi}{6}$	2π
r	0	1,05	2,09	3,14	4,19	5,24	6,28	7,32	12,48

Beispiel 2.24: Kardioide (s. Abb. 2.37)

$$r = r(\varphi) = 1 + \cos\varphi, \quad \varphi \in [0, 2\pi]$$

Einzelne Punkte als Wertetabelle:

φ	0	$\frac{\pi}{6}$	$\frac{2\pi}{6}$	$3\frac{\pi}{6}$	$\frac{4\pi}{6}$	$\frac{5\pi}{6}$	π	$\frac{7\pi}{6}$	...	2π
r	2	1,86	1,5	1	0,5	0,134	0	0,134	...	2

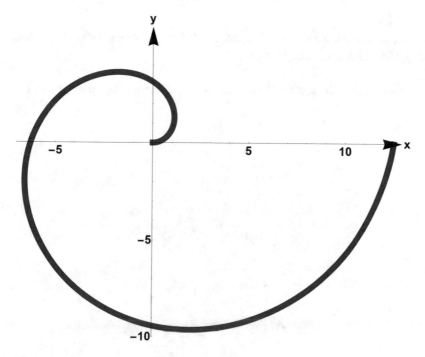

Abb. 2.36 Archimedische Spirale in Polarkoordinaten

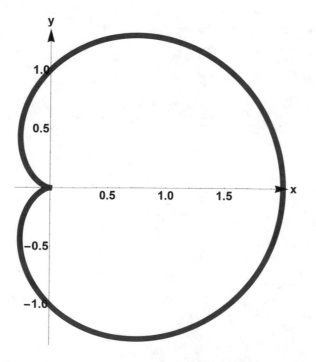

Abb. 2.37 Darstellung der Kardioide in Polarkoordinaten

Beispiel 2.25

Dekorative Kurven (s. auch Packel/Wagon 1997, S. 193; Wagon 1993, S. 18) lassen sich in Polarkoordinaten darstellen (s. Abb. 2.38):

$$r = r(\varphi) = \ln(\varphi)e^{\sin\left(\varphi^3\right)} - 2\varphi\cos\left(6\varphi\right) + 5(\sin\frac{\varphi}{2})^{10}, \quad \varphi \in (0, 25\pi]$$

Abb. 2.38   „Ornament" in Polarkoordinaten

Komplexe Zahlen und komplexe Abbildungen

3

Komplexe Zahlen erweitern den Bereich der reellen Zahlen. Dies ist nicht nur eine rein mathematische Erweiterung (man kann nun alle quadratischen Gleichungen lösen), sondern komplexe Zahlen führen auch mit Hilfe der Eulerschen Gleichungen zu vereinfachten Schreibweisen in der Elektrotechnik.

Nach einer Einführung in die komplexen Zahlen und ihrer Darstellung in der Gaußschen Zahlenebene in Abschn. 3.1 und 3.2 werden in Abschn. 3.3 Funktionen auf komplexe Definitionsbereiche erweitert (Wurzelfunktionen, Logarithmusfunktionen). In Abschn. 3.4 werden schließlich konforme Abbildungen zwischen Gaußschen Zahlenebenen eingeführt, die „winkeltreu" sind und Kreise und Geraden ineinander abbilden. Damit wird in Abschn. 3.5 der Zusammenhang zwischen komplexen Widerstandskurven und deren Inversen, den Leitwertkurven, beschrieben. Hinzu kommen weitere nichtkonforme Abbildungen, die Anwendungen in der Physik von Strömungen und in der Nachrichtentechnik haben.

3.1 Einführung in die komplexen Zahlen

Die Gleichung $x^2 + 1 = 0$ hat keine reellwertige Lösung. Das heißt, es gibt keine reelle Zahl x mit $x^2 = -1$. Formal könnte man eine Lösung schreiben als $x = \sqrt{-1}$. Die Bezeichnung $x = \sqrt{-1}$ kann aber zu Problemen führen. Die Wurzelfunktion ist in der reellen Analysis nur für positive Werte definiert. Wenn man aber die Wurzelfunktion „naiv" als reelle Funktion in den negativen Zahlenbereich erweitert, gilt

Elektronisches Zusatzmaterial Die elektronische Version dieses Kapitels enthält Zusatzmaterial, das berechtigten Benutzern zur Verfügung steht. https://doi.org/10.1007/978-3-658-30245-0_3

$$x^2 = -1 = \left(\sqrt{-1}\right)\left(\sqrt{-1}\right) = \left(\sqrt{(-1)(-1)}\right) = \sqrt{1} = 1$$

und dies ist offensichtlich ein Widerspruch!

Wie wir später sehen werden, ist die Gleichung $x^2 = -1$ im Komplexen nicht eindeutig lösbar, wenn man den Definitionsbereich der Wurzelfunktion in den negativen Zahlenbereich erweitert (s. Abschn. 3.3.4, Beispiel 3.6; dort wird gezeigt, dass gilt $\sqrt{-1} = \pm j$).

Definition 3.1

Man erweitert daher die Zahlen zunächst um die *imaginäre Einheit* **j** mit der Eigenschaft

$$j^2 = -1. \tag{3.1}$$

Wir bezeichnen die imaginäre Einheit nicht mit i, sondern mit j, da in der Elektrotechnik der elektrische Strom mit i bezeichnet wird.

Beispiel 3.1

Die Lösung der quadratischen Gleichung

$$x^2 - 4x + 13 = 0 \tag{3.2}$$

führt nach quadratischer Ergänzung mit ± 4 und (3.1) zu:

$$(x - 2)^2 = -9 = j^2 3^2$$

Formales Wurzelziehen ergibt:

$$(x - 2) = \pm 3j$$

Also sind die Lösungen von (3.2):

$$x_{1,2} = 2 \pm 3j \tag{3.3}$$

Ein direkter Lösungsweg führt über die übliche (p/q) -Formel zur Lösung von quadratischen Gleichungen:

$$x_{1,2} = 2 \pm \sqrt{4 - 13} = 2 \pm \sqrt{-9} = 2 \pm \sqrt{9}\sqrt{-1}$$

Somit ist

$$x_{1,2} = 2 \pm 3\sqrt{-1}. \tag{3.4}$$

Der Vergleich von (3.3) und (3.4) zeigt, dass sich trotz der Problematik (beschrieben in der Einführung 3.1) für **praktische Rechnungen** die Einführung von

$$\pm j = \sqrt{-1} \tag{3.5}$$

bewährt.

Definition 3.2

- Die Menge $\{jb \quad \text{mit } b \in \mathbb{R}\}$ heißt Menge der *imaginären Zahlen*.
- Die Menge $\mathbb{C} := \{a+jb \text{ mit } a \in \mathbb{R} \text{ und } b \in \mathbb{R}\}$ heißt Menge der *komplexen Zahlen*.
- Sei $z = a+jb \in \mathbb{C}$, dann heißt $a = Re(z)$ *Realteil* und $b = Im(z)$ *Imaginärteil* von z.

Wenn $a \in \mathbb{R}$ ist, dann ist $a+j0 \in \mathbb{C}$. In diesem (Mengen-) Sinne gilt:

$$\mathbb{R} \subset \mathbb{C}$$

Da die Rechenoperationen $+$, $-$, $\cdot$, $:$ in $\mathbb{R}$ sich auch in $\mathbb{C}$ fortsetzen lassen, ist $\mathbb{C}$ eine *Erweiterung* von $\mathbb{R}$ (man spricht auch von *Körpererweiterung,* s. R. Wüst 2002, Bd. I, S. 44).

3.2   Darstellungen von komplexen Zahlen in der Gaußschen Zahlenebene

Sei $z \in \mathbb{C}$. Man kann dann z grafisch in einer Ebene darstellen, indem man den Realteil waagerecht und den Imaginärteil senkrecht dazu aufträgt. Diese Ebene wird *Gaußsche Zahlenebene* oder *komplexe Ebene* $\mathbb{C}$ genannt. Die Darstellung komplexer Zahlen in der komplexen Ebene $\mathbb{C}$ ist nicht identisch mit der Darstellung von Vektoren in $\mathbb{R}^2$ (s. Kap. 9). Nur die Operationen Addition und Subtraktion sind gleich. In $\mathbb{C}$ gibt es die Operationen Multiplikation und Division, die für Vektoren nicht definiert sind. Dann heißt

$$z = a + jb \text{ die } \textbf{\textit{kartesische Form von } z} \text{ und} \tag{3.6}$$

$$\bar{z} := a - jb \text{ die } \textbf{\textit{konjugiert komplexe Zahl von } z} \text{ (s. Abb. 3.1).}$$

Wenn man den Realteil und den Imaginärteil von z in Polarkoordinaten (s. Abschn. 2.9) beschreibt, erhält man die *trigonometrische* oder *Polarkoordinatenform von z:*

$$z = r \cos \varphi + j\, r \sin \varphi, \tag{3.7}$$

wobei gilt:

$$r = |z| = \sqrt{z\,\bar{z}} = \sqrt{a^2 + b^2} \tag{3.8}$$

Mit der Eulerschen Formel[1]

$$e^{j\varphi} = \cos \varphi + j \sin \varphi \tag{3.9}$$

ergibt sich aus der trigonometrischen Form (3.7) die *Exponentialform von z:*

$$z = r\, e^{j\varphi} \tag{3.10}$$

---

[1]Die Eulersche Formel wird in Kap. 7, Beispiel 7.8 begründet.

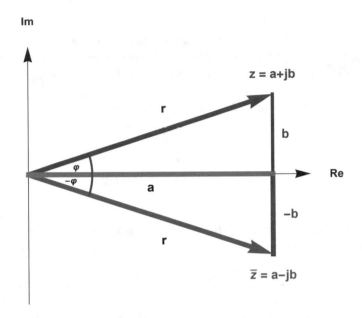

Abb. 3.1 Grafische Darstellung von z und $\bar{z}$

Zusammengefasst haben wir dann folgende Umformungen zwischen den Darstellungen (s. Tab. 3.1).

Tab. 3.1 Umformung in Polarkoordinaten

	kartesisch	polar	exponentiell
(3.11)	$a+jb$	$r\cos(\varphi)+j\,r\sin(\varphi)$	$r\,e^{j\varphi}$
(3.12)	$\begin{cases} a = r\cos\varphi \\ b = r\sin\varphi \end{cases}$	$\begin{cases} r = \sqrt{a^2+b^2} \\ \varphi = \arctan\left(\frac{b}{a}\right) \end{cases}$	$z = r\,e^{j\varphi}$

Achtung Bei der Berechnung von φ mit dem Taschenrechner sollte man beachten, in welchem Quadranten die komplexe Zahl liegt. Handelsübliche Taschenrechner können die Fälle $\left(\frac{-b}{a}\right)$ und $\left(\frac{b}{-a}\right)$ im Allgemeinen nicht unterscheiden!

3.3   Rechnen mit komplexen Zahlen

3.3.1   Addition und Subtraktion

Sei $z_1 = a_1 + jb_1$ und $z_2 = a_2 + jb_2$, dann ist

$$z = z_1 \pm z_2 = a_1 \pm a_2 + j(b_1 \pm b_2). \tag{3.14}$$

Grafische Darstellung der Formeln (3.14) in der komplexen Ebene (s. Abb. 3.2 und 3.3):

Abb. 3.2 Grafische
Darstellung der Addition
komplexer Zahlen

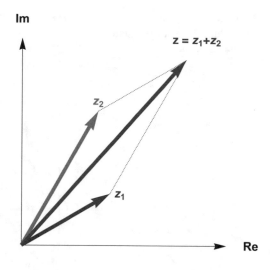

Abb. 3.3 Grafische
Darstellung der Subtraktion
komplexer Zahlen

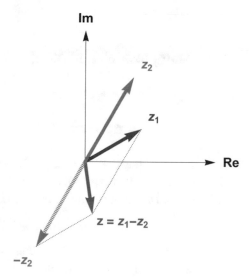

Beispiel 3.2

a) $(1,5+j)+(1+2j)=(1,5+1)+j\,(1+2)=2,5+3j$

b) $(1,5+j)-(1+2j)=(1,5-1)+j\,(1-2)=0,5-j$

Abb. 3.4 Grafische
Darstellung der Multiplikation
komplexer Zahlen

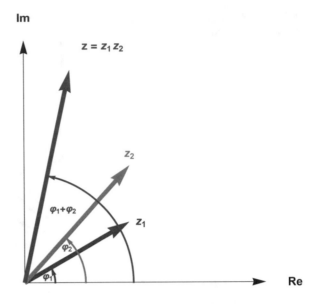

3.3.2 Multiplikation und Division

Sei $z_1 = r_1\,e^{j\varphi_1}$ und $z_2 = r_2\,e^{j\varphi_2}$, dann ist

$$z = z_1 z_2 = r_1 r_2 e^{j(\varphi_1 + \varphi_2)} \quad \text{bzw.} \quad z = \frac{z_1}{z_2} = \frac{r_1}{r_2} e^{j(\varphi_1 - \varphi_2)}. \tag{3.15}$$

Grafische Darstellung der Formeln (3.15) in der komplexen Ebene (s. Abb. 3.4 und 3.5):

Die Eulersche Formel (3.9), das heißt der Zusammenhang zwischen der trigonometrischen und der exponentiellen Form einer komplexen Zahl mit dem Betrag $r = 1$,

$$\cos \varphi + j \sin \varphi = e^{j\varphi},$$

ermöglicht eine exponentielle Darstellung der trigonometrischen Funktionen, d. h. der
Eulerschen Gl. (2.5) und (2.6) (s. Beispiel 3.3).

Beispiel 3.3
Exponentielle Darstellung der trigonometrischen Funktionen grafisch (s. Abb. 3.6):

$$2j \sin t = e^{jt} - e^{-jt} \tag{3.16}$$

$$2 \cos t = e^{jt} + e^{-jt} \tag{3.17}$$

Daraus ergeben sich die Eulerschen Gl. (2.5) und (2.6).

Abb. 3.5 Grafische
Darstellung der Division
komplexer Zahlen

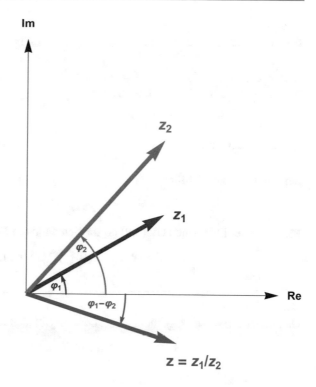

Abb. 3.6 Grafische
Darstellung von $2j \sin t$ und
$2 \cos t$

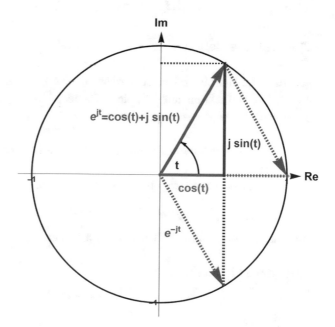

Beispiel 3.4

Gegeben seien $z_1 = 2\,e^{0,52j}$ und $z_2 = 1,3\,e^{0,83j}$. Dann ist:

a) $z = z_1 z_2 = 2 \cdot 1,3\,e^{(0,52+0,83)j} = 2,6\,e^{1,35j}$
b) $z = \frac{z_1}{z_2} = \frac{2}{1,3}\,e^{j(0,52-0,83)j} = 0,769\,e^{-0,31j}$

3.3.3 Potenzieren

Sei $z = r\,e^{j\varphi}$, dann ist für $n \in \mathbb{N}$

$$z^n = r^n e^{jn\varphi}. \tag{3.18}$$

Mit Hilfe der Eulerschen Gl. (3.9) ergibt sich dann die *Formel von Moivre:*

$$z^n = r^n \cos(n\varphi) + jr^n \sin(n\varphi),\ n \in \mathbb{N} \tag{3.19}$$

Beispiel 3.5

Gegeben sei $z = 3\,e^{0,5j}$, gesucht ist z^3. Dann ergibt sich mit

$$z = 3(\cos(0{,}5) + j\sin(0{,}5))$$

und aus (3.19):

$$z^3 = 27{\cdot}e^{1,5j} = 27(\cos(1{,}5) + j\sin(1{,}5)) = 27 \cdot 0{,}0707 + j\,27 \cdot 0{,}997 = 1{,}90 + j\,26{,}93$$

3.3.4 Wurzelziehen

Die Wurzelfunktion ist zunächst nur für positive reelle Zahlen definiert. Wir erweitern nun die Wurzelfunktion auf komplexe Zahlen, indem wir die Exponentialform (3.9) benutzen. Dabei entstehen wegen der Periodizität von (3.9) mehrdeutige Lösungen.

(Wenn wir diese Erweiterung betonen wollen, sprechen wir von *komplexen Wurzeln*.)

Sei $z = r\,e^{j\varphi}$, dann erweitern wir die Wurzelfunktion:

$$w_k := \sqrt[n]{z} := \sqrt[n]{r}\,e^{j\frac{\varphi+k2\pi}{n}} \quad \text{für} \quad k \in \{0, 1, 2, \ldots, n-1\} \text{ und } n \in \mathbb{N} \tag{3.20}$$

Damit hat die n-te komplexe Wurzel aus z n Lösungen!

Begründung für (3.20):
Sei
$$z = r\,e^{j\varphi},$$

dann gilt auch

$$z = r\,e^{j(\varphi+k\,2\pi)} \quad \text{für alle } k \in \mathbb{Z}$$

wegen der Periodizität von (3.7) bzw. (3.9).

Wir nehmen an, es gibt eine Wurzel $a = a_0 e^{j\alpha}$ von z mit

$$z = a^n = (a_0)^n e^{jn\alpha},$$

dann gilt

$$z = r\, e^{j(\varphi + k2\pi)} = (a_0)^n e^{jn\alpha}$$

und somit

$$r = (a_0)^n \quad \text{(Gleichheit der Beträge)} \tag{3.21}$$

und

$$(\varphi + k2\pi) = n\alpha \quad \text{(Gleichheit der Phasenwinkel)}. \tag{3.22}$$

Aus (3.21) folgt

$$a_0 = \sqrt[n]{r}$$

und aus (3.22) folgt

$$\alpha = \frac{(\varphi + k2\pi)}{n}.$$

Zusammengefasst ergeben sich die Wurzeln:

$$w_k := a = \sqrt[n]{z} = \sqrt[n]{r}\, e^{j\frac{\varphi + k2\pi}{n}} \quad \text{für alle} \quad k \in \mathbb{Z}$$

Das sind unendlich viele! Wegen der Periodizität gilt jedoch

$$w_{k+n} = \sqrt[n]{r}\, e^{j\left(\frac{\varphi + (k+n)2\pi}{n}\right)} = \sqrt[n]{r}\, e^{j\left(\frac{\varphi + k2\pi}{n} + \frac{n2\pi}{n}\right)} = w_k \quad \text{für } k \in \{0, 1, 2, \ldots, n-1\}$$

und somit sind nur n Wurzeln verschieden!
Also gilt (3.20).

Beispiel 3.6
Seien $z = -1$ und $n = 2$; gesucht ist $w_k := \sqrt[2]{-1}$. Mit $z = -1 = e^{j\pi}$ gilt:

$$w_k := \sqrt[2]{-1} = \sqrt[2]{1}\, e^{j\frac{\pi + k2\pi}{2}} = e^{j\frac{\pi + k2\pi}{2}} \text{ für } k \in \{0, 1\}$$

Also gibt es zwei Wurzeln (das sind die Lösungen von $x^2 = -1$) (s. Abb. 3.7):

$$w_1 = e^{j\frac{\pi}{2}} = j \text{ und } w_2 = e^{j(\frac{\pi}{2} + \pi)} = -j$$

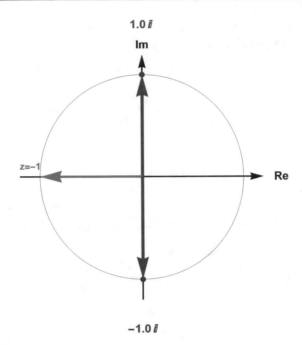

Abb. 3.7 Grafische Darstellung von $w_k := \sqrt[2]{-1} = \pm\mathrm{j}$

Beispiel 3.7

Seien $z = -1$ und $n = 5$; gesucht ist $w_k := \sqrt[5]{-1}$. Mit $z = -1 = e^{\mathrm{j}\pi}$ gilt:

$$w_k := \sqrt[5]{-1} = \sqrt[5]{1}e^{\mathrm{j}\frac{\pi+k2\pi}{5}} = e^{\mathrm{j}\frac{\varphi+k2\pi}{5}} \quad \text{für } k \in \{0, 1, 2, \ldots, 4\}$$

Also sind die 5 Wurzeln von $z = -1$ (s. Abb. 3.8):

$$w_0 = e^{\mathrm{j}\frac{\pi+0\cdot2\pi}{5}} = e^{\mathrm{j}\frac{\pi}{5}} = 0{,}81 + 0{,}59\mathrm{j}$$
$$w_1 = e^{\mathrm{j}\frac{\pi+2\pi}{5}} = e^{\mathrm{j}\frac{3\pi}{5}} = -0{,}31 + 0{,}95\mathrm{j}$$
$$w_2 = e^{\mathrm{j}\frac{\pi+4\pi}{5}} = e^{\mathrm{j}\frac{5\pi}{5}} = -1$$
$$w_3 = e^{\mathrm{j}\frac{\pi+6\pi}{5}} = e^{\mathrm{j}\frac{7\pi}{5}} = -0{,}31 - 0{,}95\mathrm{j}$$
$$w_4 = e^{\mathrm{j}\frac{\pi+8\pi}{5}} = e^{\mathrm{j}\frac{9\pi}{5}} = 0{,}81 - \mathrm{j}0{,}59$$

Beispiel 3.8

Grafische Darstellung von komplexen Wurzeln aus $(-1+\mathrm{j})$ (s. Abb. 3.9):

$$w_k := \sqrt[n]{-1+\mathrm{j}} \quad \text{für } n = 2, 3, \ldots, 5$$

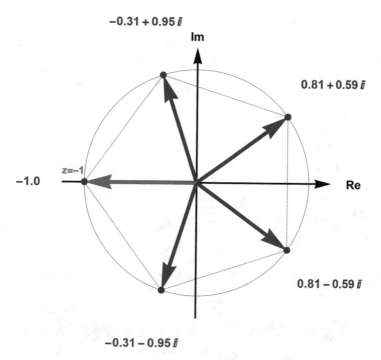

Abb. 3.8 Grafische Darstellung von $w_k := \sqrt[5]{-1}$. Siehe auch CDF-Animation zu Abb. 3.9

3.3.5 Logarithmieren

Die Logarithmusfunktion ist wie die Wurzelfunktion zunächst nur für positive reelle Zahlen definiert. Wenn man auch die Logarithmusfunktion auf komplexe Zahlen erweitern will, benutzt man die Exponentialdarstellung (3.9). Da diese periodisch, d. h. unendlich-vieldeutig ist, erhält man auch hier mehrdeutige Lösungen. Allerdings sind das unendlich-vieldeutige Lösungen.

Sei $z = r\,e^{j\varphi} = r\,e^{j(\varphi + k 2\pi)}$ für $k \in \mathbb{Z}$, dann ist:

$$\ln z = \ln\left(r\,e^{j(\varphi + k 2\pi)}\right) = \ln\,r + j(\varphi + k\,2\pi) \quad \text{für} \quad k \in \mathbb{Z} \tag{3.23}$$

Es gibt also unendlich viele Lösungen (s. Abb. 3.10).

$$\mathbf{log}\,z = \ln\,r + j\,\varphi \text{ heißt } \boldsymbol{\mathit{Hauptwert}} \text{ von } \ln\,z. \tag{3.24}$$

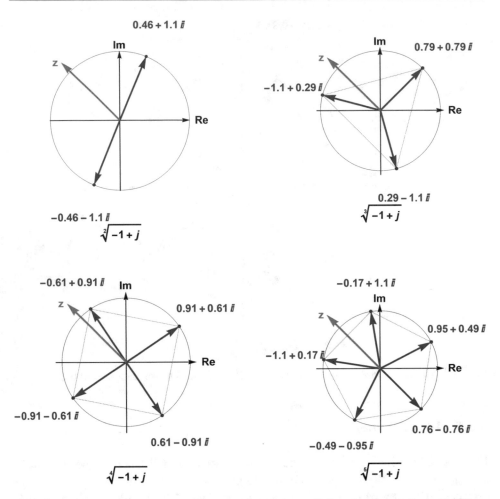

Abb. 3.9 Grafische Darstellung von Wurzeln aus $-1+j$. Die CDF-Animation zu dieser Abbildung ist unter der zu Beginn des Kapitels angegebenen DOI abrufbar. Nur mit CDF-Player abspielbar

Beispiel 3.9

Sei $a > 0$ und $z = -a = ae^{j\pi}$. Daraus folgt $\log(-a) = \ln(a) + j\,\pi$ (s. Abb. 3.10).

Somit ist der Logarithmus von **negativen** (reellen) Zahlen als komplexe Zahl definiert!

Beispiel 3.10

a) Sei $z = -1 = 1e^{j\pi}$. Daraus folgt $\log z = \ln 1 + j\,\pi = j\,\pi$.

b) Sei $z = 3 + j\,4 = 5e^{j\,0,93}$. Daraus folgt $\log z = \ln 5 + j\,0,93 = 1,6 + j\,0,93$.

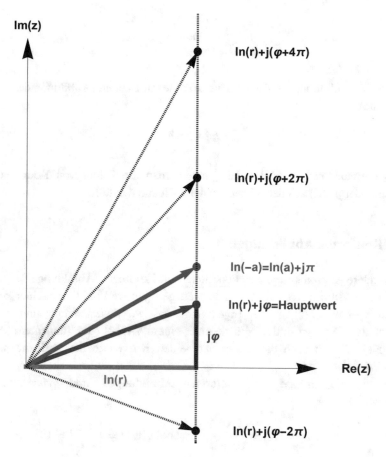

Abb. 3.10 Grafische Darstellung von $\log z$ und $\log(-a)$

3.4 Komplexwertige Abbildungen

Bei der Beschreibung von Wechselstromkreisen werden komplexwertige Widerstände eingeführt. Für manche Berechnungen benötigt man auch die Reziprokwerte der komplexen Widerstände, die sogenannten Leitwerte. Der Übergang von komplexen Widerständen zu komplexen Leitwerten ist eine komplexwertige Abbildung $f: z \to \frac{1}{z}$ (Inversion) von komplexen Werten.

In diesem Kapitel werden solche komplexwertigen Funktionen einer komplexen Variablen $w = f(z)$ behandelt. Dies sind Abbildungen von $\mathbb{C}$ nach $\mathbb{C}$. Man kann sie darstellen entweder durch eine Kombination von zwei Funktionen, das heißt Realteilfunktion und Imaginärteilfunktion

$$f_R : z \to Re(w), \quad z \in \mathbb{C}$$
$$\text{und}$$
$$f_I : z \to Im(w), \quad z \in \mathbb{C},$$

oder durch die Abbildung f zwischen zwei komplexen Ebenen (Abbildung der z-Ebene in die w-Ebene):

$$f : z \to w$$
$$\mathbb{C} \to \mathbb{C}$$

Die Beschreibung von f erfolgt dann, indem man die Bilder von Koordinatenlinien (kartesisch oder polar) aus der z-Ebene in der w-Ebene darstellt.

3.4.1 Konforme Abbildungen

Eine besondere Art von komplexen Funktionen sind konforme Abbildungen.

Konforme Abbildungen sind komplexwertige injektive Funktionen einer komplexen Variablen $z \to w = f(z)$ mit der Eigenschaft, dass sie *„winkeltreu"* sind. Das heißt: Wenn sich zwei Kurven in der z-Ebene unter einem Winkel (der Tangenten) schneiden, dann schneiden sich auch die Bilder der beiden Kurven in der w-Ebene unter dem gleichen Winkel.

Eine spezielle Gruppe von konformen Abbildungen sind *gebrochen lineare* Abbildungen der Form

$$z \to w = f(z) = \frac{az + b}{cz + d}, \quad \text{wobei gilt } D = \begin{vmatrix} a & b \\ c & d \end{vmatrix} \neq 0. \tag{3.25}$$

Sie heißen auch *Möbius-Transformationen*. Gebrochen lineare Abbildungen bilden Kreise oder Geraden der z-Ebene in Kreise oder Geraden in der w-Ebene ab. Wenn man Geraden in $\mathbb{C}$ als Kreise mit „unendlich großem Radius" auffasst, die den „Punkt ∞" enthalten, dann kann man verkürzt sagen:

(Merkregel)
Gebrochen lineare Abbildungen bilden „Kreise" im z-Raum auf „Kreise" im w-Raum ab.

Dies nennt man *„Kreisverwandtschaft"*. Anschaulich deutlich wird dies mit dem Konzept der *Riemannschen Zahlenkugel.*

3.4.2 Darstellung von $\mathbb{C}$ mit der Riemannschen Zahlenkugel

Eine Alternative zur Darstellung der komplexen Zahlen in der Ebene $\mathbb{C}$ ist die Darstellung als Riemannsche Zahlenkugel. Dabei werden die Punkte der komplexen Ebene auf eine Kugeloberfläche mit Hilfe von Projektionslinien zum „Nordpol" der Kugel abgebildet (stereografische Projektion)[2]. Das Bild $\tilde{z}$ einer komplexen Zahl $z \in \mathbb{C}$ ist dann der Schnittpunkt der Projektionslinie von z mit der Kugeloberfläche (s. Abb. 3.11). In dieser Darstellung wird der Punkt „∞" (= „Nordpol" der Kugel) als zusätzliche komplexe Zahl eingeführt. Damit hat man eine *erweiterte Menge* der komplexen Zahlen $\overline{\mathbb{C}} = \mathbb{C} \cup \{\infty\}$.

Geraden in $\mathbb{C}$ werden dann mit dieser Projektion auf Kreise auf der Kugeloberfläche durch den Punkt ∞ abgebildet, und Kreise in $\mathbb{C}$ werden auf Kreise auf der Kugeloberfläche abgebildet (s. Abb. 3.12 und auch T. Needham 2001, S. 164).

Eine wichtige konforme Abbildung ist die **Inversion:**

$$f : z \rightarrow w = f(z) = \frac{1}{z}$$

Die Inversion stellt sich auf der Riemannschen Zahlenkugel als „Spiegelung" der Kugeloberfläche an ihrem „Äquator" dar. Dabei werden „Nordpol" und „Südpol" vertauscht und **Kreise** in **Kreise** abgebildet.

Beispiel 3.11
Die Inversion $f : z \rightarrow w = f(z) = \frac{1}{z}$ kann dargestellt werden, indem man die kartesischen Koordinatenlinien in der komplexen z-Ebene mit $w = \frac{1}{z}$ in die komplexe w -Ebene abbildet (s. Abb. 3.13 und 3.14).

Detailansicht eines Bereichs und dessen Abbildung mit $w = \frac{1}{z}$ (s. Abb. 3.14):

Neben **Winkeltreue** und **Kreisverwandtschaft** hat die Inversion noch andere Eigenschaften (s. Beispiele 3.12 bis 3.15).

Eigenschaften der Inversion
- Das Innere des Einheitskreises in der z-Ebene wird in das Äußere des Einheitskreises in der w- Ebene abgebildet und umgekehrt (s. Abb. 3.15).
- Der Einheitskreis wird auf den Einheitskreis abgebildet.
- Kreise um 0 werden auf Kreise um 0 abgebildet (s. Abb. 3.15).
  (Begründung: aus $z = r\,e^{j\varphi}$ folgt $w = \frac{1}{z} = \frac{1}{r}e^{-j\varphi}$)
- Die obere Halbebene in der z-Ebene wird auf die untere Halbebene in der w-Ebene abgebildet und umgekehrt (s. Abb. 3.16).

---

[2]Bei der ursprünglichen stereografischen Projektion liegt die komplexe Ebene in der Äquatorebene; s.T. Needham, 2001, S. 162.

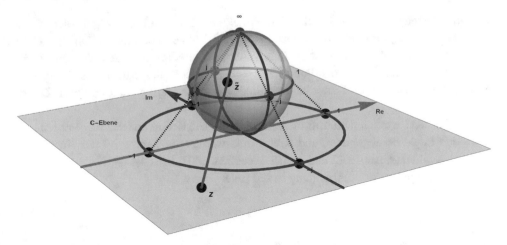

Abb. 3.11 Riemannsche Zahlenkugel: $\mathbb{C}$ wird auf eine Kugeloberfläche abgebildet. Im Video ▶ sn.pub/UmQzqQ sieht man die Riemannsche Zahlenkugel von allen Seiten

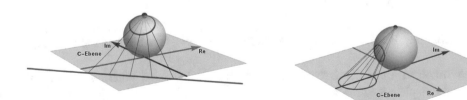

Abb. 3.12 Riemannsche Zahlenkugel: Kreise und Geraden werden auf Kreise abgebildet. Im 1. Video ▶ sn.pub/Ho1eb7 sieht man, dass die Projektionen von Geraden Kreise auf der Kugel sind. Im 2. Video ▶ sn.pub/1vsiHi sieht man, dass die Projektionen von Kreisen Kreise auf der Kugel sind

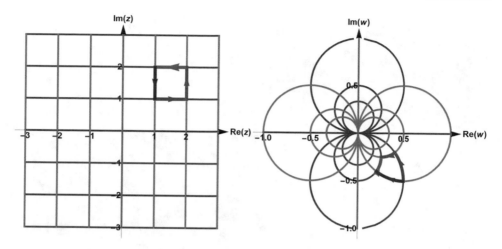

Abb. 3.13   Inversion des kartesischen Koordinatennetzes

Abb. 3.14   Inversion eines Teilquadrats im kartesischen Koordinatennetz

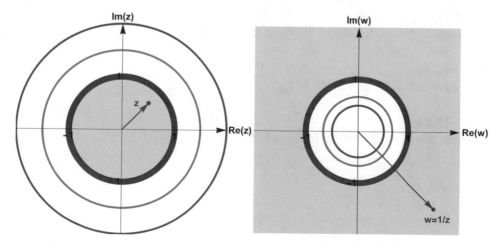

Abb. 3.15   Inversion: Konzentrische Kreise werden zu konzentrischen Kreisen

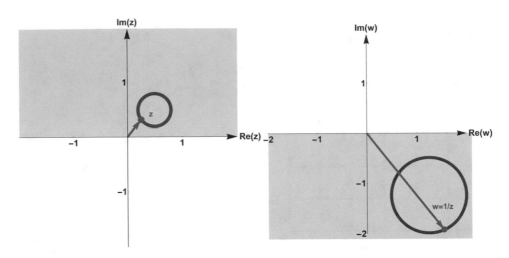

Abb. 3.16 Inversion: Die obere Halbebene wird zur unteren Halbebene und Kreise, die nicht durch 0 gehen, zu Kreisen nicht durch 0

- Geraden durch den Nullpunkt werden auf Geraden durch den Nullpunkt abgebildet (s. Abb. 3.17).
- Geraden, die **nicht** durch den Nullpunkt gehen, werden auf Kreise durch den Nullpunkt abgebildet und umgekehrt (s. Abb. 3.17 und 3.18).
- Kreise, die **nicht** durch den Nullpunkt gehen, werden auf Kreise **nicht** durch den Nullpunkt abgebildet (s. Abb. 3.16).

Beispiel 3.12
Inversion von Kreisen mit Mittelpunkt $(0+j0)$ (s. Abb. 3.15).

Beispiel 3.13
Inversion der oberen Halbebene und von Kreisen (s. Abb. 3.16).

Beispiel 3.14
Inversion eines Dreiecks (s. Abb. 3.17).

Beispiel 3.15
Inversion zweier verschobener Kreise (s. Abb. 3.18)

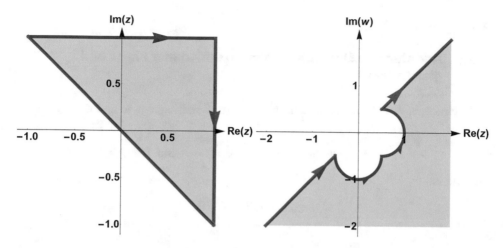

Abb. 3.17 Inversion eines Dreiecks: Geraden außerhalb des Einheitskreises werden zu Kreisen innerhalb des Einheitskreises

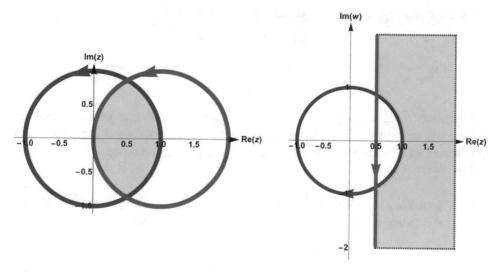

Abb. 3.18 Inversion verschobener Kreise: Ein Kreis durch 0 wird zu einer Geraden, die nicht durch 0 geht

3.5   Anwendungen

3.5.1   Addition von Sinusfunktionen verschiedener Phase und gleicher Frequenz

Wir betrachten zwei Sinusfunktionen mit gleicher Kreisfrequenz ω und den Phasen φ_1 bzw. φ_2:

$$u_1\,(t) = A_1 \sin\,(\omega t + \varphi_1) \quad \text{und} \quad u_2(t) = A_2 \sin\,(\omega t + \varphi_2)$$

Gesucht ist

$$u_3(t) = u_1(t) + u_2(t),$$

also

$$u_3(t) = A_3 \sin\,(\omega t + \varphi_3) = A_1 \sin\,(\omega t + \varphi_1) + A_2 \sin\,(\omega t + \varphi_2).$$

Die Berechnung von $u_3(t)$ mit Hilfe der Additionstheoreme ist aufwendig. Man kann dies jedoch auf eine einfache Addition in der komplexen Ebene zurückführen. Dazu benutzen wir **komplexe Zeiger:** Die phasenverschobene Sinusfunktion

$$u(t) = A \sin\,(\omega t + \varphi)$$

ist der Imaginärteil der komplexen Zahl

$$\underline{u}(t) = Ae^{\mathrm{j}(\omega t+\varphi)} = A \cos\,(\omega t + \varphi) + \mathrm{j}A \sin\,(\omega t + \varphi).$$

Geometrisch ist dies ein mit zunehmendem t rotierender Zeiger in der komplexen Ebene. Wir betrachten nun die Erweiterung der Sinusfunktion $u(t)$ zur komplexen Zahl $\underline{u}(t)$ anstatt $u\,(t)$. Wenn wir $t=0$ setzen, vereinfacht sich die Rechnung:

$$\underline{u} := \underline{u}(0) = Ae^{\mathrm{j}\varphi}$$

$\underline{u}$ heißt dann **komplexer Zeiger** von $u(t)$. Das ist eine komplexe Zahl in Exponentialdarstellung mit Betrag A und Winkel φ. Somit erhalten wir die Zuordnung:

$$\mathrm{K}: u(t) = A \sin\,(\omega t + \varphi) \rightarrow \underline{u} = Ae^{\mathrm{j}\varphi} \tag{3.26}$$

Dies ist eine Abbildung der phasenverschobenen Sinusfunktion $u\,(t)$ mit fester Kreisfrequenz ω auf den *„komplexen Zeiger"* $\underline{u}$ in der komplexen Ebene. Die Phasenverschiebung φ von $u(t)$ wird dann zum Winkel und die Amplitude A zum Betrag des komplexen Zeigers $\underline{u}$.

Die Zeigerdarstellungen $\underline{u}_1$ und $\underline{u}_2$ der Sinusfunktionen $u_1(t)$ und $u_2(t)$ kann man als komplexe Zahlen addieren:

$$\underline{u}_3 = \underline{u}_1 + \underline{u}_2 = A_3\,e^{\mathrm{j}\varphi_3}$$

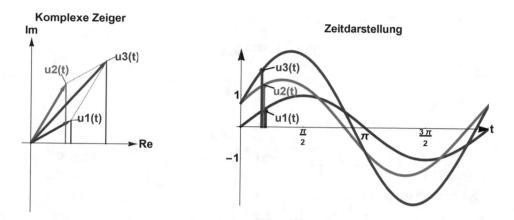

Abb. 3.19 Die Addition von Sinusfunktionen mit gleicher Frequenz wird mit (3.26) zur Addition komplexer Zeiger. Im Video ▶ sn.pub/Idqgck sieht man, dass die Differenzen der Phasenwinkel zeitunabhängig sind, sodass es für die Berechnung von A_3 und φ_3 genügt, $t=0$ zu betrachten

Die gesuchte zeitabhängige Sinusfunktion

$$u_3(t) = A_3 \sin(\omega t + \varphi_3)$$

erhält man dann durch die umgekehrte Anwendung der Zuordnung (K). (K) ist eine eineindeutige Abbildung, sodass die umgekehrte Anwendung zu eindeutigen Ergebnissen führt. Mit Hilfe dieser Zuordnung (K) kann man also Sinusfunktionen gleicher Frequenz und verschiedener Phase $u_1(t)$ und $u_2(t)$ einfacher addieren (s. Abb. 3.19).

Beispiel 3.16

Für alle $t \in \mathbb{R}$ und geeignetes $\omega \in \mathbb{R}$ seien gegeben:

$$u_1(t) = 2\sin\left(\omega t + \frac{\pi}{3}\right) \quad \text{und} \quad u_2(t) = \sin\left(\omega t + \frac{\pi}{4}\right)$$

Gesucht ist $u(t) = u_1(t) + u_2(t)$.

Dann ist mit (3.26) der Zuordnung (K)

$$\underline{u_1} = 2e^{j\frac{\pi}{3}} \text{ und } \underline{u_2} = e^{j\frac{\pi}{4}}$$

und

$$\underline{u} = \underline{u_1} + \underline{u_2} = 2e^{j\frac{\pi}{3}} + e^{j\frac{\pi}{4}}.$$

In kartesischer Form ergibt sich

$$\underline{u} = 2\cos\left(\frac{\pi}{3}\right) + j\,2\sin\left(\frac{\pi}{3}\right) + \cos\left(\frac{\pi}{4}\right) + j\sin\left(\frac{\pi}{4}\right) = 1,707 + j\,2,439$$

und in exponentieller Form:

$$\underline{u} = 2,977e^{j0,96}$$

Somit ist mit der Zuordnung (K) (3.26):

$$u(t) = 2,977\sin\left(\omega t + 0,96\right)$$

Zur grafischen Darstellung siehe Abb. 3.20.

3.5.2 Wechselstromtechnik

In der Wechselstromtechnik werden induktive und kapazitive Widerstände abhängig von der jeweiligen Kreisfrequenz ω mit komplexen Werten beschrieben. Z. B. schreibt man bei Reihenschaltung eines Ohmschen Widerstands R, einer Induktivität L und einer Kapazität C (s. Abb. 3.21):

$$Z = R + jX$$

Abb. 3.20 Addition von Sinusfunktionen als Zeigerdiagramm (zu Beispiel 3.16)

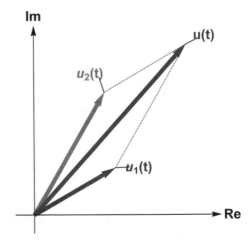

Abb. 3.21 *R-L-C*-Glied

Der Imaginärteil X von Z heißt Blindwiderstand. Dieser setzt sich zusammen aus dem induktiven Widerstand ωL und dem kapazitiven Widerstand $\frac{1}{\omega C}$:

$$Z = R + j\,X = R + j\omega L + \frac{1}{j\omega C} = R + j\left(\omega L - \frac{1}{\omega C}\right)$$

Der komplexe Widerstand Z ist somit frequenzabhängig:

$$Z(\omega) = R + j\left(\omega L - \frac{1}{\omega C}\right)$$

Die Darstellung dieser Frequenzabhängigkeit in der komplexen Widerstandsebene ergibt die sogenannte **Ortskurve.** In manchen Fällen ist es günstig, mit den reziproken Werten der Widerstände zu rechnen, den sogenannten **Leitwerten** $Y = \frac{1}{Z}$. Die Frequenzabhängigkeit des Leitwerts $Y(\omega)$ wird dann mit Hilfe der Inversion der Ortskurve, der **Leitwertkurve,** in der komplexen Leitwertebene dargestellt (s. Abb. 3.22):

$$Y(\omega) = \frac{1}{Z(\omega)} \tag{3.27}$$

ω_0 ist die Kreisfrequenz, bei der der Blindwiderstand (z. B. bei der Reihenschaltung von R, L und C) $X(\omega) = \left(\omega L - \frac{1}{\omega C}\right) = 0$ ist. Sie heißt *Resonanzfrequenz.* ω_0 ergibt sich aus der **Thomsonschen Schwingungsgleichung**

$$\omega_0 = \frac{1}{\sqrt{LC}}.$$

3.5.3 Hochfrequenztechnik: Smith-Diagramm

Das Smith-Diagramm wird bei der Optimierung der Übertragung von hochfrequenten elektromagnetischen Wellen auf einer elektrischen Leitung benutzt. Dabei wird das *Impedanz Verhältnis* $z = \frac{\text{Abschlusswiderstand}}{\text{Wellenwiderstand}}$ einer Leitung abgebildet auf den *Reflexionsfakor* w (= Verhältnis der Amplituden von rücklaufender und vorlaufender Welle auf der Leitung). Für mehr Details siehe https://de.wikipedia.org/wiki/Smith-Diagramm. Dabei ergibt sich die komplexwertige Abbildung

$$f : z \to w = f(z) = \frac{z-1}{z+1}. \tag{3.28}$$

Die Abbildung f (s. Abb. 3.23) ist eine konforme Abbildung vom Typ (3.25).

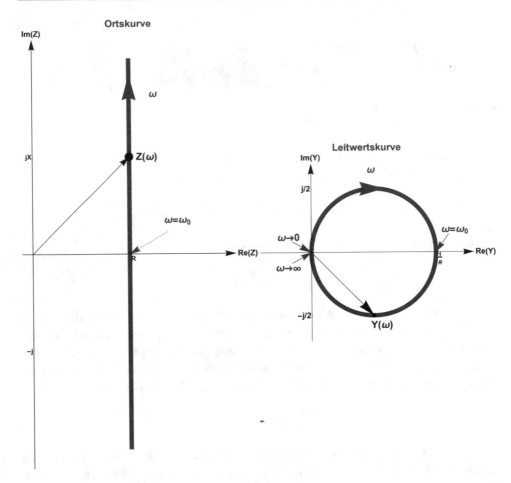

Abb. 3.22 Inversion der Ortskurve. Im Video ▶ sn.pub/RL9DeG sieht man die Ortskurve und die Leitwertkurve in Abhängigkeit von der Kreisfrequenz

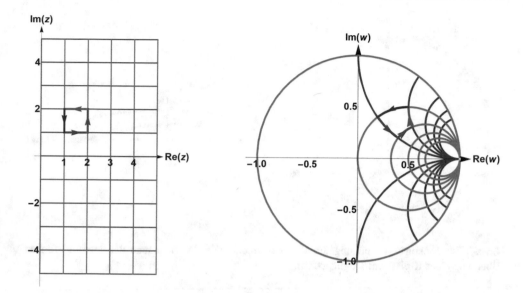

Abb. 3.23   Smith-Diagramm (Skizze)

3.5.4   Joukowski-Abbildung

Diese nichtkonforme komplexe Abbildung spielt in der Strömungstheorie eine Rolle (s. B. Simon 2015, S. 339 und T. Arens et al. 2012, S. 1119):

$$f : z \to w = \mathrm{f}(z) = \frac{1}{2}\left(z + \frac{1}{z}\right) \tag{3.29}$$

Mit dieser Abbildung können Strömungsverhältnisse am Kreis studiert und dann auf Flügel-profile abgebildet werden (s. Abb. 3.24; mehr Details dazu in T. Arens et al. 2012, S. 1119).

3.5.5   Die komplexe Exponentialabbildung

Die Erweiterung der e-Funktion $f(z) = e^z$ auf komplexe Argumente $z \in \mathbb{C}$ führt zu einer Abbildung, die die linke Halbebene der z-Ebene in das Innere des Einheitskreises in der Bildebene abbildet (s. Abb. 3.25). Die imaginäre Achse wird dabei zum Einheitskreis $z = \mathrm{j}t \to e^{\mathrm{j}t}$ für $t \in \mathbb{R}$. Die Abbildung wird benutzt in der diskreten Signalverarbeitung (z. B. bei Z-Transformationen).[3] Sie spielt auch eine zentrale Rolle bei der Eulerschen Formel (2.4), die die Beziehungen zwischen der Exponentialfunktion und den trigono-metrischen Funktionen beleuchtet:

$$e^{\mathrm{j}t} = \cos(t) + \mathrm{j}\sin(t)$$

---

[3]s. I.Bronstein et al. 1999, S. 735; W. Strampp et al. 2004, S. 203.

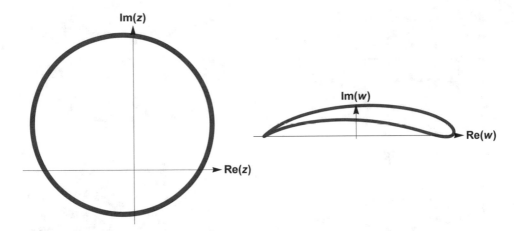

Abb. 3.24 Joukowski-Abbildung. Im Video ▶ sn.pub/hYaYJV sieht man den kontinuierlichen Übergang eines Kreises zur Tragflügelform

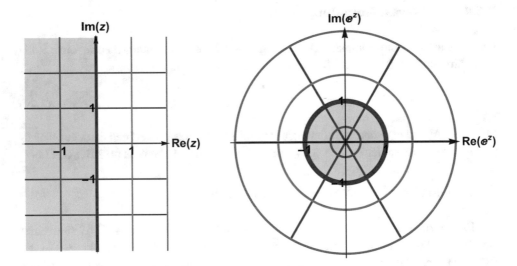

Abb. 3.25   Die Abbildung z − Ebene $w = e^z$ w − Ebene

$z \rightarrow w = ez$

Zahlenfolgen und Reihen

4

In diesem Kapitel werden Begriffe wie Zahlenfolgen, Zahlenreihen, Konvergenz und Grenzwerte eingeführt. Folgen, die Grenzwerte haben, liefern Aussagen über die „Feinstruktur" der reellen Zahlen und erweitern die Menge der rationalen Zahlen $\mathbb{Q}$ zur Menge der reellen Zahlen $\mathbb{R}$. Indem man Grenzwerte von konvergenten Folgen hinzunimmt, werden die reellen Zahlen „vollständig". Dazu gehören die bekannten Konstruktionen irrationaler Zahlen wie e und π. Grenzwerte von Folgen bilden auch die Grundlage für die Analysis und eröffnen den Zugang zur Differential- und Integralrechnung.

Aufbauend auf diesen Begriffen werden in den Kap. 5 und 6 Eigenschaften von Funktionen wie Stetigkeit und Differenzierbarkeit definiert und demonstriert. Zahlenreihen bilden die Basis für Funktionenreihen wie Potenzreihen und Taylor-Reihen in Kap. 7.

4.1 Zahlenfolgen

Die einfachste und bekannteste Zahlenfolge ist die der natürlichen Zahlen $\mathbb{N} = \{1, 2, 3, \ldots, n, \ldots\}$. Sie ist geordnet und hat unendlich viele Elemente. Die Werte übersteigen auch alle Grenzen. Interessantere Folgen sind jedoch solche Folgen, die Grenzwerte haben, z. B. $\left\{1, \frac{1}{2}, \frac{1}{3}, \ldots, \frac{1}{n}, \ldots\right\}$. Hier häufen sich die Werte in der Nähe von 0. Wir beginnen zunächst mit den formalen Definitionen.

Definition 4.1

1. Eine geordnete Menge von (reellen oder komplexen) Zahlen
   $\{a_1, a_2, a_3, \ldots, a_n, \ldots\} = \{a_n\}_{n \in \mathbb{N}}$ heißt ***Zahlenfolge*** oder ***Folge.***
2. Die Zahlen a_n, $n \in \mathbb{N}$ heißen ***Folgenglieder*** oder Elemente der Folge.

© Springer Fachmedien Wiesbaden GmbH, ein Teil von Springer Nature 2020
H. Cycon, *Mathematik visuell und interaktiv,*
https://doi.org/10.1007/978-3-658-30245-0_4

3. Eine Folge $\{a_n\}_{n\in\mathbb{N}}$ heißt **konvergent** und hat den **Grenzwert** g, wenn gilt: Für alle (noch so kleine) $\varepsilon > 0$ gibt es ein $n_0 \in \mathbb{N}$, sodass für alle $n > n_0$ gilt

$$|a_n - g| < \varepsilon.$$

Formale Schreibweise von Definition 4.1.3 mit Quantoren:

$$\bigwedge_{\varepsilon>0} \bigvee_{n_0\in\mathbb{N}} \bigwedge_{n>n_0} (|a_n - g| < \varepsilon) \tag{4.1}$$

Andere Schreibweisen:

$\{a_n\}_{n\in\mathbb{N}}$ ist konvergent mit dem Grenzwert g genau dann, wenn

$$\lim_{n\to\infty} a_n = g \text{ oder } a_n \to g, n \to \infty.$$

Wir fassen zunächst die wesentlichen Eigenschaften und Begriffe von Folgen zusammen und zeigen dann an Beispielen das verschiedene Verhalten von Folgen.

Bemerkung 4.1

1. g ist Grenzwert, wenn in einer beliebig kleinen ε-Umgebung $U_\varepsilon(g) := (g - \varepsilon, g + \varepsilon)$ von g **fast alle** (d. h. alle bis auf endlich viele) Elemente der Folge liegen.
2. Eine konvergente Folge hat nur einen Grenzwert.
3. Wenn eine Folge monoton wachsend und nach oben beschränkt ist, ist sie konvergent, auch wenn der Grenzwert nicht bekannt ist (zum Beweis s. G. Bärwolff 2006, S. 83).
4. Wenn eine Folge nicht konvergent ist, heißt sie **divergent.**
5. Eine Folge mit $\lim_{n\to\infty} a_n = 0$ heißt **Nullfolge.**

Beispiel 4.1

Betrachte die Folge $\{a_n\}_{n\in\mathbb{N}} = \left\{\frac{1}{n}\right\}_{n\in\mathbb{N}}$, dann gilt $\lim_{n\to\infty} \frac{1}{n} = 0$, d. h. $\left\{\frac{1}{n}\right\}_{n\in\mathbb{N}}$ ist eine **Null-folge,** denn für eine (beliebig kleine) ε-Umgebung von 0, $U_\varepsilon(0) := (-\varepsilon, \varepsilon)$, liegen fast alle Elemente der Folge in $U_\varepsilon(0)$. Das heißt: Wenn $\varepsilon = \frac{1}{100}$ ist, dann liegen alle Elemente $a_n = \frac{1}{n}$ mit $n > n_0 = 100$ in $U_\varepsilon(0)$ und 99 außerhalb. Wenn $\varepsilon = \frac{1}{1000}$ ist, dann liegen alle Elemente $a_n = \frac{1}{n}$ mit $n > n_0 = 1000$ in $U_\varepsilon(0)$ und 999 außerhalb (s. Abb. 4.1).

Beispiel 4.2: e-Folge (s. Abb. 4.2)

$$a_n = \left(1 + \frac{1}{n}\right)^n$$

Die Folge ist monoton wachsend, d. h. die Folgenelemente werden immer größer, aber sie ist auch beschränkt nach oben. Man kann zeigen, dass $a_n < 3$ gilt. Damit ist die Folge konvergent. Der Grenzwert ist

$$\lim_{n\to\infty} \left(1 + \frac{1}{n}\right)^n = e = 2{,}718\ldots$$

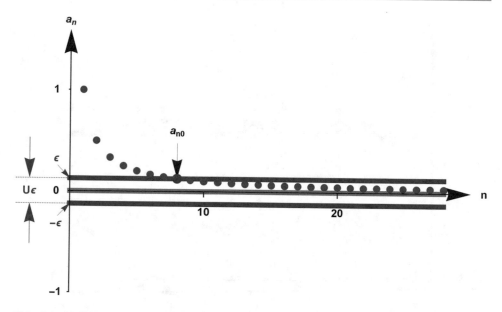

Abb. 4.1 Nullfolge 1/n. Im Video ▸ sn.pub/LWUANE sieht man, wie sich die Folgenelemente von oben dem Grenzwert 0 nähern, dass nur endlich viele Folgenelemente außerhalb von $U_\varepsilon(0)$ liegen und wie die Anzahl n_0 der außerhalb von $U_\varepsilon(0)$ liegenden Folgenelemente endlich bleibt, wenn ε kleiner wird

Die Zahl e heißt **Eulersche Zahl** und ist nach L. Euler benannt. Euler hat sie untersucht und bis auf 18 Ziffern berechnet (s. C.A. Pickover 2009, S. 166). Sie wurde von J. Bernoulli aus einer angenommenen Kapitalverzinsung von $\frac{1}{n}$ ($\cong \frac{100}{n}\%$) eines Kapitals K pro Zinszyklus bei n Zyklen bestimmt: $K \cdot \left(1 + \frac{1}{n}\right)^n$. Im Grenzübergang, wenn die Anzahl der Zyklen $n \to \infty$ geht, ergibt sich (T. Crilly 2007, S. 24):

$$K \cdot \lim_{n \to \infty} \left(1 + \frac{1}{n}\right)^n = K \cdot e = K \cdot 2{,}71828\ldots$$

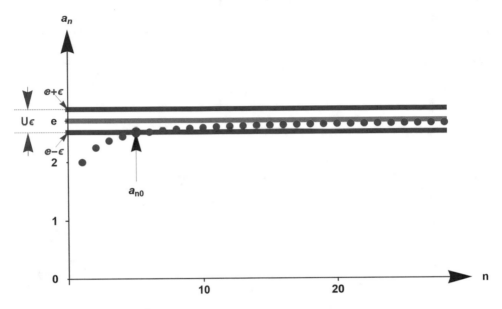

Abb. 4.2 e-Folge $\left(1 + \frac{1}{n}\right)^n$. Im Video ▸ sn.pub/HP3F9d sieht man, dass nur endlich viele Folgen-elemente außerhalb von $U_\varepsilon(e)$ liegen, wie sie sich dem Grenzwert 0 nähern und wie die Anzahl n_0 der außerhalb von $U_\varepsilon(0)$ liegenden Folgenelemente endlich bleibt, wenn ε kleiner wird.

Beispiel 4.3

$$a_n = 1 + (-1)^n 1/n$$

Die Folgenelemente konvergieren von zwei Seiten zum Grenzwert $g = 1$ (s. Abb. 4.3).

Definition 4.2
Häufungspunkte sind Werte, für die in jeder ε-Umgebung unendlich viele Glieder der Folge liegen.

Grenzwerte sind Häufungspunkte, aber nicht jeder Häufungspunkt ist Grenzwert! Das bedeutet: Wenn eine Folge mehr als einen Häufungspunkt hat, liegen unendlich viele Elemente außerhalb der Umgebung $U_\varepsilon(h)$ eines der Häufungspunkte h und somit ist die Folge nicht konvergent.

Beispiel 4.4: Folge mit zwei Häufungspunkten
Die Folge $a_n = \left((-1)^n + \frac{1}{n}\right)$ hat die beiden Häufungspunkte $h_1 = 1$ und $h_2 = -1$ und ist damit divergent (s. Abb. 4.4).

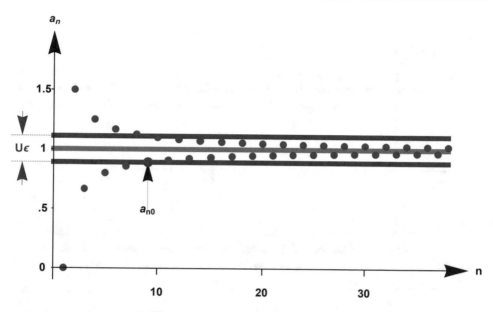

Abb. 4.3 Die Folge $\left(1 + \frac{(-1)^n 1}{n}\right)$. Im Video ▸ sn.pub/h3NdDo sieht man, wie die Folgenelemente sich alternierend von oben und unten dem Grenzwert 1 nähern, dass nur endlich viele Folgenelemente außerhalb von $U_\varepsilon(1)$ liegen und wie die Anzahl n_0 der außerhalb von $U_\varepsilon(0)$ liegenden Folgenelemente endlich bleibt, wenn ε kleiner wird

Beispiel 4.5: Divergente Folge $a_n = n^3$ (s. Abb. 4.5)
Die Folge $a_n = n^3$ geht gegen ∞, d. h., die Folge wächst über alle Grenzen. Für jede beliebig große Zahl G gibt es ein a_n, sodass gilt $a_n > G$. Sie hat also keinen Grenzwert und ist damit divergent.

Komplexwertige Folgen
Statt Folgen mit reellen Zahlen kann man auch komplexwertige Folgen betrachten, die gegen einen Grenzwert $g \in \mathbb{C}$ konvergieren. Der Konvergenzbegriff ist dann völlig analog definiert. Hier ist die ε-Umgebung $U_\varepsilon(g)$ von g eine Kreisfläche mit dem Mittelpunkt g und dem Radius ε.

Beispiel 4.6

Für $z_n = \left(\frac{1}{n+j}\right)^n + g$ gilt $\lim\limits_{n\to\infty} z_n = g$. Das heißt, die komplexe Folge $\{z_n\}_{n\in\mathbb{N}}$ „spiralt" gegen den Grenzwert g (s. Abb. 4.6).

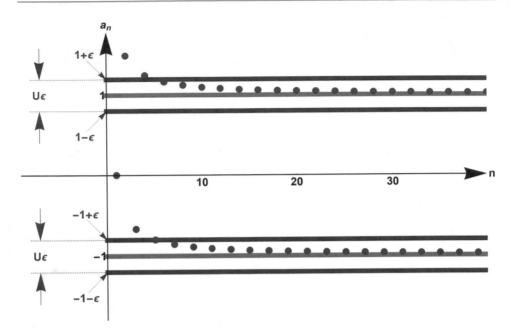

Abb. 4.4   Die Folge $((-1)^n + \frac{1}{n})$. Im Video ▸ sn.pub/jnqguk sieht man, wie die Folgenelemente sich alternierend dem oberen Häufungspunkt $h_1 = 1$ und dem unteren Häufungspunkt $h_2 = -1$ nähern. Damit gibt es keinen Grenzwert der Folge

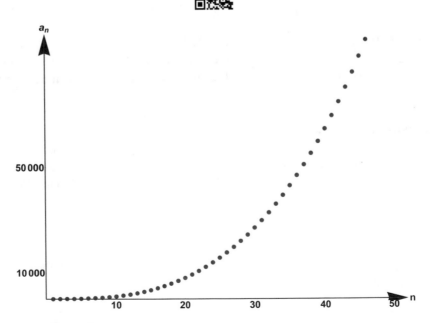

Abb. 4.5   Die Folge n^3

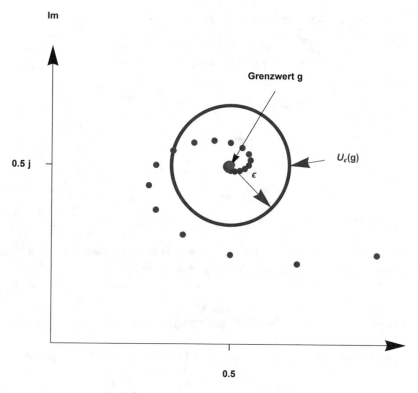

Abb. 4.6 Die Folge $z_n = \left(\frac{1}{1+j}\right)^n + g$. Im Video ▸ sn.pub/7Bx26Y sieht man, wie die komplexe Folge $\{z_n\}$ mit wachsendem n in die ε-Umgebung $U_\varepsilon(g)$ hineinwandert und zum Grenzwert g konvertiert

4.2 Zahlenreihen

Wenn man die Elemente einer Zahlenfolge addieren will, entstehen Probleme. Abgesehen davon, dass man nicht unendlich oft addieren kann, führt schon unterschiedliches Zusammenfassen von Gliedern zu widersprüchlichen Ergebnissen, z. B.:

$$S = 1 - 1 + 1 - 1 + 1 - 1 \ldots = (1 - 1) + (1 - 1) + (1 - 1) \ldots = 0$$
$$S = 1 - 1 + 1 - 1 + 1 - 1 + 1 \ldots = 1 + (-1 + 1) + (-1 + 1) + (-1 + 1) \ldots = 1$$

Daher definiert man einen neuen Begriff über die Folge der Partialsummen, den der „Reihe".

Sei $\{a_n\}_{n\in\mathbb{N}}$ eine Zahlenfolge. Betrachte die Summe S:

$$S = \underbrace{a_0}_{s_0} + a_1 + a_2 + a_3 + \ldots + a_n + \ldots$$

$$\underbrace{\hspace{4cm}}_{s_1}$$

$$\underbrace{\hspace{5cm}}_{s_2}$$

$$\underbrace{\hspace{6cm}}_{s_n}$$

Diese Summe kann nicht als „unendliche" Addition berechnet werden. Man betrachtet daher zunächst endliche Teilsummen (Partialsummen), d. h.

$$S_n := \sum_{k=0}^{n} a_k.$$

S_n heißt **n-te Partialsumme.** Dann hat man eine **Zahlenfolge** der Partialsummen

$$\{S_n\}_{n\in\mathbb{N}} = \{S_0, S_1, S_2, S_3, \ldots, S_n, \ldots\}$$

und (falls existent) deren Grenzwert

$$S := \lim_{n\to\infty} S_n = \lim_{n\to\infty} \sum_{k=0}^{n} a_k.$$

Dies ermöglicht die Definition einer Reihe und des Grenzwerts der Reihe.

Definition 4.3

1. Die Folge der Partialsummen

$$\{S_n\}_{n\in\mathbb{N}} = \left\{ S_n := \sum_{k=0}^{n} a_k \right\}_{n\in\mathbb{N}} = \{S_0, S_1, S_2, S_3, \ldots, S_n, \ldots\}$$

heißt **Reihe.**
Wir benutzen die Schreibweise der Reihe als „unendliche Summe":

$$\sum_{k=0}^{\infty} a_k$$

2. Eine Reihe heißt **konvergent** und hat den **Grenzwert S,** wenn die Folge der Partial-summen $\{S_n\}_{n\in\mathbb{N}}$ konvergent ist und gegen S konvergiert. Dann schreiben wir:

$$S = \sum_{k=0}^{\infty} a_k$$

3. Wenn die Folge der Partialsummen $\{S_n\}_{n\in\mathbb{N}}$ divergiert, heißt die Reihe **divergent.** In manchen Fällen, nämlich wenn der Koeffizient a_0 nicht existiert, beginnt die Reihe mit $k=1$.

Beispiel 4.7
Die **harmonische Reihe** (s. Abb. 4.7)

$$S_n = \sum_{k=1}^{n} {}^1\!/_k$$

ist nicht konvergent (s. T. Arens et al. 2012, S. 222).

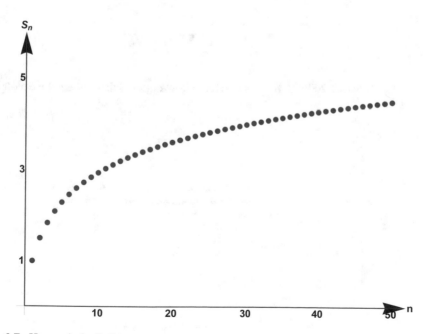

Abb. 4.7 Harmonische Reihe

Beispiel 4.8

Die *geometrische Reihe*

$$S_n = \sum_{k=0}^{n} p^k$$

ist konvergent (für $|p| < 1$) (s. Abb. 4.8). Der Grenzwert der Reihe ist

$$S := \lim_{n \to \infty} S_n = \lim_{n \to \infty} \sum_{k=0}^{n} p^k = \lim_{n \to \infty} \frac{1 - p^{n+1}}{1 - p} = \frac{1}{1 - p}. \tag{4.2}$$

Somit ist für $p = \frac{1}{2}$:

$$S = \sum_{k=0}^{\infty} \left(\frac{1}{2} \right)^k = 2$$

Der Ausdruck 0! wird definiert als 0! $= 1$.

Beispiel 4.9

Die **e-*Reihe*** ist konvergent mit dem Grenzwert e (s. Abb. 4.9):

$$S = \lim_{n \to \infty} S_n = \lim_{n \to \infty} \sum_{k=0}^{n} \frac{1}{k!} = e$$

(Beweis s. G. Bärwolff 2006, S. 83). Die e-Reihe konvergiert schneller als die e-Folge (s. Beispiel 4.2).

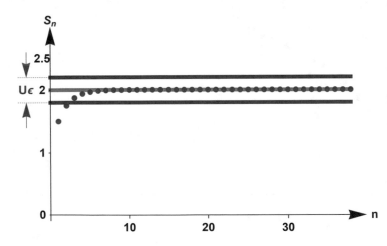

Abb. 4.8 Geometrische Reihe

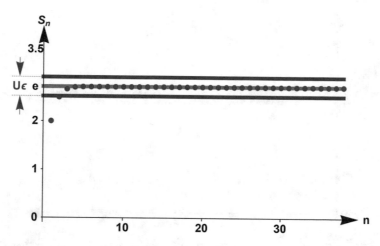

Abb. 4.9   Die e-Reihe

Beispiel 4.10

Die *π-Reihe* ist konvergent (s. Abb. 4.10). Sie konvergiert mit einer alternierenden Summe. Es gilt mit der Reihenentwicklung von arctan(x) (s. Bemerkung 4.2):

$$\arctan(1) = \frac{\pi}{4} = 1 - \frac{1}{3} + \frac{1}{5} - \frac{1}{7} + - \cdots$$

und damit

$$S = \lim_{n \to \infty} S_n = \lim_{n \to \infty} \sum_{k=0}^{n} (-1)^k \frac{4}{(2k+1)} = \pi$$

(zum Beweis s. T. Arens et al. 2012, S. 1050).

Bemerkung 4.2

Die Bestimmung der Zahl π („Pi") hat eine lange Geschichte. Das Verhältnis von Umfang zu Durchmesser eines beliebig großen Kreises war schon in Babylon 2000 v. Chr. als „ungefähr 3" bekannt (s. H. Wußing 2013, Bd. I, S. 134). Im Altertum versuchten griechische (Archimedes 225 v. Chr.), indische und chinesische Mathematiker die genaue Berechnung (s. H. Wußing 2013, Bd. I, S. 59). Schließlich entdeckten G. W. Leibniz und der Mathematiker J. Gregory die unendliche Reihe für

$$\frac{\pi}{4} = \arctan(1) = 1 - \frac{1}{3} + \frac{1}{5} - \frac{1}{7} \cdots .$$

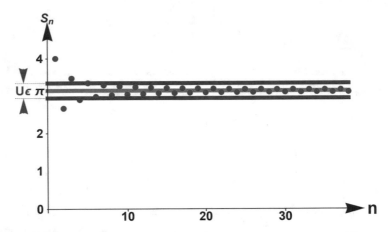

Abb. 4.10 Die π-Reihe. Im Video ▸ sn.pub/nELWY5 sieht man, wie die Folge $\{a_n\}$ mit wachsendem n in die ε-Umgebung $U_\varepsilon(\pi)$ hineinwandert und zum Grenzwert π konvergiert

Aber erst 1768 konnte J. Lampert beweisen, dass π keine rationale Zahl ist (s. C.A. Pickover 2009, S. 60 und T. Crilly 2007, S. 20).

Wir definieren und beschreiben einige Konvergenzkriterien für Zahlenreihen:

Definition 4.4

1. **Quotientenkriterium**
   Falls der Grenzwert

$$q := \lim_{k \to \infty} \frac{|a_{k+1}|}{|a_k|} \tag{4.3}$$

   existiert, dann gilt für die Reihe

$$\sum_{k=0}^{\infty} a_k : \begin{cases} \text{sie ist konvergent, falls } q < 1, \\ \text{es ist keine Aussage möglich, falls } q = 1, \\ \text{sie ist divergent, falls } q > 1. \end{cases}$$

2. **Wurzelkriterium**
   Falls der Grenzwert

$$q := \lim_{k \to \infty} \sqrt[k]{|a_k|} \tag{4.4}$$

existiert, dann gilt für die Reihe

$$\sum_{k=0}^{\infty} a_k : \begin{cases} \text{sie ist konvergent, falls } q < 1, \\ \text{es ist keine Aussage möglich, falls } q = 1, \\ \text{sie ist divergent, falls } q > 1. \end{cases}$$

Beispiel 4.11

Für die **harmonische Reihe**

$$\sum_{k=1}^{\infty} \frac{1}{k}$$

liefert das Quotientenkriterium

$$q := \lim_{k \to \infty} \frac{|a_{k+1}|}{|a_k|} = \lim_{k \to \infty} \frac{k}{k+1} = 1.$$

Daraus folgt, dass keine Aussage möglich ist (s. Beispiel 4.7).

Für die **geometrische Reihe**

$$S = \sum_{k=0}^{\infty} p^k$$

liefert das Quotientenkriterium

$$q := \lim_{k \to \infty} \frac{|p^{k+1}|}{|p^k|} = |p|.$$

Daraus folgt (s. Beispiel 4.8) $\begin{cases} \text{Konvergenz, falls } |p| < 1, \\ \text{keine Aussage, falls } |p| = 1, \\ \text{Divergenz, falls } |p| > 1. \end{cases}$

Für die **e-Reihe** $\qquad S = \sum_{k=0}^{\infty} \frac{1}{k!}$

liefert das Quotientenkriterium

$$q := \lim_{k \to \infty} \frac{|a_{k+1}|}{|a_k|} = \lim_{k \to \infty} \frac{\frac{1}{(k+1)!}}{\frac{1}{k!}} = \lim_{k \to \infty} \frac{k!}{(k+1)!} = \lim_{k \to \infty} \frac{1}{k+1} = 0 < 1.$$

Daraus folgt: Die Reihe ist konvergent (s. Beispiel 4.9).

Für die **π-Reihe**

$$S = \sum_{k=0}^{\infty} (-1)^k \frac{4}{(2k+1)}$$

liefert das Quotientenkriterium

$$q := \lim_{k \to \infty} \frac{(2k+1)}{((2k+1)+1)} = \lim_{k \to \infty} \frac{(2k+1)}{(2k+3)} = 1.$$

Daraus folgt: Es gibt keine Aussage über Konvergenz der Reihe (s. Beispiel 4.10).

Grenzwerte und Stetigkeit von Funktionen

5

In diesem Kapitel werden Eigenschaften von Funktionen analysiert. Es stellt sich die Frage, wie sich Funktionen verhalten, wenn man in ihrem Definitionsbereich konvergente Folgen betrachtet.

In Abschn. 5.1 werden verschiedene Fälle diskutiert, in denen der Funktionsgraph „abreißt" oder zu keinem eindeutigen Funktionswert führt. Wenn jedoch die Grenzwerte von Funktionswerten einer konvergenten Folge existieren, ist die Funktion an diesen Grenzwertstellen „gutartig", das heißt, es gibt keine Sprünge und keine Oszillationen (s. Abschn. 5.2). Kleine Änderungen des Arguments einer solchen Funktion führen zu kleinen Änderungen des Funktionswertes. Formal kann man dann die Grenzwertbildung und die Anwendung der Funktion vertauschen. Dies führt zum Begriff der Stetigkeit einer Funktion.

Es gibt jedoch auch eine Definition der Stetigkeit, unabhängig von Grenzwerten, die mit beliebig kleinen Umgebungen formuliert ist (s. Bemerkung 5.2). Die meisten elementaren Funktionen wie Polynome, trigonometrische Funktionen, Exponentialfunktionen sowie Summen, Differenzen, Produkte, etc. von stetigen Funktionen sind stetig. Stetigkeit ist einer der wichtigsten Begriffe in der Analysis und bildet die Basis für die Differentialrechnung. Anschaulich bedeutet die Stetigkeit einer Funktion, dass man den Funktionsgraphen in einem Zug zeichnen kann, ohne abzusetzen.

5.1   Grenzwerte von Funktionen

Wir betrachten eine Funktion f mit Definitionsbereich D_f und eine Folge $\{x_n\}_{n \in \mathbb{N}} \subset D_f$, die einen Grenzwert $x_0 \in \mathbb{R}$ hat. Wie verhalten sich die Funktionswerte $\{f(x_n)\}_{n \in \mathbb{N}}$? Das hängt von den Eigenschaften ab, die die Funktion an der Stelle x_0 hat. Man unterscheidet drei Fälle:

© Springer Fachmedien Wiesbaden GmbH, ein Teil von Springer Nature 2020
H. Cycon, *Mathematik visuell und interaktiv*,
https://doi.org/10.1007/978-3-658-30245-0_5

Definition 5.1

Sei f eine Funktion und $x_0 \in \mathbb{R}$.

1. Dann *hat f an der Stelle x_0 den Grenzwert g* wenn gilt:
   Für **jede** Folge $\{x_n\}_{n\in\mathbb{N}} \subset D_f$ mit $\lim\limits_{n\to\infty} (x_n) = x_0$ konvergieren die Funktionswerte
   $\{f(x_n)\}_{n\in\mathbb{N}}$ gegen den Grenzwert g, d. h. $\lim\limits_{n\to\infty} f(x_n) = g$.
   Schreibweise: $\lim\limits_{x\to x_0} f(x) = g$

2. Wenn speziell für die Folgen $\{x_n\}_{n\in\mathbb{N}} \subset D_f$, $\lim\limits_{n\to\infty} (x_n) = x_0$ gilt: $x_n < x_0$ und $\{f(x_n)\}_{n\in\mathbb{N}}$
   konvergiert, dann heißt

$$\lim_{n\to\infty} f(x_n) =: g_L \text{ \textit{linksseitiger Grenzwert}}$$

Schreibweise: $\lim\limits_{\substack{x\to x_0 \\ x < x_0}} f(x_n) =: g_L$ oder kurz $\lim\limits_{x\to x_0-} f(x) =: g_L$.

3. Wenn für die Folgen $\{x_n\}_{n\in\mathbb{N}} \subset D_f$, $\lim\limits_{n\to\infty} (x_n) = x_0$ gilt: $x_n > x_0$ und $\{f(x_n)\}_{n\in\mathbb{N}}$ konvergiert, dann heißt

$$\lim_{n\to\infty} f(x_n) =: g_R \text{ \textit{rechtsseitiger Grenzwert}}$$

Schreibweise: $\lim\limits_{\substack{x\to x_0 \\ x > x_0}} f(x) =: g_R$ oder kurz $\lim\limits_{x\to x_0+} f(x) =: g_R$

Bemerkung 5.1

Es gibt dann folgende Fälle

1. Wenn gilt $g_L \neq g_R$, dann hat f keinen Grenzwert bei x_0 (s. Beispiel 5.1).
2. Wenn gilt $x_0 \in D_f$, dann kann gelten

$$f(x_0) \neq g_L \neq g_R,$$

   das heißt, der Funktionswert sowie die links- und rechtsseitigen Grenzwerte an der
   Stelle x_0 sind alle verschieden (s. Beispiel 5.1).
3. Wenn f einen Grenzwert g bei x_0 hat, genau dann gilt

$$g_L = g_R = g.$$

3.1 $x_0 \in \mathbb{R}$ muss nicht in D_f liegen, trotzdem kann der Grenzwert

$$\lim_{n\to\infty} f(x_n) = g$$

existieren (Definitionslücke, s. Beispiel 5.2).

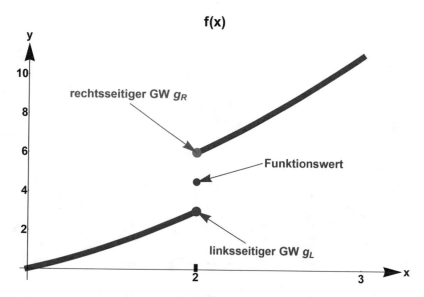

Abb. 5.1   Funktion mit links- und rechtsseitigem Grenzwert (GW) $\neq$ Funktionswert

3.2 Wenn gilt $x_0 \in D_f$, dann kann gelten

$$\lim_{x \to x_0} f(x) = g, \text{ aber } f(x_0) \neq g,$$

das heißt also (s. Beispiel 5.3): Es kann gelten Grenzwert $\neq$ Funktionswert bei x_0!
3.3 Wenn f einen Grenzwert g bei x_0 hat und $g = f(x_0)$, dann ist f stetig an der Stelle x_0 (s. Abschn. 5.2).

Beispiel 5.1:
Funktion mit verschiedenem links- und rechtsseitigem Grenzwert $\neq$ Funktionswert (s. Abb. 5.1)

$$f(x) = \begin{cases} \frac{x^3 - 2x^2}{x-2} - 1 & \text{für } x \in (-\infty, 2) \\ 4.5 & \text{für } x = 2 \\ \frac{x^3 - 2x^2}{x-2} + 2 & \text{für } x \in (2, \infty) \end{cases}$$

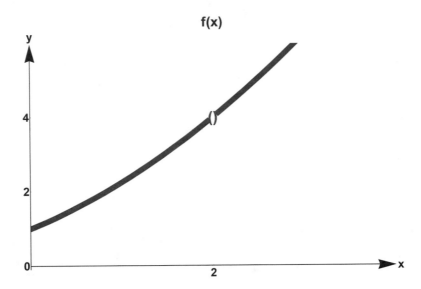

Abb. 5.2 Funktion mit Grenzwert $g=4$ und „Definitionslücke" an der Stelle $x=2$

Beispiel 5.2: Funktion mit Definitionslücke (s. Abb. 5.2)

Sei

$$f(x) = \frac{x^3-2x^2}{x-2}, \quad x \in D_f = \mathbb{R}\backslash\{2\},$$

dann gilt

$$\lim_{x\to 2} f(x) = 4, \text{aber } 2 \notin D_f.$$

Die Funktion

$$f(x) = \frac{x^3 - 2x^2}{x - 2}$$

aus Beispiel 5.2 ist an der Stelle $x=2$ nicht definiert. Dennoch existiert der Grenzwert:

$$g = \lim_{x\to 2} f(x) = \lim_{x\to 2} \frac{x^3 - 2x^2}{x - 2} = \lim_{x\to 2} \frac{x^2(x - 2)}{(x - 2)} = \lim_{x\to 2} x^2 = 4$$

5.2   Stetigkeit einer Funktion

Aus der Bemerkung 5.1, 3.3 beziehen wir den Begriff der Stetigkeit:

Definition 5.2

1. Eine Funktion f ist **stetig an der Stelle** $x_0 \in D_f$, wenn für alle Folgen $\{x_n\}_{n\in\mathbb{N}} \subset D_f$ mit $\lim_{n\to\infty} x_n = x_0$ der Grenzwert $\lim_{x\to x_0} f(x) = g$ existiert und es gilt:

$$\lim_{x\to x_0} f(x) = g = f(x_0)$$

2. Eine Funktion f ist **stetig,** wenn sie stetig ist für alle $x \in D_f$.

Wenn eine Funktion f stetig ist an der Stelle x_0, kann man den Grenzübergang „unter die Funktion ziehen":

$$\lim_{x \to x_0} f(x) = f(\lim_{x \to x_0} x)$$

Man sagt dann, die Funktion und die Grenzwertbildung können vertauscht werden. Es gilt: Wenn f_1 und f_2 stetig sind, dann ist $\alpha f_1 + \beta f_2$ stetig für $\alpha, \beta \in \mathbb{R}$. Damit ist die Menge der stetigen Funktionen ein **linearer Raum** (bzw. ein Vektorraum, s. Kap. 10).

Beispiel 5.3: Funktion mit Stetigkeitslücke (s. Abb. 5.3)
Sei

$$f(x) = \begin{cases} \frac{x^3 - 2x^2}{x-2} & \text{für } x \in \mathbb{R} \backslash \{2\} \\ 0 & \text{für } x = 2, \end{cases}$$

dann gilt

$$\lim_{x \to 2} f(x) = 4, \text{aber } f(2) = 0,$$

$$\text{also } \lim_{x \to 2} f(x) \neq f(2).$$

Die Funktion in Abb. 5.3 ist **nicht** stetig, dagegen ist die Funktion in Abb. 5.2 stetig ergänzbar, s. Beispiel 5.5.

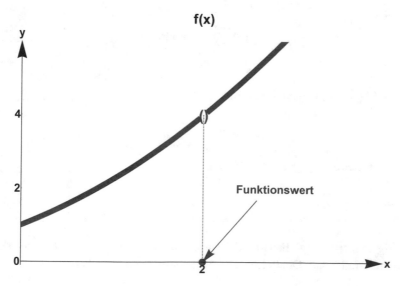

Abb. 5.3 Funktion mit „Stetigkeitslücke" an der Stelle $x = 2$. Grenzwert $g \neq f(2)$

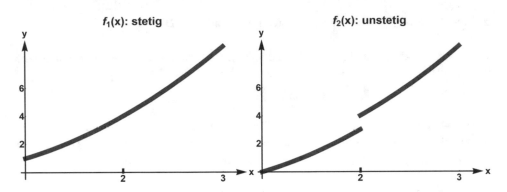

Abb. 5.4 Stetige Funktion f_1 und unstetige Funktion f_2

Beispiel 5.4

Die Funktion

$$f_1(x) = x^2, \qquad \text{für } x \in \mathbb{R} \text{ ist stetig,}$$

aber

$$f_2(x) = \begin{cases} x^2 + 1 & \text{für } x \leq 2 \\ x^2 - 1 & \text{für } x > 2 \end{cases} \text{ ist nicht stetig}$$

(s. Abb. 5.4).

Beispiel 5.5: Stetige Erweiterung

Sei

$$f(x) = \begin{cases} \frac{x^3 - 2x^2}{x - 2} & \text{für } x \in \mathbb{R}\backslash\{2\} \\ 4 & \text{für } x = 2 \end{cases}.$$

Diese Funktion ist stetig, weil gilt (s. Abb. 5.5):

$$\lim_{x \to 2} f(x) = f(2) = 4$$

Weitere Beispiele für stetige Funktionen:

Beispiel 5.6

1. Polynome $P(x) = \sum_{k=1}^{n} a_k x^k$, $x \in \mathbb{R}$ sind stetig.

2. Die trigonometrischen Funktionen $\sin x$, $\cos x$, $\tan x$, $\cot x$ und ihre Umkehrfunktionen sind stetig. Die Polstellen sind nicht im Definitionsbereich!

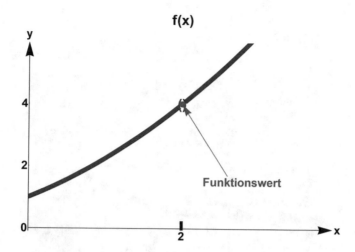

Abb. 5.5 Stetige Funktion und stetige Erweiterung an der Stelle $x=2$ mit dem Grenzwert $g = f(2)$

3. Exponentialfunktionen und Logarithmusfunktionen sind stetig.
4. Die Areafunktionen $\sinh x$, $\cosh x$, $\tanh x$, $\coth x$ und ihre Umkehrfunktionen sind stetig.
5. Die Funktion $f(x) = \frac{x^3 - 2x^2}{x-2}$, $x \in D_f = \mathbb{R}\backslash\{2\}$ ist stetig, hat aber eine Definitionslücke bei $x=2$, s. Beispiel (5.2). Durch zusätzliche Definition von f durch $f(2) = 4$ erhält man eine *stetige Erweiterung* von f, s. Beispiel (5.5).

Bemerkung 5.2

Es gibt noch eine andere Formulierung der Stetigkeit[1], die unabhängig von Grenzwerten ist. Die Funktion f ist an der Stelle $x_0 \in D_f$ stetig, wenn gilt:

$$\bigwedge_{\varepsilon > 0} \ \bigvee_{\delta > 0} \ \bigwedge_{x \in D_f} (|x - x_0| < \delta \Rightarrow |f(x) - f(x_0)| < \varepsilon) \tag{5.1}$$

Das heißt also: Für jedes (noch so kleine) $\varepsilon > 0$ in der y-Achse gibt es ein $\delta > 0$ in der x-Achse, sodass für alle $x \in D_f$ mit $|x - x_0| < \delta$ folgt: $|f(x) - f(x_0)| < \varepsilon$.

Das heißt, der Funktionswert $f(x)$ liegt „beliebig nahe" bei $f(x_0)$, wenn nur x „genügend nahe" bei x_0 liegt.

---

[1]Wenn D_f keine „isolierten Punkte" hat, ist diese Formulierung äquivalent mit Definition 5.2 (s. R. Wüst 2002, Bd. I, S. 77).

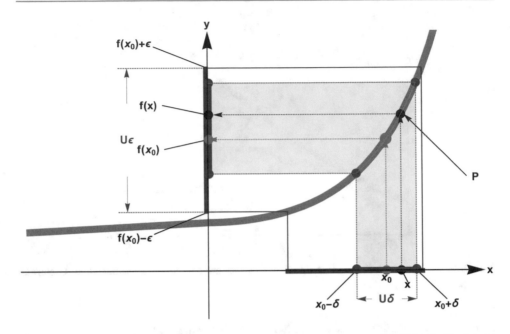

Abb. 5.6 Zur allgemeinen Definition der Stetigkeit. Im Video ▸ sn.pub/wbNqY2 (Stetigkeit) sieht man, dass es für jede immer kleinere ε-Umgebung $U_\varepsilon(f(x_0))$ immer noch $U_\delta(x_0)$ gibt, sodass $f(U_\delta(x_0))$ enthalten ist in $U_\varepsilon(f(x_0))$.

Dieser Stetigkeitsbegriff könnte auch wie ein Spiel zwischen zwei Spielern erklärt werden: Spieler 1 gibt auf der y-Achse eine beliebig kleine ε-Umgebung $U_\varepsilon(f(x_0))$ von $f(x_0)$ vor. Wenn der Spieler 2 für *jedes* dieser $\varepsilon > 0$ ein $\delta > 0$ auf der x-Achse findet, sodass gilt: für alle x in $U_\delta(x_0)$ ist $f(x)$ in $U_\varepsilon(f(x_0))$, dann kann der Spieler 2 behaupten: f ist stetig an der Stelle x_0.

Die Funktion f in Abb. 5.6 ist stetig, jedoch ist die Funktion f in Abb. 5.7 nicht stetig. Für das ε in Abb. 5.7 gibt es kein $\delta > 0$, sodass für alle $x \in D_f$ gilt:

$$\text{aus } |x - x_0| < \delta \text{ folgt } |f(x) - f(x_0)| < \varepsilon.$$

Das heißt: Wenn die Funktion f einen „Sprung" an der Stelle x_0 hat, dann gibt es immer ein ε, sodass $2\,\varepsilon$ kleiner ist als die „Sprunghöhe". Damit gibt es für jedes δ immer $x \in D_f$ mit $|f(x) - f(x_0)|$ größer als ε!

Ein anderer Typ von *Unstetigkeit* entsteht durch *Oszillation:*

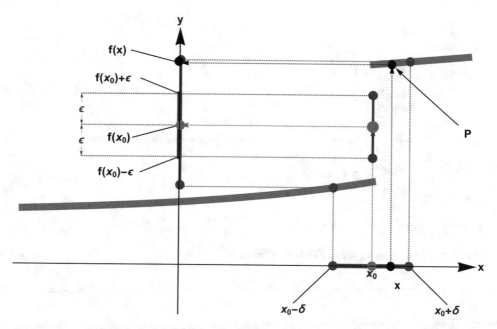

Abb. 5.7 f ist nicht stetig bei x_0 (Sprungstelle bei x_0).

Beispiel 5.7

Sei $f(x) = \sin(1/x)$ (s. Abb. 5.8). Sei $g \in [-1, 1]$ ein beliebiger Wert in $[-1, 1]$. Dann gibt es eine Folge

$$x_n = \frac{1}{\arcsin(g)} \quad \text{mit} f(x_n) = g \text{ und } \lim_{n \to \infty}(x_n) = 0$$

(s. Abb. 5.9) und es gilt:

$$\lim_{n \to \infty} f(x_n) = g$$

Somit gibt es für jedes beliebige $g \in [-1, 1]$ eine (zugehörige) Folge $\{x_n\}_{n \in \mathbb{N}}$ mit $\lim_{n \to \infty}(x_n) = 0$ und $\lim_{n \to \infty} f(x_n) = g$. Damit hat die Funktion f keinen Grenzwert (im Sinne der Definition 5.1) an der Stelle $x = 0$.

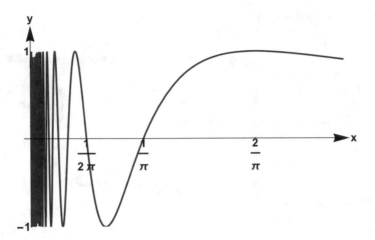

Abb. 5.8 f ist nicht stetig bei $x=0$ (Oszillationen).

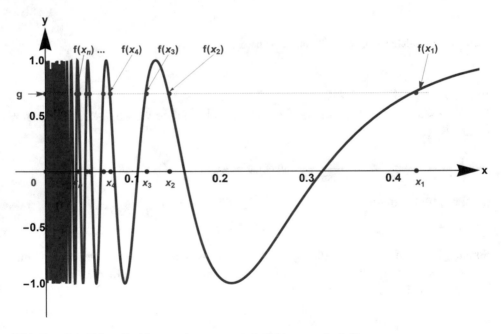

Abb. 5.9   Die Folge $f(x_n)$ konvergiert gegen ein beliebiges $g \in [-1, 1]$

Differentialrechnung

6

In diesem Kapitel wird der Begriff der Ableitung einer Funktion eingeführt. Ein typisches Beispiel für eine Ableitung in der Physik ist die Geschwindigkeit bei der Beschreibung von Bewegungen. Geometrisch kann man die Ableitung als die Steigung der Tangente einer Kurve interpretieren. Die Mathematik, die sich mit Ableitungen beschäftigt, heißt Differentialrechnung. Sie beruht wesentlich auf dem Konzept von Grenzwerten.

Bestimmte „glatte" Funktionen kann man mehrfach ableiten. Dabei entstehen höhere Ableitungen. Diese spielen eine wichtige Rolle in der Kurvendiskussion von Funktionen und bei Taylor-Reihen, bei denen Funktionen durch „Schmiegepolynome" approximiert werden (s. Kap. 7).

6.1 Ableitung einer Funktion

Wenn man eine Funktion $f(x)$ betrachtet, die an einem Punkt P eine Tangente hat, dann kann man die Steigung der Tangente im Punkt P bestimmen durch Grenzwertbildung der Steigungen von Sekanten. Dies führt zum Begriff des **Differentialquotienten** (s. Abb. 6.1). Die Steigung der Sekante PQ ist gleich dem Differenzenquotient $\frac{\Delta y}{\Delta x}$. Wenn Δx kleiner wird, nähert sich der Punkt Q auf der Kurve $f(x)$ dem Punkt P, und die Sekante nähert sich der Tangente bei P. Im Grenzfall $\Delta x \to 0$ wird die Sekante zur Tangente, der Grenzwert des Differenzenquotienten $\frac{\Delta y}{\Delta x}$ wird zum **Differentialquotienten** $\frac{dy}{dx}$ und dies ist die Steigung der Tangente im Punkt P. Damit definieren wir

© Springer Fachmedien Wiesbaden GmbH, ein Teil von Springer Nature 2020
H. Cycon, *Mathematik visuell und interaktiv,*
https://doi.org/10.1007/978-3-658-30245-0_6

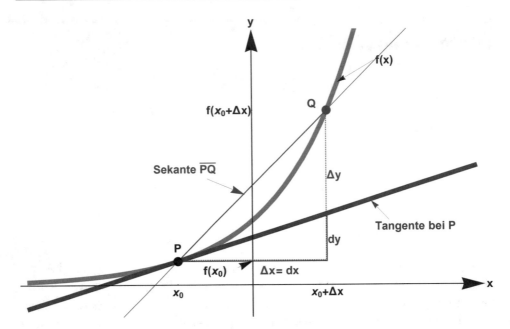

Abb. 6.1 Sekante und Tangente bei P. Das Video ▸ sn.pub/MV0aVK zeigt, wie eine Sekante in die Tangente von $f(x)$ an der Stelle P übergeht

Definition 6.1

$$\frac{dy}{dx} := \lim_{\Delta x \to 0} \frac{\Delta y}{\Delta x} = \lim_{\Delta x \to 0} \frac{f(x_0 + \Delta x) - f(x_0)}{\Delta x} \tag{6.1}$$

Bemerkung 6.1

1. $\left(\frac{dy}{dx}\right)_{x_0}$ heißt auch **Ableitung von f an der Stelle** x_0, der Vorgang heißt **ableiten.**

2. Der Differentialquotient $\frac{dy}{dx}$ ist **kein** Quotient, sondern der Grenzwert des Quotienten $\frac{\Delta y}{\Delta x}$!

3. Der Grenzwert $\lim_{\Delta x \to 0} \frac{\Delta y}{\Delta x}$ existiert nicht immer!

4. Wenn $\left(\frac{dy}{dx}\right)_{x_0}$ existiert, dann heißt f differenzierbar **(ableitbar) an der Stelle** x_0.

5. f heißt **differenzierbar,** wenn f für alle $x \in D_f$ differenzierbar ist.

Wir haben dann folgende Schreibweisen:

$$\left(\frac{dy}{dx}\right)_{x_0} = y'(x_0) = f'(x_0) = \left(\frac{df}{dx}\right)_{x_0} = \frac{d}{dx}f(x_0)$$

Es gelten die Ableitungsregeln:

Linearität $(\alpha f + \beta g)' = \alpha f' + \beta g'$ für $\alpha,\ \beta \in \mathbb{R}$ (6.2)

Produktregel $(fg)' = f'g + fg'$ (6.3)

Quotientenregel $\left(\dfrac{f}{g}\right)' = \dfrac{f'g - fg'}{g^2}$ (6.4)

Kettenregel $(F(g))' = F'(g) \cdot g'$ (6.5)

Logarithmische Ableitung $(f^g)' = (f^g) \cdot \left(g' \ln(f) + g\dfrac{f'}{f}\right),\ f > 0$ (6.6)

Ableitung der Umkehrfunktion $(f^{-1})' = \dfrac{1}{f'(f^{-1})}$ (6.7)

Implizite Ableitung: Betrachte die implizite Funktion $F(x,y) = 0$ und sei $F_y \neq 0$,
                                                                                         (6.8)

dann ist

$$y' = -\frac{F_x}{F_y}$$

F_x und F_y sind die partiellen Ableitungen von F nach x und y im $\mathbb{R}^3$ (s. Abschn. 15.5).

Begründung der Formel (6.7):

Gegeben ist $y = f(x)$ und $y' = f'(x)$, gesucht ist $(f^{-1})'(x)$.

Es gilt die Identität:

$$f(f^{-1}(x)) = x$$

Mit der Kettenregel folgt:

$$(f(f^{-1}))'(x) = f'(f^{-1}(x)) \cdot (f^{-1}(x))' = (x)' = 1$$

Somit haben wir (6.7):

$$(f^{-1}(x))' = \frac{1}{f'(f^{-1}(x))}$$

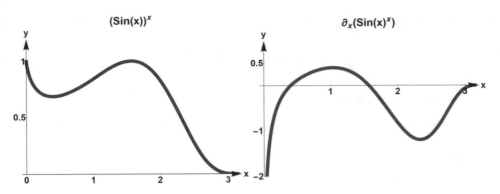

Abb. 6.2 Funktion $(\sin x)^x$ und ihre Ableitung $((\sin x)^x)'$

Beispiel 6.1: Logarithmische Ableitung (s. Abb. 6.2)

Sei $y(x) = (\sin x)^x, x \in (0, \pi)$. Es gilt dann:

$$y(x) = e^{x\ln(\sin x)}$$

Mit der Kettenregel und der Produktregel ist die Ableitung:

$$y'(x) = (\sin x)^x \left(\ln(\sin x) + \frac{x \cos x}{\sin x}\right), \quad x \in (0, \pi)$$

Beispiel 6.2: Ableitung der Umkehrfunktion

Gesucht ist die Ableitung von $\arcsin(x)$.

Betrachte

$$f(x) = y(x) = \sin x,$$

dann ist

$$f^{-1}(x) = \arcsin(x)$$

und

$$f'(x) = y'(x) = \cos x.$$

Mit (6.7) folgt:

$$\arcsin(x)' = \frac{1}{\cos(\arcsin(x))} = \frac{1}{\sqrt{1 - \sin^2(\arcsin(x))}} = \frac{1}{\sqrt{1 - x^2}}$$

Also haben wir:

$$(f^{-1}(x))' = \frac{1}{\sqrt{1 - x^2}}$$

Eine Tabelle der Ableitungen von Grundfunktionen ist im Folgenden aufgelistet (s. Tab. 6.1)

Tab. 6.1 Ableitungen der Grundfunktionen

$f(x)$	$f'(x)$
x^n	nx^{n-1}
$\ln(x)$	$\frac{1}{x}$ für $x \neq 0$
e^x	e^x
$\sin x$	$\cos x$
$\cos x$	$-\sin x$
$\tan x$	$\frac{1}{\cos^2(x)} = 1 + \tan^2(x)$
$\cot x$	$-\frac{1}{\sin^2(x)}$
$\arcsin(x)$	$\frac{1}{\sqrt{1-x^2}}, |x| < 1$
$\arctan(x)$	$\frac{1}{1+x^2}$
$\text{arccot}(x)$	$-\frac{1}{1+x^2}$
$\sinh x$	$\cosh x$
$\cosh x$	$\sinh x$
$\tanh x$	$\frac{1}{\cosh^2(x)}$
$\coth x$	$-\frac{1}{\sinh^2(x)}$
$\text{artanh}(x)$	$\frac{1}{1-x^2}, |x| < 1$
$\text{arcoth}(x)$	$\frac{1}{1-x^2}, |x| > 1$

6.2 Höhere Ableitungen

Die Ableitung $f'(x)$ einer differenzierbaren Funktion $f(x)$ ist eine Funktion, die unter bestimmten Bedingungen wiederum ableitbar ist. Durch weiteres Differenzieren gewinnt man die zweite (bzw. dritte bis n-te) Ableitung (falls sie existieren).

Schreibweisen: Wenn $f(x) = y(x)$ genügend oft ableitbar ist (d. h. alle auftretenden Ableitungen existieren), schreiben wir:

$$y''(x) = f''(x) = \frac{d^2f}{dx^2} = \frac{d^2}{dx^2}y(x)$$

Entsprechend schreiben wir für die höheren Ableitungen:

$$y'''(x), y^{(4)}(x), y^{(5)}(x), \ldots, y^{(n)}(x)$$

Definition 6.2

Analog zu (6.1) heißt dann

$$\frac{d^n}{dx^n} y(x)$$

Differentialquotient n-ter Ordnung.

Beispiel 6.3

(s. Abb. 6.3)

Sei

$$y(x) = \frac{x^4}{2} - 5\frac{x^3}{3} + \frac{x^2}{2} + 2x,$$

dann ist

$$y'(x) = 2x^3 - 5x^2 + x + 2$$

und

$$y''(x) = 6x^2 - 10x + 1$$

und

$$y'''(x) = 12x - 10.$$

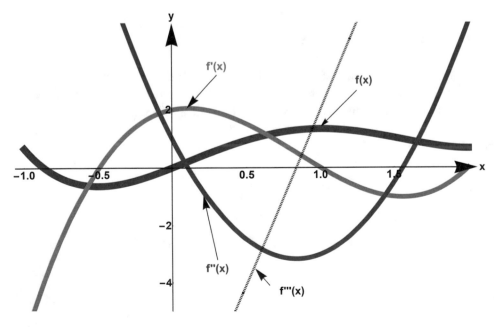

Abb. 6.3   Die Funktion f und deren 1., 2. und 3. Ableitung

Bemerkung 6.2

In der Abb. 6.3 entspricht $f'(x)$ der *Steigung der Tangente* von f an der Stelle x, $f''(x)$ der *Krümmung* und $f'''(x)$ der *Änderung der Krümmung* von f an der Stelle x.

6.3 Kurvendiskussion

Für differenzierbare Funktionen liefern die Ableitungen Informationen über den Kurvenverlauf. Dazu zunächst einige Begriffsbildungen:

Definition 6.3

1. Eine Funktion f hat an der Stelle $x_0 \in D_f$ ein *relatives Maximum*, wenn für eine Umgebung $U_\varepsilon(x_0) = (x_0 - \varepsilon, x_0 + \varepsilon)$ gilt:

$$f(x) < f(x_0) \text{ für alle } x \in U_\varepsilon(x_0) \setminus \{x_0\} =: \dot{U}_\varepsilon(x_0)$$

2. f hat ein *relatives Minimum*, wenn für eine Umgebung $U_\varepsilon(x_0) = (x_0 - \varepsilon, x_0 + \varepsilon)$ gilt:

$$f(x) > f(x_0) \text{ für alle } x \in U_\varepsilon(x_0) \setminus \{x_0\} =: \dot{U}_\varepsilon(x_0)$$

3. f hat an der Stelle $x_0 \in D_f$ einen *Wendepunkt*, wenn

$$f''(x_0) = 0 \quad \text{und} \quad f'''(x_0) \neq 0.$$

Es gilt der

Satz 6.1

Wenn f an der Stelle $x_0 \in D_f$ zweimal differenzierbar ist und es gilt

$$f'(x_0) = 0 \quad \text{und} \quad f''(x_0) \neq 0,$$

dann hat f an der Stelle x_0 einen *relativen Extremwert*, das heißt ein relatives Maximum oder ein relatives Minimum. Insbesondere hat f an der Stelle x_0 ein *relatives Minimum*, wenn $f''(x_0) > 0$, bzw. ein *relatives Maximum*, wenn $f''(x_0) < 0$.

Wenn f' an der Stelle x_0 einen Extremwert hat, dann hat f dort einen Wendepunkt ($=$ Nullstelle von f''; siehe Abb. 6.4).

Um den Kurvenverlauf einer Funktion zu analysieren, untersucht man die Eigenschaften der Funktion zu folgenden Punkten:

1. Definitionsbereich/Definitionslücken
2. Symmetrie (gerade, ungerade), Periodizität
3. Nullstellen, Schnittpunkte mit der x-Achse
4. Pole (Nullstellen im Nenner)
5. Relative Extremwerte (Maxima, Minima)
6. Wendepunkte
7. Asymptotisches Verhalten (wird ermittelt über die Grenzwerte für $x \to \pm\infty$)
8. Wertebereich

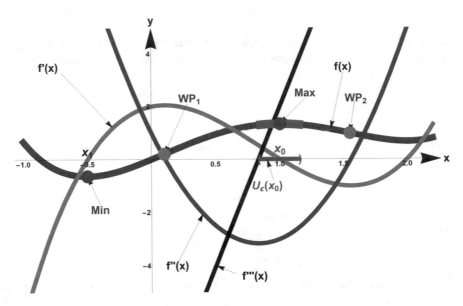

Abb. 6.4 Kurvendiskussion. Im Video ▸ sn.pub/SoaeRZ werden die Eigenschaften der Kurve diskutiert

Beispiel 6.4

Sei

$$f(x) = \frac{-2x^2 + 5}{x^3}.$$

Wir diskutieren nun die Eigenschaften der Funktion. Dann gilt zu den einzelnen Punkten:

1. Der **Definitionsbereich** ist $D_f = \mathbb{R}\backslash\{0\}$, da bei $x=0$ eine Polstelle ist.
2. Die **Symmetrie** ist ungerade, da $f(x) = \frac{\text{gerade Funktion}}{\text{ungerade Funktion}}$.
3. Die **Nullstellen** werden berechnet mit $f(x) = \frac{-2x^2+5}{x^3} = 0$.

Daraus folgt

$$-2x^2 + 5 = 0 \quad \text{und}$$

$$-2x^2 + 5 = 0 \Rightarrow x^2 = \frac{5}{2},$$

also sind

$$x_{1,2} = \pm\sqrt{2{,}5} = \pm 1{,}58$$

Nullstellen von f.

4. **Pole:** Bei $x_0 = 0$ ist eine Polstelle mit Vorzeichenwechsel (Nenner ist ungerade).
5. Relative **Extremwerte** (Maxima, Minima):
   Die erste Ableitung ist

$$f'(x) = \frac{-15 + 2x^2}{x^4}.$$

Dann gilt

$$f'(x) = \frac{-15 + 2x^2}{x^4} = 0,$$

daraus folgt

$$2x^2 - 15 = 0 \quad \text{und} \quad x^2 = \frac{15}{2}.$$

Also sind

$$x_4 = +\sqrt{7{,}5} = +2{,}74 \quad \text{und} \quad x_5 = -\sqrt{7{,}5} = -2{,}74$$

„kritische" Punkte.
Mit

$$f''(x) = \frac{60 - 4x^2}{x^5}$$

folgt (x_4 eingesetzt):

$$f''(x_4) = \frac{-30 + 60}{2{,}74^5} = 0{,}19 > 0$$

Damit ist bei x_4 ein relatives Minimum mit dem Funktionswert

$$y_4 = f(x_4) = \frac{-2x_4^2 + 5}{x_4^3} = -0{,}49.$$

Ebenso gilt (x_5 eingesetzt):

$$f''(x_5) = \frac{-30 + 60}{-2{,}74^5} = -0{,}19 < 0$$

Damit ist bei x_5 ein relatives Maximum mit dem Funktionswert

$$y_5 = f(x_5) = \frac{-2x_5^2 + 5}{x_5^3} = 0{,}49.$$

6. Die **Wendepunkte** werden berechnet mit $f''(x) = \frac{60-4x^2}{x^5} = 0$.

Dann folgt:

$$-4x^2 + 60 = 0 \quad \text{und} \quad x^2 = \frac{60}{4}$$

Somit sind

$$x_6 = +\sqrt{15} = +3{,}87 \quad \text{und} \quad x_7 = -\sqrt{15} = -3{,}87$$

„kritische" Punkte für Wendepunkte. Mit der dritten Ableitung

$$f'''(x) = \frac{12x^2 - 300}{x^6} \quad \text{folgt}$$

$$f'''(x_6) = \frac{12x_6^2 - 300}{x_6^6} = -0{,}03 \neq 0 \quad \text{und}$$

$$f'''(x_7) = \frac{12x_7^2 - 300}{x_7^6} = -0{,}03 \neq 0.$$

Somit sind

$$x_6 = +3{,}87 \text{ und } x_7 = -3{,}87.$$

Wendepunkte mit den Funktionswerten

$$y_6 = f(x_6) = \frac{-2x_6^2 + 5}{x_6^3} = -0{,}43 \quad \text{und}$$

$$y_7 = f(x_7) = \frac{-2x_7^2 + 5}{x_7^3} = -0{,}43.$$

7. Das **asymptotische Verhalten** bei $x \to \pm\infty$ wird ermittelt über die Grenzwerte

$$f(x) = \frac{-2x^2 + 5}{x^3} = \frac{-\frac{2}{x} + \frac{5}{x^3}}{1} \to 0 \quad \text{für } x \to \pm\infty.$$

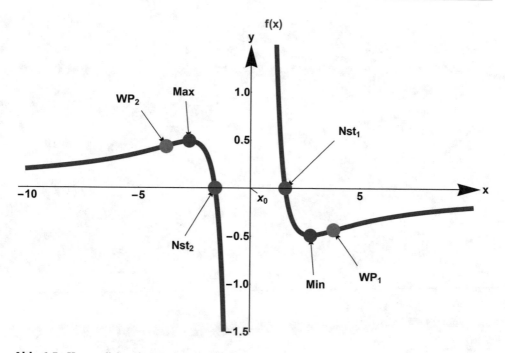

Abb. 6.5 Kurvendiskussion: Beispiel 6.4

8. Der **Wertebereich** ist

$$D_W = \mathbb{R},$$

weil die Funktion einen ungeraden Pol hat.

Die grafische Darstellung zum Beispiel 6.4 ist die Abb. 6.5.

Funktionenreihen

7

Wie bei den Zahlenreihen in Abschn. 4.2 betrachten wir nun Funktionenreihen, anschaulich „unendliche" Summen von Funktionen. Dabei beschränken wir uns hier auf Summen von Polynomen, sogenannte Potenzreihen. Polynome sind „einfache" Funktionen. Das heißt, sie sind einfach differenzierbar und integrierbar und daher für vereinfachende Approximationen geeignet.

Abschn. 7.1 enthält die grundlegenden Definitionen, Eigenschaften und Konvergenzkriterien für Potenzreihen. In Abschn. 7.2 werden Taylor-Reihen eingeführt, das sind Potenzreihen, welche differenzierbare Funktionen approximieren durch „Schmiegepolynome", die an einer Entwicklungsstelle gleiche Ableitungen wie die approximierte Funktion haben. Damit können die Eulersche Gleichung bewiesen und Approximationsfehler berechnet werden (Abschn. 7.3). Mit Hilfe von Taylor-Reihen werden in Abschn. 7.4 die Regeln von Bernoulli und L'Hospital zur Berechnung von unbestimmten Ausdrücken hergeleitet. Ein weiterer Typ von Funktionenreihen (Fourier-Reihen) findet sich in Kap. 19.

© Springer Fachmedien Wiesbaden GmbH, ein Teil von Springer Nature 2020
H. Cycon, *Mathematik visuell und interaktiv,*
https://doi.org/10.1007/978-3-658-30245-0_7

7.1   Potenzreihen

Sei $\{a_n\}_{n \in \mathbb{N}}$ eine Zahlenfolge. Betrachte die Summe der Polynome

$$\underbrace{\underbrace{\underbrace{\underbrace{a_0}_{P_0(x)} + a_1 x}_{P_1(x)} + a_2 x^2}_{P_2(x)} + a_3 x^3 + \ldots + a_n x^n}_{P_n(x)} \quad \text{für } x \in \mathbb{R}.$$

Auch hier kann man die „unendliche" Summe der $a_n x^n$ nicht direkt berechnen. Man betrachtet daher zunächst endliche Teilsummen (Partialsummen), d. h.

$$P_n(x) := \sum_{k=0}^{n} a_k x^k \quad \text{ist die } \mathbf{n - te\ Partialsumme.}$$

Dann hat man für jedes $x \in \mathbb{R}$ eine **Zahlenfolge** (falls man die Koeffizienten a_k kennt)

$$\{P_n(x)\}_{n \in \mathbb{N}} = \{P_0(x),\ P_1(x),\ P_2(x),\ P_3(x), \ldots,\ P_k(x), \ldots\}$$

und deren Grenzwert

$$P(x) := \lim_{n \to \infty} P_n(x) = \lim_{n \to \infty} \sum_{k=0}^{n} a_k x^k,$$

der (falls existent) für geeignete $x \in \mathbb{R}$ als $P(x)$ definiert werden kann.

Beispiel 7.1
(vgl. Beispiel 4.8, geometrische Reihe mit $p = \frac{x}{2}$).
Sei

$$P(x) = \sum_{k=0}^{\infty} \left(\frac{1}{2}\right)^k x^k = \sum_{k=0}^{\infty} \left(\frac{x}{2}\right)^k.$$

Dann ist die Reihe konvergent für $|p| = \left|\frac{x}{2}\right| < 1$, also für $|x| < 2$ (s. Beispiel 4.8).

Definitionen 7.1

1. Wie bei Zahlenreihen bezeichnen wir

$$\sum_{k=0}^{\infty} a_k x^k \tag{7.1}$$

als *Potenzreihe*.

2. Die Potenzreihe

$$\sum_{k=0}^{\infty} a_k x^k$$

heißt *konvergent* für $x \in \mathbb{R}$ und hat den *Grenzwert P(x)*, wenn die Folge der Partial-summen $\{P_n(x)\}_{n \in \mathbb{N}}$ konvergent (gegen $P(x)$) ist. Schreibweise:

$$P(x) = \sum_{k=0}^{\infty} a_k x^k \tag{7.2}$$

3. Die Menge K aller $x \in \mathbb{R}$, für die die Reihe $\{P_n(x)\}_{n \in \mathbb{N}}$ konvergent ist, heißt *Konvergenzbereich* der Reihe.
4. Die a_k heißen *Koeffizienten* der Reihe.

Bemerkung 7.1

1. Die allgemeine (verschobene) Form einer Potenzreihe hat die Form

$$P(x) = \sum_{k=0}^{\infty} a_k (x - x_0)^k, \tag{7.3}$$

wobei der Punkt $x_0 \in \mathbb{R}$ *Entwicklungspunkt* heißt. Das heißt, der Entwicklungspunkt kann ein beliebiger Punkt auf der x-Achse sein.
2. Jede allgemeine Form (7.3) lässt sich durch die „Zurückverschiebung" $z = x - x_0$ auf die Form (7.2) zurückführen.
3. Der Konvergenzbereich K der allgemeinen Form (7.3) der Potenzreihe ist immer ein symmetrisches Intervall um den Entwicklungspunkt x_0. Das heißt, es gibt ein $r > 0$, sodass gilt:

$$K = \{x \in \mathbb{R}, \text{ mit } |x - x_0| < r\} := (x_0 - r, x_0 + r)$$

r heißt *Konvergenzradius* (s. Abb. 7.1).
4. Der *Konvergenzradius* lässt sich aus den Koeffizienten der Reihe berechnen:
   - mit Hilfe des **Quotientenkriteriums** (s. Definition 4.4, 1):

$$r = \lim_{k \to \infty} \frac{|a_k|}{|a_{k+1}|} \tag{7.4}$$

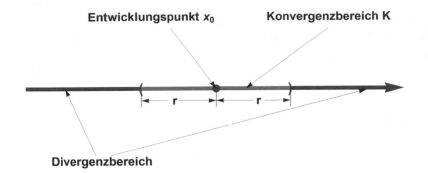

Abb. 7.1 Konvergenzbereich und Divergenzbereich einer Potenzreihe

Beachte: $r = \frac{1}{q}$.

- mit Hilfe des **Wurzelkriteriums** (s. Definition 4.4, 2):

$$r = \lim_{k \to \infty} \frac{1}{\sqrt[k]{|a_k|}}, \tag{7.5}$$

   falls diese Grenzwerte existieren.

5. Sei $K := (x_0 - r, x_0 + r)$ der Konvergenzbereich, dann gilt:
   - Wenn $x \in K$, d. h. $|x - x_0| < r$, dann ist die Reihe

$$\sum_{k=0}^{\infty} a_k (x - x_0)^k \quad \text{konvergent.}$$

   - Wenn x Randpunkt von K ist, d. h. $|x - x_0| = r$, dann ist keine Aussage zur Konvergenz möglich.
   - Wenn $x \notin K$, d. h. $|x - x_0| > r$, dann ist die Reihe

$$\sum_{k=0}^{\infty} a_k (x - x_0)^k \quad \text{divergent.}$$

Beispiel 7.1 (Fortsetzung)

$$P(x) = \sum_{k=0}^{\infty} \left(\frac{x}{2}\right)^k$$

Dann ist der Konvergenzradius

$$r = \lim_{k \to \infty} \left(\frac{\frac{1}{2^k}}{\frac{1}{2^{k+1}}}\right) = \lim_{k \to \infty} \left(\frac{2^{k+1}}{2^k}\right) = 2$$

mit dem Entwicklungspunkt $x_0 = 0$.

Somit ist der Konvergenzbereich $K = (-2, 2)$ und für $x \in K$ gilt (s. Kap. 4, (4.2))

$$P(x) = \sum_{k=0}^{\infty} \left(\frac{x}{2}\right)^k = f(x) = \frac{2}{2-x}.$$

Bemerkung 7.2

Die Potenzreihe

$$P(x) = \sum_{k=0}^{\infty} \left(\frac{x}{2}\right)^k$$

stimmt nur im Konvergenzbereich $K = (-2, 2)$ mit der Funktion

$$f(x) = \frac{2}{2-x}$$

überein. Außerhalb von K ist $P(x)$ divergent (s. Abb. 7.2 und 7.3)!

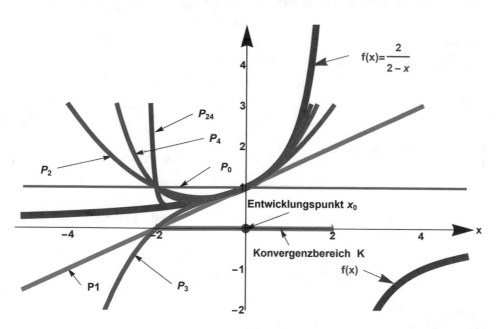

Abb. 7.2 Approximations-Polynome für $f(x) = \frac{2}{2-x}$. Im Video ▸ sn.pub/c89UdQ werden die einzelnen Taylor-Polynome bis T4 zusammengefügt

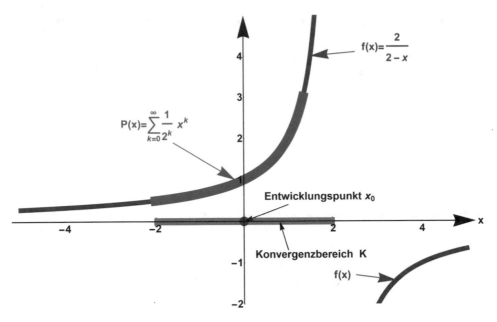

Abb. 7.3 Konvergenzbereich für $f(x) = \frac{2}{2-x}$

Beispiel 7.2
(vgl. Kap. 4, Beispiel 4.8: Geometrische Reihe für $|x| < 1$)

$$P(x) = \sum_{k=0}^{\infty} x^k$$

Dann ist der Konvergenzradius

$$r = \lim_{k \to \infty} \left(\frac{1}{1} \right) = 1$$

mit dem Entwicklungspunkt $x_0 = 0$. Somit ist der Konvergenzbereich $K = (-1, 1)$ und für $x \in K$ gilt (s. (4.2)):

$$P(x) = \sum_{k=0}^{\infty} x^k = f(x) = \frac{1}{1-x}$$

Bemerkung 7.3
Die Potenzreihe

$$P(x) = \sum_{k=0}^{\infty} x^k$$

stimmt nur für x im Konvergenzbereich $K = (-1, 1)$ mit $f(x) = \frac{1}{1-x}$ überein. Außerhalb von K ist die Reihe divergent!

Beispiel 7.3

(vgl. Kap. 4, Beispiel 4.9: e-Reihe)

$$P(x) = \sum_{k=0}^{\infty} \frac{x^k}{k!}$$

Dann ist der Konvergenzradius

$$r = \lim_{k \to \infty} \left(\frac{\frac{1}{k!}}{\frac{1}{k+1!}} \right) = \lim_{k \to \infty} (k+1) = \infty$$

mit dem Entwicklungspunkt $x_0 = 0$. Somit ist der Konvergenzbereich $K = (-\infty, \infty) = \mathbb{R}$ und für $x \in \mathbb{R}$ ist

$$P(x) = \sum_{k=0}^{\infty} \frac{x^k}{k!}$$

eine wohldefinierte Funktion: $P(x) = e^x$ (siehe Taylor-Reihe der e-Funktion, Beispiel 7.4).

7.2   Taylor-Polynome und Taylor-Reihen

Wir betrachten jetzt eine spezielle Art von Polynomen, nämlich sogenannte „Schmiege-polynome", die sich an eine gegebene Funktion „anschmiegen". Diese Polynome werden zu einer Potenzreihe, wobei die einzelnen Polynome die gegebene Funktion immer besser approximieren.

Wir definieren die „Schmiegepolynome":

Definition 7.2

Gegeben sei eine Funktion $f(x)$, $x \in D_f$ und f sei an der Stelle $x_0 \in D_f$ „beliebig oft" differenzierbar.[1] Dann heißt das Polynom

$$T_n(x) := \sum_{k=0}^{n} \frac{f^{(k)}(x_0)}{k!} (x - x_0)^k, \ x \in D_f \tag{7.6}$$

Taylor-Polynom-ten Grades von *f* an der Stelle x_0. x_0 **heißt** **Entwicklungspunkt.**

---

[1]Das heißt, alle Ableitungen existieren.

Die Zahlen

$$a_k = \frac{f^{(k)}(x_0)}{k!} \tag{7.7}$$

heißen **Koeffizienten** der Polynome.

$T_n(x)$ ist ein Approximationspolynom n-ten Grades für $f(x)$ und heißt auch „Schmiege-Polynom". $T_n(x)$ genügt den sogenannten „Schmiegebedingungen":

$$T_n^{(k)}(x_0) = f^{(k)}(x_0) \text{ für alle } k = 0, 1, 2, \ldots, n \tag{7.8}$$

Das heißt, alle Ableitungen der Ordnung k der Funktion f an der Stelle x_0 stimmen mit den Ableitungen des Polynoms T_n überein.

Für die x, für die die Folge der Taylor-Polynome $\{T_n(x)\}_{n\in\mathbb{N}}$ konvergiert, d. h. für die

$$\lim_{n\to\infty} T_n(x) =: T(x)$$

gilt, schreibt man die Reihe

$$T(x) := \sum_{k=0}^{\infty} \frac{f^{(k)}(x_0)}{k!} (x - x_0)^k. \tag{7.9}$$

Diese „unendliche Summe" heißt dann die **Taylor-Reihe** von f an der Stelle x_0.

Bemerkung 7.4

Wie bei Potenzreihen Abschn. 7.1 gilt:

1. Die Menge K aller x, für die die Folge $\{T_n(x)\}_{n\in\mathbb{N}}$ konvergiert, heißt **Konvergenzbereich** der Taylor-Reihe.
2. Der Konvergenzbereich K hat die Form K $= \{x \in \mathbb{R} \text{ mit } |x - x_0| < r\}$, wobei r der Konvergenzradius ist.

Beispiel 7.4

Sei $f(x) = e^x$, $x \in \mathbb{R}$ und $x_0 = 0$.

Dann ist

$$f^{(k)}(x_0) = e^{x_0} = 1 \text{ für alle } k \in \mathbb{N}$$

und somit haben wir (s. Abb. 7.4 und 7.5):

$$T_n(x) := \sum_{k=0}^{n} \frac{f^{(k)}(x_0)}{k!} (x - 0)^k = \sum_{k=0}^{n} \frac{1}{k!} x^k$$

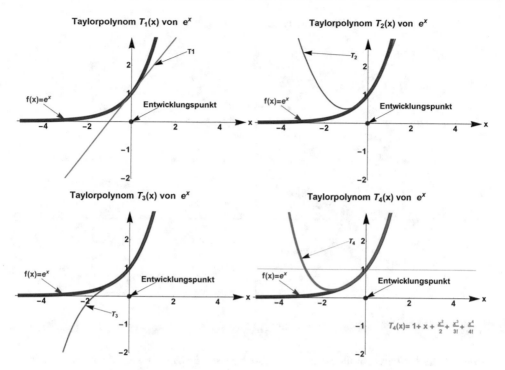

Abb. 7.4 Taylor-Polynom für $f(x) = e^x$

Der Konvergenzradius ist

$$r = \lim_{k \to \infty} \frac{|a_k|}{|a_{k+1}|} = \lim_{k \to \infty} \frac{(k+1)!}{k!} = \lim_{k \to \infty} (k+1) = \infty,$$

also ist $K = \mathbb{R}$. Somit dürfen wir annehmen, dass für die Taylor-Reihe von e^x gilt:

$$\sum_{k=0}^{\infty} \frac{x^k}{k!} = e^x, \quad x \in \mathbb{R}.$$

Dies wird genauer begründet in Bemerkung 7.7, 2.

Bemerkung 7.5 zur Taylor-Reihe von $f(x) = e^x$
Es gilt:

$$\left(e^x\right)' = f'(x) = \left(\sum_{k=0}^{\infty} \frac{x^k}{k!}\right)' = \sum_{k=0}^{\infty} \frac{kx^{k-1}}{k!} = \sum_{k=1}^{\infty} \frac{x^{k-1}}{(k-1)!} = \sum_{k=0}^{\infty} \frac{x^k}{k!} = e^x$$

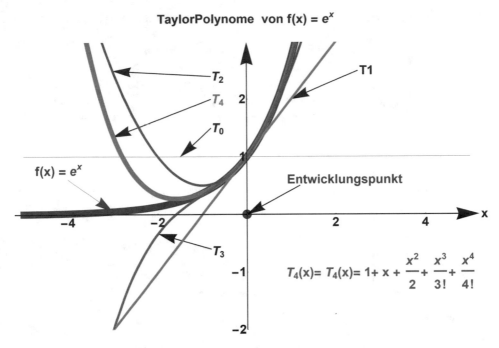

TaylorPolynome von f(x) = e^x

$$T_4(x)= T_4(x)= 1+ x + \frac{x^2}{2} + \frac{x^3}{3!} + \frac{x^4}{4!}$$

Abb. 7.5 Taylor-Polynom für $f(x)=e^x$ zusammengefasst. Im Video ▸ sn.pub/KZwvrj werden die einzelnen Taylor-Polynome bis T_4 zusammengefügt

Das heißt, auch in der Form der Taylor-Reihe lässt sich die Eigenschaft $f'(x) = f(x)$ für $f(x) = e^x$ verifizieren.[2]

Beispiel 7.5
$f(x) = \sin x, x \in \mathbb{R}$ und Entwicklungspunkt $x_0 = 0$

$$\sin x = x - \frac{x^3}{3!} + \frac{x^5}{5!} - \frac{x^7}{7!} + \frac{x^9}{9!} \cdots = \sum_{k=0}^{\infty} (-1)^k \frac{x^{(2k+1)}}{(2k + 1)!}$$

Da die Funktion $\sin x$ ungerade ist, besteht die Taylor-Reihe nur aus ungeraden Polynomen (s. Abb. 7.6):

---

[2]Die Ableitung einer Reihe ist gleich der Reihe der Ableitungen für x im Konvergenzbereich (s. G. Bärwolff 2006, S. 211).

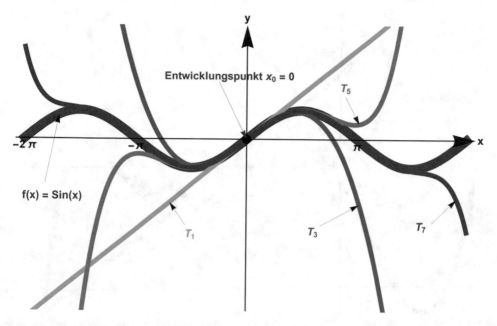

Abb. 7.6 Taylor-Polynome für $f(x)=\sin(x)$

Beispiel 7.6

$f(x) = \sin x$, Entwicklungspunkt x_0 verschoben um $x_0 = 3$ (s. Abb. 7.7)

$$\sin x = \sum_{k=0}^{\infty} \frac{\sin(x)^{(k)}(x_0)}{k!}(x - x_0)^k$$

$$= a_0 + a_1(x - x_0) + a_2(x - x_0)^2 + a_3(x - x_0)^3 + a_4(x - x_0)^4 + a_5(x - x_0)^5 \cdots,$$

wobei $a_k = \frac{\sin(x)^{(k)}(x_0)}{k!}$ für $k \in \mathbb{N}$ ist.

Durch die Verschiebung des Entwicklungspunktes x_0 entsteht (bezüglich des Entwicklungspunktes) eine Funktion ohne Symmetrie und damit besteht die Taylor-Reihe aus allen (geraden und ungeraden) Polynomen.

Beispiel 7.7

$f(x) = \cos x$, $x \in \mathbb{R}$ und Entwicklungspunkt $x_0 = 0$

$$\cos x = 1 - \frac{x^2}{2!} + \frac{x^4}{4!} - \frac{x^6}{6!} + \frac{x^8}{8!} \cdots = \sum_{k=0}^{\infty} (-1)^k \frac{x^{2k}}{(2k)!}$$

Da die Funktion $\cos x$ gerade ist, besteht die Taylor-Reihe nur aus geraden Polynomen (s. Abb. 7.8).

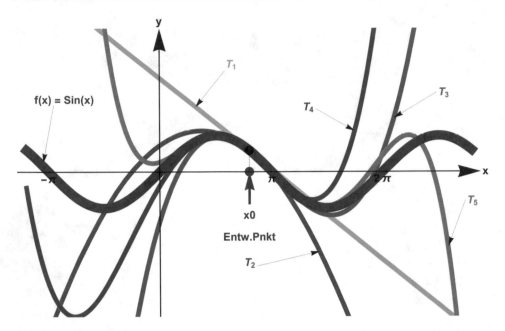

Abb. 7.7 Taylor-Polynome für $f(x) = \sin x$ mit Entwicklungspunkt $x_0 = 3$. Im Video ▸ sn.pub/
kdtmEJ sieht man, wie die Taylor-Polynome sich verändern, wenn der Entwicklungspunkt verschoben wird.

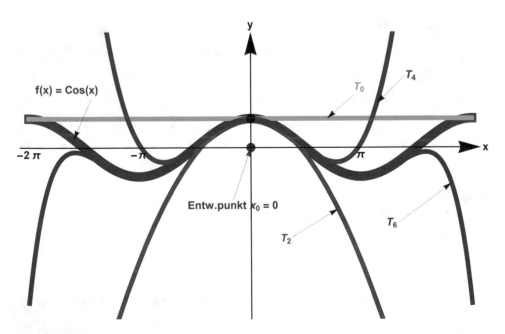

Abb. 7.8 Taylor-Polynome für $\cos(x)$

Beispiel 7.8

$f(x) = e^{jx}, x \in \mathbb{R}$ und Entwicklungspunkt $x_0 = 0$

Dies ist eine komplexe Taylor-Reihe! Es gilt für die imaginäre Einheit j:

$$j^2 = -1$$
$$j^3 = -j$$
$$j^4 = 1$$
$$j^5 = j$$
$$j^6 = -1$$
$$j^7 = -j$$
$$j^8 = 1$$

Dann folgt für die Taylor-Reihe der komplexen Funktion e^{jx} (s. Beispiel 7.5 und Beispiel 7.7):

$$f(x) = e^{jx} = \sum_{k=0}^{n} \frac{(jx)^k}{k!} x^k$$

$$= 1 + jx + j^2\frac{x^2}{2!} + j^3\frac{x^3}{3!} + j^4\frac{x^4}{4!} + j^5\frac{x^5}{5!} + j^6\frac{x^6}{6!} + j^7\frac{x^7}{7!} + j^8\frac{x^8}{8!} \cdots \cdots$$

$$= 1 + jx - \frac{x^2}{2!} - j\frac{x^3}{3!} + \frac{x^4}{4!} + j\frac{x^5}{5!} - \frac{x^6}{6!} - j\frac{x^7}{7!} + \frac{x^8}{8!} \cdots \cdots$$

$$= \underbrace{\left(1 - \frac{x^2}{2!} + \frac{x^4}{4!} - \frac{x^6}{6!} + \frac{x^8}{8!} \cdots\right)}_{\cos x} + j\underbrace{\left(x - \frac{x^3}{3!} + \frac{x^5}{5!} - \frac{x^7}{7!} + \frac{x^9}{9!} \cdots\right)}_{\sin x}$$

$$= \cos x + j \sin x$$

Daraus ergibt sich die **Eulersche Formel**[3], s. Abb. 7.9:

$$e^{jx} = \cos x + j \sin x \tag{7.10}$$

Bemerkung 7.6 zur Abb. 7.9

Betrachte eine komplexe Ebene $\mathbb{C}$ mit einer dritten Achse t senkrecht auf $\mathbb{C}$. Wenn man entlang der t-Achse $\cos t$ in Richtung Realteil und $\sin t$ in Richtung Imaginärteil aufträgt, entsteht in dem von der komplexen Ebene und der t-Achse aufgespannten Raum eine Spirale:

$$s(t) = \cos t + j \sin t$$

Die Projektion dieser Spirale auf die komplexe Ebene ist dann der Einheitskreis $|z|=1$, auf der die komplexe Zahl $z(t) = e^{jt}$ (s. Abb. 7.9) sich mit wachsendem t entgegen dem Uhrzeigersinn bewegt.

---

[3]Die Eulersche Formel wird in Kap. 2, (2.4) eingeführt.

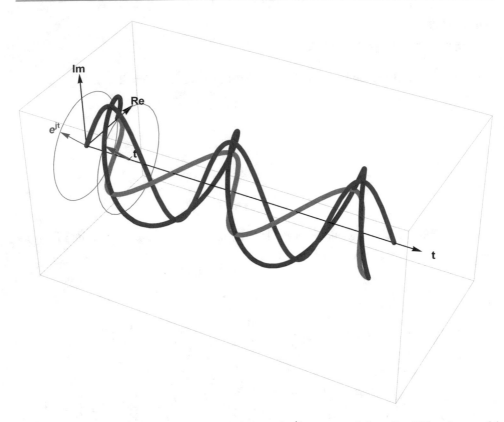

Abb. 7.9 Demonstration für die Eulersche Formel $e^{jx} = \cos x + j \sin x$. Im Video ▶ sn.pub/ SZEh6c wird die Eulersche Formel demonstriert, d. h. der Zusammenhang zwischen den trigonometrischen Funktionen und der exponentiellen Darstellung einer komplexen Zahl (siehe auch Bemerkung 7.6)

Dies demonstriert den Zusammenhang zwischen den trigonometrischen Funktionen $\sin(t)$ und $\cos(t)$ und der Exponentialdarstellung der komplexen Zahl $z(t)$, d. h. der Eulerschen Formel (2.4):

$$s(t) = \cos t + j \sin t = e^{jt}.$$

Beispiel 7.9
$f(x) = \ln(x)$, $x_0 = 1$, $x > 0$

Es gilt

$$f(x_0) = \ln(1) = 0 = a_0$$
$$f'(x_0) = \frac{1}{x_0} = 1 = a_1$$

$$\frac{f''(x_0)}{2!} = (-1)\frac{1}{2x_0^2} = \frac{-1}{2} = a_2$$

$$\frac{f'''(x_0)}{3!} = \frac{2}{3!\,x_0^2} = \frac{1}{3} = a_3$$

$$\frac{f^{(4)}(x_0)}{4!} = -\frac{2\cdot 3}{4!\,x_0^2} = \frac{1}{4} = a_4 \cdots$$

$$\frac{f^{(k)}(x_0)}{k!} = (-1)^{k+1}\frac{(k-1)!}{k!\,x_0^2} = (-1)^{k+1}\frac{1}{k} = a_k$$

und somit

$$T_n(x) = \sum_{k=1}^{n}(-1)^{k+1}\frac{(x-1)^k}{k}.$$

Dann ist der Konvergenzradius $r = \lim\limits_{k\to\infty}\left|\frac{k+1}{k}\right| = 1$ und der Konvergenzbereich

$$K = (x_0 - r, x_0 + r) = (0,2).$$

Die Taylor-Approximation bricht ab außerhalb des Konvergenzbereiches K (s. T_{24} in Abb. 7.10).

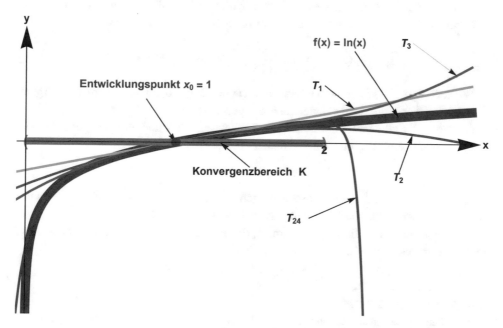

Abb. 7.10 Taylor-Polynome und Konvergenzbereich der Taylor-Reihe für ln(x) mit Entwicklungspunkt $x_0 = 1$

7.3   Fehlerabschätzungen

Die Taylor-Polynome

$$T_n(x) := \sum_{k=0}^{n} a_k(x - x_0)^k$$

sind Approximationen der Taylor-Reihe

$$T(x) := \sum_{k=0}^{\infty} a_k(x - x_0)^k = T_n(x) + R_n(x).$$

Das heißt, es gibt für jedes n einen **Approximationsfehler:**

$$R_n(x) := T(x) - T_n(x)$$

Dieses $R_n(x)$ heißt **Restglied** und kann abgeschätzt werden durch die **Lagrange-Restgliedformel**[4]

$$R_n(x) = \frac{f^{(n+1)}(t)}{(n+1)!}(x - x_0)^{(n+1)} \text{ mit } t \text{ zwischen } x \text{ und } x_0. \tag{7.11}$$

Bemerkung 7.7

1. Von t ist nur bekannt, dass es zwischen x und x_0 liegt. Daher kann die Lagrange-Formel nur für **Abschätzungen** des Approximationsfehlers benutzt werden:

$$|R_n(x)| \leq \max_{t \in [x_0, x]} \left\{ \left| \frac{f^{(n+1)}(t)}{(n+1)!} \right| |x - x_0|^{(n+1)} \right\} \tag{7.12}$$

2. Wenn $R_n(x) \to 0$ für $n \to \infty$, dann gilt $T(x) = f(x)$ und für alle x im Konvergenzbereich K konvergiert $T_n(x)$ „gleichmäßig" gegen $f(x)$.[5]
3. **Achtung:** Es gibt Fälle, bei denen die Taylor-Reihe T **nicht** mit der generierenden Funktion f übereinstimmt, d. h. bei denen $T(x) \neq f(x)$ gilt![6]

Beispiel 7.10
Restglieder R_1, R_2 und deren Abschätzungen mit der Lagrange-Formel der Funktion $f(x) = e^x$ an der Stelle $x = 2$ mit der Entwicklungsstelle $x_0 = 0$.

R_1 ist der Fehler des Taylor-Polynoms T_1 der Funktion $f(x) = e^x$ an der Stelle x = 2 mit dem Entwicklungspunkt $x_0 = 0$ (s. Abb. 7.11).

---

[4]s. R. Wüst 2002, Bd. I, S .214.

[5]Gleichmäßige Konvergenz bedeutet, dass das Maximum der Funktionendifferenz gegen 0 konvergiert, d. h. $\max (T_n(x) - f(x)) \to 0$ für $n \to \infty$ (s. T. Arens et al. 2012, S. 1037).

[6]Beispiel s. R. Wüst 2002, Bd. I, S. 222.

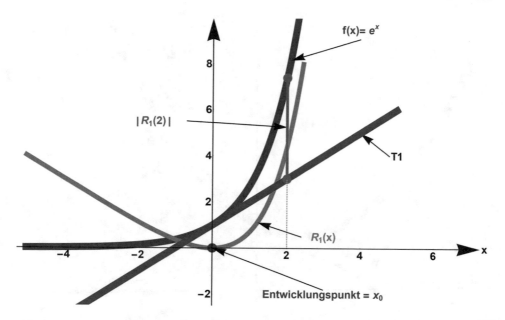

Abb. 7.11   Linearer Fehler von $f(x) = e^x$ an der Stelle $x = 2$

- **Abschätzung mit Lagrange-Formel**

$$|R_1(2)| \leq \max_{t,x \in [0,2]} \left\{ \left| \frac{e^t}{(1+1)!} \right| |x|^{(1+1)} \right\} \leq \frac{e^2}{2!} 2^2 = \frac{e^2}{2} 4 = 14{,}78 = L_1$$

- **Tatsächlicher Fehler (linearer Fehler)**

$$R_1(2) = e^2 - T_1(2) = e^2 - (1+2) = 4{,}39$$

Also gilt:

$$\text{Tatsächlicher Fehler} < \text{Abschätzung der Lagrange-Formel}$$

$$R_1(2) < L_1(2)$$

Damit ist die Abschätzung plausibel!

R_2 ist der quadratische Fehler des Taylor-Polynoms T_2 der Funktion $f(x) = e^x$ an der Stelle $x = 2$ mit dem Entwicklungspunkt $x_0 = 0$ (s. Abb. 7.12). Das Restglied (= tatsächlicher Fehler) hat den Wert:

$$R_2(2) = e^2 - T_2(2) = e^2 - (1+2+2) = 2{,}39$$

Abschätzung mit Lagrange-Formel:

$$|R_2(2)| \leq \max_{t,x \in [0,2]} \left\{ \left| \frac{e^t}{(2+1)!} \right| |x|^{(2+1)} \right\} \leq \frac{e^2}{3!} 2^3 = \frac{e^2}{6} 8 = 9{,}85 = L_2(2)$$

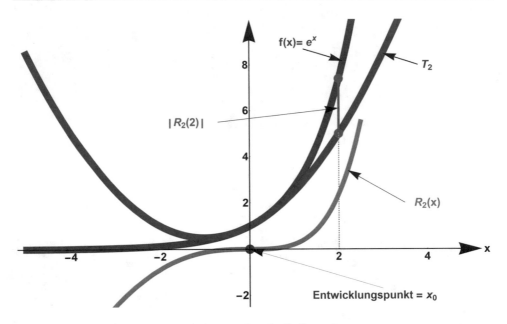

Abb. 7.12 Quadratischer Fehler von $f(x) = e^x$ an der Stelle $x=2$

Also gilt:

$$\text{Tatsächlicher Fehler} < \text{Abschätzung der Lagrange-Formel}$$

$$R_2(2) < L_2(2)$$

Damit ist die Abschätzung plausibel!

Beispiel 7.11
Restglied $R_3(x_1)$ und dessen Abschätzung mit der Lagrange-Formel der Funktion
$f(x) = \ln(x)$ an der Stelle $x_1 = 0{,}3$ mit der Entwicklungsstelle $x_0 = 1$ (s. Abb. 7.13).

Dann ist

$$T_3(x) = \sum_{k=0}^{3} a_k (x-1)^k = \sum_{k=0}^{3} \frac{f^{(k)}(1)}{k!}(x-1)^k$$

$$f(x_0) = \ln(x_0) = 1 = T_3(x_0) = a_0 \Rightarrow \quad a_0 = 0$$

$$f'(x_0) = \frac{1}{x_0} = 1 = T_3'(x_0) = a_1 \Rightarrow \quad a_1 = 1$$

$$f''(x_0) = -\frac{1}{x_0^2} = 1 = T_3''(x_0) = 2a_2 \Rightarrow \quad a_2 = -\frac{1}{2}$$

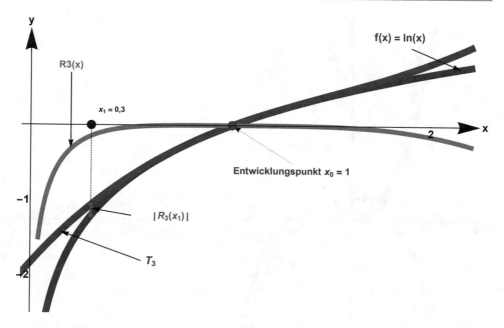

Abb. 7.13 „Kubischer" Fehler R_3 von $f(x) = \ln(x)$ an der Stelle $x_1 = 0{,}3$

$$f'''(x_0) = \frac{2}{x_0^3} = 2 = T_3'''(x_0) = 2 \cdot 3a_2 \Rightarrow \quad a_3 = \frac{1}{3}$$

und somit ist

$$T_3(x) = (x - 1) - \frac{(x - 1)^2}{2} + \frac{(x - 1)^3}{3}.$$

Die Abschätzung des Restglieds $R_3(x)$ mit der Lagrange-Formel ergibt:

$$|R_3(x_1)| = \left|\frac{f^{(4)}(t)}{4!}(x_1 - x_0)^4\right| \leq \max_{t \in [0,3,1]} \left\{\left|\frac{-3!}{4! \, t^4}\right| |-0{,}7|^4\right\} \leq \frac{1}{(0{,}3)^4 4}(0{,}7)^4 = 7{,}41$$

Also ist die Abschätzung des Fehlers $L_3(x) = 7{,}41$. Der tatsächliche Fehler $R_3(x)$ an der Stelle x_1 hat den Wert:

$$R_3(x_1) = \ln(x_1) - T_3(x_1) = \ln(0{,}3) - \left(-0{,}7 - \frac{(-0{,}7)^2}{2} + \frac{(-0{,}7)^3}{3}\right)$$

$$= -1{,}204 - 1{,}059 = -0{,}145$$

Somit ist die Abschätzung plausibel:

$$0{,}145 < 7{,}41$$

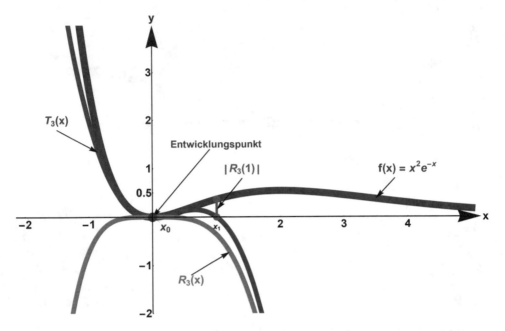

Abb. 7.14 „Kubischer" Fehler R_3 von $f(x) = x^2 e^{-x}$ an der Stelle $x_1 = 1$ mit Lagrange-Fehlerabschätzung.

also

$$|R_3(0{,}3)| < L_3(0{,}3).$$

Beispiel 7.12
Restglied $R_3(x_1)$ und dessen Abschätzung mit der Lagrange-Formel der Funktion $f(x) = x^2 e^{-x}$ an der Stelle $x_1 = 1$ mit dem Entwicklungspunkt $x_0 = 0$ (s. Abb. 7.14).

Dann ist

$$T_3(x) = \sum_{k=0}^{3} a_k x^k = \sum_{k=0}^{3} \frac{f^{(k)}(0)}{k!} x^k$$

$$f(x_0) = x^2 e^{-x}|_{x=0} = 0 = T_3(x_0) = a_0 \Rightarrow \quad a_0 = 0$$

$$f'(x_0) = (2x - x^2) e^{-x}|_{x=0} = 0 = T_3'(x_0) = a_1 \Rightarrow \quad a_1 = 0$$

$$f''(x_0) = (2 - 4x + x^2) e^{-x}|_{x=0} = 2 = T_3''(x_0) = 2a_2 \Rightarrow \quad a_2 = 1$$

$$f'''(x_0) = (-6 + 6x + x^2) e^{-x}|_{x=0} = -6 = T_3'''(x_0) = 2 \cdot 3a_2 \Rightarrow \quad a_3 = -1$$

und somit ist

$$T_3(x) = x^2 - x^3.$$

Das Restglied (= tatsächlicher Fehler) ist dann:

$$R_3(x) = f(x) - T_3(x) = x^2 e^{-x} - (x^2 - x^3)$$

An der Stelle $x = x_1 = 1$ gilt somit:

$$R_3(1) = e^{-1} = 0{,}36$$

Die Abschätzung mit der Lagrange-Formel ergibt:

$$|R_3(1)| \leq \max_{t \in [0,1]} \left\{ \left| \frac{(12 - 8t - t^2)e^{-t}}{4!} \right| |1|^4 \right\} \underbrace{\leq}_{(t=0)} \left| \frac{(12 - 0)1}{4!} \right| |1|^4 = \frac{12}{24} = 0{,}5$$

Also ist der abgeschätzte Fehler $L_3 = 0{,}5$ und wegen

$$0{,}36 < 0{,}5$$
$$R_3(1) < L_3(1)$$

ist die Abschätzung plausibel (s. Abb. 7.14).

7.4 Grenzwerte für unbestimmte Ausdrücke

Betrachte die Funktionen $f(x)$ und $g(x)$. Sie seien stetig und differenzierbar an der Stelle x_0 und es gilt $f(x_0) = g(x_0) = 0$.

Dann ist $\frac{f(x_0)}{g(x_0)}$ ein ***unbestimmter Ausdruck***.

Um den Wert dieses Ausdrucks zu bestimmen, entwickeln wir an der Stelle x_0 die Taylor-Polynome T_1 mit den Restgliedern (7.11) für Zähler und Nenner:

$$\frac{f''(t_1)}{2}(x - x_0)^2 \text{ für } t_1 \in [x_0, x]$$

und

$$\frac{g''(t_2)}{2}(x - x_0)^2 \text{ für } t_2 \in [x_0, x]$$

Damit haben wir (für Zähler und Nenner getrennt entwickelt):

$$\lim_{x \to x_0} \frac{f(x)}{g(x)} = \lim_{x \to x_0} \frac{f(x_0) + f'(x_0)(x - x_0) + \frac{f''(t_1)}{2}(x - x_0)^2}{g(x_0) + g'(x_0)(x - x_0) + \frac{g''(t_2)}{2}(x - x_0)^2} \qquad (7.13)$$

Mit $f(x_0) = g(x_0) = 0$ folgt:

$$\lim_{x \to x_0} \frac{f(x)}{g(x)} = \lim_{x \to x_0} \frac{f'(x_0)(x - x_0) + \frac{f''(t_1)}{2}(x - x_0)^2}{g'(x_0)(x - x_0) + \frac{g''(t_2)}{2}(x - x_0)^2} = \frac{f'(x_0) + \lim\limits_{x \to x_0} \frac{f''(t_1)}{2}(x - x_0)}{g'(x_0) + \lim\limits_{x \to x_0} \frac{g''(t_2)}{2}(x - x_0)} = \frac{f'(x_0)}{g'(x_0)}$$

Kürzen durch $(x - x_0)$!

Also gilt die Formel von Bernoulli-L'Hospital:

$$\lim_{x \to x_0} \frac{f(x)}{g(x)} = \frac{f'(x_0)}{g'(x_0)} \tag{7.14}$$

Bemerkung 7.8

Wenn zusätzlich $f'(x_0) = g'(x_0) = 0$ gilt, führt die Formel (7.14) nicht zum Ziel. Wenn man jedoch f und g in (7.13) bis zum Taylor-Polynom T_2 mit dem Restglied R_2 entwickelt, ergibt sich:

$$\lim_{x \to x_0} \frac{f(x)}{g(x)} = \frac{f''(x_0)}{g''(x_0)}$$

Dies gilt sinngemäß auch für höhere Ableitungen von f und g.

Wir betrachten nun Grenzwerte vom Typ „$\frac{\infty}{\infty}$":

Für den Fall $\lim\limits_{x \to x_0} f(x) = \lim\limits_{x \to x_0} g(x) = \infty$ kann der Grenzwert $\lim\limits_{x \to x_0} \frac{f(x)}{g(x)}$ ebenfalls mit der Formel (7.14) berechnet werden, indem man

$$\lim_{x \to x_0} \left(\frac{\frac{1}{g(x)}}{\frac{1}{f(x)}} \right)$$

betrachtet.

Grenzwerte vom Typ „∞^0", „1^∞", „0^0" kann man mit der Umformung

$$f(x)^{g(x)} = \left(e^{g(x)\ln(f(x))} \right)$$

ermitteln.

Beispiel 7.13

$$\lim_{x \to 0} \frac{\sin x}{x} = \frac{\cos(0)}{1} = 1$$

s. Abb. 7.15)

Beispiel 7.14

$$\lim_{x \to 0} \frac{e^x - \cos x}{\sin x} = \frac{e^0 + \sin(0)}{\cos(0)} = 1$$

(s. Abb. 7.16)

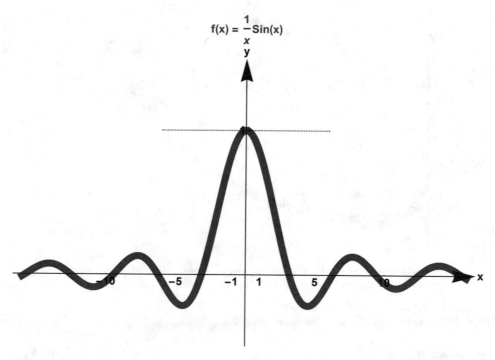

Abb. 7.15 Grenzwert $\lim\limits_{x \to 0} \frac{\sin x}{x} = 1$

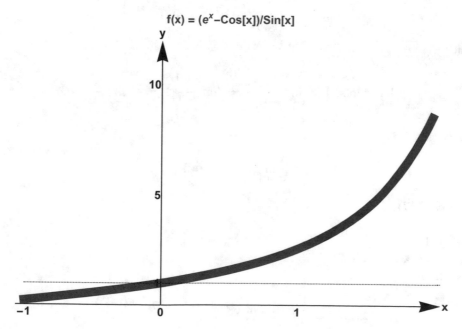

Abb. 7.16 Grenzwert $\lim\limits_{x \to 0} \frac{e^x - \cos x}{\sin x} = 1$

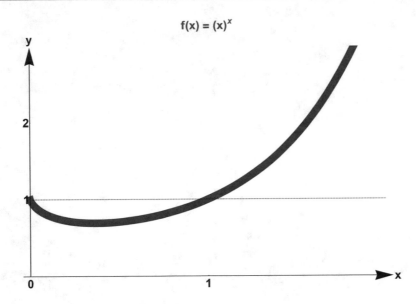

Abb. 7.17 Grenzwert $\lim\limits_{x\to 0} x^x = 1$ für $x>0$

Beispiel 7.15

Für $x>0$ gilt:

$$\lim_{x\to 0+} (x^x) = \lim_{x\to 0+} \left(e^{x\,\ln(x)}\right) = e^{\left(\lim\limits_{x\to 0} x\,\ln(x)\right)}$$

mit

$$\left(\lim_{x\to 0+} x\,\ln(x)\right) = \lim_{x\to 0+} \frac{\ln(x)}{1/x} = \lim_{x\to 0+} -\frac{1/x}{1/x^2} = -\lim_{x\to 0+} \frac{x^2}{x} = 0$$

Somit gilt:

$$\lim_{x\to 0+} (x^x) = e^0 = 1$$

(s. Abb. 7.17)

Beispiel 7.16

(vgl. Kap. 4, Beispiel 4.2)

Es gilt:

$$\lim_{x\to\infty} \left(1 + \frac{1}{x}\right)^x = \lim_{x\to\infty} e^{x\ln\left(1+\frac{1}{x}\right)} = e^{\lim\limits_{x\to\infty} \left(x\ln\left(1+\frac{1}{x}\right)\right)}$$

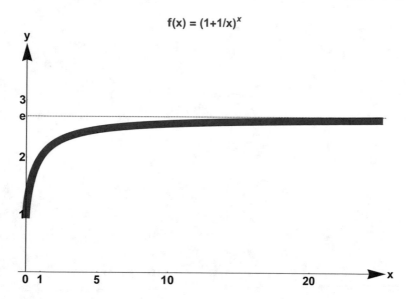

Abb. 7.18 Grenzwert $\lim\limits_{x \to \infty} (1 + \frac{1}{x})^x = e$

mit

$$\lim_{x \to \infty} \left(x \ln \left(1 + \frac{1}{x} \right) \right) = \lim_{x \to \infty} \left(\frac{\ln \left(1 + \frac{1}{x} \right)}{1/x} \right) = \lim_{x \to \infty} \left(\frac{\frac{1}{\left(1+\frac{1}{x}\right)}\left(-\frac{1}{x^2}\right)}{-\frac{1}{x^2}} \right) = \lim_{x \to \infty} \frac{1}{\left(1+\frac{1}{x}\right)} = 1$$

Somit gilt:

$$\lim_{x \to \infty} \left(1 + \frac{1}{x} \right)^x = e^1 = e$$

(s. Abb 7.18)

Integralrechnung im Eindimensionalen

8

Die Integralrechnung beantwortet im Prinzip zwei Fragen, die zunächst sehr verschieden erscheinen: Einerseits die praktische Frage, wie man Flächen unter krummlinigen Kurven berechnen kann. Andererseits die mehr theoretische Frage, ob man zu jeder Funktion eine sogenannte Stammfunktion finden kann, deren Ableitung diese Funktion ist.

In Abschn. 8.1 wird zunächst die zweite Frage beantwortet mit den verschiedenen Methoden der Umkehrung der Differentialrechnung. Dies führt zum Begriff des unbestimmten Integrals. Abschn. 8.2 widmet sich dann der ersten Frage. Dabei bestimmt man Flächen unter Kurven, indem man Grenzwerte von Summen über immer feiner werdende Zerlegungen in Rechteckflächen berechnet. Dies führt zum bestimmten Integral, dem sogenannten Riemann-Integral. Der Zusammenhang zwischen unbestimmtem und bestimmtem Integral wird dann in Abschn. 8.3 mit dem Hauptsatz der Differential- und Integralrechnung aufgezeigt. Daraus folgt, dass man bestimmte Integrale ohne aufwendige Grenzwertbildungen berechnen kann. Abschn. 8.4 behandelt sogenannte uneigentliche Integrale. Dies sind Integrale, bei denen die zu integrierende Funktion oder der Integrationsbereich unbeschränkt ist. Dabei kann die zu integrierende Funktion auch noch von einem Parameter abhängen. Damit erhält man Integraltransformationen (Fourier- und Laplace-Transformationen), wie sie in Kap. 20 und 21 benötigt werden.

© Springer Fachmedien Wiesbaden GmbH, ein Teil von Springer Nature 2020
H. Cycon, *Mathematik visuell und interaktiv,*
https://doi.org/10.1007/978-3-658-30245-0_8

8.1   Das unbestimmte Integral

Beispiel 8.1

Gegeben sei die Funktion

$$f(x) = 1, \quad x \in \mathbb{R}.$$

Gesucht sind alle Funktionen $F(x)$ mit der Eigenschaft

$$\frac{dF(x)}{dx} = f(x) = 1.$$

Dies ist die Umkehrung der Differentialrechnung. Es ist klar, dass $F(x) = x$ eine Lösung ist, d. h. es gilt

$$F'(x) = \frac{d}{dx}F(x) = 1,$$

aber auch **alle** $F(x) = x + c$ für jedes $c \in \mathbb{R}$ sind Lösungen (s. Abb. 8.1).

Beispiel 8.2

Gegeben sei die Funktion

$$f(x) = 2x, \; x \in \mathbb{R}.$$

Gesucht sind alle Funktionen $F(x)$ mit der Eigenschaft

$$\frac{dF(x)}{dx} = f(x) = 2x.$$

Dies ist die Umkehrung der Differentialrechnung!
Es ist klar, dass $F(x) = x^2$ eine Lösung ist, denn es gilt

$$F'(x) = \frac{d}{dx}F(x) = 2x,$$

aber auch **alle** $F(x) = x^2 + c$ für jedes $c \in \mathbb{R}$ sind Lösungen (s. Abb. 8.2).

Bemerkung 8.1

1. Wenn für F gilt $F'(x) = f(x)$, dann gibt es immer unendlich viele Funktionen, deren Ableitung die gegebene Funktion f ist. Denn wenn $F'(x) = f(x)$ ist, dann gilt auch $(F + c)' = f(x)$ für jedes $c \in \mathbb{R}$.
2. Wenn $F_1'(x) = f(x)$ und $F_2'(x) = f(x)$ gilt, dann gibt es immer ein $c \in \mathbb{R}$, sodass $F_1(x) = F_2(x) + c$ ist. Denn es gilt $(F_1(x) - F_2(x))' = F_1'(x) - F_2'(x) = 0$.

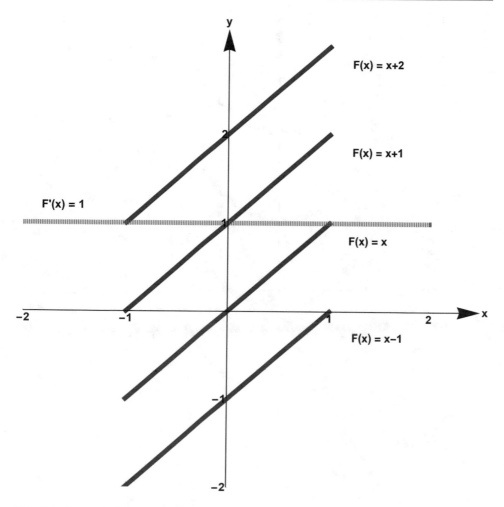

Abb. 8.1 Stammfunktionen von $f(x) = 1$

Dies führt zur

Definition 8.1
1. Jede Funktion $F(x)$ mit $F'(x) = f(x)$, $x \in D_f$ heißt **Stammfunktion von f.**
2. Die Menge aller Stammfunktionen heißt **unbestimmtes Integral** und man schreibt:

$$\int f(x)\, dx := \left\{ F \mid F(x) \text{ mit } F'(x) = f(x) \right\} \tag{8.1}$$

3. Das Aufsuchen der (Menge aller) Stammfunktionen einer Funktion f heißt (unbestimmte) **Integration.**

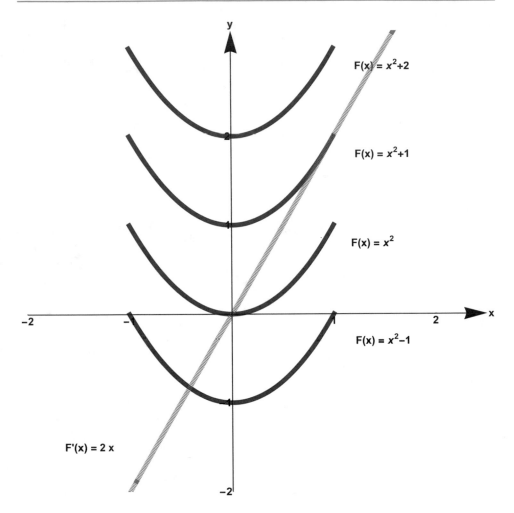

Abb. 8.2 Stammfunktionen von $f(x) = 2x$

In diesem Sinne ist also die (unbestimmte) Integration die „Umkehrung" der Differentiation:

$$\text{Integration}$$
$$- - - - \rightarrow$$

$$f(x) \qquad\qquad\qquad F(x) + c$$
$$\textit{Funktion} \qquad\qquad\qquad \textit{Stammfunktion}$$

$$\leftarrow - - -$$
$$\textit{Differentiation}$$

Tab. 8.1 Grundintegrale

Funktion $f(x) = F'(x)$	Unbestimmtes Integral $\int f(x)\mathrm{d}x$	Stammfunktionen $F(x) + c$
x^n	$\int x^n \mathrm{d}x$	$\frac{x^{n+1}}{n+1} + c$
$\frac{1}{x}$ für $x \neq 0$	$\int \frac{1}{x}\mathrm{d}x$	$\ln|x| + c$
e^x	$\int e^x \mathrm{d}x$	$e^x + c$
$\sin x$	$\int \sin x\,\mathrm{d}x$	$-\cos x + c$
$\cos x$	$\int \cos x\,\mathrm{d}x$	$\sin x + c$
$\frac{1}{\cos^2(x)}$	$\int \frac{1}{\cos^2(x)}\mathrm{d}x$	$\tan x + c$
$\frac{1}{\sin^2(x)}$	$\int \frac{1}{\sin^2(x)}\mathrm{d}x$	$-\cot x + c$
$\sinh x$	$\int \sinh(x)\mathrm{d}x$	$\cosh x + c$
$\cosh x$	$\int \cosh(x)\mathrm{d}x$	$\sinh x + c$
$\frac{1}{\cosh^2(x)}$	$\int \frac{1}{\cosh^2(x)}\mathrm{d}x$	$\tanh x + c$
$\frac{1}{\sinh^2(x)}$	$\int \frac{1}{\sinh^2(x)}\mathrm{d}x$	$-\coth x + c$
$\frac{1}{1+x^2}$	$\int \frac{1}{1+x^2}\mathrm{d}x$	$\arctan(x) + c$
$\frac{1}{1-x^2}, |x| < 1$	$\int \frac{1}{1-x^2}\mathrm{d}x$	$\text{artanh}(x) + c$
$\frac{1}{1-x^2}, |x| > 1$	$\int \frac{1}{1-x^2}\mathrm{d}x$	$\text{arcoth}(x) + c$
$\frac{1}{\sqrt{1-x^2}}, |x| < 1$	$\int \frac{1}{\sqrt{1-x^2}}\mathrm{d}x$	$\begin{cases} \arcsin(x) + c_1 \\ -\arccos(x) + c_2 \end{cases}$

8.1.1 Die Grundintegrale

Technisch ist die Integration der Grundfunktionen in der Tabelle der Ableitungen enthalten. Man muss sie nur „rückwärts" lesen (s. Tab. 8.1):

Die Integration (d. h. das Aufsuchen der Stammfunktion) ist **linear,** d. h.:

$$\int (\alpha f_1(x) + \beta f_2(x))\,\mathrm{d}x = \alpha \int f_1(x)\,\mathrm{d}x + \beta \int f_2(x)\,\mathrm{d}x \quad \text{für} \quad \alpha, \beta \in \mathbb{R}$$

Beispiele 8.3

1. $\int (x^2 + 3x^5 + \sin(x))\mathrm{d}x = \frac{1}{3}x^3 + \frac{3}{6}x^6 - \cos(x) + c, c \in \mathbb{R}$
2. $\int (2x^4 + 3e^x)\mathrm{d}x = \frac{2}{5}x^5 + 3e^x + c, \; c \in \mathbb{R}$
3. $\int \left(\frac{1}{\sin^2(x)} + \frac{1}{x^3}\right)\mathrm{d}x = -\cot(x) - \frac{1}{2x^2} + c, \; c \in \mathbb{R}$

8.1.2 Integrationsmethoden

Nicht alle Funktionen sind integrierbar. Man kann auch nicht für jede stetige Funktion eine elementare Stammfunktion finden. Es gibt jedoch einige Methoden, die für bestimmte Funktionstypen zu Stammfunktionen führen. Wir führen hier die vier wichtigsten Verfahren ein.

Integration durch Substitution 1. Art
Die Substitution 1. Art entspricht der Umkehrung der „Kettenregel" bei Ableitungen:

$$F(u(x))' = F'(u)u'(x)$$

Beispiel 8.4

$$I = \int (x \cos(x^2))\, dx \text{ ist kein Grundintegral.}$$

Wir ersetzen den Term x^2 durch die neue Variable u, das heißt, wir machen die **Substitution**

$$x^2 = u,$$

dann folgt

$$u' = \frac{du}{dx} = 2x$$

und mit formaler Kurzschreibweise (Merkregel):

$$\frac{du}{2} = x\, dx.$$

Dies setzen wir ein in das Integral I und erhalten ein Grundintegral:

$$I = \frac{1}{2} \int \cos(u)\, du = \frac{1}{2}\sin(u) + c, \quad c \in \mathbb{R}.$$

Rücksubstitution:
Nun ersetzen wir wieder $u = x^2$ und erhalten die Lösung $I = \frac{1}{2}\sin(x^2) + c, c \in \mathbb{R}$.
Probe: Mit Hilfe der Kettenregel erhalten wir wieder den ursprünglichen Integranden:

$$\frac{d}{dx}\left(\frac{1}{2}\sin(x^2) + c\right) = x\cos(x^2)$$

Allgemein haben wir 4 Schritte:
Gegeben sei:

$$I = \int g'(x)\, f(g(x))\mathrm{d}x \tag{8.2}$$

1. **Schritt:** Aufstellung der Substitutionsgleichungen:

$$u = g(x) \text{ impliziert } \frac{du}{dx} = g'(x) \text{ und daraus folgt formal } dx = \frac{du}{g'(x)}.$$

2. Schritt: Einsetzen in I:

$$I = \int g'(x)f(u)\frac{du}{g'(x)} = \int f(u)du$$

3. Schritt: Berechnung des Integrals:

$$I = \int f(u)du = F(u) + c, \quad c \in \mathbb{R}$$

4. Schritt: Rücksubstitution $u = g(x)$ ergibt die Lösung:

$$I = F(g(x)) + c, \quad c \in \mathbb{R} \tag{8.3}$$

Integration durch Substitution 2. Art

Beispiel 8.5
Berechne

$$I = \int \sqrt{1 - x^2}\, dx.$$

Setze $x = \sin(t)$. Dann ist:

$$\frac{dx}{dt} = \cos(t) \text{ und daraus folgt formal } dx = \cos(t)\, dt$$

Einsetzen:

$$I = \int \sqrt{1 - \sin^2(t)}\,\cos(t)dt = \int \cos^2(t)dt = \int \frac{1}{2}(1 + \cos(2t))dt$$

Berechnung des Integrals:

$$I = \int \frac{1}{2}(1+\cos(2t))dt = \frac{1}{2}\left(t + \frac{\sin(2t)}{2}\right)+c = \frac{1}{2}\left(t + \frac{2\sin(t)\cos(t)}{2}\right)+c, \quad c \in \mathbb{R}$$

Rücksubstitution:
Mit $t = \arcsin(x)$ ist:

$$I = \frac{1}{2}\left(\arcsin(x) + \frac{2x\cos(\arcsin(x))}{2}\right)+c = \frac{1}{2}\left(\arcsin(x) + x\sqrt{1 - x^2}\right)+c, \quad c \in \mathbb{R}$$

Allgemein haben wir 4 Schritte:
Gegeben sei:

$$I = \int f(x)\, dx \tag{8.4}$$

1. **Schritt:** Aufstellung der Substitutionsgleichungen:

$$x = g(t) \quad \text{und} \quad \frac{dx}{dt} = g'(x), \text{daraus folgt formal } dx = g'(x)dt$$

2. **Schritt:** Einsetzen in I:

$$I = \int f(g(t))g'(t)dt$$

3. **Schritt:** Berechnung des Integrals:

$$I = \int f(g(t))g'(t)dt = F(t) + c, \quad c \in \mathbb{R}$$

4. **Schritt:** Rücksubstitution:
   Mit $t = g^{-1}(x)$ ist:

$$I = F\big(g^{-1}(x)\big) + c, \quad c \in \mathbb{R} \tag{8.5}$$

Integration durch partielle Integration

Partielle Integration ist im Prinzip die Umkehrung der Produktregel in der Differentialrechnung:

$$(uv)' = u'v + uv'$$

Daraus folgt:

$$uv' = (uv)' - u'v$$

Wenn man diese Formel integriert, erhält man die Formel für die *partielle Integration:*

$$\int u(x)v'(x)dx = u(x)v(x) - \int u'(x)\,v(x)dx \tag{8.6}$$

Die Idee ist dabei, dass man die Ableitung des einen Faktors v auf den anderen Faktor u
„überwälzt".

Beispiel 8.6

1. Berechne $\int x \cos(x)dx$

   Setze :
   $$\begin{cases} u(x) = x & \Rightarrow u'(x) = 1 \\ v'(x) = \cos(x) & \Rightarrow v(x) = \sin(x) \end{cases}$$

   Dann ist mit (8.6):

$$\int x \cos(x)dx = x \sin(x) - \int 1 \sin(x)dx + c, \quad c \in \mathbb{R}$$

   Also ist:

$$\int x \cos(x)dx = x \sin(x) + \cos(x) + c, \quad c \in \mathbb{R}$$

Zur **Probe** kann man wieder differenzieren:

$$(x\sin(x) + \cos(x) + c)' = \sin(x) + x\cos x - \sin x = x\cos x$$

2. Berechne $\int xe^x dx$.

Setze : $\begin{cases} u(x) = x & \Rightarrow & u'(x) = 1 \\ v'(x) = e^x & \Rightarrow & v(x) = e^x \end{cases}$

Dann ist mit (8.6):

$$\int xe^x dx = xe^x - \int 1e^x dx + c = xe^x - e^x + c, \quad c \in \mathbb{R}$$

Eine **Probe** bestätigt das Ergebnis:

$$\frac{d}{dx}(xe^x - e^x + c) = e^x + xe^x - e^x = xe^x$$

Integration durch Partialbruchzerlegung

Echt gebrochene Funktionen sind im Allgemeinen nicht direkt integrierbar. Man zerlegt deshalb den Bruch in eine Summe von einfachen Brüchen, deren Integral einfach berechenbar ist. Dieser Vorgang heißt **Partialbruchzerlegung.** Partialbruchzerlegung ist im Grunde die Umkehrung des Prozesses der Hauptnennerbildung von zwei oder mehreren Brüchen. Dies erfolgt über einen Ansatz mit unbekannten Koeffizienten, die dann mit Hilfe eines linearen Gleichungssystems (LGS) ermittelt werden. Das Problem besteht darin, ein Integral einer echt gebrochenen rationalen Funktion zu berechnen:

$$\int \frac{p(x)}{q(x)} dx \quad \text{mit} \quad p(x) = \sum_{k=0}^{m} a_k x^k \quad \text{und} \quad q(x) = \sum_{k=0}^{n} b_k x^k, \text{ wobei gilt } m < n$$

Wenn der Integrand $\frac{p(x)}{q(x)}$ eine unecht gebrochene rationale Funktion ist, d. h. wenn $m > n$ ist, dann kann man mit Hilfe von Polynomdivision daraus eine Summe aus einem ganzen Polynom und einer echt gebrochenen rationalen Funktion gewinnen. Wir betrachten ein

Beispiel 8.7

$$\int \frac{8x - 2}{x^2 - 1} dx$$

Der Integrand

$$f(x) = \frac{8x - 2}{x^2 - 1} = \frac{8x - 2}{(x + 1)(x - 1)}$$

lässt sich zerlegen in die Summe von zwei Brüchen (Partialbruchzerlegung). Wir machen den Ansatz:

$$\frac{8x-2}{(x+1)(x-1)} = \frac{A}{(x+1)} + \frac{B}{(x-1)} = \frac{A(x-1)+B(x+1)}{(x+1)(x-1)} = \frac{(A+B)x+(B-A)}{(x+1)(x-1)}$$

Gesucht sind A und B. Da die Zähler gleich sind, folgt:

$$8x - 2 = (A+B)x + (B-A)$$

Der Koeffizientenvergleich

$$8 = (A+B)$$
$$-2 = (B-A)$$

ergibt:

$$A = 5$$
$$B = 3$$

Somit ist:

$$\frac{8x-2}{(x+1)(x-1)} = \frac{5}{(x+1)} + \frac{3}{(x-1)}$$

Damit können wir das Integral lösen (es entstehen zwei Grundintegrale):

$$\int \frac{8x-2}{x^2-1} dx = \int \left(\frac{5}{(x+1)} + \frac{3}{(x-1)} \right) dx = \int \frac{5}{(x+1)} dx + \int \frac{3}{(x-1)} dx$$

$$= 5 \ln|x+1| + 3 \ln|x-1| + c, \quad c \in \mathbb{R}$$

Also haben wir:

$$\int \frac{8x-2}{x^2-1} dx = 5 \ln|x+1| + 3 \ln|x-1| + c, \quad c \in \mathbb{R}$$

Allgemein haben wir sechs Schritte:

Gegeben sei ein Integral einer echt gebrochenen rationalen Funktion:

$$\int \frac{p(x)}{q(x)} dx \quad \text{mit} \quad p(x) = \sum_{k=0}^{m} a_k x^k \quad \text{und} \quad q(x) = \sum_{k=0}^{n} b_k x^k, \text{wobei gilt } m < n \quad (8.7)$$

Wir nehmen zunächst den einfachsten Fall an, dass $q(x)$ nur einfache reelle Nullstellen $\{r_1, r_2, r_3, \ldots, r_n\}$ hat und $b_n = 1$ gilt. Dann gilt (lt. Fundamentalsatz der Algebra, Beweis s. G. Bärwolff 2006, S. 48):

$$q(x) = (x - r_1)(x - r_2)(x - r_3) \ldots (x - r_n) \quad (8.8)$$

Damit können wir in mehreren Schritten das Integral lösen:

1. **Schritt:** Zerlegung des Nenners in Linearfaktoren

$$\int \frac{p(x)}{q(x)}dx = \int \frac{p(x)}{(x-r_1)(x-r_2)(x-r_3)\dots(x-r_n)}dx \qquad (8.9)$$

2. **Schritt:** Ansatz Partialbruchzerlegung

$$\frac{p(x)}{q(x)} = \frac{p(x)}{(x-r_1)(x-r_2)(x-r_3)\dots(x-r_n)}$$

$$= \frac{A_1}{(x-r_1)} + \frac{A_2}{(x-r_2)} + \frac{A_3}{(x-r_3)} + \dots + \frac{A_n}{(x-r_n)} \qquad (8.10)$$

(Gesucht sind die A_i!)

3. **Schritt:** Hauptnenner bilden, Zählergleichheit ergibt:

$$p(x) = \left(\frac{A_1}{(x-r_1)} + \frac{A_2}{(x-r_2)} + \frac{A_3}{(x-r_3)} + \dots + \frac{A_n}{(x-r_n)} \right) q(x)$$

Daraus folgt:

$$p(x) = A_1(x-r_2)(x-r_3)\dots(x-r_n) + A_2(x-r_1)(x-r_3)\dots(x-r_n) + \dots$$
$$+ A_n(x-r_1)(x-r_2)\dots(x-r_{n-1})$$

4. **Schritt:** Ausmultiplizieren der rechten Seite und Koeffizientenvergleich ergibt ein lineares Gleichungssystem (LGS, s. Kap. 12):

$$\begin{pmatrix} a_{11} & \dots & a_{1n} \\ \cdot & \cdot & \cdot \\ a_{n1} & \dots & a_{nn} \end{pmatrix} \begin{pmatrix} A_1 \\ \cdot \\ A_n \end{pmatrix} = \begin{pmatrix} c_1 \\ \cdot \\ c_n \end{pmatrix} \qquad (8.11)$$

5. **Schritt:** Lösen des LGS

$$A_1, A_2, \dots, A_n$$

6. **Schritt:** Integrale lösen

$$\int \left(\frac{A_1}{(x-r_1)} + \frac{A_2}{(x-r_2)} + \frac{A_1}{(x-r_3)} + \dots + \frac{A_n}{(x-r_n)} \right) dx =$$

$$A_1 \ln|x-r_1| + A_2 \ln|x-r_2| + \dots A_n \ln|x-r_n| + c, \quad c \in \mathbb{R} \qquad (8.12)$$

Beispiel 8.8

$$I = \int \frac{8x^2 - 2}{(x^2 - 4)(x-3)}dx$$

1. **Schritt:** Zerlegung des Nenners in Linearfaktoren

$$I = \int \frac{8x^2 - 2}{(x+2)(x-2)(x-3)}dx$$

2. **Schritt:** Ansatz Partialbruchzerlegung

$$\frac{p(x)}{q(x)} = \frac{8x^2 - 2}{(x+2)(x-2)(x-3)} = \frac{A_1}{(x+2)} + \frac{A_2}{(x-2)} + \frac{A_3}{(x-3)}$$

(Gesucht sind die A_i!)

3. **Schritt:** Hauptnenner bilden, Zählergleichheit ergibt:

$$8x^2 - 2 = \left(\frac{A_1}{(x+2)} + \frac{A_2}{(x-2)} + \frac{A_3}{(x-3)} \right)(x+2)(x-2)(x-3) \Rightarrow$$

$$8x^2 - 2 = A_1(x-2)(x-3) + A_2(x+2)(x-3) + A_3(x+2)(x-2)$$

4. **Schritt:** Ausmultiplizieren der rechten Seite und Koeffizientenvergleich ergibt ein LGS:

$$8x^2 - 2 = (A_1 + A_2 + A_3)x^2 + (-5A_1 - A_2)x + 6A_1 - 6A_2 - 4A_3$$

Der Koeffizientenvergleich

$$x^2: A_1 + A_2 + A_3 = 8$$
$$x^1: -5A_1 - A_2 = 0$$
$$x^0: 6A_1 - 6A_2 - 4A_3 = -2$$

ergibt das lineare Gleichungssystem (LGS):

$$\begin{pmatrix} 1 & 1 & 1 \\ -5 & -1 & 0 \\ 6 & -6 & -4 \end{pmatrix} \begin{pmatrix} A_1 \\ A_2 \\ A_3 \end{pmatrix} = \begin{pmatrix} 8 \\ 0 \\ -2 \end{pmatrix}$$

5. **Schritt:** Lösen des LGS

$$A_1 = \frac{3}{2}, A_2 = \frac{-15}{2}, A_3 = 14$$

6. **Schritt:** Integrale lösen

$$\int \left(\frac{3}{2(x+2)} - \frac{15}{2(x-2)} + \frac{14}{(x-3)} \right) dx = \frac{3}{2} \ln|x+2| - \frac{15}{2} \ln|x-2| + 14 \ln|x-3| + c, \quad c \in \mathbb{R}$$

Im Allgemeinen hat das Nenner-Polynom $q(x)$ nicht immer einfache reellwertige Nullstellen. Es können Mehrfachnullstellen oder auch konjugiert komplexe Nullstellen auftreten. Um dann auch in diesen Fällen reellwertige Integrale zu erzielen, muss man spezielle Ansätze für die Partialbruchzerlegung machen. Hierzu verweisen wir auf die Literatur (s. L. Papula 1990, S. 130; I. Bronstein et al. 1999, S. 14).

8.2   Das bestimmte Integral (Riemann-Integral)

Der zweite Zugang zur Integralrechnung ist die Flächenberechnung unter einer Funktion $f(x)$ in einem Intervall $[a,b]$ (s. Abb. 8.3). Die Idee ist, dass man den Flächeninhalt A unter einer Funktion f zwischen a und b approximiert durch die Summe von Rechteckflächen (Treppenfunktionen).

Wir definieren:

$$\Delta x = \frac{b-a}{n} \text{ (Stufenbreite)}$$

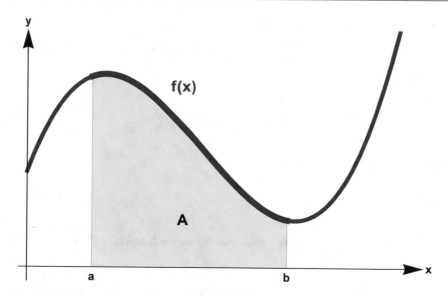

Abb. 8.3 Das bestimmte Integral

1. **Schritt:** (Zerlegung) Zerlege das Intervall [a,b] in n gleich große Teilintervalle der Breite $\Delta x = \frac{b-a}{n}$ und definiere die Rechtecke mit der Breite Δx und der Höhe:

   a) $\overline{f_k} := \max_{[x_{k-1}, x_k]} f(x)$ im Teilintervall $[x_{k-1}, x_k]$

   Es entsteht eine Treppenfunktion oberhalb von f.

   b) $\underline{f_k} := \min_{[x_{k-1}, x_k]} f(x)$ im Teilintervall $[x_{k-1}, x_k]$

   Es entsteht eine Treppenfunktion unterhalb von f.

2. **Schritt:** Flächenberechnung.

   a) Berechne die *Obersumme:*

$$O(n) = \sum_{k=1}^{n} \overline{f_k} \Delta x \tag{8.13}$$

   b) Berechne die *Untersumme*:

$$U(n) := \sum_{k=1}^{n} \underline{f_k} \Delta x \tag{8.14}$$

Dann gilt offensichtlich:

$$U(n) \leq A \leq O(n) \tag{8.15}$$

Man prüft leicht nach, dass $U(n)$ steigt und $O(n)$ mit zunehmendem n fällt.

Wenn nun die Grenzwerte existieren und

$$\lim_{n \to \infty} U(n) = \lim_{n \to \infty} O(n) = A,$$

schreiben wir

$$\lim_{n \to \infty} U(n) = \lim_{n \to \infty} O(n) =: \int_{x=a}^{b} f(x)\mathrm{d}x. \tag{8.16}$$

Wir definieren dann:

Definition 8.2

$$\int_{x=a}^{b} f(x)\mathrm{d}x \quad \text{heißt das } \textit{\textbf{Riemann-Integral}} \tag{8.17}$$

$$\text{von } f \text{ über } [a, b]$$

Also:

$$A = \int_{x=a}^{b} f(x)\mathrm{d}x$$

Beispiel 8.9
Gegeben ist die Funktion

$$f(x) = x^3, \quad x \in D_f = [1, 2].$$

Gesucht ist der Flächeninhalt A zwischen f und der x-Achse und zwischen $a=1$ und $b=2$ (s. Abb. 8.4).
Wir definieren: $\Delta x = \frac{b-a}{n} = \frac{1}{n}$ (Stufenbreite)
Abb. 8.5 zeigt Obersumme und Untersumme für die Funktion $f(x) = x^3, x \in D_f = [1, 2]$ mit $n=4$ Stufen. Abb. 8.6 zeigt Obersumme und Untersumme für die Funktion $f(x) = x^3, x \in D_f = [1, 2]$ mit $n=10$ Stufen.

Numerische Rechnung
Die numerische Rechnung in Tab. 8.2 legt nahe:
Die Grenzwerte $\lim_{n \to \infty} U(n)$ und $\lim_{n \to \infty} O(n)$ existieren und sind gleich, nämlich 3,75!
Wir können also annehmen, es gilt

$$\lim_{n \to \infty} U(n) = \lim_{n \to \infty} O(n) = A = 3,75,$$

also

$$\lim_{n \to \infty} U(n) = \lim_{n \to \infty} O(n) =: \int_{x=1}^{2} f(x)\mathrm{d}x$$

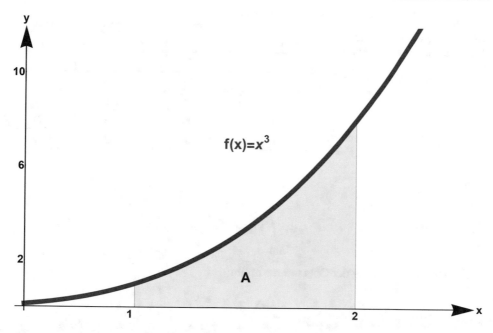

Abb. 8.4 Das bestimmte Integral von $f(x) = x^3$

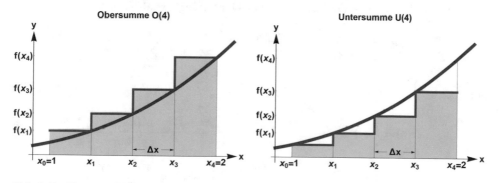

Abb. 8.5 Ober- und Untersumme für $n = 4$

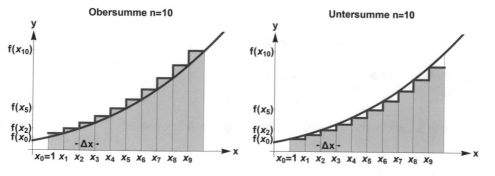

Abb. 8.6 Ober- und Untersumme für $n = 10$

Tab. 8.2 Numerische
Berechnung von Ober- und
Untersumme für $n = 1 \ldots 1000$

n	$\Delta x = 1/n$	$O(n)$	$U(n)$
1	1	8	1
4	1/4	4,67	2,92
5	1/5	4,48	3,08
10	1/10	4,10	3,40
100	1/100	3,78	3,71
1000	1/1000	3,75	3,75

und somit

$$A = \int\limits_{x=1}^{2} f(x)\mathrm{d}x = 3{,}75.$$

Die **exakte Berechnung** der Obersumme ergibt:

$$O(n) = \sum_{k=1}^{n} \overline{f_k} \Delta x = \sum_{k=1}^{n} \left(1 + \frac{k}{n}\right)^3 \frac{1}{n} = \sum_{k=1}^{n} \left(1 + 3\frac{k}{n} + 3\frac{k^2}{n^2} + \frac{k^3}{n^3}\right)\frac{1}{n}$$

Mit Hilfe der Formeln für endliche Reihen (s. G. Merzinger et al., S. 73)

$$\sum_{k=1}^{n} k = \frac{n(n+1)}{2}, \sum_{k=1}^{n} k^2 = \frac{\left(n^2+1\right)(2n+1)}{6} \quad \text{und} \quad \sum_{k=1}^{n} k^3 = \frac{n^2(n+1)^2}{4}$$

ergibt sich

$$O(n) = \left(n + 3\frac{n(n+1)}{2n} + 3\frac{\left(n^2+1\right)(2n+1)}{6n^2} + \frac{n^2(n+1)^2}{4n^3}\right)\frac{1}{n}$$

$$= \left(1 + 3\frac{n(n+1)}{2n^2} + 3\frac{\left(n^2+1\right)(2n+1)}{6n^3} + \frac{n^2(n+1)^2}{4n^4}\right).$$

Der Grenzwert $\lim\limits_{n\to\infty} O(n)$ existiert und ist dann

$$\lim_{n\to\infty} O(n) = 1 + \frac{3}{2} + \frac{6}{6} + \frac{1}{4} = 3{,}75.$$

Eine ähnliche Rechnung ergibt für die Untersumme

$$\lim_{n\to\infty} U(n) = 3{,}75$$

und somit ist, wie in der numerischen Rechnung Tab. 8.2 vermutet:

$$A = \int\limits_{x=1}^{2} f(x)\mathrm{d}x = 3{,}75$$

Bemerkung 8.2

Die Zerlegung $\{a = x_0, x_1, x_2, \ldots, x_{k-1}, x_k, \ldots x_n = b\}$ des Intervalls $[a,b]$ muss nicht gleichmäßig in gleich große Teilintervalle erfolgen. Es genügt auch, für die Höhe der jeweiligen Rechtecke einen beliebigen Funktionswert $f_k := f(\xi), \xi \in [x_{k-1}, x_k]$ innerhalb des Teilintervalls $[x_{k-1}, x_k]$ zu wählen. Dann unterscheidet man nicht zwischen Ober- und Untersumme, sondern man betrachtet nur eine *„Riemann-Summe"* und lässt die Zerlegung immer „feiner" werden, das heißt:

$$\max_{k=1,\ldots,n} |x_k - x_{k-1}| \to 0 \text{ für } n \to \infty$$

Der Grenzwert dieser Riemann-Summe (falls existent) heißt dann *Riemann-Integral* oder *bestimmtes Integral.*

Allgemein gilt also:

Gegeben sei eine Funktion $f(x), x \in D_f = [a, b]$. Sei

$$Z_n = \{a = x_0, x_1, x_2, \ldots, x_{k-1}, x_k, \ldots x_n = b\}$$

eine **beliebige** Zerlegung des Intervalls $[a, b]$, das heißt

$$a = x_0 < x_1 < x_2, < \ldots < x_{k-1} < x_k, \ldots, < x_n = b$$

und

$$f_k := f(\xi) \text{ mit beliebigen } \xi \in [x_{k-1}, x_k].$$

Dann heißen die Summen

$$R(n) = \sum_{k=1}^{n} f_k(x_k - x_{k-1}), \ n \in \mathbb{N} \tag{8.18}$$

Riemannsche Summen. Falls $R(n)$ zu einem Grenzwert A konvergiert für $\max_{k=1,\ldots,n} |x_k - x_{k-1}| \to 0, (n \to \infty)$, dann heißt der Grenzwert

$$\lim_{n \to \infty} R(n) = A$$

Riemann-Integral oder *bestimmtes Integral* von f über $[a, b]$. Die Schreibweise ist dann:

$$A = \int_{x=a}^{b} f(x)dx \tag{8.19}$$

Man kann beweisen, dass das Integral

$$\int\limits_{x=a}^{b} f(x)\mathrm{d}x$$

existiert für beschränkte und stückweise stetige Funktionen $f(x)$ und dass das Integral unabhängig ist von der Wahl der Zerlegungen und der jeweiligen Werte $\xi \in \left[x_{k-1}, x_k\right]$ (s. R. Wüst 2002, Bd. I, S. 246).

Bemerkung 8.3
In der Literatur wird oft mit einem anderen Integralkonzept, dem **Lebesgue-Integral** gearbeitet. Dies unterscheidet sich vom Riemann-Integral dadurch, dass man die Integrale ausgehend von den Mengen auf der x-Achse her betrachtet. Für (stückweise) stetige, beschränkte Funktionen unterscheiden sich die Integralergebnisse aber nicht, sodass wir hier auf eine Darstellung des Lebesgue-Integrals verzichten (s. T. Arens et al. 2012, S. 340).

8.2.1   Rechenregeln für das bestimmte Integral

1. Linearität:

$$\int\limits_{a}^{b} (\alpha f_1(x) + \beta f_2(x))\mathrm{d}x = \alpha \int\limits_{a}^{b} f_1(x)\mathrm{d}x + \beta \int\limits_{a}^{b} f_2(x)\mathrm{d}x \text{ für } \alpha, \beta \in \mathbb{R} \qquad (8.20)$$

2. Vertauschen der Integralgrenzen:

$$\int\limits_{a}^{b} f(x)\mathrm{d}x = - \int\limits_{b}^{a} f(x)\mathrm{d}x \qquad (8.21)$$

3. Gleiche Integralgrenzen:

$$\int\limits_{a}^{a} f(x)\mathrm{d}x = 0 \qquad (8.22)$$

4. Aufteilung der Integralgrenzen (s. Abb. 8.7):

$$\int\limits_{a}^{b} f(x)\mathrm{d}x = \int\limits_{a}^{c} f(x)\mathrm{d}x + \int\limits_{c}^{b} f(x)\mathrm{d}x \qquad (8.23)$$

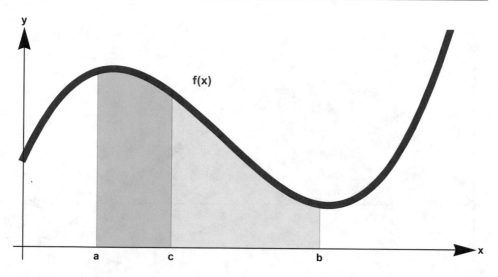

Abb. 8.7 Integralzerlegung

8.3   Der Hauptsatz der Differential- und Integralrechnung

Im Folgenden wird nun der Zusammenhang zwischen dem bestimmten und dem unbestimmten Integral geklärt.

Definition 8.3
Gegeben sei f eine stetige Funktion in $[a,b]$ und $x \in [a,b]$. Dann heißt die Funktion

$$F(x) := \int_a^x f(t)\mathrm{d}t \tag{8.24}$$

Flächenfunktion (s. Abb. 8.8).

Dies ist ein Integral mit variabler Obergrenze x. Dann gilt (s. Abb. 8.9):

$$\frac{\mathrm{d}}{\mathrm{d}x}F(x) = \frac{\mathrm{d}}{\mathrm{d}x}\int_a^x f(t)\mathrm{d}t = f(x) \tag{8.25}$$

Das heißt, das Integral von $f(x)$ mit variabler Obergrenze $F(x)$ ist eine Stammfunktion von f.

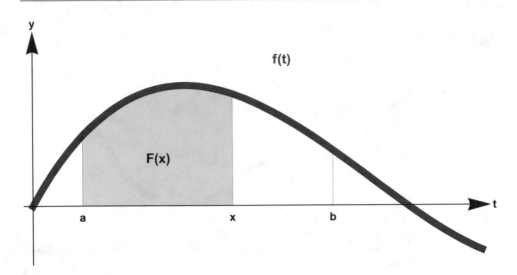

Abb. 8.8   Die Flächenfunktion

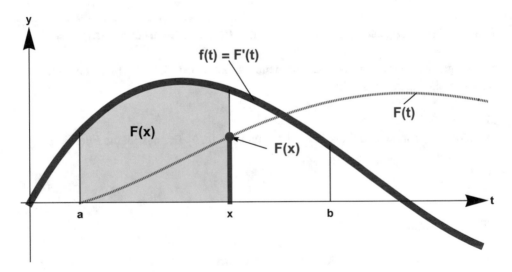

Abb. 8.9   Ableitung der Flächenfunktion $F(x)$

Beweisidee: (s. Abb. 8.10)

Die Differenzfläche $\Delta F = F(x + \Delta x) - F(x)$ ist für „kleine" Δx bis auf kleine Fehler gleich der Rechteckfläche $\Delta A = f(x)\Delta x$ und somit ist es „plausibel", dass der Differenzenquotient

$$\frac{\Delta F}{\Delta x} = \frac{F(x + \Delta x) - F(x)}{\Delta x} \cong \frac{f(x)\Delta x}{\Delta x}$$

im Grenzfall $\Delta x \to 0$ gleich $f(x)$ ist:

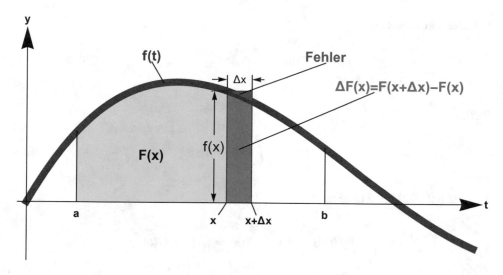

Abb. 8.10 Der 1. Hauptsatz der Differential- u. Integralrechnung. Im Video ▶ sn.pub/W95ztJ wird der 1. Hauptsatz demonstriert

$$\frac{dF}{dx} = \lim_{\Delta x \to 0} \frac{\Delta F}{\Delta x} = \lim_{\Delta x \to 0} \frac{F(x + \Delta x) - F(x)}{\Delta x} \cong \lim_{\Delta x \to 0} \frac{\Delta A}{\Delta x} = \frac{f(x)\Delta x}{\Delta x} = f(x)$$

Der formale Beweis erfolgt über den sogenannten Mittelwertsatz der Integralrechnung (s. Th. Westermann 2008, S. 304).

Also gilt (8.25):

$$F'(x) = f(x), \tag{8.26}$$

das heißt, $F(x)$ ist eine **Stammfunktion von f.** Dies ist der **Hauptsatz der Differential- und Integralrechnung.**

Dieser Satz hat eine wichtige **Konsequenz:**

Sei $G(x)$ eine beliebige Stammfunktion von f, das heißt

$$G'(x) = f(x),$$

dann gilt (s. Bemerkung 8.1, 2.)

$$G(x) = F(x) + c \tag{8.27}$$

und somit (mit geeignetem c)

$$G(x) = \int_0^x f(t)dt + c.$$

Grenzen einsetzen:

$$G(b) = \int\limits_0^b f(t)\mathrm{d}t + c$$

bzw.

$$G(a) = \int\limits_0^a f(t)\mathrm{d}t + c.$$

Also ist mit (8.21) und (8.23):

$$\int\limits_a^b f(t)\mathrm{d}t = F(b) - F(a) = G(b) - G(a)$$

Zusammengefasst haben wir:

$$\int\limits_a^b f(t)\mathrm{d}t = G(b) - G(a) \tag{8.28}$$

Kurzschreibweise:

$$\int\limits_a^b f(t)\mathrm{d}t = G(b) - G(a) =: [G(x)]_{x=a}^{x=b} =: G(x)|_{x=a}^{x=b} \tag{8.29}$$

Dies ist die wichtigste Folgerung aus dem **Hauptsatz der Differential- und Integralrechnung** (s. Abb. 8.11). Damit können wir bestimmte Integrale mit Hilfe von entsprechenden unbestimmten Integralen analytisch einfacher berechnen.

Berechnung von bestimmten Integralen.

Beispiel 8.10

1. $\int\limits_1^2 x^2 \mathrm{d}x = \left.\frac{x^3}{3}\right|_{x=1}^{x=2} = \frac{2^3}{3} - \frac{1^3}{3} = \frac{8}{3} - \frac{1}{3} = \frac{7}{3}$

2. $\int\limits_1^2 x^3 \mathrm{d}x = \left.\frac{x^4}{4}\right|_{x=1}^{x=2} = \frac{2^4}{4} - \frac{1^4}{4} = \frac{16}{4} - \frac{1}{4} = \frac{15}{4} = 3{,}75$

   (Vergleiche die numerische Berechnung des bestimmten Integrals in Beispiel 8.9!).

3. $\int\limits_1^2 (x^3 + 5x^2 - 3)\mathrm{d}x = \left.\frac{x^4}{4} + 5\frac{x^3}{3} - 3x\right|_{x=1}^{x=2} = \left(\frac{16}{4} + \frac{40}{3} - 6\right) - \left(\frac{1}{4} + \frac{5}{3} - 3\right) = 12{,}42$

4. $\displaystyle\int\limits_0^\pi (2\sin(x) + 3\cos(x))\mathrm{d}x = -2\cos(x) + 3\sin(x)|_{x=0}^{x=\pi}$

$$= (-2\cos(\pi) + 3\sin(\pi)) - (-2\cos(0) + 3\sin(0)) = 4$$

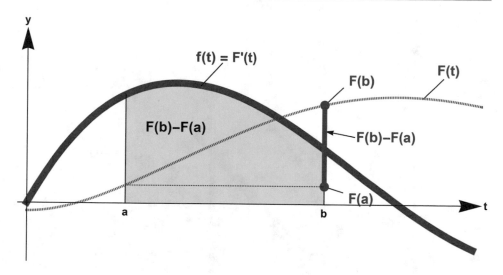

Abb. 8.11 Der 2. Hauptsatz der Differential- u. Integralrechnung

Beispiel 8.11
(Nachtrag zur Bemerkung 2.1), Parameterfläche bei Areafunktionen

$$A = \int_{x=0}^{\cosh[t]} \frac{\sinh(t)}{\cosh(t)} x \, dx - \int_{x=0}^{\cosh[t]} \sqrt{x^2 - 1} \, dx$$

$$= \frac{\cosh(t)^2 \sinh(t)}{2\cosh(t)} - \frac{1}{2}\cosh(t)\sinh(t) + \frac{1}{2}\ln(\cosh(t) + \sinh(t))$$

$$= \frac{1}{2}\ln\left(\frac{e^t + e^{-t}}{2} + \frac{e^t - e^{-t}}{2}\right) = \frac{1}{2}\ln(e^t) = \frac{t}{2}$$

(Siehe Abb. 8.12)

Bemerkung 8.4
Die Definitionen (8.18) bzw. (8.19) des Riemann-Integrals sind nicht geeignet für effektive numerische Berechnungen von bestimmten Integralen. Dazu gibt es spezielle Methoden, die schneller konvergieren, sogenannte „Interpolationsquadraturen". Dabei wird der Integrand $f(x)$ durch ein interpolierendes Polynom $p(x)$ mit weniger Stütz-stellen ersetzt (z. B. die Trapezformel ersetzt die Rechtecke durch Trapeze, die Simpson-Formel ersetzt Rechtecke durch Parabeln mit drei Stützpunkten; s. I. Bronstein et al. 1999, S. 892). Die meisten dieser Methoden sind als Computerprogramme in Computer Algebra Systemen (CAS) realisiert, sodass für den Anwender die Mathematik sowohl der unbestimmten als auch der bestimmten Integration nicht mehr sichtbar ist.

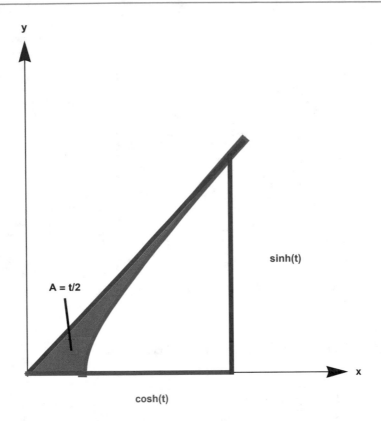

Abb. 8.12   (zu Abb. 2.32) Flächenberechnung der Areafunktion

8.4   Uneigentliche Integrale

Die bestimmten Integrale in Abschn. 8.2 behandeln nur beschränkte Integranden $f(x)$ integriert über beschränkte Intervalle $[a,b]$. Es gibt aber auch Probleme, bei denen $f(x)$ einen Pol hat oder der Integrationsbereich unbeschränkt ist. In diesen Fällen spricht man von *uneigentlichen Integralen.* Die Definition von uneigentlichen Integralen erfolgt meist über bestimmte Integrale mit einem nachgeschalteten Grenzwertprozess.

Beispiel 8.12

$$\int_1^\infty \frac{1}{x^2}\,\mathrm{d}x = \lim_{c\to\infty}\int_1^c \frac{1}{x^2}\,\mathrm{d}x = \lim_{c\to\infty}\left[-1\frac{1}{x}\right]_{x=1}^{x=c} = -\left(\lim_{c\to\infty}\left(\frac{1}{c}\right)-1\right) = 1$$

Beispiel 8.13

Mittels Substitution von u=1-x erhält man

$$\int\limits_0^1 \frac{1}{\sqrt{1-x}}\mathrm{d}x = \lim_{\lambda\to 1} \int\limits_0^\lambda \frac{1}{\sqrt{1-x}}\mathrm{d}x = \lim_{\lambda\to 1}\left(2 - \sqrt{1-\lambda}\right) = 2$$

In der Signalverarbeitung (s. Kap. 20 und 21) werden sogenannte Integraltransformationen benutzt. Dabei werden uneigentliche Integrale benötigt, die sich über die
ganze reelle Achse $\mathbb{R}$ (oder über $\mathbb{R}^n$) erstrecken. Gleichzeitig sind es sogenannte *Para-
meterintegrale,* das heißt, die Integranden hängen noch von einer zusätzlichen Variablen
(einem Parameter t) ab.

Beispiel 8.14

Sei $t>0$

$$\int\limits_1^\infty \mathrm{e}^{-tx}\mathrm{d}x = \lim_{\lambda\to\infty} \int\limits_1^\lambda \mathrm{e}^{-tx}\mathrm{d}x = \lim_{\lambda\to\infty}\left[-1\frac{\mathrm{e}^{-tx}}{t}\right]_{x=1}^{x=\lambda} = -\left(\lim_{\lambda\to\infty}\left(\frac{\mathrm{e}^{-t\lambda}}{t}\right) - \left(\frac{\mathrm{e}^{-t}}{t}\right)\right) = \left(\frac{\mathrm{e}^{-t}}{t}\right)$$

Vektorrechnung

9

Vektoren sind gerichtete Größen in Physik und Technik, die durch Länge und Richtung beschrieben werden. Sie eignen sich daher in der Mechanik zur Darstellung z. B. von Kraft, Geschwindigkeit oder Drehmomenten, die ja gerichtete Wirkungen haben. In der Elektrotechnik dienen Vektoren zur Beschreibung von magnetischen und elektrischen Feldern, deren Wirkung sich auch über Kräfte auf Ladungen und elektrische Ströme manifestiert.

In Abschn. 9.2 werden die Rechenoperationen mit Vektoren behandelt, gefolgt von den verschiedenen Vektordarstellungen in Abschn. 9.3. Schließlich werden in den nachfolgenden Abschn. 9.4 bis 9.6 die verschiedenen Verknüpfungen von Vektoren wie Skalarprodukt, Vektorprodukt und Spatprodukt eingeführt.

9.1 Grundbegriffe

Schreibweise von Vektoren:

$\vec{a}$, wobei $|\vec{a}| =: a$ die Maßzahl, d. h. der **_Betrag_** (Länge) des Vektors $\vec{a}$ ist.

Grafisch wird ein Vektor dargestellt durch einen Pfeil (in $\mathbb{R}^2$ oder $\mathbb{R}^3$), s. Abb. 9.1:

Dabei ist: Länge des Pfeils = Betrag a des Vektors $\vec{a}$

Lage des Pfeils = Richtung

Pfeilspitze = Orientierung

Elektronisches Zusatzmaterial Die elektronische Version dieses Kapitels enthält Zusatzmaterial, das berechtigten Benutzern zur Verfügung steht. https://doi.org/10.1007/978-3-658-30245-0_9

Abb. 9.1 Grafische
Darstellung eines Vektors

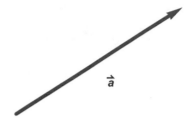

Freie Vektoren sind nur festgelegt durch Länge und Richtung. Parallel verschobene
„Pfeile" haben dieselbe Länge und Richtung (s. Abb. 9.2). Somit besteht ein Vektor aus
einer „Äquivalenzklasse" von parallelen Pfeilen (s. T. Arens et al. 2012, S. 637). Man
spricht dann auch von *„freien"* Vektoren.

Spezielle Vektoren:

1. *Gebundene Vektoren* sind speziell in einem Koordinatensystem festgelegt. Bei-
   spiel: *Ortsvektoren* $\vec{r}_1, \vec{r}_2, \vec{r}_3$ von Punkten P_1, P_2, P_3 im Raum werden immer vom
   Koordinatenursprung aus aufgetragen (s. Abb. 9.3).
2. Der *Nullvektor* $\vec{0}$ hat die Länge 0. Die Richtung ist unbestimmt.
3. *Einheitsvektoren* sind Vektoren der Länge 1. Sie geben eine Richtung an. Beispiel:
   Die Koordinaten-Richtungsvektoren $\{\vec{e}_x, \vec{e}_y, \vec{e}_z\}$ geben die Richtung der Koordinatenachsen an. Andere Einheitsvektoren sind *normierte Vektoren:* $\vec{e}_a = \frac{\vec{a}}{a}$. Sie geben die
   Richtung des Vektors $\vec{a}$ an.
4. Der *inverse* Vektor $-\vec{a}$ von $\vec{a}$ entsteht durch Richtungsumkehr (s. Abb. 9.4).

Abb. 9.2 Freier Vektor

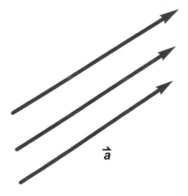

Abb. 9.3 Gebundene
Vektoren

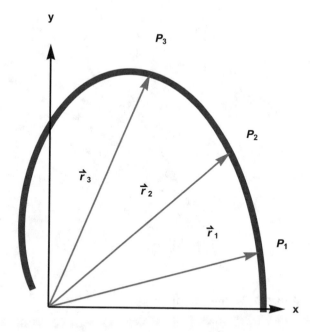

Abb. 9.4 Vektor $\vec{a}$ und
inverser Vektor $-\vec{a}$

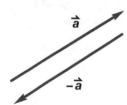

9.2 Vektoroperationen

Vektoren kann man **addieren** ($\vec{c} = \vec{a} + \vec{b}$, s. Abb. 9.5a), mit Zahlen $\lambda \in \mathbb{R}$ **multiplizieren** ($\vec{d} = \lambda\vec{a}$, s. Abb. 9.5b) und **subtrahieren** ($\vec{d} = \vec{a} - \vec{b}$, s. Abb. 9.6).

Zur **Mehrfachaddition** von Vektoren (Vektorpolygon, s. Abb. 9.7):

$$\vec{c} = \vec{a}_1 + \vec{a}_2 + \vec{a}_3 + \vec{a}_4 + \vec{a}_5 = \sum_{i=1}^{5} \vec{a}_i$$

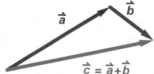

Abb. 9.5 a Vektoraddition $\vec{c} = \vec{a} + \vec{b}$, **b** Vektor $\vec{a}$ multipliziert mit Skalar $\lambda\vec{d} = \lambda\vec{a}$

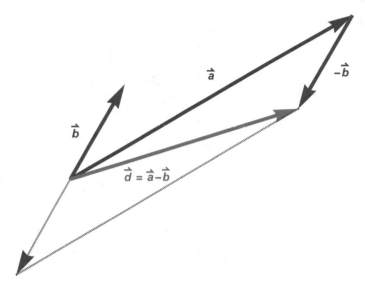

Abb. 9.6 Vektorsubtraktion $\vec{d} = \vec{a} - \vec{b}$

Abb. 9.7 Mehrfachaddition
von Vektoren

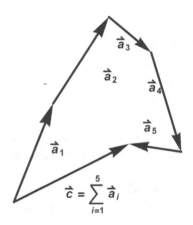

9.3 Darstellungen von Vektoren

9.3.1 Komponentendarstellung

Im dreidimensionalen Raum $\mathbb{R}^3$ mit einem kartesischen Koordinatensystem und den
Koordinaten $\{x, y, z\}$ haben wir die drei Einheitsvektoren der Koordinatenrichtungen,
$\{\vec{e}_x, \vec{e}_y, \vec{e}_z\}$. Diese stehen paarweise senkrecht (in einem Rechtssystem) aufeinander und
haben den Betrag 1. Sie bestimmen Richtung und Maßstab der Koordinatenachsen. Dies
führt zum Begriff der Orthonormalbasis:

Definition 9.1

Eine Menge von drei Vektoren $\{\vec{e}_x, \vec{e}_y, \vec{e}_z\}$, die paarweise orthogonal sind und den Betrag 1 haben, heißt ***Orthonormalbasis (ONB) in*** $\mathbb{R}^3$ (s. Abb. 9.8). Für eine allgemeine Definition s. Kap. 10.

Wenn man Daumen, Zeigefinger und Mittelfinger der rechten Hand jeweils mit einem rechten Winkel zueinander ausspreizt, hat man ein ***Rechtssystem*** (Rechte-Hand-System). Drei Vektoren $\{\vec{a}, \vec{b}, \vec{c}\}$ bilden ein Rechtssystem, wenn der Daumen in Richtung $\vec{a}$ und der Zeigefinger in Richtung $\vec{b}$ und der Mittelfinger in Richtung $\vec{c}$ der rechten Hand zeigt. Ein Rechtssystem (s. Abb. 9.9) erkennt man auch durch die *„Korkenzieherregel":* Man hat ein Rechtssystem, wenn man einen (Rechtshänder-) Korkenzieher vom Vektor $\vec{a}$ nach $\vec{b}$ (gegen den Uhrzeigersinn) dreht und die Spitze sich in Richtung $\vec{c}$ bewegt (für eine formale Definition s. Definition 9.5).

Sei $\vec{a}$ ein beliebiger Vektor mit dem Ursprung bei 0. Dann heißen die drei senkrechten Projektionen von $\vec{a}$ auf die Koordinatenachsen $\{x, y, z\}$ ***Komponentenvektoren*** $\{\vec{a}_x, \vec{a}_y, \vec{a}_z\}$, s. Abb. 9.10. Formal erhält man die Komponentenvektoren durch Skalarprodukte (s. Definition 9.2):

$$\vec{a}_x = (\vec{a}, \vec{e}_x)\vec{e}_x$$
$$\vec{a}_y = (\vec{a}, \vec{e}_y)\vec{e}_y$$
$$\vec{a}_z = (\vec{a}, \vec{e}_z)\vec{e}_z$$

Abb. 9.8 Orthonormalbasis in $\mathbb{R}^3$

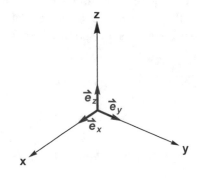

Abb. 9.9 Rechtssystem

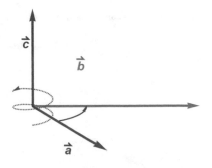

Abb. 9.10 Vektor mit Komponentenvektoren. Im Video ▸ sn.pub/rlgvhc dreht sich der Vektor $\vec{a}$ mit seinen Komponenten im 3D-Raum. In der CDF-Animation zu dieser Abbildung kann man die Abb. 9.10 im 3D-Raum drehen. Die CDF-Animation ist unter der zu Beginn des Kapitels angegebenen DOI abrufbar. Nur mit CDF-Player abspielbar

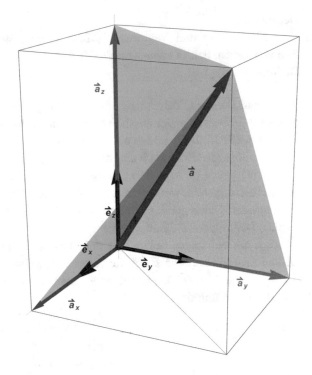

Die jeweiligen Beträge der Komponentenvektoren $\{\vec{a}_x, \vec{a}_y, \vec{a}_z\}$ sind dabei die „Projektionen" (d. h. die Skalarprodukte) auf die Einheitsvektoren der Koordinatenrichtungen (s. Beispiel 10.2, 1):

$$a_x = (\vec{a}, \vec{e}_x)$$

$$a_y = (\vec{a}, \vec{e}_y)$$

$$a_z = (\vec{a}, \vec{e}_z)$$

Sie heißen **Koordinaten** (oder Vektorkomponenten) von $\vec{a}$. Es gilt dann

$$\vec{a} = \vec{a}_x + \vec{a}_y + \vec{a}_z$$

und $\vec{a}$ hat die **Komponentendarstellung**

$$\vec{a} = \vec{a}_x + \vec{a}_y + \vec{a}_z = a_x \vec{e}_x + a_y \vec{e}_y + a_z \vec{e}_z.$$

9.3.2 Darstellung eines Vektors als Spaltenvektor

Wenn das Koordinatensystem in $\mathbb{R}^3$ festliegt, ist der Vektor $\vec{a}$ durch die Koordinaten $\{a_x, a_y, a_z\}$ vollständig beschrieben. Damit erhält man eine verkürzte Darstellung von $\vec{a}$, den *Spaltenvektor:*

$$\vec{a} = \begin{pmatrix} a_x \\ a_y \\ a_z \end{pmatrix} \tag{9.1}$$

In diesem Sinne können wir schreiben:

$$\vec{a} \in \mathbb{R}^3$$

Das heißt, wir ordnen jedem Punkt $P \in \mathbb{R}^3$ mit den Koordinaten $\{a_x, a_y, a_z\}$ in der Menge $\mathbb{R}^3$ den freien Vektor $\vec{a}$ zu (das heißt den Vektor zwischen $(0, 0, 0)$ und $\{a_x, a_y, a_z\}$ und all seine Parallelverschiebungen, seiner „Äquivalenzklasse", s. Abb. 9.11). Die Einheitsvektoren der Koordinatenrichtungen haben dann die Form

$$\vec{e}_x = \begin{pmatrix} 1 \\ 0 \\ 0 \end{pmatrix}, \quad \vec{e}_y = \begin{pmatrix} 0 \\ 1 \\ 0 \end{pmatrix}, \quad \vec{e}_z = \begin{pmatrix} 0 \\ 0 \\ 1 \end{pmatrix}. \tag{9.2}$$

Abb. 9.11 Vektor im 3D Koordinatensystem. In der CDF-Animation zu dieser Abbildung kann man die Abb. 9.11 im 3D-Raum drehen. Die CDF-Animation ist unter der zu Beginn des Kapitels angegebenen DOI abrufbar. Nur mit CDF-Player abspielbar

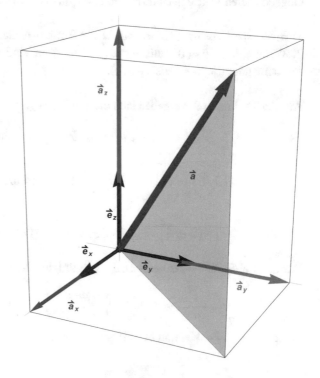

Der **Betrag** (s. Abb. 9.11) eines Vektors ergibt sich durch:

$$a = \sqrt{a_x^2 + a_y^2 + a_z^2} \qquad (9.3)$$

Dies ist der Satz des Pythagoras im Dreidimensionalen. Die Vektoroperationen in Spaltendarstellung werden komponentenweise ausgeführt:

Addition/Subtraktion

$$\vec{a} \pm \vec{b} = \begin{pmatrix} a_x \pm b_x \\ a_y \pm b_y \\ a_z \pm b_z \end{pmatrix} \qquad (9.4)$$

Multiplikation mit $\lambda \in \mathbb{R}$

$$\lambda \vec{a} = \begin{pmatrix} \lambda\, a_x \\ \lambda\, a_y \\ \lambda\, a_z \end{pmatrix} \qquad (9.5)$$

9.4   Skalarprodukt (inneres Produkt, Punktprodukt)

Definition 9.2
Gegeben seien Vektoren $\vec{a}$ und $\vec{b}$ und der Winkel φ zwischen $\vec{a}$ und $\vec{b}$. Dann heißt

1. $\vec{a} \cdot \vec{b} := a\, b \cos(\varphi)$ **Skalarprodukt** von $\vec{a}$ mit $\vec{b}$. Andere Schreibweise: $(\vec{a}, \vec{b})$
2. Wenn gilt $\vec{a} \cdot \vec{b} = 0$ (falls $\vec{a}$ und $\vec{b} \neq \vec{0}$), dann sind $\vec{a}$ und $\vec{b}$ **senkrecht (orthogonal)** zueinander (Schreibweise: $\vec{a} \perp \vec{b}$).

Aus der Definition 9.2 ergeben sich die **Rechenregeln:**

$$\vec{a} \cdot \vec{b} = \vec{b} \cdot \vec{a} \qquad \text{(Kommutativität)} \qquad (9.6)$$

$$\lambda\left(\vec{a} \cdot \vec{b}\right) = (\lambda\vec{a}) \cdot \vec{b} = \vec{a} \cdot \left(\lambda\vec{b}\right) \qquad \text{(Assoziativität)} \qquad (9.7)$$

$$\left(\vec{a} \pm \vec{b}\right) \cdot \vec{c} = \vec{a} \cdot \vec{c} \pm \vec{b} \cdot \vec{c} \qquad \text{(Distributivität)} \qquad (9.8)$$

Für die drei Einheitsvektoren $\{\vec{e}_x, \vec{e}_y, \vec{e}_z\}$ gilt (sie bilden eine Orthonormalbasis, ONB):

$$\vec{e}_i \cdot \vec{e}_j = \delta_{ij} := \begin{cases} 0 \text{ für } i \neq j \\ 1 \text{ für } i = j \end{cases} \qquad \text{für } i, j = 1, 2, 3 \qquad (9.9)$$

wobei $\vec{e}_1 = \vec{e}_x, \vec{e}_2 = \vec{e}_y$ und $\vec{e}_3 = \vec{e}_z$ gesetzt wird.

In Komponentendarstellung

$$\vec{a} = \begin{pmatrix} a_x \\ a_y \\ a_z \end{pmatrix}, \quad \vec{b} = \begin{pmatrix} b_x \\ b_y \\ b_z \end{pmatrix}$$

ergibt sich dann mit Hilfe der Eigenschaften (9.7)–(9.9) das Skalarprodukt:

$$\vec{a} \cdot \vec{b} = a_x b_x + a_y b_y + a_z b_z = \sum_{i=1}^{3} a_i b_i, \tag{9.10}$$

wobei die Indizes $x \to 1$, $y \to 2$ und $z \to 3$ gesetzt werden. Damit ist der **Betrag** von $\vec{a}$:

$$a = |\vec{a}| = \sqrt{\vec{a} \cdot \vec{a}} = \sqrt{\sum_{i=1}^{3} a_i^2} \tag{9.11}$$

Der **Winkel** zwischen zwei Vektoren lässt sich berechnen aus:

$$\cos(\varphi) = \frac{\vec{a} \cdot \vec{b}}{a\,b} = \frac{\sum_{i=1}^{3} a_i b_i}{\left(\sqrt{\sum_{i=1}^{3} a_i^2}\right)\left(\sqrt{\sum_{i=1}^{3} b_i^2}\right)} \tag{9.12}$$

Der Winkel φ zwischen $\vec{a}$ und $\vec{b}$ ist dann (s. Abb. 9.12):

$$\varphi = \arccos\left(\frac{\vec{a} \cdot \vec{b}}{a\,b}\right) \tag{9.13}$$

Beispiel 9.1
Seien

$$\vec{a} = \begin{pmatrix} 0{,}5 \\ 1 \\ 1{,}5 \end{pmatrix} \quad \text{und} \quad \vec{b} = \begin{pmatrix} 1 \\ 1 \\ 1 \end{pmatrix},$$

dann ist der Winkel zwischen $\vec{a}$ und $\vec{b}$ (s. Abb. 9.12):

$$\varphi = \arccos\left(\frac{0{,}5 + 1 + 1{,}5}{\sqrt{0{,}25 + 1 + 2{,}25}\sqrt{1 + 1 + 1}}\right) = \arccos\left(\frac{3}{\sqrt{3{,}5}\sqrt{3}}\right)$$

$$= \arccos\left(\frac{3}{3{,}24}\right) = \arccos(0{,}926) = 0{,}387\,\text{Rad} = 22{,}14°$$

Abb. 9.12 Winkel zwischen
zwei Vektoren

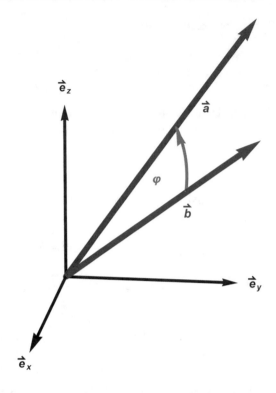

9.5   Vektorprodukt (äußeres Produkt, Kreuzprodukt)

Definition 9.3
Gegeben seien Vektoren $\vec{a}$ und $\vec{b}$ und der Winkel φ zwischen $\vec{a}$ und $\vec{b}$.
Dann definieren wir das ***Vektorprodukt (Kreuzprodukt)*** als den Vektor
$\vec{c} := \vec{a} \times \vec{b}$ mit den Eigenschaften

1. $\vec{c} \perp \vec{a}$ und $\vec{c} \perp \vec{b}$
2. $c = |\vec{c}| = ab \sin(\varphi)$
3. $\{\vec{a}, \vec{b}, \vec{c}\}$ bilden ein Rechtssystem

Aus der Definition 9.3 ergeben sich die **Rechenregeln:**
Für beliebige Vektoren $\vec{a}, \vec{b}$ und $\vec{c}$ gilt:

$$\vec{a} \times \vec{b} = -\vec{b} \times \vec{a} \qquad \text{(Anti} - \text{Kommutativität)} \qquad (9.14)$$

$$\lambda\left(\vec{a} \times \vec{b}\right) = (\lambda\vec{a}) \times \vec{b} = \vec{a} \times \left(\lambda\vec{b}\right) \qquad \text{(Distributivität 1)} \qquad (9.15)$$

$$(\vec{a} \pm \vec{b}) \times \vec{c} = (\vec{a} \times \vec{c}) \pm \left(\vec{b} \times \vec{c}\right) \qquad \text{(Distributivität 2)} \qquad (9.16)$$

$$\vec{a} \times (\vec{b} \pm \vec{c}) = \left(\vec{a} \times \vec{b}\right) \pm (\vec{a} \times \vec{c}) \qquad \text{(Distributivität 3)} \qquad (9.17)$$

Der Betrag $|\vec{a} \times \vec{b}|$ des Kreuzprodukts ist gleich der Fläche A des von $\vec{a}$ und $\vec{b}$ aufgespannten Parallelogramms (s. Abb. 9.13). Wenn gilt $\vec{a} \times \vec{b} = \vec{0}$ (und falls $\vec{a} \neq \vec{0}$ und $\vec{b} \neq \vec{0}$), genau dann sind $\vec{a}$ und $\vec{b}$ kollinear, d. h. parallel oder antiparallel. Dann gilt für die Basisvektoren (beachte die zyklische Vertauschung der Indizes, s. Abb. 9.14)

$$\vec{e}_x \times \vec{e}_y = \vec{e}_z$$
$$\vec{e}_y \times \vec{e}_z = \vec{e}_x$$
$$\vec{e}_z \times \vec{e}_x = \vec{e}_y$$

und

$$\vec{e}_x \times \vec{e}_x = \vec{e}_y \times \vec{e}_y = \vec{e}_z \times \vec{e}_z = \vec{0}.$$

Die Berechnung von $\vec{a} \times \vec{b}$ kann mit der Komponentendarstellung (9.18) erfolgen:

$$\vec{a} \times \vec{b} = \begin{pmatrix} a_y b_z - a_z b_y \\ a_z b_x - a_x b_z \\ a_x b_y - a_y b_x \end{pmatrix} \tag{9.18}$$

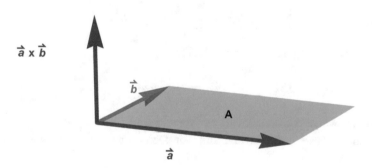

Abb. 9.13 Kreuzprodukt von zwei Vektoren

Abb. 9.14 Zyklische Vertauschung
von x, y, z

Beachte die zyklische Vertauschung der Indizes, s. Abb. 9.14! (Beweis durch Einsetzen der Komponentendarstellung der Vektoren $\vec{a}$ und $\vec{b}$.)

Merkregel: Eine andere Berechnung kann erfolgen durch die formale Determinante (9.19) (s. Kap. 11):

$$\vec{a} \times \vec{b} \quad \overset{(\text{formal})}{=} \quad \begin{vmatrix} \vec{e}_x & \vec{e}_y & \vec{e}_z \\ a_x & a_y & a_z \\ b_x & b_y & b_z \end{vmatrix} \tag{9.19}$$

$$= \vec{e}_x \left(a_y\, b_z - a_z\, b_y \right) - \vec{e}_y (a_x b_z - a_z\, b_x) + \vec{e}_z \left(a_x\, b_y - a_y\, b_x \right)$$

9.6   Spatprodukt (gemischtes Produkt)

Definition 9.4

Gegeben seien die Vektoren $\vec{a}, \vec{b}$ und $\vec{c}$. Dann heißt

$$\left[\vec{a}\vec{b}\vec{c} \right] := \left(\vec{a} \times \vec{b} \right) \cdot \vec{c} \quad \textbf{\textit{Spatprodukt}} \text{ von } \vec{a}, \vec{b} \text{ und } \vec{c}.$$

Aus der Definition 9.4 ergeben sich die **Rechenregeln:**

$$\left[\vec{a}\vec{b}\vec{c} \right] = \left[\vec{b}\vec{c}\vec{a} \right] = \left[\vec{c}\vec{a}\vec{b} \right] \tag{9.20}$$

(Zyklische Vertauschung ändert den Wert nicht.)

$$\left[\vec{a}\vec{b}\vec{c} \right] = -\left[\vec{b}\vec{a}\vec{c} \right] = -\left[\vec{c}\vec{b}\vec{a} \right] = -\left[\vec{a}\vec{c}\vec{b} \right] \tag{9.21}$$

(Vertauschung zweier Vektoren ändert das Vorzeichen.)
Die Berechnung des Wertes erfolgt mit der Determinante (s. Merkregel (9.19) und Kap. 11):

$$\left[\vec{a}\vec{b}\vec{c} \right] = \begin{vmatrix} a_x & a_y & a_z \\ b_x & b_y & b_z \\ c_x & c_y & c_z \end{vmatrix} \tag{9.22}$$

Damit ergibt sich das Spatprodukt in Komponentenform:

$$\left[\vec{a}\vec{b}\vec{c} \right] = a_x \left(b_y\, c_z - b_z c_y \right) + a_y \left(b_z c_x - b_x c_z \right) + a_z \left(b_x\, c_y - b_y\, c_x \right)$$

Mit Hilfe des Spatprodukts kann man nun Rechts- und Linkssysteme definieren:

Definition 9.5
Die Vektoren $\left\{ \vec{a}, \vec{b}, \vec{c} \right\}$ bilden ein **_Rechtssystem_** (s. Abb. 9.9), wenn $\left[\vec{a}\vec{b}\vec{c} \right] > 0$ bzw. ein

Linkssystem, wenn $\left[\vec{a}\vec{b}\vec{c} \right] < 0$.

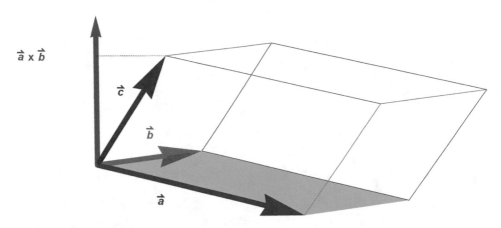

Abb. 9.15 Spatprodukt dreier Vektoren $\left[\vec{a}\,\vec{b}\,\vec{c}\right]$

Der Betrag des Spatprodukts $\left|\left[\vec{a}\vec{b}\vec{c}\right]\right|$ ist gleich dem Volumen des von $\vec{a},\vec{b}$ und $\vec{c}$ aufgespannten Spats (s. Abb. 9.15). Falls $\vec{a}\neq\vec{0},\vec{b}\neq\vec{0},\vec{c}\neq\vec{0}$ und $\left[\vec{a}\vec{b}\vec{c}\right]=0$, genau dann gilt: Die Vektoren $\left\{\vec{a},\vec{b},\vec{c}\right\}$ sind *„komplanar"*, d. h. sie liegen in einer Ebene (s. Abb. 10.1).

Vektorräume (Lineare Räume)

10

Eine zentrale Eigenschaft von Vektoren ist die Linearität, das heißt, dass man Vektoren addieren und mit einer Zahl multiplizieren kann und das Ergebnis wieder ein Vektor ist. Die einfachsten Beispiele sind dabei die Spaltenvektoren in den Räumen $\mathbb{R}^2$ und $\mathbb{R}^3$ (s. Abschn. 9.2.3). Diese Eigenschaft zusammen mit entsprechenden Rechenregeln findet sich aber auch in vielen anderen Mengen, z. B. bei Funktionen, linearen Abbildungen, Lösungsmengen von linearen Differentialgleichungen oder Matrizen. Wir haben also verschiedene Mengen mit gleicher Struktur. Ausgehend von dieser Struktur definieren wir in Abschn. 10.1 Vektorräume (oder lineare Räume). Ein zentraler Begriff für die Charakterisierung eines Vektorraumes ist die Dimension, die mit Hilfe von sogenannten Basen definiert werden kann. Dies wird in Abschn. 10.2 an Beispielen demonstriert. In Abschn. 10.3 werden lineare Abbildungen zwischen Vektorräumen eingeführt. Die Menge der linearen Abbildungen selbst bilden auch einen Vektorraum.

10.1 Der Vektorraumbegriff

In Abschn. 9.2 haben wir gesehen, dass man Vektoren addieren und mit einer Zahl multiplizieren kann und das Ergebnis wieder ein Vektor ist. Diese beiden Eigenschaften nennt man zusammengefasst *Linearität.* Linearität bedeutet, dass die *Linearkombination* $\lambda\vec{a} + \mu\vec{b}$ für $\lambda, \mu \in \mathbb{R}$ von zwei Vektoren ebenfalls ein Vektor ist. Zusätzlich zur Linearität gelten für Vektoren die Rechenregeln, die man auch von Zahlen kennt.

Elektronisches Zusatzmaterial Die elektronische Version dieses Kapitels enthält Zusatzmaterial, das berechtigten Benutzern zur Verfügung steht. https://doi.org/10.1007/978-3-658-30245-0_10

Rechenregeln für Vektoren ($\lambda, \mu \in \mathbb{R}$):

$$\vec{a} + \vec{b} = \vec{b} + \vec{a} \qquad \text{(Kommutativität)} \qquad (10.1)$$

$$\vec{a} + \vec{0} = \vec{0} + \vec{a} = \vec{a} \qquad \text{(Nullvektor : } \vec{0}) \qquad (10.2)$$

$$\vec{a} + (-\vec{a}) = \vec{0} \qquad \text{(negativer Vektor : } -\vec{a}) \qquad (10.3)$$

$$\vec{a} + \left(\vec{b} + \vec{c}\right) = \left(\vec{a} + \vec{b}\right) + \vec{c} \qquad \text{(Assoziativität)} \qquad (10.4)$$

$$\lambda\left(\vec{a} + \vec{b}\right) = \lambda\vec{a} + \lambda\vec{b} \qquad \text{(Distributivität 1)} \qquad (10.5)$$

$$(\lambda + \mu)\vec{a} = \lambda\vec{a} + \mu\vec{a} \qquad \text{(Distributivität 2)} \qquad (10.6)$$

$$1\,\vec{a} = \vec{a} \qquad \text{(,,Multiplikation mit Eins")} \qquad (10.7)$$

Die Linearität zusammen mit den Rechenregeln findet man auch bei Funktionen, linearen Abbildungen, Lösungsmengen von linearen Differentialgleichungen oder Matrizen (s. Kap. 11 bis Kap. 13). Dies führt zur abstrakten Definition eines Vektorraums:

Definition 10.1
Eine Menge **V** mit den Eigenschaften (10.1) bis (10.7) und der Eigenschaft, dass für $\vec{a}$ und $\vec{b} \in$ **V** Linearkombinationen wie $\lambda\vec{a} + \mu\vec{b}$ für $\lambda, \mu \in \mathbb{R}$ ebenfalls Elemente der Menge **V** sind, heißt *Vektorraum* oder *linearer Raum über* $\mathbb{R}$.

Beispiel 10.1
Die Menge aller Spaltenvektoren

$$\vec{a} = \begin{pmatrix} a_x \\ a_y \\ a_z \end{pmatrix}$$

mit $\{a_x, a_y, a_z\} \in \mathbb{R}^3$ bildet einen Vektorraum (s. Abschn. 9.3.2).
In diesem Sinne können wir $\mathbb{R}^3$ (und auch $\mathbb{R}^n$ für $n \in \mathbb{N}$) als Vektorräume auffassen.

10.2   Lineare Unabhängigkeit, Basen

Ein wichtiger Begriff für die Beschreibung eines Vektorraums ist die Dimension. In den physischen Räumen $\mathbb{R}^2$ und $\mathbb{R}^3$ ist der Begriff der Dimension anschaulich klar: Die Anzahl der Einheitsvektoren in den Koordinatenrichtungen ist die Dimension. Die Kennzeichnung einer Basis ist, dass ihre Elemente linear unabhängig sind, was bedeutet, dass man jeden Vektor (in diesem Raum) durch Linearkombinationen der Basiselemente darstellen kann. Jeder abstrakte Vektorraum besitzt ebenfalls eine Basis. Mit Hilfe dieser Basen kann man die Dimension auch für beliebige (endlich dimensionale) Vektorräume definieren. Für einen beliebigen[1] Vektorraum **V** haben wir dann die

Definition 10.2

1. Wenn gilt für

$$\vec{a}_1, \vec{a}_2, \vec{a}_3, \ldots \vec{a}_n \in \mathbf{V} \text{ und } \lambda_1, \lambda_2, \lambda_3, \lambda_n \in \mathbb{R}$$

$$\lambda_1 \vec{a}_1 + \lambda_2 \vec{a}_2 + \lambda_3 \vec{a}_3 + \ldots + \lambda_n \vec{a}_n = \vec{0} \quad \Rightarrow \quad \lambda_1 = \lambda_2 = \lambda_3 = \ldots = \lambda_n = 0, \tag{10.8}$$

   dann heißen die Vektoren $\{\vec{a}_1, \vec{a}_2, \vec{a}_3, \ldots \vec{a}_n\}$ *linear unabhängig.*
2. Wenn eines der λ_i in (10.8) $\lambda_i \neq 0$ ist, heißen sie *linear abhängig.*
3. Die maximale Anzahl n von linear unabhängigen Vektoren in **V** heißt *Dimension* des Vektorraums.
4. Eine Menge $\{\vec{b}_1, \vec{b}_2, \vec{b}_3, \ldots \vec{b}_n\}$ von n linear unabhängigen Vektoren in einem n-dimensionalen Vektorraum heißt *Basis* von **V**. Jede Basis von **V** hat immer n linear unabhängige Vektoren.
5. Zwei Vektorräume mit der gleichen Dimension sind *isomorph.* Das heißt, es gibt eine bijektive (d. h. injektive und surjektive) lineare Abbildung zwischen den beiden Vektorräumen (indem man z. B. die einzelnen Basiselemente einander zuordnet, s. Abschn. 10.3).

Nicht in allen Vektorräumen ist ein Skalarprodukt definiert. Falls jedoch in einem Vektorraum ein Skalarprodukt existiert, kann man Orthogonalität und Betrag definieren. Dann gilt:

Definition 10.3

Wenn die Basiselemente normiert und paarweise orthogonal sind, heißt die Basis *Orthonormalbasis (ONB)* des Vektorraumes **V**, formal:

$$\vec{b}_i \cdot \vec{b}_j = \delta_{ij} = \begin{cases} 0 & \text{für } i \neq j \\ 1 & \text{für } i = j \end{cases} \quad \text{für} \quad i, j = 1, 2, \ldots, n$$

Es gibt dann die Sprechweise: Eine Basis von **V** „spannt" den gesamten Raum auf. Das heißt, jedes beliebige Element $\vec{x}$ aus **V** lässt sich darstellen als Linearkombination der Basis:

$$\vec{x} = \lambda_1 \vec{b}_1 + \lambda_2 \vec{b}_2 + \lambda_3 \vec{b}_3 + \ldots + \lambda_n \vec{b}_n$$

---

[1] Wir betrachten hier nur endlich dimensionale Vektorräume.

Beispiel 10.2

(s. Definition 10.3)

Die drei Einheitsvektoren $\{\vec{e}_x, \vec{e}_y, \vec{e}_z\}$ bilden eine Orthonormalbasis (ONB) des Raumes $\mathbb{R}^3$ und es gilt

1. für jedes $\vec{a} \in \mathbb{R}^3$:

$$\vec{a} = \vec{a}_x + \vec{a}_y + \vec{a}_z = a_x \vec{e}_x + a_y \vec{e}_y + a_z \vec{e}_z$$

mit den Komponenten

$$a_x = (\vec{a} \cdot \vec{e}_x)$$
$$a_y = (\vec{a} \cdot \vec{e}_y)$$
$$a_z = (\vec{a} \cdot \vec{e}_z)$$

2. Für drei Vektoren $\vec{a}, \vec{b}$ und $\vec{c} \in \mathbb{R}^3$ gilt:

   $\vec{a}, \vec{b}$ und $\vec{c}$ sind linear **abhängig** $\Leftrightarrow \left[\vec{a}\,\vec{b}\,\vec{c}\right] = 0 \Leftrightarrow \vec{c}$ lässt sich als Linearkombination von $\vec{a}$ und $\vec{b}$ darstellen (s. Abb. 10.1).

3. Umgekehrt gilt:

   $\vec{a}, \vec{b}$ und $\vec{c}$ sind linear **unabhängig** $\Leftrightarrow [\vec{a}\,\vec{b}\,\vec{c}] \neq 0 \Leftrightarrow \vec{c}$ lässt sich **nicht** als Linearkombination von $\vec{a}$ und $\vec{b}$ darstellen (s. Abb. 10.2).

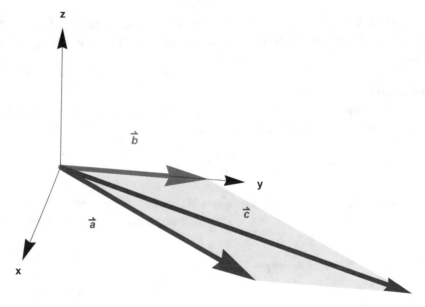

Abb. 10.1   Die Vektoren $\{\vec{a}, \vec{b}, c\}$ sind linear abhängig (komplanar)

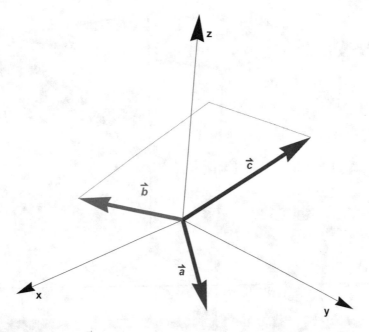

Abb. 10.2   Die Vektoren $\{\vec{a}, \vec{b}, \vec{c}\}$ sind linear unabhängig

Bemerkung 10.1

$n + 1$ Vektoren in einem n-dimensionalen Vektorraum sind immer linear abhängig.

10.3   Lineare Abbildungen

Lineare Abbildungen sind Abbildungen zwischen Vektorräumen, die die lineare Struktur erhalten. Formal haben wir die

Definition 10.4

Wenn $\mathbf{V}_1$ und $\mathbf{V}_2$ Vektorräume sind und für die Abbildung

$$\mathbf{L} : \mathbf{V}_1 \to \mathbf{V}_2$$

gilt:

$$\mathbf{L}(\lambda_1 \vec{x}_1 + \lambda_2 \vec{x}_2) = \lambda_1 \mathbf{L}(\vec{x}_1) + \lambda_2 \mathbf{L}(\vec{x}_2) \in \mathbf{V}_2 \quad \text{für } \vec{x}_1, \vec{x}_2 \in \mathbf{V}_1 \text{ und } \lambda_1, \lambda_2 \in \mathbb{R},$$

dann heißt $\mathbf{L}$ *lineare Abbildung* (s. Abb. 10.3).

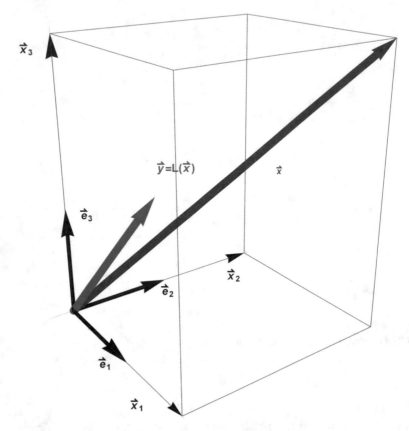

Abb. 10.3   3-dimensionale lineare Abbildung. Im Video ▶ sn.pub/BrGrx8 variiert die Abbildung $L(\vec{x})$ im 3D-Raum

Beispiel 10.3

Seien V_1 und $V_2 = \mathbb{R}^3$, sei $\{\vec{e}_1, \vec{e}_2, \vec{e}_3\}$ eine Basis in V_1 und $\{\vec{b}_1, \vec{b}_2, \vec{b}_3\}$ eine Basis in V_2 und für $\vec{x} \in V_1$ sei $\mathbf{L}(\vec{x}) = \vec{y}$ eine lineare Abbildung. Mit geeigneten Koeffizienten $a_{ji} \in \mathbb{R}$ gilt dann:

$$\mathbf{L}(\vec{e}_i) = \sum_{j=1}^{3} a_{ji}\vec{b}_j \quad \text{für} \quad i = 1, 2, 3 \tag{10.9}$$

Die Koeffizienten $\{a_{ji}\}$ in Beispiel 10.3 beschreiben die Abbildung $\mathbf{L}$. Dann gilt für einen beliebigen Vektor $\vec{x} \in V_1$ mit

$$\vec{x} = x_1\vec{e}_1 + x_2\vec{e}_2 + x_3\vec{e}_3$$

und

$$\mathbf{L}(\vec{x}) = \vec{y} = y_1\vec{b}_1 + y_2\vec{b}_2 + y_3\vec{b}_3 = \begin{pmatrix} y_1 \\ y_2 \\ y_3 \end{pmatrix}:$$

$$\mathbf{L}(\vec{x}) = \sum_{i=1}^{3} x_i \mathbf{L}(\vec{e}_i) = \sum_{i=1}^{3} x_i \sum_{j=1}^{3} a_{ji}\vec{b}_j = \sum_{i,j=1}^{3} x_i a_{ji}\vec{b}_j = \begin{pmatrix} \sum_{i=1}^{3} a_{1i}x_i \\ \sum_{i=1}^{3} a_{2i}x_i \\ \sum_{i=1}^{3} a_{3i}x_i \end{pmatrix} = \begin{pmatrix} y_1 \\ y_2 \\ y_3 \end{pmatrix}$$

Als Komponenten und Matrizenprodukt geschrieben (s. Kap. 11, Beispiel 11.1): Mit

$$\vec{x} = \begin{pmatrix} x_1 \\ x_2 \\ x_3 \end{pmatrix} \quad \text{und} \quad A = \begin{pmatrix} a_{11} & a_{12} & a_{13} \\ a_{21} & a_{22} & a_{23} \\ a_{31} & a_{32} & a_{33} \end{pmatrix}$$

gilt:

$$\mathbf{L}(\vec{x})e = \begin{pmatrix} a_{11} & a_{12} & a_{13} \\ a_{21} & a_{22} & a_{23} \\ a_{31} & a_{32} & a_{33} \end{pmatrix} \cdot \begin{pmatrix} x_1 \\ x_2 \\ x_3 \end{pmatrix} = \begin{pmatrix} \sum_{i=1}^{3} a_{1i}x_i \\ \sum_{i=1}^{3} a_{2i}x_i \\ \sum_{i=1}^{3} a_{3i}x_i \end{pmatrix} = \begin{pmatrix} y_1 \\ y_2 \\ y_3 \end{pmatrix}$$

$$= A \cdot \vec{x} = \vec{y}$$

Das heißt, eine lineare Abbildung $\mathbf{L}$ in Beispiel 10.3 ist darstellbar als Matrixprodukt: $A \cdot \vec{x} = \vec{y}$. Die Formel (10.9) beschreibt einen „Basiswechsel" für die Darstellung des Vektors $\vec{x}$ in $\mathbf{V}_1 = \mathbf{V}_2 = \mathbf{V}$ (s. Abb. 10.4).

Bemerkung 10.2
Betrachte zwei lineare Abbildungen $\mathbf{L}_1$ und $\mathbf{L}_2$ zwischen zwei Vektorräumen $\mathbf{V}_1$ und $\mathbf{V}_2$. Dann kann man mit elementarer Rechnung sehen, dass die Linearkombination

$$\mathbf{L} = \lambda\mathbf{L}_1 + \mu\mathbf{L}_2 \quad \text{für} \quad \lambda, \mu \in \mathbb{R}$$

wiederum eine lineare Abbildung zwischen den Vektorräumen $\mathbf{V}_1$ und $\mathbf{V}_2$ ist. Das bedeutet, dass die Menge der linearen Abbildungen einen Vektorraum bilden (s. R. Wüst 2002, Bd. I, S. 406).

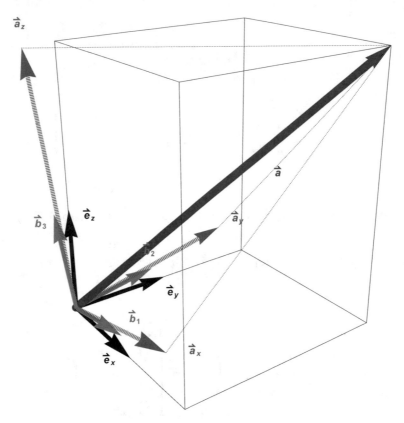

Abb. 10.4 3D-Basiswechsel. In der CDF-Animation zu dieser Abbildung kann man den Basis-wechsel variieren. Die CDF-Animation ist unter der zu Beginn des Kapitels angegebenen DOI abrufbar. Nur mit CDF-Player abspielbar

Matrizen und Determinanten

11

Matrizen sind Zahlenschemata, die als Koeffizienten bei linearen Gleichungssystemen das System bestimmen. Auch lineare Abbildungen zwischen Vektorräumen werden durch sie beschrieben (s. Abschn. 10.3 und 11.5). In Abschn. 11.1 sehen wir, dass gleichartige Matrizen Vektorräume bilden. Matrizen können auch miteinander multipliziert werden. Dies wird in Abschn. 11.2 definiert und demonstriert.

Determinanten sind „Kennzahlen" quadratischer Matrizen. Determinanten von beliebigen quadratischen Matrizen lassen sich mit dem Laplaceschen Entwicklungssatz (s. Abschn. 11.3) berechnen. Sie dienen als Kriterien dafür, ob eine Matrix invertierbar ist oder nicht und sind damit von großer Wichtigkeit beim Lösungsverhalten von linearen Gleichungssystemen. Genau dann, wenn die Determinante der Koeffizientenmatrix eines quadratischen linearen Gleichungssystems nicht gleich Null ist, ist das lineare Gleichungssystem eindeutig lösbar (s. Abschn. 11.4).

In Abschn. 11.6 werden für bestimmte Matrizen Eigenwerte und Eigenvektoren beschrieben, die bei der Bestimmung der Diskriminante für relative Extrema (s. Kap. 16, Beispiel 16.5) und für bestimmte physikalische Probleme eine große Rolle spielen.

11.1   Vektorraum der Matrizen

$$\mathbf{A} = \begin{pmatrix} a_{11} & . & . & . & a_{1n} \\ . & . & . & . & . \\ . & . & a_{ik} & . & . \\ . & . & . & . & . \\ a_{n1} & . & . & . & a_{nn} \end{pmatrix} = (a_{ik}) \quad \text{bzw.} \quad \mathbf{B} = \begin{pmatrix} b_{11} & . & . & . & b_{1n} \\ . & . & . & . & . \\ . & . & b_{ik} & . & . \\ . & . & . & . & . \\ b_{n1} & . & . & . & b_{nn} \end{pmatrix} = (b_{ik})$$

© Springer Fachmedien Wiesbaden GmbH, ein Teil von Springer Nature 2020
H. Cycon, *Mathematik visuell und interaktiv*,
https://doi.org/10.1007/978-3-658-30245-0_11

Summe und Produkt mit Skalaren werden koeffizientenweise definiert: Für (n,n)-Matrizen **A** und **B** benutzen wir die Kurzform

$$\mathbf{A} + \mathbf{B} = (a_{ik}) + (b_{ik})$$

$$\lambda \mathbf{A} = \lambda(a_{ik}) \quad \text{für } \lambda \in \mathbb{R}$$

Dann gilt Linearität, das heißt, die Linearkombination von zwei (n,n)-Matrizen A und B ist wieder eine (n,n)-Matrix:

$$\lambda_1 \mathbf{A} + \lambda_2 \mathbf{B} = \lambda_1 \begin{pmatrix} a_{11} & \cdot & \cdot & \cdot & a_{1n} \\ \cdot & & \cdot & & \cdot \\ \cdot & \cdot & a_{ik} \cdot & \cdot & \cdot \\ \cdot & & \cdot & & \cdot \\ a_{n1} & \cdot & \cdot & \cdot & a_{nn} \end{pmatrix} + \lambda_2 \begin{pmatrix} b_{11} & \cdot & \cdot & \cdot & b_{1n} \\ \cdot & & \cdot & & \cdot \\ \cdot & \cdot & b_{ik} \cdot & \cdot & \cdot \\ \cdot & & \cdot & & \cdot \\ b_{n1} & \cdot & \cdot & \cdot & b_{nn} \end{pmatrix}$$

$$(11.1)$$

$$= \begin{pmatrix} \lambda_1 a_{11} + \lambda_2 b_{11} & \cdot & & \cdot & \lambda_1 a_{1n} + \lambda_2 b_{1n} \\ \cdot & & \cdot & & \cdot \\ \cdot & \cdot & \lambda_1 a_{ik} + \lambda_2 b_{ik} \cdot & \cdot & \cdot \\ \cdot & & \cdot & & \cdot \\ \lambda_1 a_{n1} + \lambda_2 b_{n1} & \cdot & & \cdot & \lambda_1 a_{nn} + \lambda_2 b_{nn} \end{pmatrix}$$

Kurzform:

$$\lambda_1 \mathbf{A} + \lambda_2 \mathbf{B} = \lambda_1(a_{ik}) + \lambda_2(b_{ik}) = (\lambda_1 a_{ik} + \lambda_2 b_{ik}) \quad \text{für } \lambda_1, \lambda_2 \in \mathbb{R}$$

Somit ist die Menge der (n,n)-Matrizen ein Vektorraum (linearer Raum). Die Eigenschaften (10.1) bis (10.7) (s. Kap. 10) ergeben sich aus den Eigenschaften der reellen Zahlen.

Bemerkung 11.1

Nichtquadratische Matrizen vom gleichen Typ bilden ebenfalls einen Vektorraum.

11.2   Matrizenmultiplikation

Matrizen können miteinander multipliziert werden. Der einfachste Fall ist

Definition 11.1

Seien **A** und **B** zwei $(2,2)$-Matrizen:

$$\mathbf{A} = \begin{pmatrix} a_{11} & a_{12} \\ a_{21} & a_{22} \end{pmatrix} \quad \text{und} \quad \mathbf{B} = \begin{pmatrix} b_{11} & b_{12} \\ b_{21} & b_{22} \end{pmatrix}$$

Dann definiert man das Produkt:

$$\mathbf{A} \cdot \mathbf{B} = \begin{pmatrix} a_{11} & a_{12} \\ a_{21} & a_{22} \end{pmatrix} \begin{matrix} \rightarrow \\ \rightarrow \end{matrix} \overset{\begin{pmatrix} b_{11} & b_{12} \\ b_{21} & b_{22} \end{pmatrix}}{\underset{\downarrow \quad \downarrow}{\begin{pmatrix} c_{11} & c_{12} \\ c_{21} & c_{22} \end{pmatrix}}},$$

wobei gilt

$$c_{11} = a_{11}b_{11} + a_{12}b_{21} \qquad c_{12} = a_{11}b_{12} + a_{12}b_{22}$$

$$c_{21} = a_{21}b_{11} + a_{22}b_{21} \qquad c_{22} = a_{21}b_{12} + a_{22}b_{22},$$

also

$$c_{ik} = (i\text{-te Zeile}) \cdot (k\text{-te Spalte}) = \sum_{j=1}^{2} a_{ij}b_{jk} \quad \text{für } i,k = 1,2.$$

Allgemeiner Fall: Auch nichtquadratische Matrizen können miteinander multipliziert werden, allerdings nur unter der Bedingung, dass die Spaltenzahl von A gleich der Zeilenzahl von B ist. (s. Definition 11.2).

Definition 11.2
Sei $\mathbf{A}_{nl}$ eine Matrix mit n Zeilen und l Spalten sowie $\mathbf{B}_{lm}$ eine Matrix mit l Zeilen und m Spalten. Dann ist das Produkt eine Matrix $\mathbf{C}_{nm}$ mit n Zeilen und m Spalten, definiert durch:

$$\mathbf{C}_{nm} = \mathbf{A}_{nl} \cdot \mathbf{B}_{lm}$$

Dabei gilt:

$$\begin{matrix} & & k\text{-te Spalte} \\ & & \downarrow \\ & \begin{pmatrix} b_{11} & \cdot & \cdot & b_{1k} \cdot & \cdot & b_{1m} \\ \cdot & \cdot & \cdot & b_{2k} & \cdot & \cdot \\ \cdot & \cdot & \cdot & \cdot & \cdot & \cdot \\ \cdot & \cdot & \cdot & \cdot & \cdot & \cdot \\ \cdot & \cdot & \cdot & \cdot & \cdot & \cdot \\ b_{l1} & \cdot & \cdot & b_{lk} & \cdot & b_{lm} \end{pmatrix} \\ & \downarrow \end{matrix}$$

$$i\text{-te Zeile} \rightarrow \begin{pmatrix} a_{11} & \cdot & \cdot & \cdot & \cdot & a_{1l} \\ \cdot & \cdot & \cdot & \cdot & \cdot & \cdot \\ a_{i1} & a_{i2} & \cdot & \cdot & \cdot & a_{il} \\ \cdot & \cdot & \cdot & \cdot & \cdot & \cdot \\ \cdot & \cdot & \cdot & \cdot & \cdot & \cdot \\ a_{n1} & \cdot & \cdot & \cdot & \cdot & a_{nl} \end{pmatrix} \rightarrow \begin{pmatrix} c_{11} & \cdot & \cdot & \cdot & \cdot & c_{1m} \\ \cdot & \cdot & \cdot & \cdot & \cdot & \cdot \\ \cdot & \cdot & \cdot & c_{ik} & \cdot & \cdot \\ \cdot & \cdot & \cdot & \cdot & \cdot & \cdot \\ \cdot & \cdot & \cdot & \cdot & \cdot & \cdot \\ c_{n1} & \cdot & \cdot & \cdot & \cdot & c_{nm} \end{pmatrix}$$

Also gilt für die Matrix $\mathbf{C}_{nm}$.

$$c_{ik} = (i\text{-te Zeile}) \cdot (k\text{-te Spalte})$$

$$= \sum_{j=1}^{l} a_{ij}b_{jk} \qquad \text{für } i = 1,..n \text{ und } k = 1, ... m.$$

Man sieht dann auch: Das Produkt quadratischer (n,n)-Matrizen ist wieder eine (n,n)-Matrix.

Beispiel 11.1

$$\mathbf{C}_{n1} = \mathbf{A}_{nn} \cdot \mathbf{B}_{n1}$$

$$\begin{pmatrix} a_{11} & a_{12} & a_{13} & \cdot & \cdot & \cdot & a_{1n} \\ a_{21} & a_{22} & a_{23} & \cdot & \cdot & \cdot & a_{2n} \\ \cdot & \cdot & \cdot & \cdot & \cdot & \cdot & \cdot \\ \cdot & \cdot & \cdot & a_{ik} & \cdot & \cdot & \cdot \\ \cdot & \cdot & \cdot & \cdot & \cdot & \cdot & \cdot \\ \cdot & \cdot & \cdot & \cdot & \cdot & \cdot & \cdot \\ a_{n1} & a_{n2} & a_{n3} & \cdot & \cdot & \cdot & a_{nn} \end{pmatrix} \cdot \begin{pmatrix} b_1 \\ b_2 \\ \cdot \\ b_k \\ \cdot \\ \cdot \\ b_n \end{pmatrix} = \begin{pmatrix} c_1 \\ c_2 \\ \cdot \\ c_i \\ \cdot \\ \cdot \\ c_n \end{pmatrix}$$

Bemerkung 11.2

Wie in Beispiel 11.1 kann man ein lineares Gleichungssystem (s. Kap. 12)

$$\begin{pmatrix} a_{11} & a_{12} & a_{13} & \cdot & \cdot & \cdot & a_{1n} \\ a_{21} & a_{22} & a_{23} & \cdot & \cdot & \cdot & a_{2n} \\ \cdot & \cdot & \cdot & \cdot & \cdot & \cdot & \cdot \\ \cdot & \cdot & \cdot & a_{ik} & \cdot & \cdot & \cdot \\ \cdot & \cdot & \cdot & \cdot & \cdot & \cdot & \cdot \\ \cdot & \cdot & \cdot & \cdot & \cdot & \cdot & \cdot \\ a_{n1} & a_{n2} & a_{n3} & \cdot & \cdot & \cdot & a_{nn} \end{pmatrix} \cdot \begin{pmatrix} x_1 \\ x_2 \\ \cdot \\ x_k \\ \cdot \\ \cdot \\ x_n \end{pmatrix} = \begin{pmatrix} c_1 \\ c_2 \\ \cdot \\ c_i \\ \cdot \\ \cdot \\ c_n \end{pmatrix}$$

mit Matrizenmultiplikation in der Form schreiben:

$$\mathbf{A}\,\vec{x} = \vec{c}$$

11.3　Determinanten

Determinanten sind wichtige „Kennzahlen" quadratischer Matrizen.

Definition 11.3

1. Determinante einer $(2,2)$-Matrix: Sei

$$\mathbf{A} = \begin{pmatrix} a_{11} & a_{12} \\ a_{21} & a_{22} \end{pmatrix}.$$

Dann ist die Determinante von **A** definiert durch:

$$\det(\mathbf{A}) := \det\begin{pmatrix} a_{11} & a_{12} \\ a_{21} & a_{22} \end{pmatrix} := \overset{+}{\begin{vmatrix} a_{11} \\ a_{21} \end{vmatrix}}\ \overset{-}{\begin{vmatrix} a_{12} \\ a_{22} \end{vmatrix}} = +a_{11}a_{22} - a_{12}a_{21} \qquad (11.2)$$

2. Determinante einer (3,3)-Matrix: Sei

$$\mathbf{A} = \begin{pmatrix} a_{11} & a_{12} & a_{13} \\ a_{21} & a_{22} & a_{23} \\ a_{31} & a_{32} & a_{33} \end{pmatrix}.$$

Dann ist die Determinante von **A** definiert durch:

$$\det(\mathbf{A}) := \det\begin{pmatrix} a_{11} & a_{12} & a_{13} \\ a_{21} & a_{22} & a_{23} \\ a_{31} & a_{32} & a_{33} \end{pmatrix} = \overset{+\quad-\quad+}{\begin{vmatrix} a_{11} & a_{12} & a_{13} \\ a_{21} & a_{22} & a_{23} \\ a_{31} & a_{32} & a_{33} \end{vmatrix}} =$$

$$+a_{11}\begin{vmatrix} a_{22} & a_{23} \\ a_{32} & a_{33} \end{vmatrix} - a_{12}\begin{vmatrix} a_{21} & a_{23} \\ a_{31} & a_{33} \end{vmatrix} + a_{13}\begin{vmatrix} a_{21} & a_{22} \\ a_{31} & a_{32} \end{vmatrix}$$

$$(11.3)$$

Die (2,2)-Unterdeterminanten werden dann wie in (11.2) berechnet.

3. Determinante einer (4,4)-Matrix: Sei

$$\mathbf{A} = \begin{pmatrix} a_{11} & a_{12} & a_{13} & a_{14} \\ a_{21} & a_{22} & a_{23} & a_{24} \\ a_{31} & a_{32} & a_{33} & a_{34} \\ a_{41} & a_{42} & a_{43} & a_{44} \end{pmatrix}.$$

Dann ist die Determinante von **A** definiert durch:

$$\det(\mathbf{A}) := \det\begin{pmatrix} a_{11} & a_{12} & a_{13} & a_{14} \\ a_{21} & a_{22} & a_{23} & a_{24} \\ a_{31} & a_{32} & a_{33} & a_{34} \\ a_{41} & a_{42} & a_{43} & a_{44} \end{pmatrix} = \overset{+\quad-\quad+\quad-}{\begin{vmatrix} a_{11} & a_{12} & a_{13} & a_{14} \\ a_{21} & a_{22} & a_{23} & a_{24} \\ a_{31} & a_{32} & a_{33} & a_{34} \\ a_{41} & a_{42} & a_{43} & a_{44} \end{vmatrix}} =$$

$$+a_{11}\begin{vmatrix} a_{22} & a_{23} & a_{24} \\ a_{32} & a_{33} & a_{34} \\ a_{42} & a_{43} & a_{44} \end{vmatrix} - a_{12}\begin{vmatrix} a_{21} & a_{23} & a_{24} \\ a_{31} & a_{33} & a_{34} \\ a_{41} & a_{43} & a_{44} \end{vmatrix} + a_{13}\begin{vmatrix} a_{21} & a_{22} & a_{24} \\ a_{31} & a_{32} & a_{34} \\ a_{41} & a_{42} & a_{44} \end{vmatrix} - a_{14}\begin{vmatrix} a_{21} & a_{22} & a_{23} \\ a_{31} & a_{32} & a_{33} \\ a_{41} & a_{42} & a_{43} \end{vmatrix}$$

Die (3,3) Unterdeterminanten werden dann wie in (11.3) berechnet.

4. Determinante einer *(n,n)*-Matrix (allgemeiner Fall): Sei

$$
\mathbf{A} =
\begin{pmatrix}
a_{11} & \cdot & \cdot & \cdot & \cdot & a_{1n} \\
\cdot & \cdot & \cdot & \cdot & \cdot & \cdot \\
\cdot & \cdot & \cdot & \cdot & \cdot & \cdot \\
\cdot & \cdot & \cdot & \cdot & \cdot & \cdot \\
\cdot & \cdot & \cdot & \cdot & \cdot & \cdot \\
a_{n1} & \cdot & \cdot & \cdot & \cdot & a_{nn}
\end{pmatrix}.
$$

Die Determinante det(**A**) wird dann entsprechend mit dem gleichen erweiterten Prinzip berechnet. Das heißt, die Berechnung der *(n,n)*-Determinante wird auf die Berechnung von *(n-1,n-1)*-Determinanten zurückgeführt.

Die Vorzeichen der jeweiligen Unterdeterminanten werden dabei nach dem Schachbrettmuster bestimmt:

$$
\begin{array}{ccccc}
+ & - & + & - & + \\
- & + & - & + & - \\
+ & - & + & - & + \\
- & + & - & + & - \\
+ & - & + & - & +
\end{array}
$$

Formale Beschreibung: Sei D_{ik} die Determinante der Matrix, die durch Streichen der *i*-ten Zeile und der *k*-ten Spalte von **A** entsteht:

$$
D_{ik} := \det
\begin{pmatrix}
a_{11} & \cdot & \cdot & \cdot\!\!\!\!a_{1k} & \cdot & a_{1n} \\
\cdot & \cdot & \cdot & \cdot\!\!\!\!a_{2k} & \cdot & \cdot \\
\cdot & \cdot & \cdot & \cdot & \cdot & \cdot \\
a_{i1} & a_{i2} & \cdot & a_{ik} & \cdot & a_{in} \\
\cdot & \cdot & \cdot & \cdot & \cdot & \cdot \\
a_{n1} & \cdot & \cdot & \cdot\!\!\!\!a_{nk} & \cdot & a_{nn}
\end{pmatrix}
\quad \leftarrow streichen!
$$

$$\uparrow$$
$$streichen!$$

Dann kann man die Determinante von **A** berechnen durch:

$$
\det(\mathbf{A}) = \sum_{k=1}^{n} (-1)^{(1+k)} a_{1k} D_{1k}
$$

(Entwicklung nach der ersten Zeile)

Man kann aber auch nach einer beliebigen Zeile oder Spalte entwickeln und erhält dieselbe Determinante.

Dies besagt der

Satz 11.4: Laplacescher Entwicklungssatz
Es gilt

$$\det (\mathbf{A}) = \sum_{k=1}^{n} (-1)^{(i+k)} a_{ik} D_{ik} \tag{11.4}$$

(Entwicklung nach der i-ten Zeile für beliebiges $i=1, 2, 3..., n$)
oder

$$\det (\mathbf{A}) = \sum_{i=1}^{n} (-1)^{(i+k)} a_{ik} D_{ik} \tag{11.5}$$

(Entwicklung nach der k-ten Spalte für beliebiges $k=1, 2, 3..., n$).

Bemerkung 11.3
Die Determinante der Matrix $\mathbf{A}$ ist immer gleich, egal ob nach der i-ten Zeile oder k-ten Spalte entwickelt wird (s. R. Wüst 2002, Bd. I, S. 458).

11.4   Einheitsmatrix und inverse Matrix

Betrachte die (n,n)-Matrix $\mathbf{E}$ (die in der Diagonalen Einsen hat und sonst Nullen):

$$\mathbf{E} = \begin{pmatrix} 1 & 0 & . & 0 & 0 & 0 \\ 0 & 1 & . & . & . & . \\ 0 & . & . & . & . & . \\ . & . & . & 1 & . & 0 \\ 0 & . & . & . & 1 & 0 \\ 0 & . & . & 0 & 0 & 1 \end{pmatrix}$$

Diese heißt *Einheitsmatrix*. Eine Kurzschreibweise für $\mathbf{E}$ ist $\mathbf{E}=(\delta_{ij})$. Es gilt dann für eine beliebige (n,n)-Matrix $\mathbf{A}$:

$$\mathbf{A} = \begin{pmatrix} a_{11} & . & . & . & a_{1n} \\ . & . & . & . & . \\ . & . & . & . & . \\ . & . & . & . & . \\ . & . & . & . & . \\ a_{n1} & . & . & . & a_{nn} \end{pmatrix}$$

$$\mathbf{E} \cdot \mathbf{A} = \mathbf{A} \cdot \mathbf{E} = \mathbf{A}$$

Wenn eine (n,n)-Matrix **B** existiert mit der Eigenschaft

$$\mathbf{B} \cdot \mathbf{A} = \mathbf{A} \cdot \mathbf{B} = \mathbf{E},$$

dann heißt **B** die *inverse Matrix* von **A** mit der Schreibweise

$$\mathbf{B} = \mathbf{A}^{-1}.$$

Definition 11.4

Eine Matrix **A** heißt *regulär,* wenn gilt $\det(\mathbf{A}) \neq 0$. Sie heißt *singulär,* wenn gilt $\det(\mathbf{A}) = 0$.

Bemerkung 11.4

1. Ein lineares Gleichungssystem (LGS s. Kap. 12) der Form (s. Bemerkung 11.2)

$$\mathbf{A}\vec{x} = \vec{c} \tag{11.6}$$

   hat genau dann **nur eine** Lösung, wenn gilt $\det(\mathbf{A}) \neq 0$.
2. Wenn $\det(\mathbf{A}) \neq 0$, genau dann existiert $\mathbf{A}^{-1}$ und es gilt

$$\vec{x} = \mathbf{A}^{-1}\vec{c}.$$

   Dies ist aber kein effektives Lösungsverfahren für lineare Gleichungssysteme, da die Berechnung der inversen Matrix $\mathbf{A}^{-1}$ aufwendiger ist als die klassischen Lösungsverfahren (s. Kap. 12).
3. Wenn das LGS homogen ist, d. h. $\mathbf{A}\vec{x} = \vec{0}$ und $\det(\mathbf{A}) = 0$, dann gibt es außer der trivialen Lösung $\vec{x} = \vec{0}$ noch unendlich viele weitere Lösungen.
4. Wenn das LGS homogen ist, d. h. $\mathbf{A}\vec{x} = \vec{0}$, jedoch $\det(\mathbf{A}) \neq 0$, dann gibt es genau eine Lösung und dies ist die triviale Lösung $\vec{x} = \vec{0}$.

Definition 11.5

Sei $\mathbf{A} = (a_{ik})$ eine reellwertige Matrix. Dann heißt **A** *symmetrisch,* wenn gilt

$$(a_{ik}) = (a_{ki}). \tag{11.7}$$

Das bedeutet, die Matrix **A** ist spiegelsymmetrisch zur (Haupt-) Diagonalen. Man schreibt dann

$$\mathbf{A} = \mathbf{A}^{\mathrm{T}},$$

wobei $\mathbf{A}^{\mathrm{T}}$ die an der Diagonalen gespiegelte Matrix von **A** ist. $\mathbf{A}^{\mathrm{T}}$ heißt *Transponierte von A.*

Beispiel 11.2

Die Matrix

$$\mathbf{A} = \begin{pmatrix} 4 & 2 & 5 \\ 2 & 1 & 3 \\ 5 & 3 & 7 \end{pmatrix}$$

ist symmetrisch.

11.5 Matrizen als lineare Abbildungen

Sei $\mathbf{A}$ eine (n,n)-Matrix. Dann gibt es eine lineare Abbildung von $\mathbb{R}^n$ nach $\mathbb{R}^n$ (s. Abschn. 10.3)

$$\mathbf{A}\,\vec{x} = \vec{y} \quad \text{mit } \vec{x} \in \mathbb{R}^n,$$

das heißt, $\mathbf{A}$ definiert eine lineare Transformation in $\mathbb{R}^n$ (eine Drehung, Spiegelung oder Streckung).

Beispiel 11.3
Die Transformation

$$\vec{y} = \mathbf{A}\,\vec{x} = \begin{pmatrix} \cos(\varphi) & -\sin(\varphi) \\ \sin(\varphi) & \cos(\varphi) \end{pmatrix} \begin{pmatrix} x_1 \\ x_2 \end{pmatrix}$$

beschreibt eine **Drehung** des Vektors $\vec{x} = \begin{pmatrix} x_1 \\ x_2 \end{pmatrix}$ um den Winkel φ (s. Abb. 11.1).

Beispiel 11.4
Die Transformation

$$\mathbf{A}\vec{x} = \begin{pmatrix} \lambda & 0 \\ 0 & \lambda \end{pmatrix} \begin{pmatrix} 1 \\ 1 \end{pmatrix} = \begin{pmatrix} \lambda \\ \lambda \end{pmatrix}$$

beschreibt eine **Streckung** (oder Stauchung) des Vektors $\begin{pmatrix} 1 \\ 1 \end{pmatrix}$ um den Faktor λ.

Abb. 11.1 Drehung des Vektors $\vec{x}$ im $\mathbb{R}^2$. Im Video ▶ sn.pub/zvvYST dreht sich der Vektor $\vec{x}$

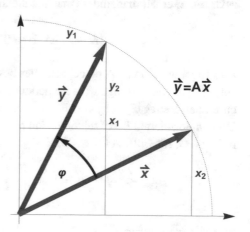

11.6   Eigenwerte, Eigenvektoren einer Matrix

Wenn für eine symmetrische (n,n)-Matrix $\mathbf{A}$ Werte $\lambda \in \mathbb{R}$ und Vektoren $\vec{x} \in \mathbb{R}^n$ existieren, sodass die sogenannte *Eigenwertgleichung* gilt,

$$\mathbf{A}\vec{x} = \lambda \vec{x}, \tag{11.8}$$

dann heißt λ *Eigenwert* und $\vec{x}$ *Eigenvektor* von $\mathbf{A}$.

Berechnung der Eigenwerte und Eigenvektoren:

Die Eigenwertgleichung (11.8) ist offenbar äquivalent mit dem homogenen LGS

$$(\mathbf{A} - \lambda\mathbf{E})\ \vec{x} = \vec{0}$$

Wenn dieses LGS nichttriviale Lösungen $\vec{x} \neq \vec{0}$ hat, dann gilt (s. Bemerkung 11.4, 1.):

$$\det(\mathbf{A} - \lambda\mathbf{E}) = 0 \tag{11.9}$$

Die Berechnung der Determinante ergibt einen Ausdruck vom Typ:

$$\det(\mathbf{A} - \lambda\mathbf{E}) = \sum_{j=1}^{n} c_j \lambda^j \tag{11.10}$$

Dies ist ein Polynom n-ten Grades in der Variablen λ. Gleichung (11.9) ist somit eine Gleichung n-ten Grades,

$$\sum_{j=1}^{n} c_j \lambda^j = 0, \tag{11.11}$$

und heißt *charakteristisches Polynom* von $\mathbf{A}$. Die n Lösungen λ_j (= Nullstellen des Polynoms)[1] von (11.11) sind dann die *Eigenwerte* von $\mathbf{A}$ und die zugehörigen *Eigenvektoren* $\vec{x}_j$ erhält man, indem man die nichttrivialen Lösungen des LGS

$$(\mathbf{A} - \lambda_j\ \mathbf{E})\ \vec{x}_j = \vec{0} \quad \text{für } j = 1, 2, \ldots, n \tag{11.12}$$

zum Eigenwert λ_j von A berechnet. Hier bekommt man wegen $\det(\mathbf{A} - \lambda\ \mathbf{E}) = 0$ jeweils eine Schar von Lösungen (s. Bemerkung 11.4, 3.). Daraus kann man durch Division durch den Betrag $|\vec{x}_j|$ für jeden Eigenvektor $\vec{x}_j$ einen *normierten Eigenvektor* berechnen. Diese n normierten Eigenvektoren sind paarweise orthogonal und bilden somit eine ONB in $\mathbb{R}^n$ (s. G. Bärwolff 2006, S. 339):

$$\vec{x}_i \cdot \vec{x}_j = \delta_{ij} = \begin{cases} 0 & \text{für } i \neq j \\ 1 & \text{für } i = j \end{cases} \quad \text{für } i, j = 1, 2, \ldots, n$$

---

[1]Wir nehmen hier an, dass das Polynom nur einfache Nullstellen hat.

Beispiel 11.5

Gegeben sei die symmetrische Matrix

$$A = \begin{pmatrix} -2 & 2 \\ 2 & 1 \end{pmatrix}.$$

Dann ist

$$A - \lambda E = \begin{pmatrix} -2 - \lambda & 2 \\ 2 & 1 - \lambda \end{pmatrix}$$

und die Determinante

$$\det(A - \lambda E) = det \begin{pmatrix} -2 - \lambda & 2 \\ 2 & 1 - \lambda \end{pmatrix} = -6 + \lambda + \lambda^2.$$

Aus der Lösung der Gleichung

$$\det(A - \lambda E) = -6 + \lambda + \lambda^2 = 0$$

folgt $\lambda_1 = 2$ und $\lambda_2 = -3$. Dies sind die Eigenwerte von A.

Die Berechnung der zugehörigen Eigenvektoren $\vec{x}$ und $\vec{y}$ erfolgt durch Einsetzen in die Eigenwertgleichung:
Für $\lambda_1 = 2$

$$\begin{pmatrix} -2 - \lambda_1 & 2 \\ 2 & 1 - \lambda_1 \end{pmatrix} \begin{pmatrix} x_1 \\ x_2 \end{pmatrix} = \begin{pmatrix} -4 & 2 \\ 2 & -1 \end{pmatrix} \begin{pmatrix} x_1 \\ x_2 \end{pmatrix} = \begin{pmatrix} 0 \\ 0 \end{pmatrix}$$

mit dem Ergebnis

$$\begin{pmatrix} x_1 \\ x_2 \end{pmatrix} = \begin{pmatrix} t \\ 2t \end{pmatrix} \quad \text{für } t \in \mathbb{R},$$

für $\lambda_2 = -3$

$$\begin{pmatrix} -2 - \lambda_2 & 2 \\ 2 & 1 - \lambda_2 \end{pmatrix} \begin{pmatrix} y_1 \\ y_2 \end{pmatrix} = \begin{pmatrix} 1 & 2 \\ 2 & 4 \end{pmatrix} \begin{pmatrix} y_1 \\ y_2 \end{pmatrix} = \begin{pmatrix} 0 \\ 0 \end{pmatrix}$$

mit dem Ergebnis

$$\begin{pmatrix} y_1 \\ y_2 \end{pmatrix} = \begin{pmatrix} -2t \\ t \end{pmatrix} \quad \text{für } t \in \mathbb{R}.$$

Dann sind

$$\vec{x} = \frac{1}{\sqrt{5}} \begin{pmatrix} 1 \\ 2 \end{pmatrix}$$

und

$$\vec{y} = \frac{1}{\sqrt{5}}\begin{pmatrix} -2 \\ 1 \end{pmatrix}$$

die normierten Eigenvektoren von $\mathbf{A}$. Weiterhin gilt Orthogonalität:

$$\vec{x} \cdot \vec{y} = 0$$

Somit ist $\{\vec{x}, \vec{y}\}$ eine ONB in $\mathbb{R}^2$. Die Matrix, die aus den beiden Eigenvektoren gebildet wird,

$$\mathbf{S} = \frac{1}{5}\begin{pmatrix} -2 & 1 \\ 1 & 2 \end{pmatrix}$$

ist invertierbar

$$\mathbf{S}^{-1} = \begin{pmatrix} -2 & 1 \\ 1 & 2 \end{pmatrix}.$$

Das heißt:

$$\mathbf{S}\,\mathbf{S}^{-1} = \mathbf{E}$$

Zusätzlich gilt: Die Transformation $\mathbf{SAS}^{-1}$ transformiert die Matrix $\mathbf{A}$ in eine Diagonalmatrix mit den Eigenwerten $\lambda_1 = 2$ und $\lambda_2 = -3$ in der Diagonalen:

$$\mathbf{SAS}^{-1} = \frac{1}{5}\begin{pmatrix} -2 & 1 \\ 1 & 2 \end{pmatrix}\begin{pmatrix} -2 & 2 \\ 2 & 1 \end{pmatrix}\begin{pmatrix} -2 & 1 \\ 1 & 2 \end{pmatrix} = \begin{pmatrix} -3 & 0 \\ 0 & 2 \end{pmatrix}$$

Dies gilt auch allgemein:

Bemerkung 11.5
Für eine symmetrische *(2,2)*-Matrix $\mathbf{A}$ mit den Eigenwerten λ_1 und λ_2 gibt es Matrizen $\mathbf{S}$ und $\mathbf{S}^{-1}$, gebildet aus den Eigenvektoren von $\mathbf{A}$, sodass die *„Hauptachsentransformation"* gilt:

$$\mathbf{SAS}^{-1} = \begin{pmatrix} \lambda_2 & 0 \\ 0 & \lambda_1 \end{pmatrix} \tag{11.13}$$

(s. R. Wüst 2002, Bd. 1, S. 533, Satz 15.7)

Lineare Gleichungssysteme

Lineare Gleichungssysteme spielen außer in der Mathematik und Physik auch in vielen Gebieten wie Elektrotechnik (Ströme und Spannungen in einem elektrischen Netzwerk), in der Statik (Kräfte in Fachwerken und Brücken) und der Wirtschaft (Kostenrechnungen, lineare Optimierung) eine Rolle. Sie entstehen immer dann, wenn eine Größe von mehreren Variablen linear abhängt. Lineare Gleichungssysteme bestehen aus Gleichungen, bei denen die Unbekannten (d. h. die gesuchten Variablen x_i) nur linear, das heißt nur in der ersten Potenz und nicht als Produkt oder als nichtlineare Funktionen wie $\sin(x)$, $\ln(x)$ etc. vorkommen. Solche Gleichungen entstehen typischerweise, wenn komplizierte Zusammenhänge durch einfache lineare Näherungen ersetzt werden (z. B. mathematisches Pendel, s. Kap. 13).

Wir betrachten hier nur quadratische Systeme, in denen die Anzahl der Unbekannten mit der Anzahl der Gleichungen übereinstimmt. In Abschn. 12.1 behandeln wir das klassische Lösungsverfahren von Gauß, ein Verfahren, das schon im frühen China (ca. 100 n. Chr.) benutzt wurde. Dabei wird das Koeffizientenschema so umgewandelt, dass die Lösung schrittweise aus einfachen Gleichungen ermittelt werden kann. Ein lineares Gleichungssystem kann drei verschiedene Lösungstypen haben: Entweder gibt es keine oder genau eine oder unendlich viele Lösungen. Dies wird in Abschn. 12.2 an einfachen geometrischen Beispielen demonstriert. Abschn. 12.3 behandelt die sogenannte Cramersche Regel, die mit Hilfe der nichtsingulären Matrizen zur Lösung von linearen Gleichungssystemen führt, die genau eine Lösung haben.

Elektronisches Zusatzmaterial Die elektronische Version dieses Kapitels enthält Zusatzmaterial, das berechtigten Benutzern zur Verfügung steht. https://doi.org/10.1007/978-3-658-30245-0_12

Definition 12.1

Das System von *m Gleichungen* und *n Unbekannten*.

$$a_{11}x_1 + a_{12}x_2 + a_{13}x_3 + \cdots\cdots + a_{1n}x_n = c_1$$
$$a_{21}x_1 + a_{22}x_2 + a_{23}x_3 + \cdots\cdots + a_{2n}x_n = c_2$$
.

.
$$a_{m1}x_1 + a_{m2}x_2 + a_{m3}x_3 + \cdots\cdots + a_{mn}x_n = c_m$$

heißt *(n,m)-lineares Gleichungssystem (LGS)*. Die a_{ik} heißen *Koeffizienten* und die c_i *Konstanten* (Absolutglieder) des LGS. Eine Kurzschreibweise für das LGS ist die Matrix-produktschreibweise (s. Bemerkung 11.2):

$$\mathbf{A}\vec{x} = \vec{c}, \tag{12.1}$$

wobei

$$\mathbf{A} = \begin{pmatrix} a_{11} & a_{12} & a_{13} & . & . & . & a_{1n} \\ a_{21} & a_{22} & a_{23} & . & . & . & a_{2n} \\ . & . & . & . & . & . & . \\ . & . & . & a_{ik} & . & . & . \\ . & . & . & . & . & . & . \\ . & . & . & . & . & . & . \\ a_{m1} & a_{m2} & a_{m3} & . & . & . & a_{mn} \end{pmatrix} = (a_{ik}) \tag{12.2}$$

die *Koeffizientenmatrix* und

$$\begin{pmatrix} c_1 \\ c_2 \\ . \\ c_i \\ . \\ . \\ c_m \end{pmatrix} = \vec{c}$$

der *Konstantenvektor* ist. Ein n-Tupel $\{x_1, x_2, x_3, \ldots, x_n\} \in \mathbb{R}^n$ heißt *Lösung* des LGS, wenn es alle m Gleichungen des LGS erfüllt. Dann heißt

$$\begin{pmatrix} x_1 \\ x_2 \\ . \\ x_k \\ . \\ . \\ x_n \end{pmatrix} = \vec{x}$$

Lösungsvektor.

Wir betrachten hier nur die Fälle, bei denen die Anzahl der Gleichungen gleich der Anzahl der Unbekannten ist, d. h. (n,n)-LGS (*quadratisches LGS*). Prinzipiell gibt es drei Typen von Lösungen für lineare Gleichungssysteme:

1. Es gibt genau eine Lösung.
2. Es gibt (unendlich) viele Lösungen.
3. Es gibt keine Lösung.

12.1 Der Gaußsche Algorithmus

Der Gaußsche Algorithmus ist ein systematisches (sicheres) Lösungsverfahren für lineare Gleichungssysteme (LGS). Wir betrachten ein quadratisches LGS, d. h. ein (n,n)-System:

$$
\begin{aligned}
a_{11}x_1 + a_{12}x_2 + a_{13}x_3 + \cdots\cdots + a_{1n}x_n &= c_1 \\
a_{21}x_1 + a_{22}x_2 + a_{23}x_3 + \cdots\cdots + a_{2n}x_n &= c_2 \\
&\vdots \\
a_{n1}x_1 + a_{n2}x_2 + a_{n3}x_3 + \cdots\cdots + a_{nn}x_n &= c_n
\end{aligned}
\tag{12.3}
$$

Dann haben wir die Matrixdarstellung des LGS (12.3):

$$
\underbrace{\begin{pmatrix}
a_{11} & a_{12} & a_{13} & . & . & . & a_{1n} \\
a_{21} & a_{22} & a_{23} & . & . & . & a_{23} \\
. & . & . & . & . & . & . \\
. & . & . & a_{ik} & . & . & . \\
. & . & . & . & . & . & . \\
. & . & . & . & . & . & . \\
a_{n1} & a_{n2} & a_{n3} & . & . & . & a_{nn}
\end{pmatrix}}_{A=(a_{ik})}
\cdot
\underbrace{\begin{pmatrix}
x_1 \\ x_2 \\ . \\ x_k \\ . \\ . \\ x_n
\end{pmatrix}}_{\vec{x}}
=
\underbrace{\begin{pmatrix}
c_1 \\ c_2 \\ . \\ c_i \\ . \\ . \\ c_n
\end{pmatrix}}_{\vec{c}},
\tag{12.4}
$$

wobei

$$
c_i = \sum_{k=1}^{n} a_{ik}x_k \qquad \text{für alle } i = 1, \ldots, n.
\tag{12.5}
$$

Das Ziel des Gaußschen Algorithmus ist es, mit Hilfe äquivalenter Umformungen ein *gestaffeltes System* der Form (12.6) zu erzeugen:

$$
\begin{pmatrix}
a_{11} & a_{12} & a_{13} & \cdot & \cdot & \cdot & a_{1n} \\
0 & a_{22} & a_{23} & \cdot & \cdot & \cdot & a_{2n} \\
0 & 0 & \cdot & \cdot & \cdot & \cdot & \cdot \\
0 & \cdot & 0 & a_{ik} & \cdot & \cdot & \cdot \\
\cdot & \cdot & \cdot & 0 & \cdot & \cdot & \cdot \\
\cdot & \cdot & \cdot & \cdot & 0 & \cdot & \cdot \\
0 & 0 & 0 & 0 & 0 & 0 & a_{nn}
\end{pmatrix}
\begin{pmatrix}
x_1 \\ x_2 \\ \cdot \\ x_k \\ \cdot \\ \cdot \\ x_n
\end{pmatrix}
=
\begin{pmatrix}
c_1 \\ c_2 \\ \cdot \\ c_i \\ \cdot \\ \cdot \\ c_n
\end{pmatrix}
\tag{12.6}
$$

Die Lösung lässt sich dann schrittweise, von der Gleichung n startend, durch Einsetzen berechnen. Durch „Weglassen" der Variablen x_k erhält man aus (12.6) ein erweitertes Koeffizientenschema:

$$
\begin{array}{llllllll|l}
(z_1) & a_{11} & a_{12} & a_{13} & \cdot & \cdot & \cdot & a_{1n} & c_1 \\
(z_2) & a_{21} & a_{22} & a_{23} & \cdot & \cdot & \cdot & a_{2n} & c_2 \\
\cdot & \cdot & \cdot & \cdot & \cdot & \cdot & \cdot & \cdot & \cdot \\
(z_i) & \cdot & \cdot & \cdot & a_{ik} & \cdot & \cdot & \cdot & c_i \\
\cdot & \cdot & \cdot & \cdot & \cdot & \cdot & \cdot & \cdot & \cdot \\
\cdot & \cdot & \cdot & \cdot & \cdot & \cdot & \cdot & \cdot & \cdot \\
(z_n) & a_{n1} & a_{n2} & a_{n3} & \cdot & \cdot & \cdot & a_{nn} & c_n
\end{array}
\tag{12.7}
$$

Dieses Schema lässt sich durch äquivalente Umformungen in ein Dreieckssystem umformen, das dem gestaffelten System (12.6) entspricht.

Äquivalente Umformungen sind:

1. Zeilen ($=$ Gleichungen) dürfen vertauscht werden.
2. Spalten (außer der Konstantenspalte) dürfen vertauscht werden.
3. Zeilen ($=$ Gleichungen) dürfen mit einer Zahl $\lambda \neq 0$ multipliziert werden.
4. Zu einer Zeile kann ein Vielfaches einer anderen Zeile addiert werden.

Man führt nun folgende äquivalente Umformungen aus:

1. Schritt: Elimination von x_1 in der 2 bis n-ten Zeile, d. h. Erzeugen von Nullen in der ersten Spalte

    1.1 Ersetze die 2. Zeile (z_2) durch $(\tilde{z}_2) = (z_2) - (z_1)\frac{a_{21}}{a_{11}}$.

    1.2 Ersetze die 3. Zeile (z_3) durch $(\tilde{z}_3) = (z_3) - (z_1)\frac{a_{31}}{a_{11}}$.

    ....

    1.i Ersetze die i-te Zeile (z_i) durch $(\tilde{z}_i) = (z_i) - (z_1)\frac{a_{i1}}{a_{11}}$ für alle i bis n.

Dies führt zum Ergebnis (des 1. Schrittes):

$$
\begin{array}{c}
(z_1) \\
(z_2) \\
\cdot \\
(z_i) \\
\cdot \\
\cdot \\
(z_n)
\end{array}
\quad
\left[
\begin{array}{ccccccc}
a_{11} & a_{12} & a_{13} & \cdot & \cdot & \cdot & a_{1n} \\
0 & \tilde{a}_{22} & \tilde{a}_{23} & \cdot & \cdot & \cdot & \tilde{a}_{2n} \\
0 & \cdot & \cdot & \cdot & \cdot & \cdot & \cdot \\
\cdot & \cdot & \cdot & \tilde{a}_{ik} & \cdot & \cdot & \cdot \\
\cdot & \cdot & \cdot & \cdot & \cdot & \cdot & \cdot \\
\cdot & \cdot & \cdot & \cdot & \cdot & \cdot & \cdot \\
0 & \tilde{a}_{n2} & \tilde{a}_{n3} & \cdot & \cdot & \cdot & \tilde{a}_{nn}
\end{array}
\right.
\left|
\begin{array}{c}
c_1 \\
\tilde{c}_2 \\
\cdot \\
\tilde{c}_i \\
\cdot \\
\cdot \\
\tilde{c}_n
\end{array}
\right.
\qquad (12.8)
$$

Wenn man von der ersten Zeile und ersten Spalte absieht, erhält man ein $(n-1,\ n-1)$-Schema:

$$
\left[
\begin{array}{cccccc}
\tilde{a}_{22} & \tilde{a}_{23} & \tilde{a}_{24} & \cdot & \cdot & \tilde{a}_{2n} \\
\tilde{a}_{32} & \tilde{a}_{33} & \tilde{a}_{34} & \cdot & \cdot & \tilde{a}_{3n} \\
\cdot & \cdot & \cdot & \cdot & \cdot & \cdot \\
\cdot & \cdot & \cdot & \cdot & \cdot & \cdot \\
\cdot & \cdot & \cdot & \cdot & \cdot & \cdot \\
\tilde{a}_{n2} & \tilde{a}_{n3} & \tilde{a}_{n4} & \cdot & \cdot & \tilde{a}_{nn}
\end{array}
\right.
\left|
\begin{array}{c}
\tilde{c}_2 \\
\tilde{c}_3 \\
\cdot \\
\tilde{c}_i \\
\cdot \\
\tilde{c}_n
\end{array}
\right.
\qquad (12.9)
$$

Das Schema (12.9) kann man wie im ersten Schritt durch äquivalente Umformungen in einem

2. Schritt umwandeln und erhält ein $(n-2,\ n-2)$-Schema:

$$
\left[
\begin{array}{cccccc}
\tilde{a}_{22} & \tilde{a}_{23} & \tilde{a}_{24} & \cdot & \cdot & \tilde{a}_{2n} \\
0 & \tilde{\tilde{a}}_{33} & \tilde{\tilde{a}}_{34} & \cdot & \cdot & \tilde{\tilde{a}}_{3n} \\
0 & \cdot & \cdot & \cdot & \cdot & \cdot \\
\cdot & \cdot & \cdot & \cdot & \cdot & \cdot \\
0 & \cdot & \cdot & \cdot & \cdot & \cdot \\
0 & \tilde{\tilde{a}}_{n3} & \tilde{\tilde{a}}_{n4} & \cdot & \cdot & \tilde{\tilde{a}}_{nn}
\end{array}
\right.
\left|
\begin{array}{c}
\tilde{c}_2 \\
\tilde{\tilde{c}}_3 \\
\cdot \\
\tilde{\tilde{c}}_i \\
\cdot \\
\tilde{\tilde{c}}_n
\end{array}
\right.
\qquad (12.10)
$$

Das Verfahren wird $(n-1)$-mal schrittweise weitergeführt, bis das Ziel erreicht ist, die Dreiecksmatrix (12.11). Dies entspricht dann dem gesuchten gestaffelten System (12.6), aus dem sich die Lösung leicht berechnen lässt:

$$
\left[
\begin{array}{ccccccc}
a_{11} & a_{12} & a_{13} & \cdot & \cdot & \cdot & a_{1n} \\
0 & b_{22} & b_{23} & \cdot & \cdot & \cdot & b_{2n} \\
0 & 0 & \cdot & \cdot & \cdot & \cdot & \cdot \\
\cdot & \cdot & 0 & b_{ik} & \cdot & \cdot & \cdot \\
\cdot & \cdot & \cdot & 0 & \cdot & \cdot & \cdot \\
\cdot & \cdot & \cdot & \cdot & \cdot & \cdot & \cdot \\
0 & 0 & 0 & \cdot & \cdot & 0 & b_{nn}
\end{array}
\right.
\left|
\begin{array}{c}
c_1 \\
d_2 \\
\cdot \\
d_i \\
\cdot \\
\cdot \\
d_n
\end{array}
\right.
\qquad (12.11)
$$

Die letzte Zeile in (12.11) entspricht der Gleichung $b_{nn}x_n = d_n$. Diese Gleichung ist entscheidend für das Lösungsverhalten des LGS (12.3). Es gibt drei Fälle:

1. $b_{nn} \neq 0$ $\qquad\qquad$ $\Rightarrow$ $\quad$ Das LGS hat genau eine Lösung.
2. $b_{nn} = 0$ $\quad$ und $\quad$ $d_n \neq 0$ $\quad$ $\Rightarrow$ $\quad$ Das LGS hat keine Lösung.
3. $b_{nn} = 0$ $\quad$ und $\quad$ $d_n = 0$ $\quad$ $\Rightarrow$ $\quad$ Das LGS hat unendlich viele Lösungen.

Bemerkung 12.1
Die ersten Quellen zur Lösung von linearen Gleichungssystemen stammen aus China (ca. 100 n. Chr.; s. Jiu Zhang Suanshu, Neun Kapitel der Rechenkunst, Kap. 8, und H. Wußing 2013, Bd. I, S. 57). Durch Gauß wurde das Verfahren in Europa bekannt.

12.2   Einfache geometrische Anwendungen

Wir betrachten zunächst die Lösungstypen für (2,2)-lineare Gleichungssysteme, d. h. zwei Gleichungen mit zwei Unbekannten:

Beispiel 12.1
Betrachte das LGS

$$\begin{cases} (1) & x - y = 1 \\ (2) & -x + 3y = 2 \end{cases} \tag{12.12}$$

Lösung
Addiere (1) und (2), dann entsteht das LGS

$$\begin{aligned} (1) & \quad x - y = 1 \\ (3) & \quad 0x + 2y = 3, \end{aligned}$$

also

$$2y = 3 \Rightarrow y = \frac{3}{2}.$$

Einsetzen in (1):

$$x = 1 + \frac{3}{2}$$

Also ist die Lösung des LGS:

$$(x_0, y_0) = \left(\frac{5}{2}, \frac{3}{2} \right)$$

Grafische Darstellung

Die Gleichungen (1) und (2) kann man nach y auflösen und erhält dann zwei Geraden mit einem Schnittpunkt (s. Abb. 12.1):

$$(1)\ g_1 \Longrightarrow\quad y = x - 1, x \in \mathbb{R}$$
$$(2)\ g_2 \Longrightarrow\quad y = x/3 + 2/3, x \in \mathbb{R}$$

Beispiel 12.2

Betrachte das LGS

$$\begin{cases} (1) & x - 2y = 1 \\ (2) & -x + 2y = 2 \end{cases} \tag{12.13}$$

Lösung

Addiere (1) und (2), dann entsteht das LGS

$$\begin{aligned} (1) &\quad x - 2y = 1 \\ (3) &\quad 0x + 0y = 3, \end{aligned}$$

also

$$0\,x + 0\,y = 3 \Longrightarrow \text{Widerspruch!}$$

Es gibt also kein (x, y) als Lösung!

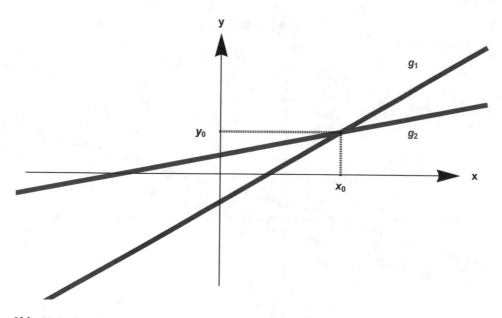

Abb. 12.1   Das System (12.12) hat genau eine Lösung

Grafische Darstellung

Die Gleichungen (1) und (2) kann man nach y auflösen und erhält dann zwei parallele Geraden ohne Schnittpunkt (s. Abb. 12.2).

$$(1)\ g_1 \Rightarrow \quad y = x/2 + \tfrac{1}{2}, x \in \mathbb{R}$$
$$(2)\ g_2 \Rightarrow \quad y = x/2 + 1, x \in \mathbb{R}$$

Beispiel 12.3

Betrachte das LGS

$$\begin{cases} (1) \quad\quad x - 2y = 1 \\ (2) \ -2x + 4y = -2 \end{cases} \tag{12.14}$$

Lösung

Addiere (1) und 1/2 (2), dann entsteht das LGS

$$(1)\ \ x - 2y = 1$$
$$(3)\ \ 0x + 0\,y = 0,$$

also

$$0x = 0.$$

Damit ist $x \in \mathbb{R}$ beliebig wählbar.
Dann folgt:

$$(1) \Rightarrow y = x/2 - 1/2$$

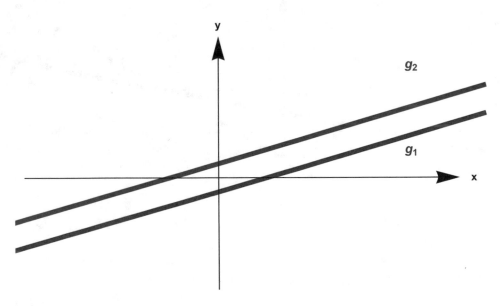

Abb. 12.2 Das System (12.13) hat keine Lösung

und ebenso

$$(2) \Rightarrow y = x/2 - 1/2$$

Grafische Darstellung
Die Menge der Lösungen ist eine gemeinsame Gerade (s. Abb. 12.3):

$$(1)\ g_1 \Rightarrow \quad y = x/2 - 1/2,\ x \in \mathbb{R}$$
$$(2)\ g_2 \Rightarrow \quad y = x/2 - 1/2,\ x \in \mathbb{R}$$

Wir betrachten nun Systeme mit drei Gleichungen mit drei Unbekannten, d. h. (3,3)-lineare Gleichungssysteme. Dann haben wir in den folgenden Beispielen verschiedene Lösungstypen:

Beispiel 12.4
Inhomogenes LGS, genau eine Lösung

$$\begin{cases} (1) \quad -x + y + z = 0 \\ (2) \quad x - 3\,y - 2\,z = 5 \\ (3) \quad 5\,x + y + 4\,z = 3 \end{cases} \tag{12.15}$$

Jede Gleichung beschreibt eine Ebene in $\mathbb{R}^3$ (s. Kap. 14, (14.6)).
Gesucht sind x, y, z.

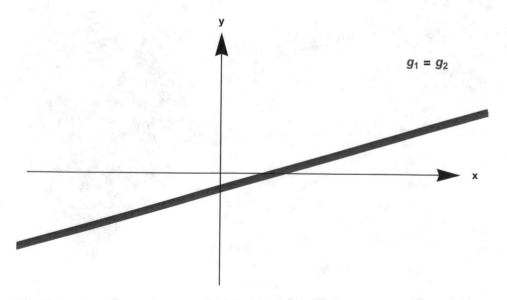

Abb. 12.3 Das System (12.14) hat unendlich viele Lösungen

1. **Schritt:** Eliminiere x aus (2) und (3):

   $(1) + (2) = (4)$

   und

   $5(1) + (3) = (5)$

$$
\begin{aligned}
(1) &\quad -x + y + z = 0 \\
(4) &\quad\quad -2y - z = 5 \\
(5) &\quad\quad\; 6y + 9z = 3
\end{aligned}
$$

2. **Schritt:** Eliminiere y aus (5):

   $3(4) + (5) = (6)$

$$
\begin{aligned}
(1) &\quad -x + y + z = 0 \\
(4) &\quad\quad -2y - z = 5 \\
(6) &\quad\quad\quad\; 6z = 18
\end{aligned}
$$

Dies ist ein „gestaffeltes" System. Daraus ergeben sich die Lösungskomponenten durch sukzessives Einsetzen:

$$z = 3, y = -4, x = -1$$

Also haben wir die (einzige) Lösung $\{x, y, z\} = \{-1, -4, 3\}$. Es gibt also genau eine Lösung.

Grafische Darstellung

Jede der drei Gleichungen in (12.15) beschreibt eine Ebene in $\mathbb{R}^3$ (s. Kap. 14 (14.6)). Die Schnittgeraden dieser drei Ebenen schneiden sich in einem Punkt (= Lösung des LGS; s. Abb. 12.4).

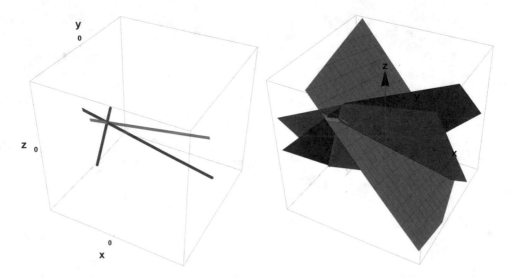

Abb. 12.4 Das System (12.15) hat genau eine Lösung. Im Video ▶ sn.pub/bajsfd dreht sich das Bild in 3D. Die CDF-Animation zu dieser Abbildung ist unter der zu Beginn des Kapitels angegebenen DOI abrufbar. Nur mit CDF-Player abspielbar

Beispiel 12.5
Inhomogenes LGS, keine Lösung

$$\begin{cases} (1) & x - 3y + 5z = 26 \\ (2) & 2x - 2y + z = 12 \\ (3) & -3x + 5y - 6z = 2 \end{cases} \qquad (12.16)$$

Jede Gleichung in (12.16) beschreibt eine Ebene in $\mathbb{R}^3$ (s. Kap. 14, (14.6)).
Gesucht sind x, y, z.
Kurzschreibweise im Koeffizientenschema:

$$\begin{array}{llrrr} (1) & 1 & -3 & 5 & 26 \\ (2) & 2 & -2 & 1 & 12 \\ (3) & -3 & 5 & -6 & 2 \end{array}$$

1. **Schritt:** Eliminiere x aus (2) und (3):
   $-2\,(1) + (2)$ ergibt (4) und
   $3\,(1) + (3)$ ergibt (5)

$$\begin{array}{lrrrr} (1) & 1 & -3 & 5 & 26 \\ (4) & 0 & 4 & -9 & -40 \\ (5) & 0 & -4 & 9 & 80 \end{array}$$

2. **Schritt:** Eliminiere y aus (5):
   $(4) + (5)$ ergibt (6)

$$\begin{array}{lrrrr} (1) & 1 & -3 & 5 & 26 \\ (4) & 0 & 4 & -9 & -40 \\ (6) & 0 & 0 & 0 & 40 \end{array}$$

Dies ist ein „gestaffeltes" System.
Die Zeile (6) bedeutet $0\,z = 40$. Es gibt also kein $z \in \mathbb{R}$, das die Gleichung (6) erfüllt!
Also hat das System (12.16) keine Lösung.

Grafische Darstellung
Jede der drei Gleichungen in (12.16) beschreibt eine Ebene in $\mathbb{R}^3$ (s. Kap. 14, (14.6)).
Die Schnittgeraden liegen parallel, es gibt somit keinen gemeinsamen Schnittpunkt, d. h.
keine Lösung des LGS (s. Abb. 12.5).

Beispiel 12.6
Inhomogenes LGS, unendlich viele Lösungen

$$\begin{cases} (1) & x + y + 3z = 2 \\ (2) & 2x + 3y - z = 1 \\ (3) & 3x + 4y + 2z = 3 \end{cases} \qquad (12.17)$$

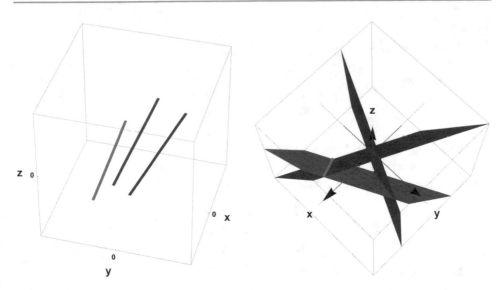

Abb. 12.5 Das System (12.16) hat keine Lösung. Im Video ▸ sn.pub/P0MssL dreht sich das Bild in 3D. Die CDF-Animation zu dieser Abbildung ist unter der zu Beginn des Kapitels angegebenen DOI abrufbar. Nur mit CDF-Player abspielbar

Jede Gleichung in (12.17) beschreibt eine Ebene in $\mathbb{R}^3$ (s. Kap. 14, (14.6)).

Gesucht sind x, y, z.

Mit Koeffizientenschema:

$$\begin{array}{llrrr}
(1) & 1 & 1 & 3 & 2 \\
(2) & 2 & 3 & -1 & 1 \\
(3) & 3 & 4 & 2 & 3
\end{array}$$

1. **Schritt:** Eliminiere x aus (2) und (3):

$-2\,(1)+(2)$ ergibt (4) und

$-3\,(1)+(3)$ ergibt (5)

$$\begin{array}{llrrr}
(1) & 1 & 1 & 3 & 2 \\
(4) & 0 & 1 & -7 & -3 \\
(5) & 0 & 1 & -7 & -3
\end{array}$$

2. **Schritt:** Eliminiere y aus (5):

$(4)-(5)$ ergibt (6)

$$\begin{array}{llrrr}
(1) & 1 & 1 & 3 & 2 \\
(4) & 0 & 1 & -7 & -3 \\
(6) & 0 & 0 & 0 & 0
\end{array}$$

Dies ist ein „gestaffeltes" System.

Die Zeile (6) bedeutet $0 \, z = 0$. Dies gilt für alle $z \in \mathbb{R}$, die die Gleichung (6) erfüllen! Wähle $z = \lambda \in \mathbb{R}$. Dann folgt

$$(4) \Rightarrow y + (-7\lambda) = -3 \Rightarrow y = 7\lambda - 3$$

und

$$(1) \Rightarrow x + 7\lambda - 3 + 3\lambda = 2 \Rightarrow x = -10\lambda + 5$$

Also haben wir:

$$\begin{cases} x = -10\lambda + 5 \\ y = 7\lambda - 3 \\ z = \lambda \end{cases} , \; \lambda \in \mathbb{R}$$

Dies ist die Parameterdarstellung einer Geraden in $\mathbb{R}^3$ (die nicht durch $\vec{0}$ geht). Damit hat das System unendlich viele Lösungen.

Grafische Darstellung

Die Lösungsmenge des LGS ist die gemeinsame Schnittgerade der drei Ebenen. Das heißt, es gibt unendlich viele Lösungen (s. Abb. 12.6).

Beispiel 12.7

Homogenes LGS, genau eine Lösung: $(x, y, z) = (0, 0, 0) = \vec{0}$.

$$\begin{cases} (1) & -x + y + z = 0 \\ (2) & x - 3y - 2z = 0 \\ (3) & 5x + y + 4z = 0 \end{cases} \tag{12.18}$$

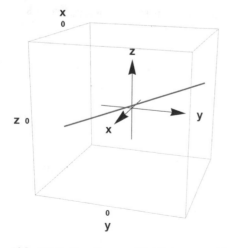
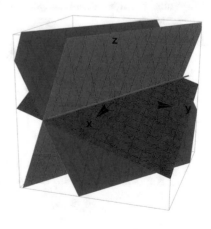

Abb. 12.6 Das System (12.17) hat unendlich viele Lösungen. Im Video ▸ sn.pub/D8Aqt1 dreht sich das Bild in 3D. Die CDF-Animation zu dieser Abbildung ist unter der zu Beginn des Kapitels angegebenen DOI abrufbar. Nur mit CDF-Player abspielbar

Jede Gleichung in (12.18) beschreibt eine Ebene in $\mathbb{R}^3$ (s. Kap. 14, (14.6)). Gesucht sind x, y, z. Mit Koeffizientenschema:

$$
\begin{array}{rrrrr}
(1) & -1 & 1 & 1 & 0 \\
(2) & 1 & -3 & -2 & 0 \\
(3) & 5 & 1 & 4 & 0
\end{array}
$$

1. Schritt: Eliminiere x aus (2) und (3):

(1)+(2) ergibt (4) und

5 (1)+(3) ergibt (5)

$$
\begin{array}{rrrrr}
(1) & 1 & 1 & 1 & 0 \\
(4) & 0 & -2 & -1 & 0 \\
(5) & 0 & 6 & 9 & 0
\end{array}
$$

2. Schritt: Eliminiere y aus (5):

3(4)+(5) ergibt (6)

$$
\begin{array}{rrrrr}
(1) & 1 & 1 & 1 & 0 \\
(4) & 0 & -2 & -1 & 0 \\
(6) & 0 & 0 & 6 & 0
\end{array}
$$

Dies ist ein „gestaffeltes" System. Die Zeile (6) bedeutet $6\,z=0$, also ist $z=0$. Dann folgt aus (4) $\Rightarrow y=0$ und aus (1) $\Rightarrow x=0$. Also haben wir die (einzige) Lösung von (12.18):

$$
(x, y, z) = (0, 0, 0) = \vec{0} \quad \text{(s. Abb. 12.7)}
$$

Die Schnittgeraden schneiden sich im Nullpunkt. (0, 0, 0) ist somit die einzige Lösung.

Beispiel 12.8

Homogenes LGS, unendlich viele Lösungen

$$
\begin{cases}
(1) & x + 4\,y - 6\,z = 0 \\
(2) & 2\,x - y + 2\,z = 0 \\
(3) & 3x + 3\,y - 4z = 0
\end{cases} \tag{12.19}
$$

Jede Gleichung in (12.16) beschreibt eine Ebene in $\mathbb{R}^3$ (s. Kap. 14, (14.6)). Gesucht sind x, y, z. Kurzschreibweise im Koeffizientenschema:

$$
\begin{array}{rrrrr}
(1) & 1 & 4 & -6 & 0 \\
(2) & 2 & -1 & 2 & 0 \\
(3) & 3 & 3 & -4 & 0
\end{array}
$$

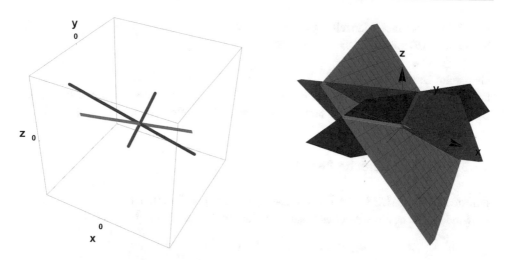

Abb. 12.7 Das System (12.18) hat nur (0, 0, 0) als Lösung. Im Video ▸ sn.pub/StDUvI dreht sich das Bild in 3D. Die CDF-Animation zu dieser Abbildung ist unter der zu Beginn des Kapitels angegebenen DOI abrufbar. Nur mit CDF-Player abspielbar

1. **Schritt:** Eliminiere x aus (2) und (3):
   $-2\,(1) + (2)$ ergibt (4) und
   $-3\,(1) + (3)$ ergibt (5)

$$
\begin{array}{lrrrr}
(1) & 1 & 4 & -6 & 0 \\
(4) & 0 & -9 & 14 & 0 \\
(5) & 0 & -9 & 14 & 0
\end{array}
$$

2. **Schritt:** Eliminiere y aus (5):
   $-(4) + (5)$ ergibt (6)

$$
\begin{array}{lrrrr}
(1) & 1 & 4 & -6 & 0 \\
(4) & 0 & -9 & 14 & 0 \\
(6) & 0 & 0 & 0 & 0
\end{array}
$$

Dies ist ein „gestaffeltes" System. Die Zeile (6) bedeutet $0\,z = 0$. Dies gilt für alle $z \in \mathbb{R}$, die die Gleichung (6) erfüllen! Wähle $z = \lambda \in \mathbb{R}$.
Dann folgt aus (4): $-9y = -14\,\lambda$ und $y = \frac{14}{9}\lambda = 1{,}55\,\lambda$.
Aus (1) folgt: $x + 4\frac{14}{9}\lambda - 6\lambda = 0 \ \Rightarrow\ x = \frac{-56}{9}\lambda + 6\lambda = -\frac{2}{9}\lambda = -0{,}22\,\lambda$.
Also haben wir:

$$
\begin{cases}
x = -0.22\,\lambda \\
y = 1.55\,\lambda \quad , \ \lambda \in \mathbb{R} \\
z = \lambda
\end{cases}
$$

Dies ist die Parameterdarstellung einer Geraden in $\mathbb{R}^3$, die durch $\vec{0}$ geht. Damit hat das System (12.19) unendlich viele Lösungen.

Grafische Darstellung
Die Lösungsmenge des LGS ist die gemeinsame Schnittgerade der drei Ebenen, die durch den Nullpunkt geht. Das heißt, es gibt unendlich viele Lösungen (s. Abb. 12.8).

12.3 Die Cramersche Regel

Für quadratische LGS, für die die Determinante der Koeffizientenmatrix nicht verschwindet, gibt es ein spezielles Lösungsverfahren. Betrachte das (n,n)-LGS (12.20):

$$\begin{pmatrix} a_{11} & a_{12} & a_{13} & . & . & . & a_{1n} \\ a_{21} & a_{22} & a_{23} & . & . & . & a_{2n} \\ . & . & . & . & . & . & . \\ . & . & . & a_{ik} & . & . & . \\ . & . & . & . & . & . & . \\ . & . & . & . & . & . & . \\ a_{n1} & a_{n2} & a_{n3} & . & . & . & a_{nn} \end{pmatrix} \cdot \begin{pmatrix} x_1 \\ x_2 \\ . \\ x_k \\ . \\ . \\ x_n \end{pmatrix} = \begin{pmatrix} c_1 \\ c_2 \\ . \\ c_i \\ . \\ . \\ c_n \end{pmatrix} \tag{12.20}$$

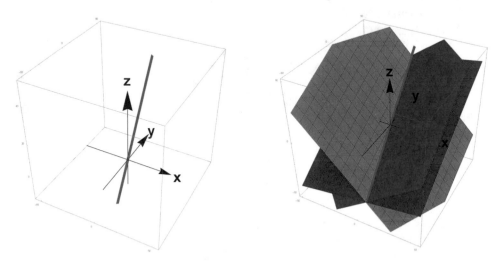

Abb. 12.8 Das System (12.19) hat unendlich viele Lösungen einschließlich $\vec{0}$. Im Video ▶ sn. pub/1yXNws dreht sich das Bild in 3D. Die CDF-Animation zu dieser Abbildung ist unter der zu Beginn des Kapitels angegebenen DOI abrufbar. Nur mit CDF-Player abspielbar

Dann gilt die *Cramersche Regel*.[1]
Voraussetzung:

$$D = \det(\mathbf{A}) \neq 0 \tag{12.21}$$

Berechne die Determinanten

$$D_1 := \begin{vmatrix} c_1 & a_{12} & a_{13} & . & . & . & a_{1n} \\ c_2 & a_{22} & a_{23} & . & . & . & a_{2n} \\ . & . & . & & & & . \\ . & . & . & a_{ik} & . & . & . \\ . & . & . & & & & . \\ c_n & a_{n2} & a_{n3} & . & . & . & a_{nn} \end{vmatrix}, \quad D_2 := \begin{vmatrix} a_{11} & c_1 & a_{13} & . & . & . & a_{1n} \\ a_{21} & c_2 & a_{23} & . & . & . & a_{2n} \\ . & . & . & & & & . \\ . & . & . & a_{ik} & . & . & . \\ . & . & . & & & & . \\ a_{n1} & c_n & a_{n3} & . & . & . & a_{nn} \end{vmatrix},$$

$$D_k := \begin{vmatrix} a_{11} & a_{12} & a_{13} & c_1 & . & . & a_{1n} \\ a_{21} & a_{22} & a_{23} & c_2 . & . & . & a_{2n} \\ . & . & . & & . & . & . \\ . & . & . & c_i & . & . & . \\ . & . & . & & . & . & . \\ a_{n1} & a_{n2} & a_{n3} & c_n & . & . & a_{nn} \end{vmatrix}, \ldots D_n := \begin{vmatrix} a_{11} & a_{12} & a_{13} & . & . & . & c_1 \\ a_{21} & a_{22} & a_{23} & . & . & . & c_2 \\ . & . & . & & & & . \\ . & . & . & a_{ik} & . & . & . \\ . & . & . & & & & . \\ a_{n1} & a_{n2} & a_{n3} & . & . & . & c_n \end{vmatrix}$$

Dann ist die Lösung des LGS (12.20):

$$x_1 = \frac{D_1}{D}, \quad x_2 = \frac{D_2}{D}, \ldots x_k = \frac{D_k}{D}, \ldots x_n = \frac{D_n}{D}$$

Bemerkung 12.2
Die Voraussetzung (12.21) bedeutet, dass das LGS (12.20) genau eine Lösung hat
(s. Bemerkung 11.4, 1.).

Beispiel 12.9
Betrachte das LGS

$$\begin{pmatrix} 2 & 1 \\ 1 & 3 \end{pmatrix} \begin{pmatrix} x_1 \\ x_2 \end{pmatrix} = \begin{pmatrix} 0 \\ 1 \end{pmatrix}.$$

Dann ist

$$D = \begin{vmatrix} 2 & 1 \\ 1 & 3 \end{vmatrix} = 6 - 1 = 5 \neq 0.$$

Somit ist die Voraussetzung für die Cramersche Regel erfüllt und es gilt:

---

[1]Zur Begründung siehe L. Papula Bd. 2, 2009, S. 90.

$$D_1 = \begin{vmatrix} 0 & 1 \\ 1 & 3 \end{vmatrix} = -1$$

$$D_2 = \begin{vmatrix} 2 & 0 \\ 1 & 1 \end{vmatrix} = 2$$

Somit ist

$$x_1 = \frac{D_1}{D} = \frac{-1}{5}$$

und

$$x_2 = \frac{D_2}{D} = \frac{2}{5}.$$

Also ist die Lösung:

$$\vec{x} = \left(-\frac{1}{5}, \frac{2}{5} \right)$$

Gewöhnliche Differentialgleichungen

13

Aus mathematischer Sicht sind Differentialgleichungen Gleichungen, bei denen die gesuchte „Unbekannte" eine Funktion $y(x)$ ist und neben der gesuchten Funktion auch ihre Ableitungen und die unabhängige Variable x vorkommen. In diesem Sinne könnte man das Lösen von Differentialgleichungen als Verallgemeinerung der unbestimmten Integralrechnung verstehen.

Differentialgleichungen beschreiben meist technische oder physikalische Vorgänge, z. B. Schwingungssysteme, Wärmeausbreitung, chemische Reaktionen, radioaktiver Zerfall, Wetterprozesse, Luft- und Raumfahrtprozesse. Die berühmteste Differentialgleichung ist die Newtonsche Bewegungsgleichung und hat den Charakter eines Naturgesetzes: Kraft = Masse × Beschleunigung.

Gewöhnliche Differentialgleichungen sind Differentialgleichungen, die nur von einer Variablen abhängen. Sie erstrecken sich über große Bereiche der Mathematik. In diesem Kapitel wird jedoch nur ein kleiner Teil beschrieben, der sich auf anwendungsorientierte Themen beschränkt. Nach einigen Grundbegriffen in Abschn. 13.1 werden in Abschn. 13.2 zunächst die grundlegenden Lösungsmethoden für Differentialgleichungen 1. Ordnung behandelt, dann eingeschränkt auf lineare homogene und inhomogene Differentialgleichungen. Abschn. 13.3 behandelt Anfangswert- und Randwertprobleme, wobei durch zusätzliche Bedingungen die „Integralkonstanten" bestimmt werden. In Abschn. 13.4 werden schließlich lineare Differentialgleichungen 2. Ordnung mit konstanten Koeffizienten diskutiert, die Schwingungssysteme mit und ohne Störung beschreiben. Abschließend gibt es in Abschn. 13.5 einen Ausblick auf nichtlineare Differentialgleichungen mit „chaotischen" Zuständen.

Elektronisches Zusatzmaterial Die elektronische Version dieses Kapitels enthält Zusatzmaterial, das berechtigten Benutzern zur Verfügung steht. https://doi.org/10.1007/978-3-658-30245-0_13

13.1 Grundbegriffe

Es gibt verschiedene Typen von Differentialgleichungen. Für einige gibt es analytische Lösungen (d. h. Lösungen mit Methoden der klassischen Analysis), andere können nur numerisch gelöst werden. Die lösbaren Differentialgleichungen werden klassifiziert. Dazu einige Definitionen:

Definition 13.1
1. Eine Funktion $y(.)$ heißt *Lösung* der Differentialgleichung, wenn sie die Differentialgleichung erfüllt. Manchmal heißen Lösungen auch *Integrale* der Differentialgleichung. Wenn es mehr als eine Lösung gibt, dann nennt man die Menge aller Lösungen abkürzend die *allgemeine Lösung.*
2. Falls die gesuchte Funktion $y(.)$ nur von **einer** unabhängigen Variablen abhängt, heißt die Differentialgleichung *gewöhnliche Differentialgleichung.* Die allgemeine (implizite) Form einer gewöhnlichen Differentialgleichung ist:

$$F\left(y, y', y'' \ldots, x\right) = 0 \text{ ist gegeben,} \quad \text{gesucht ist } y(x).$$

3. Hängt die gesuchte Funktion von mehreren Variablen ab und enthält die Gleichung auch deren partiellen Ableitungen (s. Kap. 15), spricht man von einer *partiellen Differentialgleichung.*
4. Die Differentialgleichung heißt *n-ter Ordnung,* wenn n die höchste vorkommende Ableitung von y ist.
5. Differentialgleichungen, in denen y, y', y'', … usw. nur in erster Potenz vorkommen (und keine gemischten Produkte), heißen *lineare Differentialgleichungen.*
6. Wenn in einer linearen Differentialgleichung die Faktoren vor y, y', y'', … usw. nicht von der (oder einer) unabhängigen Variablen abhängen (also Konstanten sind), heißt die Differentialgleichung *lineare Differentialgleichung mit konstanten Koeffizienten.*

Einführende Beispiele

Beispiel 13.1: Zellwachstum
Biologische Zellen vermehren sich durch Zellteilung. Wenn $y(t)$ die Anzahl von Zellen zum Zeitpunkt t ist, dann ist die Ableitung y' ein Maß für die Änderung der Zellenanzahl pro Zeiteinheit bzw. ein Maß für das Wachstum der Zellenanzahl. Wenn sich jede Zelle teilt, ist das Wachstum zu jeder Zeit t proportional zur Anzahl der Zellen, d. h. es gilt:

$$y'(t) = cy(t), \ c \in \mathbb{R}$$

Es handelt sich hier also um eine gewöhnliche lineare Differentialgleichung mit konstanten Koeffizienten erster Ordnung. Vereinfacht mit $c = 1$ gilt somit:

$$y'(t) = y(t) \tag{13.1}$$

Diese Differentialgleichung hat eine bekannte Lösung (s. Beispiel 13.3):

$$y(t) = e^t, \; t \in \mathbb{R} \tag{13.2}$$

e^t heißt auch **Wachstumsfunktion** (s. Abb. 13.1).

Beispiel 13.2: Mathematisches Pendel (Fadenpendel)
Eine Kugel der Masse m wird an einem (masselosen) Faden aufgehängt und schwingt nach einem Anstoß mit dem Auslenkwinkel $y(t)$ hin und her. Die Schwerkraft mg wird zerlegt in die Fadenkraft F_r und die tangentiale Kraft $mg \sin(y(t))$, s. Abb. 13.2. Die Differentialgleichung für den Auslenkwinkel $y(t)$ ergibt sich aus **Newtons Gesetz**:

$$my''(t) + mg \sin(y(t)) = 0$$

(Die Massenträgheitskraft $-mg \sin(y(t))$ wirkt entgegengesetzt der Beschleunigungs-richtung!) Mit $g = 1$ ergibt sich eine vereinfachte Differentialgleichung

$$y''(t) + \sin(y(t)) = 0. \tag{13.3}$$

Dies ist eine sogenannte **nichtlineare** Differentialgleichung. Sie ist nicht mit ana-lytischen Methoden lösbar (numerische Lösungen existieren jedoch, s. z. B. L. Papula Bd. 2. 2009, S. 472). Man beschränkt sich daher zunächst auf kleine Auslenkungen, sodass man $\sin(y)$ durch y nähern kann (dies entspricht einer Approximation 1. Ordnung durch Taylor-Polynome, s. Abschn. 7.2). Man erhält dann die *„linearisierte"* Differentialgleichung:

$$y''(t) + y(t) = 0 \tag{13.4}$$

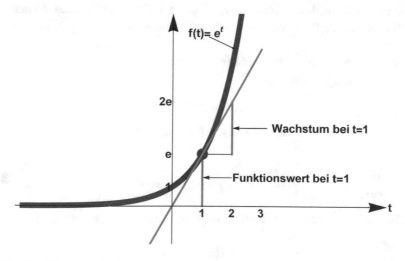

Abb. 13.1   Die Wachstumsfunktion

Abb. 13.2 Das
mathematische Pendel

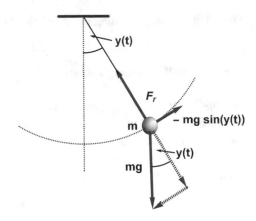

Diese hat eine wohlbekannte Lösung:

$$y(t) = \sin t \tag{13.5}$$

Wenn man diese Lösung vergleicht mit der Lösung der nichtlinearen Differentialgleichung (13.3), erkennt man, dass die Lösung der nichtlinearen Differentialgleichung
nur für „kleine" Ausschläge mit der exakten Lösung (13.5) näherungsweise übereinstimmt (s. Abb. 13.3).

13.2   Differentialgleichungen 1. Ordnung

Differentialgleichungen, die neben der gesuchten Funktion nur Ableitungen erster
Ordnung enthalten, heißen Differentialgleichungen 1. Ordnung. Wir besprechen hier nur
einige einfach lösbare Typen von Differentialgleichungen 1. Ordnung.

Differentialgleichungen mit trennbaren Variablen
Differentialgleichungen vom Typ

$$y'(x) = f(x)g(y) \tag{13.6}$$

für $g \neq 0$ lassen sich Hilfe der Integralsubstitution (s. Abschn. 8.1.2) lösen: Aus (13.6)
folgt:

$$\frac{y'(x)}{g(y)} = f(x) \Rightarrow \int \frac{y'(x)}{g(y)}dx = \int f(x)dx \underset{\text{Substitution}}{\Longrightarrow} \int \frac{dy}{g(y)} = \int f(x)dx$$

Dies kann man verkürzen durch die formale Argumentation (Merkregel):

$$\frac{dy}{dx} = f(x)\,g(y) \underset{\text{formal}}{\Longrightarrow} \text{''}\frac{dy}{g(y)} = f(x)\,dx\text{''} \underset{\text{integrieren}}{\Longrightarrow} \int \frac{dy}{g(y)} = \int f(x)\,dx$$

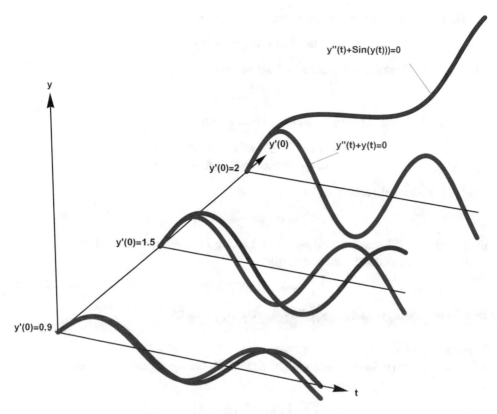

Abb. 13.3 Vergleich: Nichtlineare vs. lineare Differentialgleichung mit verschiedenen Anfangs-geschwindigkeiten. Im Video ▶ sn.pub/S96IIC werden die Anfangsgeschwindigkeiten kontinuier-lich erhöht, was dann zu größeren Ausschlägen führt

Berechne daraus $y(x)$, falls die Integrale existieren! Dieses Verfahren nennt man *Trennung der Variablen*.

Beispiel 13.3

Wenn in (13.6) $f=1$ und $g(y)=y$ gilt, hat man eine lineare Differentialgleichung, näm-lich die Differentialgleichung der Wachstumsfunktion (s. Abb 13.1):

$$y'(x) = y(x)$$

Dann haben wir mit der Trennung der Variablen (wir nehmen an $y(x) \neq 0$)

$$\frac{dy}{dx} = y \cdot \underset{\text{formal}}{\Rightarrow} \quad \frac{dy}{y} = 1 \ dx \quad \Rightarrow \quad \int \frac{dy}{y} = \int 1 dx.$$

Die Bestimmung des unbestimmten Integrals (s. Abschn. 8.1.1) ergibt

$$\ln |y| = x + k \text{ für } k \in \mathbb{R}.$$

Anwenden der Umkehrfunktion der ln-Funktion ergibt

$$|y| = e^{x+k} = e^k e^x.$$

Die Betragsfunktion hat zwei Zweige: Mit $\tilde{c} := e^k$ gilt

$$\begin{cases} y = \tilde{c} e^x & \text{für } \tilde{c} \in \mathbb{R}^+, \text{ falls } y > 0 \\ y = -\tilde{c} e^x & \text{für } \tilde{c} \in \mathbb{R}^+, \text{ falls } y < 0. \end{cases}$$

Das heißt zusammengefasst:

$$y = c e^x \text{ für } c \in \mathbb{R} \backslash \{0\}$$

Da die „triviale" Lösung $y = 0$ ebenfalls Lösung der Differentialgleichung $y' = y$ ist, kann man auch $c = 0$ zulassen und es gilt:

$$y = c e^x \text{ für } c \in \mathbb{R}$$

Dies ist die Menge der Lösungen der Differentialgleichung.

Bemerkung 13.1
Ähnlich wie beim unbestimmten Integral nennt man die Menge der Lösungen

$$L = \left\{ y = c e^x \text{ für } c \in \mathbb{R} \right\}$$

die ***allgemeine Lösung*** der Differentialgleichung $y' = y$ mit der Kurzschreibweise

$$y = c e^x \text{ für } c \in \mathbb{R}.$$

Beispiel 13.4: Freier Fall mit Luftwiderstand
Die nichtlineare Differentialgleichung (freier Fall mit Luftwiderstand)

$$y' = 1 - y^2$$

lässt sich lösen mit Trennung der Variablen.
Falls $1 - y^2 \neq 0$, kann man als „Merkregel" schreiben:

$$\frac{dy}{1-y^2} = dx \quad \Rightarrow \quad \int \frac{dy}{1 - y^2} = \int dx = x$$

Das linke Integral ist ein Grundintegral (s. Abschn. 8.1.1):

$$\int \frac{dy}{1 - y^2} = \operatorname{artanh}(y) + c$$

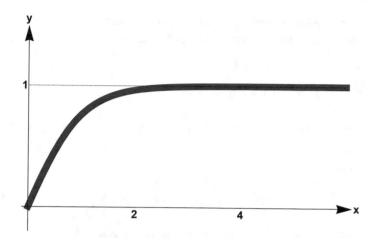

Abb. 13.4   Lösung der Differentialgleichung $y' = 1 - y^2$ mit $y(0) = 0$

Damit haben wir:

$$x = \text{artanh}(y) + c$$

Wir lösen nach y auf und nehmen an $y(0) = 0$; dann ist $c = 0$ und wir haben die Lösung der Differentialgleichung (s. Abb. 13.4):

$$y(x) = \tanh(x)$$

Bemerkung 13.2
Diese Differentialgleichung löst das Problem des freien Falls mit Luftwiderstand und damit das Fallschirmspringer-Problem: Die Fallgeschwindigkeit y ist beschränkt (s. z. B. Th. Westermann 2008, S. 495).

13.2.1 Lineare Differentialgleichungen 1. Ordnung

Definition 13.2
1. Differentialgleichungen vom Typ

$$y'(x) + f(x)y(x) = g(x) \text{ für gegebenes } f(x) \text{ und } g(x),\ x \in \mathbb{R} \qquad (13.7)$$

   heißen lineare Differentialgleichungen 1. Ordnung.
2. g heißt **Störfunktion** oder **Inhomogenität**.
3. Die Differentialgleichung heißt **homogen,** wenn $g(x) = 0$ für alle x und **inhomogen,** wenn $g \neq 0$ ist.

Homogene lineare Differentialgleichung 1. Ordnung

Wir betrachten zunächst die homogene Differentialgleichung

$$y'(x) + f(x)y(x) = 0. \tag{13.8}$$

Diese lässt sich lösen durch Trennung der Variablen:

$$\frac{dy}{dx} = -f(x)y \underset{\text{formal}}{\Rightarrow} \frac{dy}{y} = -f(x)\,dx \quad \Rightarrow \quad \int \frac{dy}{y} = -\int f(x)dx$$

Integrieren der linken Seite (s. Abschn. 8.1.1) ergibt:

$$\ln|y| = -\int f(x)dx + k \text{ für } k \in \mathbb{R}$$

Daraus folgt (wie im Beispiel 13.1) die allgemeine Lösung:

$$y = ce^{-\int f(x)dx} \text{ für } c \in \mathbb{R}. \tag{13.9}$$

Dies lässt sich leicht verifizieren durch Ableiten.

Beispiel 13.5

$$y'(x) + xy(x) = 0.$$

Dann ist

$$\frac{dy}{dx} = -xy \underset{\text{formal}}{\Rightarrow} ''\frac{dy}{y} = -xdx'' \quad \Rightarrow \quad \int \frac{dy}{y} = -\int xdx$$

$$\ln|y| = -\frac{x^2}{2} + k, \, k \in \mathbb{R}$$

und somit ist die allgemeine Lösung:

$$y = ce^{-\frac{x^2}{2}} \text{ für } c \in \mathbb{R}$$

Im speziellen Fall der homogenen linearen Differentialgleichung 1. Ordnung mit konstanten Koeffizienten

$$y'(x) + ay(x) = 0 \text{ für } a \in \mathbb{R}$$

ist die allgemeine Lösung:

$$y = ce^{-ax} \text{ für } c \in \mathbb{R}.$$

Inhomogene lineare Differentialgleichung 1. Ordnung

Wir betrachten nun die inhomogene Differentialgleichung:

$$y'(x) + f(x)y(x) = g(x) \text{ für gegebenes } f(x) \text{ und } g(x), \, x \in \mathbb{R} \tag{13.10}$$

Es gibt prinzipiell zwei Lösungsmethoden:

1. Methode: Lösung durch „Variation der Konstanten"

Dies erfolgt in 2 Schritten:

1. **Schritt:** Lösung der zugehörigen homogenen Differentialgleichung (13.8), siehe (13.9)

$$y'(x) + f(x)y(x) = 0 \quad \Rightarrow \quad y_h = ce^{-\int f(x)dx} \text{ für } c \in \mathbb{R}$$

2. **Schritt:** Lösung der inhomogenen Differentialgleichung (13.10) durch „*Variation der Konstanten c*"

Dabei benutzen wir im Ansatz die homogene Lösung y_h und nehmen an, die Lösung der inhomogenen Differentialgleichung (13.10) habe die Form

$$y = C(x)e^{-\int f(x)dx}, \tag{13.11}$$

wobei $C(x)$ eine (unbekannte) Funktion ist, die sich durch Einsetzen in (13.10) berechnen lässt. Dann ist

$$y'(x) = C'(x)e^{-\int f(x)dx} - C(x)f(x)e^{-\int f(x)dx}.$$

Beachte: $\int f(x)dx$ ist ein unbestimmtes Integral $F(x) + \tilde{c} = \int f(x)dx$ für $\tilde{c} \in \mathbb{R}$ mit der Eigenschaft $\left(\int f(x)dx \right)' = f(x)$ (s. Definition 8.1).

Einsetzen in (13.10) ergibt:

$$C'(x)e^{-\int f(x)dx} \underbrace{-C(x)f(x)e^{-\int f(x)dx} + C(x)f(x)e^{\int f(x)dx}}_{=0} = g(x)$$

Also gilt:

$$C'(x)e^{-\int f(x)dx} = g(x) \quad \Rightarrow \quad C'(x) = g(x)e^{\int f(x)dx}$$

Die Integration von $C'(x)$ ergibt die unbekannte Funktion $C(x)$:

$$C(x) = \int g(x)e^{\int f(x)dx}dx + c_0, \quad c_0 \in \mathbb{R}$$

Einsetzen von $C(x)$ in den Ansatz (13.11) ergibt die ***allgemeine Lösung*** von (13.10):

$$y = \left(\int g(x)e^{\int f(x)dx}dx + c_0 \right)e^{-\int f(x)dx} \quad c_0 \in \mathbb{R} \tag{13.12}$$

Beispiel 13.6

$$y'(x) + \frac{1}{x}y(x) = \frac{\cos(x)}{x} \quad \text{für } x > 0 \tag{13.13}$$

1. **Schritt:** Lösung der homogenen Differentialgleichung

$$y'(x) + \frac{1}{x}y(x) = 0 \tag{13.14}$$

(13.14) wird gelöst durch

$$y_h = ce^{-\int \frac{1}{x}dx} = ce^{-\ln(x)} = c\frac{1}{x} \quad \text{für } c \in \mathbb{R}. \tag{13.15}$$

Wir nennen y_h die homogene Lösung.

2. **Schritt:** Variation der Konstanten (13.11):
   Wir nehmen an, die Lösung von (13.13) habe die Form

$$y(x) = C(x)\frac{1}{x}, \tag{13.16}$$

wobei $C(x)$ eine unbekannte, noch zu bestimmende Funktion ist. Dann ist

$$y'(x) = C'(x)\frac{1}{x} - C(x)\frac{1}{x^2}.$$

Einsetzen in (13.13) ergibt:

$$C'(x)\frac{1}{x} \underbrace{- C(x)\frac{1}{x^2} + C(x)\frac{1}{x^2}}_{=0} = \frac{\cos(x)}{x}$$

Also ist

$$C'(x)\frac{1}{x} = \frac{\cos(x)}{x},$$

daraus folgt

$$C'(x) = \cos(x)$$

und damit haben wir

$$C(x) = \sin(x) + c_0, \quad c_0 \in \mathbb{R}.$$

Der obige Ansatz (13.16) führt also zur allgemeinen Lösung der Differentialgleichung (13.13):

$$y(x) = (\sin(x) + c_0)\frac{1}{x} = \frac{\sin(x)}{x} + \frac{c_0}{x}, \quad c_0 \in \mathbb{R} \tag{13.17}$$

Um uns zu überzeugen, dass das Verfahren zu einer richtigen Lösung geführt hat, machen wir eine **Probe:**

$$y'(x) + \frac{1}{x}y(x) = \cos(x)\frac{1}{x} \underbrace{- \sin(x)\frac{1}{x^2} - \frac{c_0}{x^2} + \frac{1}{x^2}(\sin(x) + c_0)}_{=0} = \frac{\cos(x)}{x}$$

Also ist (13.17) Lösung von (13.13).

Wenn man c_0 variiert, erhält man Kurvenscharen (= allgemeine Lösung der Differentialgleichung (13.13), s. Abb. 13.5).

Lineare Differentialgleichungen mit **konstanten** Koeffizienten sind dann ebenfalls mit der Variation der Konstanten lösbar.

Beispiel 13.7

$$y'(x) + ay(x) = g(x), \quad a \in \mathbb{R} \tag{13.18}$$

Dann ist

$$y_h = ce^{-ax} \quad \text{für } a \in \mathbb{R}$$

die homogene Lösung. Wir machen den Ansatz (13.11) (Variation der Konstanten)

$$y = C(x)e^{-ax},$$

wobei die Funktion $C(x)$ gesucht ist. Einsetzen in die Differentialgleichung (13.18) ergibt:

$$C'(x)e^{-ax} - aC(x)e^{-ax} + aC(x)e^{-ax} = g(x)$$

Also ist

$$C'(x)e^{-ax} = g(x) \quad \Rightarrow \quad C'^{(x)} = g(x)e^{ax}.$$

Somit ist das gesuchte $C(x)$

$$C(x) = \int g(x)e^{ax}dx + c_0, \quad c_0 \in \mathbb{R}$$

und die allgemeine Lösung der Differentialgleichung (13.18) ist

$$y(x) = \left(\int g(x)e^{ax}dx + c_0 \right)e^{-ax}, \quad c_0 \in \mathbb{R}. \tag{13.19}$$

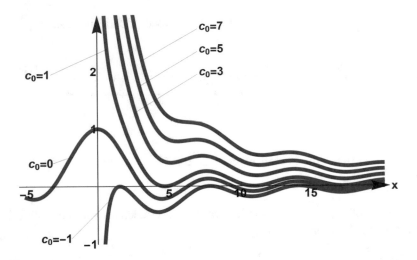

Abb. 13.5 Allgemeine Lösung von Beispiel 13.6 für verschiedene $c_0 \in \mathbb{R}$

Bemerkung 13.3

Die Lösung (13.19) kann man schreiben als:

$$y(x) = \underbrace{c_0 e^{-ax}}_{=y_h} + \underbrace{\left(\int g(x)e^{ax}\mathrm{d}x\right)e^{-ax}}_{=y_p}, \quad c_0 \in \mathbb{R}$$

$$y = y_h + y_p$$

y_p ist dann eine sogenannte partikuläre Lösung (siehe nachfolgend die 2. Methode!).

In diesem speziellen Fall einer linearen inhomogenen Differentialgleichung mit konstanten Koeffizienten

$$y'(x) + ay(x) = g(x), \quad a \in \mathbb{R} \tag{13.20}$$

empfiehlt sich jedoch die zweite Methode, nämlich Lösung durch Aufsuchen einer partikulären Lösung y_p.

2. Methode: Lösung durch „Aufsuchen einer partikulären Lösung"y_p

Auch hier hat man zwei Schritte:

1. **Schritt:** Lösung der zugehörigen homogenen Differentialgleichung

$$y'(x) + ay(x) = 0 \quad \Rightarrow \quad y_h = ce^{-ax} \quad \text{für} \quad c \in \mathbb{R} \tag{13.21}$$

2. **Schritt:** Lösung der inhomogenen Differentialgleichung (13.20) durch Aufsuchen einer partikulären Lösung y_p.

Dabei ist y_p eine Lösung der Differentialgleichung (13.20), die sich berechnen lässt mit folgendem **Ansatz:** Wir nehmen an, eine Lösung y_p von (13.20) habe die „allgemeine Form vom Typ der Inhomogenität $g(x)$".

$$y_p(x) \underset{\text{vom gleichen Typ}}{\approx} g(x)$$

(s. Tab. 13.1). Dann ergibt sich die allgemeine Lösung der Differentialgleichung (13.20):

$$y = y_h + y_p \tag{13.22}$$

Die Ansätze in Tab. 13.1 haben unbekannte Konstanten A, B, φ, $a_0, a_1 \dots$ usw., die durch Einsetzen in die Differentialgleichung (13.20) berechnet werden können. Der Ansatz A $\cos(\omega x)$ + B $\sin(\omega x)$ ist äquivalent zum Ansatz A $\sin(\omega x + \varphi)$. Das ergibt sich aus dem Additionstheorem (2.7).

Bei Differentialgleichungen 2. Ordnung (s. Abschn. 13.2) nehmen wir hier den einfachsten Fall an, dass α bzw. $j\omega$ keine Lösungen der charakteristischen Gl. (s. 13.29) sind. Die anderen, sogenannten „Resonanzfälle" werden in weiteren Ansätzen aufgeführt (s. z. B. G. Merzinger et al., S. 172).

Bemerkung 13.4

Die Menge

$$L_h = \left\{ y_h \mid y_h'(x) + a y_h(x) = 0 \right\}$$

aller Lösungen der homogenen Differentialgleichung (13.21) bildet einen **eindimensionalen Vektorraum** (s. Kap. 10), das heißt, es gilt:

$$\alpha y_{h1} + \beta y_{h2} \in L_h \text{ für } y_{h1}, y_{h2} \in L_h \quad \text{und} \quad \alpha, \beta \in \mathbb{R}$$

Beachte: $0 \in L_h$

Dies rechnet man leicht nach, indem man $\alpha y_{h1} + \beta y_{h2}$ in die Differentialgleichung (13.21) einsetzt. Eindimensionalität erkennt man daran, dass alle $y_h \in L_h$ von der Form $y_h(x) = c e^{-ax}$ für $c \in \mathbb{R}$ sind. L_h ist also eine einparametrige Schar von Funktionen. Damit ist L_h isomorph zum Vektorraum $\mathbb{R}$ (s. Definition 10.2, 5.) und man kann L_h geometrisch darstellen durch eine Gerade durch Null (s. Abb. 13.6). Wenn man (irgend-)

Tab. 13.1 Ansätze für partikuläre Lösungen

Inhomogenität	Ansatz
$g(x)$	$y_p(x)$
$\sin(\omega x)$	A $\cos(\omega x)$ + B $\sin(\omega x)$
$\sin(\omega x)$	A $\sin(\omega x + \varphi)$
$\cos(\omega x)$	A $\cos(\omega x)$ + B $\sin(\omega x)$
x^n	$a_0 + a_1 x + a_2 x^2 + \cdots + a_n x^n$
$e^{\alpha x}$	$a e^{\alpha x}$

eine partikuläre Lösung (d. h. eine „Einzellösung") y_p der inhomogenen Differential-gleichung

$$y'(x) + ay(x) = g(x) \qquad (13.23)$$

gefunden hat, dann sind alle y der Form

$$y = y_h + y_p, \quad y_h \in L_h$$

Lösungen von (13.20). Die Menge L aller Lösungen von (13.20) hat also die Form (13.22)

$$L = \{y + y_p \mid y \in L_h\},$$

symbolische Schreibweise: $L = L_h + y_p$

L ist somit die allgemeine Lösung von (13.20). Dies entspricht geometrisch einer um y_p „verschobenen" Geraden (s. Abb. 13.6). Es ist aus Abb. 13.6 klar ersichtlich, dass L sich mit jeder beliebigen anderen Lösung $\tilde{y}_p$ von (13.20) darstellen lässt, d. h.

$$L = L_h + \tilde{y}_p, \text{ d. h. } y = y_h + \tilde{y}_p.$$

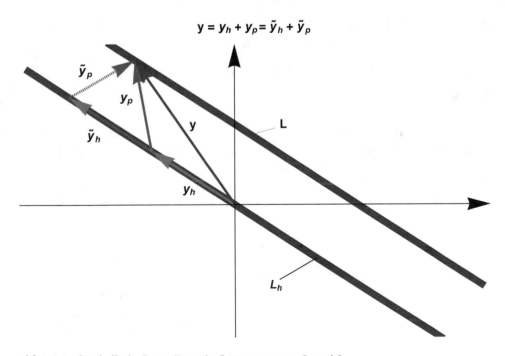

Abb. 13.6 Symbolische Darstellung der Lösungsmengen L_h und L

Beispiel 13.8

Betrachte die Differentialgleichung

$$y'(x) + 2y(x) = \cos(x). \tag{13.24}$$

Wir benutzen die **2. Methode,** Lösung durch „Aufsuchen einer partikulären Lösung y_p":

1. **Schritt:** Lösung der zugehörigen homogenen Differentialgleichung:

$$y_h = ce^{-2x} \quad \text{für } c \in \mathbb{R}$$

2. **Schritt:** Lösung der inhomogenen Differentialgleichung (13.24) durch „Aufsuchen einer partikulären Lösung y_p":

Wegen $g(x) = \cos(x)$ machen wir folgenden Ansatz: Wir nehmen an, die Lösung y_p von (13.24) habe die Form (s. Tab. 13.1)

$$y_p(x) = A\cos(x) + B\sin(x); \; A \text{ und } B \text{ sind gesucht!}$$

Um A und B zu berechnen, setzen wir den Ansatz für y_p ein in die Differentialgleichung (13.24): Mit

$$y_p'(x) = -A\sin(x) + B\cos(x)$$

gilt dann:

$$-A\sin(x) + B\cos(x) + 2(A\cos(x) + B\sin(x)) = \cos(x)$$

Daraus folgt:

$$(-A + 2B)\sin(x) + (B + 2A)\cos(x) = \cos(x)$$

Der Koeffizientenvergleich ergibt ein lineares Gleichungssystem:

$$
\begin{aligned}
(-A + 2B) &= 0 &\Rightarrow\quad A &= 2B &\Rightarrow\quad A &= \tfrac{2}{5}\\
(2A + B) &= 1 &\Rightarrow\quad 4B + B &= 1 &\Rightarrow\quad B &= \tfrac{1}{5}
\end{aligned}
$$

Also ist die partikuläre Lösung:

$$y_p(x) = \frac{2}{5}\cos(x) + \frac{1}{5}\sin(x)$$

Dann ergibt sich die allgemeine Lösung von (13.24)

$$y(x) = y_h(x) + y_p(x) = ce^{-2x} + \frac{2}{5}\cos(x) + \frac{1}{5}\sin(x) \quad \text{für} \quad c \in \mathbb{R} \tag{13.25}$$

Wir machen eine **Probe:**

$$y'(x) + 2y(x) = -2ce^{-2x} - \frac{2}{5}\sin(x) + \frac{1}{5}\cos(x) + 2ce^{-2x} + \frac{4}{5}\cos(x) + \frac{2}{5}\sin(x)$$

$$= \frac{1}{5}\cos(x) + \frac{4}{5}\cos(x) = \cos(x)$$

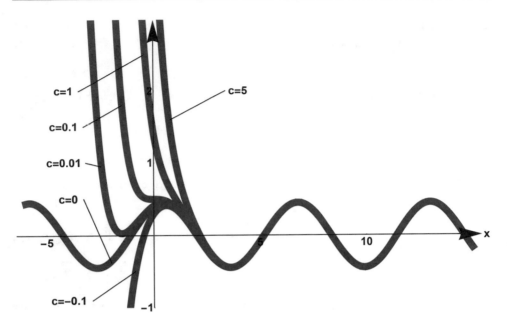

Abb. 13.7 Allgemeine Lösung von Beispiel 13.8 für verschiedene $c \in \mathbb{R}$

Also löst (13.25) die Differentialgleichung (13.24).

Wenn man c in (13.25) variiert, erhält man die Kurvenscharen in Abb. 13.7.

Bemerkung 13.5
1. Die Lösungsmethoden mit einem Ansatz könnte man „intelligentes Raten" nennen, sie spiegeln aber einige 100 Jahre mathematische Erfahrung wider.
2. Die Lösung der Differentialgleichung (13.24) besteht aus zwei Teilen:
    – Die homogene Lösung $y_h(x) = ce^{-2x}$ für $c \in \mathbb{R}$. Diese klingt ab für große x.
    – Die **partikuläre** Lösung $y_p(x) = \frac{2}{5}\cos(x) + \frac{1}{5}\sin(x)$. Diese ist stationär periodisch.
    Das heißt, für große x dominiert nur noch die partikuläre Lösung y_p. Dies ist ein Verhalten, welches wir auch bei linearen Differentialgleichungen 2. Ordnung (s. Abschn. 13.4) finden.
3. Die 2. Methode des Aufsuchens einer partikulären Lösung eignet sich besonders für Differentialgleichungen mit konstanten Koeffizienten, während die 1. Methode der Variation der Konstanten auch bei Differentialgleichungen mit nichtkonstanten Koeffizienten benutzt werden kann.

13.3 Anfangswert- und Randwertprobleme

Aus den Beispielen 13.6 und 13.8 wissen wir, dass die allgemeine Lösung einer Differentialgleichung aus einer Menge von Einzellösungen besteht. Bei konkreten physikalischen oder technischen Problemen interessiert aber nur die eine Lösung, die das Problem eindeutig beschreibt. Mathematisch gesprochen geht es dabei darum, wie man die Eindeutigkeit der Lösung einer Differentialgleichung sichern kann. Um eine eindeutige Lösung zu finden, benötigt man zusätzliche Bedingungen. Diese heißen *Anfangs*- oder *Randbedingungen*. Probleme, bei denen neben der Differentialgleichung noch Anfangs- bzw. Randbedingungen gegeben sind, heißen daher *Anfangswertprobleme* (AWP) bzw. *Randwertprobleme* (RWP), s. Definition 13.3 und 13.4. Es gibt natürlich auch Situationen, bei denen man eine Mischung von Anfangswert- und Randwertproblemen vorfindet. Wir beschränken uns auch hier auf lineare gewöhnliche Differentialgleichungen.

Beispiel 13.9
Die homogene Differentialgleichung

$$y'(x) + 2y(x) = 0$$

hat die allgemeine Lösung

$$y(x) = ce^{-2x}, \quad c \in \mathbb{R}.$$

Die Menge der Lösungen wird parametrisiert durch die Konstante c. Das heißt, für jede Wahl von $c \in \mathbb{R}$ hat die Differentialgleichung eine bestimmte Lösung.

Im Beispiel 13.9

$$y'(x) + 2y(x) = 0$$

hat man mit der zusätzlichen Anfangsbedingung

$$(AB) : y(0) = 1$$

ein Anfangswertproblem. Aus der Anfangsbedingung (AB): $y(0) = 1$ ergibt sich die spezielle Konstante $c = 1$ und damit die Lösung des Anfangswertproblems (s. Abb. 13.8):

$$y(x) = e^{-2x}$$

Beispiel 13.10
Die Differentialgleichung 2. Ordnung

$$y''(x) + 2y(x) = 0$$

hat die allgemeine Lösung (vgl. Beispiel 13.16)

$$y(x) = c_1 \cos(x) + c_2 \sin(x) \quad \text{für beliebige } c_1, c_2 \in \mathbb{R}.$$

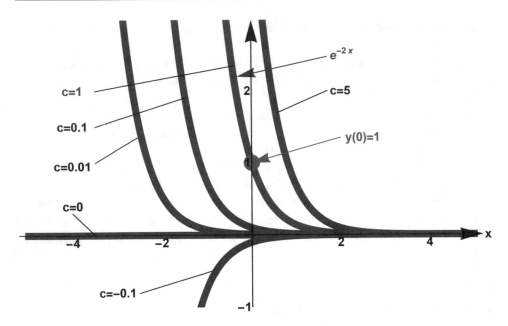

Abb. 13.8 Lösungsschar der Differentialgleichung in Beispiel 13.9 für verschiedene c

Die Konstanten c_1 und c_2 können dann aus zwei Anfangsbedingungen bestimmt werden, z. B.:

$$(AB)_1 : y(0) = 1$$

$$(AB)_2 : y'(0) = 4$$

Damit ergeben sich die Konstanten c_1 und c_2:

$$(AB)_1 \Rightarrow y(0) = c_1\cos(0) + c_2 \sin(0) = c_1 = 1, \text{ also } c_1 = 1$$

$$(AB)_2 \Rightarrow y'(0) = -c_1 \sin(0) + c_2 \cos(0) = c_2 = 4, \text{ also } c_2 = 4$$

Somit ist die Lösung des Anfangswertproblems (s. Abb. 13.9):

$$y(x) = \cos(x) + 4\sin(x)$$

Ganz allgemein hat man bei einer **Differentialgleichung n-ter Ordnung**

$$y^{(n)}(x) + a_{n-1}y^{(n-1)}(x) + \cdots + a_1y'(x) + a_0y(x) = g(x) \qquad (13.26)$$

eine Lösungsmenge mit n frei wählbaren Konstanten $c_1, c_2, \ldots c_n \in \mathbb{R}$. Um aus der Schar von Lösungen die spezielle Lösung zu bestimmen, die ein vorgegebenes physikalisches Problem beschreibt, muss man die richtigen Konstanten finden. Diese kann man berechnen aus geeigneten n Anfangs- oder Randbedingungen. Diese erweiterte Aufgabenstellung führt zu sogenannten Anfangswert- oder Randwertproblemen.

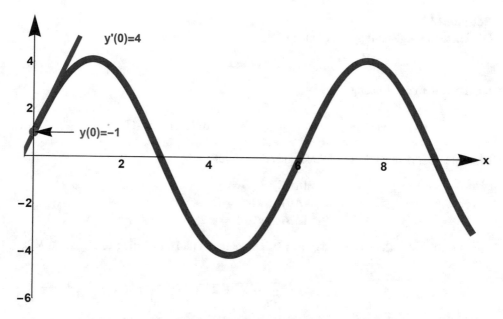

Abb. 13.9 Lösung des Anfangswertproblems aus Beispiel 13.10

13.3.1 Anfangswertprobleme (AWP)

Bei einem Anfangswertproblem werden zu einer Differentialgleichung n-ter Ordnung noch zusätzliche Werte für die Funktion $y(x)$ und ihrer 1-ten, 2-ten, …, $(n-1)$-ten Ableitung an der Stelle $x_0 = 0$ (=„Anfangsstelle") festgelegt:

Definition 13.3
Eine Differentialgleichung

$$y^{(n)}(x) + a_{n-1}y^{(n-1)}(x) + \cdots + a_1 y'(x) + a_0 y(x) = g(x)$$

mit den Anfangsbedingungen

$$(AB)_1 : y(0) = \alpha_1$$
$$(AB)_2 : y'(0) = \alpha_2$$
$$\vdots$$
$$(AB)_n : y^{(n-1)}(0) = \alpha_n, \quad \alpha_i \in \mathbb{R}, \quad i = 1, 2, \ldots, n$$

heißt *Anfangswertproblem.*

Beispiel 13.11

Die Differentialgleichung 3. Ordnung

$$y'''(x) = x$$

hat die allgemeine Lösung

$$y(x) = \frac{x^4}{24} + c_1\frac{x^2}{2} + c_2 x + c_3 \quad \text{mit } c_1, c_2, c_3 \in \mathbb{R}$$

(dreimal integrieren!). Mit den Anfangsbedingungen

$$(AB)_1 : y(0) = 1$$
$$(AB)_2 : y'(0) = 2$$
$$(AB)_3 : y''(0) = -2$$

ergibt sich $c_1 = -2$, $c_2 = 2$ und $c_3 = 1$ (nachrechnen!) und damit die Lösung des AWP:

$$y(x) = \frac{x^4}{24} - x^2 + 2x + 1 \text{ (s. Abb. 13.10)}$$

13.3.2 Randwertprobleme (RWP)

Bei Randwertproblemen werden die Konstanten durch Funktionswerte an verschiedenen Stellen $x_1, x_2, \ldots, x_n \in D(y)$ bestimmt.

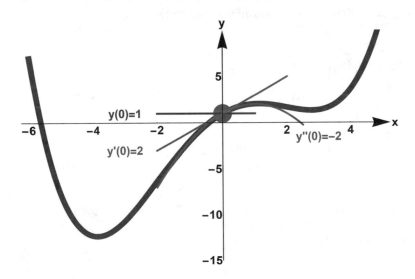

Abb. 13.10 Lösung des AWP aus Beispiel 13.11

Definition 13.4

Eine Differentialgleichung

$$y^{(n)}(x) + a_{n-1}y^{(n-1)}(x) + \cdots + a_1 y'(x) + a_0 y(x) = g(x)$$

mit den Randbedingungen

$$(RB)_1 : y(x_1) = \beta_1$$
$$(RB)_2 : y(x_2) = \beta_2$$
$$\vdots$$
$$(RB)_n : y(x_n) = \beta_n, \quad \beta_i \in \mathbb{R}, \quad i = 1, 2, \cdots, n$$

heißt **Randwertproblem.**

Der Name „Randwert" verallgemeinert den Fall einer Differentialgleichung 2. Ordnung mit Randbedingungen am Anfang und am Ende des Definitionsintervalls.

Beispiel 13.12

Die Differentialgleichung 3. Ordnung

$$y'''(x) = x$$

hat die allgemeine Lösung

$$y(x) = \frac{x^4}{24} + c_1 \frac{x^2}{2} + c_2 x + c_3 \quad \text{mit } c_1, c_2, c_3 \in \mathbb{R}$$

(s. Beispiel 13.11, dreimal integrieren!). Mit den Randbedingungen

$$(RB)_1 : y(0) = 1$$
$$(RB)_2 : y(1) = 0$$
$$(RB)_3 : y(-1) = 1$$

ergibt sich $c_1 = -\frac{13}{12}, c_2 = -\frac{1}{2}$ und $c_3 = 1$ (nachrechnen!). Damit ist die Lösung des RWP (s. Abb. 13.11):

$$y(x) = \frac{x^4}{24} - \frac{13}{24}x^2 - \frac{1}{2}x + 1$$

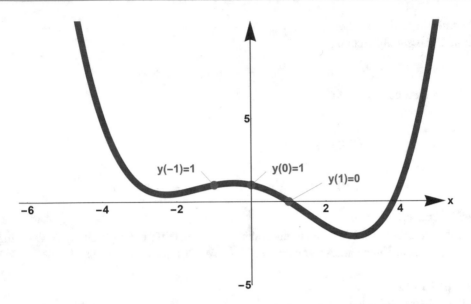

Abb. 13.11 Lösung des RWP aus Beispiel 13.12. Im Video ▸ sn.pub/weRKQw sieht man die Funktion $f(x)$ in Abhängigkeit der Randbedingung $y(0)$

13.4 Lineare Differentialgleichungen 2. Ordnung mit konstanten Koeffizienten

Wir betrachten im Folgenden nur Differentialgleichungen mit konstanten Koeffizienten.

Definition 13.5
1. Die Differentialgleichung

$$y'' + ay' + by = g(x), \quad \text{a, b} \in \mathbb{R}, \ g(x) \text{ gegeben}$$

   heißt *lineare Differentialgleichung 2. Ordnung mit konstanten Koeffizienten.*
2. $g(x)$ heißt *Störfunktion* oder *Inhomogenität.*
3. Wenn $g = 0$ ist, dann heißt die Differentialgleichung *homogen;* wenn $g \neq 0$ ist, heißt sie *inhomogen.*

13.4.1 Homogene lineare Differentialgleichungen 2. Ordnung mit konstanten Koeffizienten

Betrachte die **homogene** lineare Differentialgleichung mit konstanten Koeffizienten:

$$y'' + ay' + by = 0, \quad \text{a, b} \in \mathbb{R} \tag{13.27}$$

Dann haben wir die allgemeinen Eigenschaften der Menge aller Lösungen L_h von (13.27): Die Menge aller Lösungen L_h von (13.27) ist ein Vektorraum (s. Kap. 10). Dies sieht man, wenn man zwei Lösungen y_1 und $y_2 \in L_h$ betrachtet. Dann gilt: Jede Linearkombination von y_1 und y_2 ist auch Lösung, d. h.:

$$\alpha y_1 + \beta y_2 \in L_h \quad \text{für } \alpha, \beta \in \mathbb{R} \text{ (nachrechnen!)}$$

Außerdem gilt, weil (13.27) homogen ist: Die Funktion $y=0$ ist auch Lösung, also $0 \in L_h$. Ähnliches gilt auch für komplexwertige Lösungen, d. h. Realteil und Imaginärteil von komplexwertigen Lösungen sind auch Lösungen von (13.27). Um die allgemeine Lösung von (13.27) zu finden, werden wir den Begriff der linearen Unabhängigkeit (s. Definition 10.2, 2.) auf Funktionen im Vektorraum L_h erweitern:

Seien y_1 und $y_2 \in L_h$, $y_1 \neq 0$. Wenn gilt $y_2(x) = C y_1(x)$ für eine Konstante C, dann sind y_1 und y_2 *linear abhängig* (s. Definition 10.2, 1.). Das heißt, es gilt (beachte $y_1 \neq 0$):

$$\frac{y_2(x)}{y_1(x)} = C = \text{konstant}$$

Insbesondere ist dann die Ableitung

$$\frac{\mathrm{d}}{\mathrm{d}x}\left(\frac{y_2(x)}{y_1(x)}\right) = \frac{y_1(x)y_2'(x) - y_2(x)y_1'(x)}{(y_1(x))^2} = \frac{W(x)}{(y_1(x))^2} = 0,$$

d. h., für den Zähler des Bruches gilt:

$$W(x) := \begin{vmatrix} y_1 & y_2 \\ y_1' & y_2' \end{vmatrix} = 0$$

Diese Determinante $W(x)$ hat einen Namen:

Definition 13.6
Seien y_1 und $y_2 \in L_h$, dann heißt.

$$W(x) := \begin{vmatrix} y_1(x) & y_2(x) \\ y_1'(x) & y_2'(x) \end{vmatrix}$$

Wronski-Determinante von y_1 und y_2.

Wir haben also:

Wenn y_1 und y_2 *linear abhängig* sind, dann gilt $W(x) = 0$.

Auch im umgekehrten Fall gilt:

Wenn $W(x) \neq 0$, dann sind y_1 und y_2 *linear unabhängig*.

Begründung: Betrachte

$$c_1 y_1 + c_2 y_2 = 0 \quad \text{für } c_1, c_2 \in \mathbb{R},$$

dann gilt auch für die Ableitung

$$c_1 y_1' + c_2 y_2' = 0.$$

Dies ist ein homogenes lineares Gleichungssystem mit den Unbekannten c_1 und c_2:

$$\begin{pmatrix} y_1 & y_2 \\ y_1' & y_2' \end{pmatrix} \begin{pmatrix} c_1 \\ c_2 \end{pmatrix} = \begin{pmatrix} 0 \\ 0 \end{pmatrix}$$

Wir wissen: Wenn die Determinante

$$\begin{vmatrix} y_1 & y_2 \\ y_1' & y_2' \end{vmatrix} = W(x) \neq 0$$

ist, dann hat das LGS nur eine, nämlich die triviale Lösung (s. Kap. 12, Bemerkung 12.2):

$$\begin{pmatrix} c_1 \\ c_2 \end{pmatrix} = \begin{pmatrix} 0 \\ 0 \end{pmatrix}$$

Das bedeutet:

$$c_1 y_1 + c_2 y_2 = 0 \Rightarrow c_1 = c_2 = 0$$

Das heißt, y_1 und y_2 sind ***linear unabhängig*** (s. M. Neher 2018, Bd. 2, S. 230).

Es gilt also:

$$\text{Wenn } \begin{vmatrix} y_1 & y_2 \\ y_1' & y_2' \end{vmatrix} = W(x) \neq 0, \text{ genau dann sind } y_1 \text{ und } y_2 \text{ ***linear unabhängig***}.$$

$$(13.28)$$

Wenn y_1 und $y_2 \in L_h$ sind, $W(x) \neq 0$ ist und damit y_1 und y_2 linear unabhängig sind, dann gibt es für jedes $y \in L_h$ Konstanten c_1 und c_2, sodass gilt:[1]

$$y = c_1 y_1 + c_2 y_2$$

Das heißt: $\{y_1, y_2\}$ bilden eine Basis im linearen Raum L_h (s. Definition 10.2, 4). Damit hat L_h die Dimension $d = 2$ (L_h besteht aus einer zweiparametrigen Schar) und wir fassen zusammen:

Satz 13.1: Eigenschaften (E) der Lösungsmenge L_h

(E1)   Die Menge aller Lösungen L_h von (13.27) ist ein linearer Raum (Vektorraum).

(E2)   Die Dimension des Raumes L_h ist $d = 2$.

---

[1]Man benutzt dabei Existenz- und Eindeutigkeitssätze für Differentialgleichungen; siehe L. Papula Bd. 2, 2009, S. 398; R. Wüst 2002, Bd. I, S. 196.

(E3)   Wenn y_1 und $y_2 \in L_h$ und $W(x) \neq 0$, dann bilden $\{y_1, y_2\}$ eine Basis im linearen Raum L_h.

(E4)   Wenn $y(x) = \text{Re}[y(x)] + j\ \text{Im}[y(x)]$ eine komplexwertige Lösung von (13.27) ist, dann sind auch $\text{Re}[y(x)]$ und $\text{Im}[y(x)]$ (reellwertige) Lösungen von (13.27).

Definition 13.7

Wenn für zwei Lösungen y_1 und $y_2 \in L_h$ gilt $W(x) \neq 0$, dann heißt $\{y_1, y_2\}$ *Fundamentalbasis* oder *Fundamentalsystem (F.S.) der Differentialgleichung* (13.27).

Es genügt also, für die Differentialgleichung (13.27) ein Fundamentalsystem, d. h. eine Basis $\{y_1, y_2\}$ von L_h zu finden, dann ist die *allgemeine Lösung* gegeben durch

$$y = c_1 y_1 + c_2 y_2 \quad \text{für } c_1, c_2 \in \mathbb{R}$$

Die Frage lautet nun: Wie findet man ein Fundamentalsystem (F.S.) für die Differentialgleichung

$$y'' + ay' + by = 0 \quad \text{mit } a, b \in \mathbb{R}?$$

Mit dem **Ansatz**

$$y(x) = e^{\lambda x}, \quad \lambda \in \mathbb{R}$$

ergibt sich, eingesetzt in (13.27):

$$\lambda^2 e^{\lambda x} + a\lambda e^{\lambda x} + b e^{\lambda x} = 0$$

Mit Division durch

$$e^{\lambda x} \neq 0$$

erhält man die **charakteristische Gleichung** der Differentialgleichung

$$\lambda^2 + a\lambda + b = 0 \tag{13.29}$$

mit den Lösungen

$$\lambda_{1,2} = -\frac{a}{2} \pm \sqrt{\frac{a^2}{4} - b} = -\frac{a}{2} \pm \sqrt{D},$$

wobei

$$D := \frac{a^2}{4} - b \ \textit{\textbf{Diskriminante}} \text{ genannt wird.}$$

Es gibt dann drei Fälle:

1. **Fall:** $D > 0$ (**Kriechfall**), dann hat (13.29) zwei verschiedene reelle Lösungen $\lambda_1, \lambda_2 \in \mathbb{R}$.
2. **Fall:** $D = 0$ (**Aperiodischer Grenzfall**), dann hat (13.29) nur eine doppelte reelle Lösung $\lambda \in \mathbb{R}$.

3. Fall: $D < 0$ (**Schwingfall**), dann hat (13.29) zwei konjugiert komplexe Lösungen

$$\lambda_{1,2} = \alpha \pm j\omega \in \mathbb{C}, \qquad \text{wobei } \alpha := -\frac{a}{2} \text{ und } \omega := \sqrt{-D} = \sqrt{b - \frac{a^2}{4}}.$$

Wir betrachten zunächst den

1. Fall: Kriechfall $(D > 0)$.
Die beiden Lösungen der Gl. (13.29)

$$\lambda_1 = -\frac{a}{2} + \sqrt{\frac{a^2}{4} - b} \text{ und } \lambda_2 = -\frac{a}{2} - \sqrt{\frac{a^2}{4} - b}$$

führen lt. Ansatz zu den beiden Lösungen der Differentialgleichung (13.27)

$$y_1(x) = e^{\lambda_1 x} \text{ und } y_2(x) = e^{\lambda_2 x}.$$

Wegen

$$W(x) := \begin{vmatrix} e^{\lambda_1 x} & e^{\lambda_2 x} \\ \lambda_1 e^{\lambda_1 x} & \lambda_2 e^{\lambda_2 x} \end{vmatrix} = (\lambda_2 - \lambda_1) e^{\lambda_1 x} e^{\lambda_2 x} \neq 0$$

gilt: $\{y_1, y_2\}$ ist ein Fundamentalsystem der Differentialgleichung und damit ist

$$y(x) = c_1 e^{\lambda_1 x} + c_2 e^{\lambda_2 x} \quad \text{für } c_1, c_2 \in \mathbb{R} \tag{13.30}$$

die allgemeine Lösung L_h der Differentialgleichung (13.27).

Beispiel 13.13

$$y''(x) + 6y'(x) + 5y(x) = 0$$

Dann ist die charakteristische Gleichung

$$\lambda^2 + 6\lambda + 5 = 0$$

mit

$$D = \frac{36}{4} - 5 = 4 > 0 \quad \Rightarrow \quad \text{Kriechfall}$$

und

$$\lambda_{1,2} = -3 \pm 2, \quad \text{also} \quad \lambda_1 = -5 \quad \text{und} \quad \lambda_2 = -1.$$

Somit ist die allgemeine Lösung:

$$y(x) = c_1 e^{-5x} + c_2 e^{-1x} \quad \text{für } c_1, c_2 \in \mathbb{R}$$

Speziell für $y(0) = 1$ und verschiedene Anfangsbedingungen $y'(0)$ hat man verschiedene Verläufe der Lösung (s. Abb. 13.12).

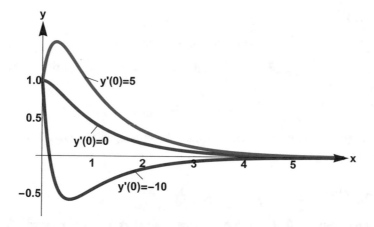

Abb. 13.12 Verschiedene Anfangsbedingungen im Kriechfall. Im Video ▶ sn.pub/VViOeO sieht man die Abhängigkeit der Lösung von den Anfangsbedingungen im Kriechfall

Nun betrachten wir den

2. Fall: Aperiodischer Grenzfall $(D = 0)$.

Aus $D = 0$ folgt: Die doppelte Lösung der charakteristischen Gl. (13.29) ist

$$\lambda = -\frac{a}{2}.$$

Dann hat man lt. Ansatz nur eine Lösung der Differentialgleichung (13.27)

$$y_1(x) = e^{\lambda x}.$$

Man braucht aber zwei linear unabhängige Lösungen! Eine zweite Lösung erhält man durch den Ansatz

$$y_2(x) = xe^{\lambda x}.$$

(Dies kann man verifizieren durch Einsetzen in die Differentialgleichung (13.27). Dann haben wir für die Wronski-Determinante:

$$W(x) := \begin{vmatrix} e^{\lambda x} & xe^{\lambda x} \\ \lambda e^{\lambda x} & (1 + x\lambda)e^{\lambda x} \end{vmatrix} = (1 + x\lambda)e^{2\lambda x} - x\lambda e^{2\lambda x} = e^{2\lambda x} \neq 0$$

Also ist $\{y_1, y_2\}$ ein Fundamentalsystem und damit ist

$$y(x) = c_1 e^{\lambda x} + c_2 x e^{\lambda x} \quad \text{für } c_1, c_2 \in \mathbb{R} \tag{13.31}$$

die allgemeine Lösung der Differentialgleichung (13.27).

Beispiel 13.14

$$y''(x) + 8y'(x) + 16y(x) = 0$$

Dann ist $D = \frac{a^2}{4} - b = (8/2)^2 - 16 = 0$ und $\lambda = -\frac{a}{2} = -4$ $\Rightarrow$ aperiodischer Grenzfall. Somit ist die allgemeine Lösung:

$$y(x) = c_1 e^{-4x} + c_2 x e^{-4x} \quad \text{für } c_1, c_2 \in \mathbb{R}$$

Speziell für $y(0) = 1$ und verschiedene Anfangsbedingungen $y'(0)$ hat man verschiedene Verläufe der Lösung (s. Abb. 13.13).

Betrachten wir nun den

3. Fall: Schwingfall (D<0). Dann ist $b > \frac{a^2}{4}$ und die beiden Lösungen der charakteristischen Gleichung sind

$$\lambda_{1,2} = \alpha \pm j\omega \in \mathbb{C}, \text{ wobei } \alpha := -\frac{a}{2} \text{ und } \omega := \sqrt{-D} = \sqrt{b - \frac{a^2}{4}}.$$

λ_1 und λ_2 sind also konjugiert komplex. Dies führt lt. Ansatz zu den beiden Lösungen der Differentialgleichung (13.27):

$$\tilde{y}_1(x) = e^{\lambda_1 x} = e^{(\alpha + j\omega)x}$$

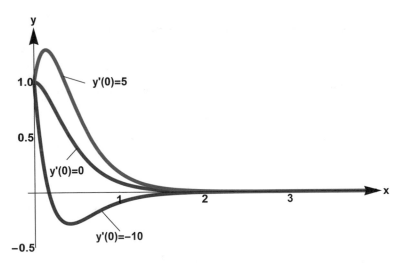

Abb. 13.13 Verschiedene Anfangsbedingungen im aperiodischen Grenzfall. Im Video ▶ sn.pub/37dqHO sieht man die Abhängigkeit der Lösung von den Anfangsbedingungen im aperiodischen Grenzfall

und

$$\tilde{y}_2(x) = e^{\lambda_2 x} = e^{(\alpha - j\omega)x}$$

Wegen

$$W(x) = \begin{vmatrix} e^{\lambda_1 x} & e^{\lambda_2 x} \\ \lambda_1 e^{\lambda_1 x} & \lambda_2 e^{\lambda_2 x} \end{vmatrix} = (\lambda_2 - \lambda_1) e^{\lambda_1 x} e^{\lambda_2 x} = 2j\omega e^{2\alpha x} \neq 0$$

ist $\{\tilde{y}_1, \tilde{y}_2\}$ ein Fundamentalsystem.

Problem: Das Fundamentalsystem $\{\tilde{y}_1, \tilde{y}_2\}$ ist komplexwertig. In den meisten Anwendungen werden jedoch reelle Lösungen bevorzugt, weil diese physikalisch besser interpretierbar sind.

Ein reelles Fundamentalsystem erhält man mit Hilfe der **Eulerschen Formel** (s. Kap. 7, (7.10)):

$$\tilde{y}_1(x) = e^{(\alpha + j\omega)x} = e^{\alpha x}(\cos(\omega x) + j\sin(\omega x))$$

Nach Satz 13.1 zur Eigenschaft (E4) der Lösungsmenge L_h sind dann Realteil und Imaginärteil, also die reellwertigen Funktionen

$$y_1(x) = \text{Re}\left[\tilde{y}_1(x)\right] = e^{\alpha x}\cos(\omega x)$$

und

$$y_2(x) = \text{Im}\left[\tilde{y}_1(x)\right] = e^{\alpha x}\sin(\omega x)$$

ebenfalls Lösungen der Differentialgleichung (13.27) und – wie man nachrechnet – ist für y_1 und y_2 auch $W(x) \neq 0$. Also ist

$$\{y_1, y_2\} = \{y_1(x) = e^{\alpha x}\cos(\omega x), \quad y_2(x) = e^{\alpha x}\sin(\omega x)\}$$

ein aus reellwertigen Funktionen bestehendes Fundamentalsystem, kurz ein reellwertiges Fundamentalsystem. Schließlich ist

$$y(x) = e^{\alpha x}(c_1 \cos(\omega x) + c_2 \sin(\omega x)) \quad \text{für } c_1, c_2 \in \mathbb{R} \tag{13.32}$$

die allgemeine reellwertige Lösung der Differentialgleichung (13.27).

Bemerkung 13.6

Wenn man eine Differentialgleichung (13.27) im Schwingfall hat, kann man aus den Lösungen der charakteristischen Gl. (13.29) mit

$$\alpha = -\frac{a}{2} \quad \text{und} \quad \omega = \sqrt{b - \frac{a^2}{4}}$$

direkt die reellwertige Lösung (13.29) entnehmen!

Beispiel 13.15

$$y''(x) + 2y'(x) + 37y(x) = 0$$

Dann ist $\alpha = -\frac{a}{2} = -1$ und $D = \frac{a^2}{4} - b = 1 - 37 = -36 < 0$. Folglich liegt der Schwingfall vor und

$$\omega := \sqrt{b - \frac{a^2}{4}} = \sqrt{36} = 6,$$

also:

$$\lambda_{1,2} = \alpha \pm j\omega = -1 \pm 6j$$

Mit (13.32) ist dann die allgemeine reellwertige Lösung

$$y(x) = e^{-x}(c_1 \cos(6x) + c_2 \sin(6x)) \text{ für beliebige } c_1, c_2 \in \mathbb{R}.$$

Speziell für $y(0) = 1$ und verschiedene Anfangsbedingungen $y'(0)$ hat man verschiedene Verläufe der Lösung (s. Abb. 13.14).

Beispiel 13.16
(vgl. Beispiel 13.10)

$$y''(x) + \omega^2 y(x) = 0$$

Dann ist $D = -b = -\omega^2 < 0$. Folglich liegt Schwingfall vor und $\alpha = 0$ (ungedämpft!).

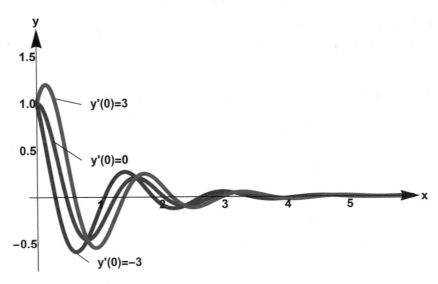

Abb. 13.14 Verschiedene Anfangsbedingungen im Schwingfall. Im Video ▶ sn.pub/xuwmGS sieht man die Abhängigkeit der Lösung von den Anfangsbedingungen im Schwingfall

Somit ist die allgemeine reellwertige Lösung:

$$y(x) = c_1\cos(\omega x) + c_2\sin(\omega x) \quad \text{für beliebige } c_1, c_2 \in \mathbb{R}$$

Speziell für

$$\omega = 1, c_1 = 1 \text{ und } c_2 = 4 \text{ mit } (AB)_1 : y(0) = 1 \text{ und } (AB)_2 : y'(0) = 4$$

ergibt sich die ungedämpfte Schwingung in Abb. 13.15.

Wir fassen zusammen

Homogene (freie) Systeme (13.27) zeigen in Abhängigkeit der Dämpfungskonstante a verschiedene Zustände (s. Abb. 13.16):

- Kriechfall: $a = 14$, $b = 10$
- Aperiodischer Grenzfall: $a = 8$, $b = 16$
- Schwingfall: $a = 2$, $b = 17$

Bemerkung 13.7

In physikalisch-technischen Anwendungen werden Ableitungen nach der Zeit t mit Punkten über der abhängigen y Variablen dargestellt. Dann hat die Differentialgleichung (13.27) die Form:

$$\ddot{y}(t) + 2\delta\,\dot{y}(t) + \omega_0^2 y\,(t) = 0$$

Beispiele sind mechanische Feder-Masse-Systeme mit Dämpfung oder der elektrische *RLC*-Schwingkreis (s. Abb. 13.17).

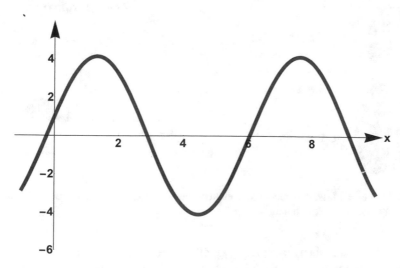

Abb. 13.15 Ungedämpfte Schwingung $y = \cos(x) + 4\sin(x)$

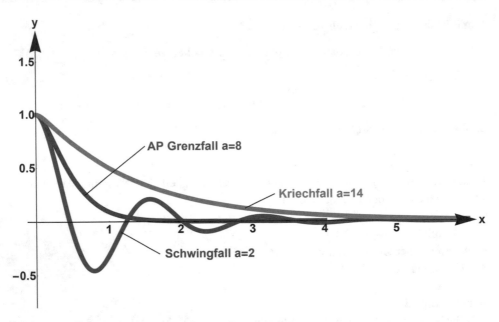

Abb. 13.16 Lösungen von homogenen linearen Differentialgleichungen 2. Ordnung mit verschiedenen Dämpfungskonstanten a. Im Video ▸ sn.pub/hhcMUx sieht man, wie die Lösung der homogenen DGL 2. Ordnung (13.27) von der Dämpfung abhängt

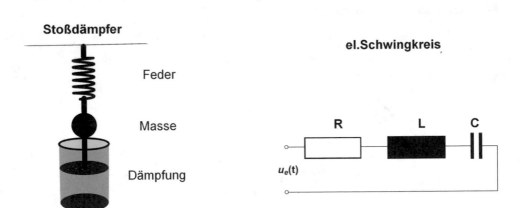

Abb. 13.17 Feder-Masse-System und elektrischer *RLC*-Schwingkreis als Beispiele für Differentialgleichungen 2. Ordnung

In den mechanischen Beispielen (Stoßdämpfer, Drehspulinstrument) spielt der aperiodische Grenzfall eine wichtige Rolle, weil er die kürzeste „Einschwingzeit" hat. Das heißt, dass er sich am schnellsten der Ruhelage bzw. der Sollwertlage nähert (s. Abb. 13.16).

13.4.2 Inhomogene lineare Differentialgleichungen 2. Ordnung mit konstanten Koeffizienten

Wir betrachten nun lineare **inhomogene** Differentialgleichungen mit konstanten Koeffizienten:

$$y''(x) + ay'(x) + by(x) = g(x) \quad \text{für } a, \ b \in \mathbb{R}, \quad g(x) \neq 0 \tag{13.33}$$

Die Menge der Lösungen (d. h. die allgemeine Lösung) der zugehörigen homogenen Differentialgleichung

$$y''(x) + ay'(x) + by(x) = 0 \tag{13.34}$$

ist ein linearer Raum L_h von Lösungen der Dimension 2:

$$L_h = \{y_h(x) = c_1 y_1(x) + c_2 y_2(x), c_1, \ c_2 \in \ \mathbb{R}\},$$

wobei $\{y_1, y_2\}$ ein **Fundamentalsystem** von (13.34) ist (s. Satz 13.1, Definition 13.7). Wie bei den linearen Differentialgleichungen 1. Ordnung erhält man die allgemeine Lösung $y(x)$ der inhomogenen Differentialgleichung (13.33), indem man zur homogenen Lösung $y_h(x)$ eine partikuläre Lösung $y_p(x)$ addiert:

$$y(x) = y_h(x) + y_p(x)$$

Dieses Verfahren heißt wie bei Differentialgleichungen 1. Ordnung „Aufsuchen einer partikulären Lösung".

Bemerkung 13.8

Da L_h ein zweidimensionaler Vektorraum ist, ist er isomorph zu $\mathbb{R}^2$ (s. Definition 10.2, 4), d. h., man kann ihn geometrisch darstellen als eine Ebene durch den Nullpunkt (s. Abb. 13.18). Wenn man dann (irgend-) eine partikuläre Lösung (d. h. eine „Einzellösung") y_p der inhomogenen Differentialgleichung (13.33)

$$y'' + ay' + by = g$$

gefunden hat, dann sind alle Funktionen y der Form

$$y = y_h + y_p, \quad y_h \in L_h$$

Lösungen der Differentialgleichung (13.33). Anders gesagt: Die Menge L aller Lösungen von (13.33) hat also die Form

$$L = L_h + y_p.$$

L ist somit die allgemeine Lösung von (13.33). L entspricht daher einer um y_p „geometrisch parallel verschobenen" Ebene und es ist aus Abb. 13.18 klar ersichtlich, dass L sich mit jeder beliebigen anderen Lösung $\tilde{y}_p$ von (13.33) darstellen lässt, d. h.:

$$L = L_h + \tilde{y}_p \text{ bzw. } y = y_h + y_p = \tilde{y}_h + \tilde{y}_p \quad \text{mit} \quad y_h, \ \tilde{y}_h \in L_h$$

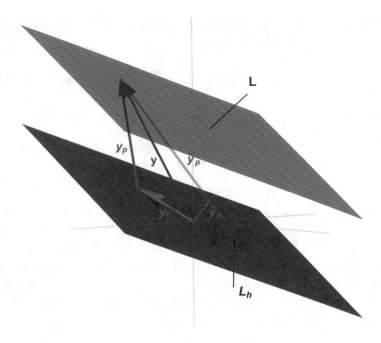

Abb. 13.18 Symbolische Darstellung der Lösungsmenge L der inhomogenen Differential-gleichung 2. Ordnung (13.33)

Eine spezielle partikuläre Lösung $y_p(x)$ lässt sich wie bei den Differentialgleichungen 1. Ordnung aus einer „allgemeinen Funktion" vom Typ der Inhomogenität $g(x)$

$$y_p(x) \underset{\text{vom gleichen Typ}}{\approx} g(x)$$

bestimmen (s. Tab. 13.1).

Beispiel 13.17

Gegeben sei

$$y''(x) + 2y'(x) + 5y(x) = 2e^{-3x} \tag{13.35}$$

mit den Anfangsbedingungen

$$(AB)_1 : y(0) = 1$$
$$(AB)_2 : y'(0) = 0$$

1. Schritt: Lösung der (zugehörigen) homogenen Differentialgleichung

$$y''(x) + 2y'(x) + 5y(x) = 0 \tag{13.36}$$

Wir benutzen nun die Methoden aus Abschn. 13.4.1: Mit Hilfe des Ansatzes $y(x) = e^{\lambda x}$ ergibt sich daraus die charakteristische Gl. (13.29)

$$\lambda^2 + 2\lambda + 5 = 0$$

mit den konjugiert komplexen Lösungen

$$\lambda_{1,2} = \alpha \pm j\omega = -1 \pm \sqrt{1 - 5} = -1 \pm 2j.$$

Da $D = -4 < 0$, haben wir den Schwingfall mit $\alpha = 1$ und $\omega = 2$. Somit ist

$$\left\{ y_1(x) = e^{-x} \cos(2x), y_2(x) = e^{-x} \sin(2x) \right\}$$

ein **reelles** Fundamentalsystem von (13.36). Damit haben wir die allgemeine **(reellwertige) homogene Lösung** der Differentialgleichung (13.36) (vgl. (13.32), Schwingfall):

$$y_h(x) = c_1 e^{-x} \cos(2x) + c_2 e^{-x} \sin(2x) \quad \text{für } c_1, c_2 \in \mathbb{R}$$

2. Schritt: Bestimmung einer partikulären Lösung $y_p(x)$ von (13.35).
Wegen $g(x) = 2e^{-3x}$ machen wir den **Ansatz** (s. Tab. 13.1):

$$y_p(x) = ce^{-3x}$$

Gesucht ist $c \in \mathbb{R}$, so dass $y_p(x)$ die Differentialgleichung (13.35) erfüllt. Wir berechnen $y_p'(x) = -3ce^{-3x}$ sowie $y_p''(x) = 9ce^{-3x}$ und setzen dies ein in (13.35):

$$9ce^{-3x} - 6ce^{-3x} + 5ce^{-3x} = 2e^{-3x}$$

Dividieren durch e^{-3x} ergibt:

$$9c - 6c + 5c = 2$$

Daraus folgt $c = \frac{1}{4}$, also ist

$$y_p(x) = \frac{1}{4} e^{-3x}.$$

3. Schritt: Bestimmung der allgemeinen Lösung $y(x)$ von (13.35):

$$y(x) = y_h(x) + y_p(x)$$

$$= e^{-x}(c_1 \cos(2x) + c_2 \sin(2x)) + \frac{1}{4} e^{-3x} \text{ für } c_1, c_2 \in \mathbb{R}$$

4. Schritt: Bestimmung der Konstanten c_1, c_2 aus den Anfangsbedingungen

$$(AB)_1 : y(0) = 1$$
$$(AB)_2 : y'(0) = 0$$

Es gilt mit $(AB)_1$:

$$y(0) = e^0(c_1 \cos(0) + c_2 \sin(0)) + \frac{1}{4}e^0 = c_1 + \frac{1}{4} \overset{(AB)_1}{=} 1 \quad \Rightarrow \quad c_1 = \frac{3}{4}$$

und

$$y'(x) = -e^{-x}(c_1 \cos(2x) + c_2 \sin(2x)) + 2e^{-x}(-c_1 \sin(2x) + c_2 \cos(2x)) - \frac{3}{4}e^{-3x}$$

$$y'(0) = -(c_1 \cos(0) + c_2 \sin(0)) + 2(-c_1 \sin(0) + c_2 \cos(0)) - \frac{3}{4}$$

$\Longrightarrow$ mit $(AB)_2$

$$-c_1 + 2c_2 - \frac{3}{4} \overset{(AB)_2}{=} 0$$

Damit ist

$$2c_2 = \frac{3}{4} + \frac{3}{4} \Rightarrow c_2 = \frac{3}{4},$$

also haben wir die Lösung des AWP (s. Abb. 13.19):

$$y(x) = \frac{3}{4}e^{-x}(\cos(2x) + \sin(2x)) + \frac{1}{4}e^{-3x}$$

13.4.3 Differentialgleichungen 2. Ordnung mit periodischer Störung

Wir betrachten nun die Differentialgleichung in technischer Konvention (Ableitungen nach der Zeitvariablen werden mit Punkten über der Funktion beschrieben):

$$\ddot{y}(t) + 2\delta\,\dot{y}(t) + \omega_0^2 y\,(t) = y_0\,\sin(\omega t) \tag{13.37}$$

Abb. 13.19 Inhomogener Schwingfall aus Beispiel 13.17

Dies ist eine inhomogene lineare Differentialgleichung 2. Ordnung. Sie beschreibt Schwingungssysteme, die mit einer periodischen Störung angeregt werden (erzwungene, gedämpfte Schwingung). Dabei ist:

- δ die Dämpfungskonstante
- ω_0 die Kreisfrequenz des ungedämpften Systems (Eigenfrequenz)
- ω die Kreisfrequenz der Störung
- y_0 die Amplitude der Störung

Mit den Anfangsbedingungen

$$(AB)_1 : y(0) = 0$$

$$(AB)_2 : y'(0) = 0$$

und der Annahme $\omega_0 > \delta > 0$ (Schwingfall) ergibt sich die Lösung der Differential-gleichung (13.37):

1. Schritt (homogene Lösung)
Aus

$$\ddot{y}(t) + 2\delta\dot{y}(t) + \omega_0^2 y(t) = 0$$

folgt die charakteristische Gleichung

$$\lambda^2 + 2\delta\lambda + \omega_0^2 = 0$$

und mit $\omega_d := \sqrt{\omega_0^2 - \delta^2}$ ($=$ Frequenz der *gedämpften* freien Schwingung) folgt:

$$\lambda_{1,2} = -\delta \pm j\omega_d.$$

Dann ist die reellwertige Lösung der homogenen Differentialgleichung

$$y_h(t) = e^{-\delta t}(c_1 \cos(\omega_d t) + c_2 \sin(\omega_d t)) \quad \text{für } c_1, c_2 \in \mathbb{R}$$

oder (dies folgt aus dem Additionstheorem, s. Kap. 2 (2.7)):

$$y_h(t) = e^{-\delta t} (C \sin(\omega_d t + \varphi)) \quad \text{für } C, \varphi \in \mathbb{R}.$$

2. Schritt: Partikuläre Lösung $y_p(t)$ aufsuchen
Wegen

$$g(t) = y_0 \sin(\omega t)$$

machen wir den **Ansatz:** Wir nehmen an (s. Tab. 13.1),

$$y_p(t) = A \sin(\omega t - \phi)$$

sei Lösung von (13.37), wobei A und ϕ gesucht sind. Die Bestimmung von A und ϕ ist einfacher mit Hilfe einer komplexen Darstellung, wie sie häufig benutzt wird (s. z. B. Th. Westermann, S. 553; T. Arens et al. 2012, S. 455). Deshalb machen wir den

Einschub im 2. Schritt (komplexe Form):
Ähnlich wie in Zuordnung K (s. Abschn. 3.5.1, (3.26)) betrachten wir $y_p(t)$ als Imaginärteil der komplexen Zahl

$$\underline{y_p}(t) = A e^{j(\omega t - \phi)}, \text{ d. h. Im } [\underline{y_p}(t)] = y_p(t)$$

und erhalten die sogenannte komplexe Form der Differentialgleichung (13.37)

$$\underline{\ddot{y}_p}(t) + 2\delta \underline{\dot{y}_p}(t) + \omega_0^2 \underline{y_p}(t) = y_0 e^{j\omega t}, \tag{13.38}$$

wobei wir für die Störungsfunktion $g(t) = y_0 \sin(\omega t)$ ebenfalls die komplexe Form

$$\underline{g}(t) = y_0 e^{j\omega t}$$

eingesetzt haben. Dann gilt für die Ableitungen:

$$\underline{\dot{y}_p}(t) = A\, j\omega e^{j(\omega t - \phi)} \quad \text{und} \quad \underline{\ddot{y}_p}(t) = -A\, \omega^2 e^{j(\omega t - \phi)}$$

Einsetzen in die Differentialgleichung (13.38)

$$-A\, \omega^2 e^{j(\omega t - \phi)} + 2\delta\, Aj\omega e^{j(\omega t - \phi)} + \omega_0^2 A e^{j(\omega t - \phi)} = y_0 e^{j\omega t}$$

und Dividieren durch $A\, e^{j(\omega t - \phi)}$ ergibt:

$$(\omega_0^2 - \omega^2) + j\, 2\delta\omega = \frac{y_0}{A} e^{j\phi}.$$

Dies ist eine Gleichung zwischen zwei komplexen Zahlen, umgewandelt in Exponentialform:

$$\sqrt{(\omega_0^2 - \omega^2)^2 + (2\delta\omega)^2} e^{j\psi} = \frac{y_0}{A} e^{j\phi},$$

$$\text{wobei } \psi = \arctan\left(\frac{2\delta\omega}{(\omega_0^2 - \omega^2)}\right) \text{ ist.}$$

Damit haben wir die beiden Gleichungen:

$$\sqrt{(\omega_0^2 - \omega^2)^2 + (2\delta\omega)^2} = \frac{y_0}{A} \text{ (Gleichheit der Beträge)} \tag{13.39}$$

und

$$\phi = \psi \text{ (Gleichheit der Phasen)}, \tag{13.40}$$

wobei:

$$\psi(\omega) = \begin{cases} \arctan\left(\frac{2\delta\omega}{(\omega_0^2 - \omega^2)}\right) & \text{für } \omega_0 > \omega \\ \arctan(\infty) = \frac{\pi}{2} & \text{für } \omega_0 = \omega \\ \arctan\left(\frac{2\delta\omega}{(\omega_0^2 - \omega^2)}\right) + \frac{\pi}{2} & \text{für } \omega_0 < \omega \end{cases}$$

Aus (13.39) folgt die Amplitudenfunktion (Resonanzfunktion) $A(\omega)$,

$$A = A(\omega) = \frac{y_0}{\sqrt{(\omega_0^2 - \omega^2)^2 + (2\delta\omega)^2}}, \tag{13.41}$$

und aus (13.40) die Phasenfunktion $\phi = \phi(\omega)$. Somit haben wir die gesuchten A und ϕ und damit die komplexe Form von

$$\underline{y_p}(t) = Ae^{j(\omega t - \phi)}.$$

Die *reelle Form* $y_p(t)$ der partikulären Lösung ist dann:

$$\mathrm{Im}\left[\underline{y_p}(t)\right] = y_p(t) = A \sin(\omega t - \phi)$$

3. Schritt

Wir haben somit die allgemeine Lösung von (13.37):

$$y(t) = y_h(t) + y_p(t) =$$

$$\underbrace{e^{-\delta t}(C \sin(\omega_d t + \varphi))}_{\text{Einschwingvorgang}} + \underbrace{A(\omega) \sin(\omega t - \phi(\omega))}_{\text{Stationäre Schwingung}} \tag{13.42}$$

Die Konstanten C und φ werden dann aus den jeweiligen Anfangsbedingungen berechnet.

Diskussion der Lösung der Differentialgleichung (13.37).

Die Lösung $y(t)$ setzt sich zusammen aus dem Einschwingvorgang (= homogene Lösung $y_h(t)$), der mit t abklingt, und der stationären Schwingung (= partikuläre Lösung $y_p(t)$), die phasenverschoben mit der gleichen Frequenz ω wie die Störung „stationär" oszilliert (s. Abb. 13.20). Das heißt, dass schließlich die Störungsfrequenz die Lösung dominiert. Die Eigenfrequenz des Systems verschwindet. Dies rechtfertigt im Nachhinein den Ansatz der partikulären Lösung y_p als allgemeinste Form der Störungsfunktion g (s. Tab. 13.1). Es rechtfertigt auch die Rechnungen der Wechselstromtechnik, die die Einschwingvorgänge vernachlässigt.

Die Amplitude $A(\omega)$ (13.43) ist abhängig von der Störfrequenz ω und heißt als Funktion von ω *Frequenzgang* oder *Resonanzfunktion* (s. Abb. 13.21):

$$A(\omega) = \frac{y_0}{\sqrt{(\omega_0^2 - \omega^2)^2 + (2\delta\omega)^2}} \tag{13.43}$$

$A(\omega)$ hat ein Maximum bei der sogenannten *Resonanzfrequenz*:

$$\omega_{res} = \sqrt{\omega_0^2 - 2\delta^2} \tag{13.44}$$

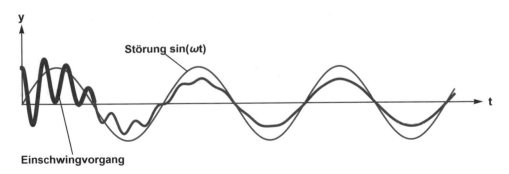

Abb. 13.20 Lösung der DGL (13.37) mit Einschwingvorgang und stationärer Schwingung

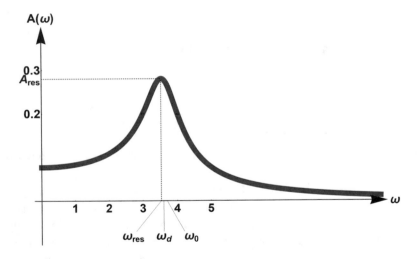

Abb. 13.21 Frequenzgang (Resonanzfunktion)

Dieser Wert ergibt sich durch „Nullsetzen" der Ableitung im Nenner von

$$(\omega_0^2 - \omega^2)^2 + (2\delta\omega)^2.$$

Die Resonanzfrequenz hängt also nur von der Eigenfrequenz ω_0 und der Dämpfungskonstante δ ab.

Das Lösungsverhalten der Lösung $y(t)$ der Differentialgleichung (13.37) im Schwingfall $D < 0$ hängt stark von der Störfrequenz ω ab. Für $\omega < \omega_{res}$ erkennt man deutlich den Einschwingvorgang, der abklingt. Danach pendelt sich $y(t)$ auf die Störfrequenz stationär ein. Wenn $\omega = \omega_{res}$ ist, steigt die Amplitude von $y(t)$ sofort auf einen Maximalwert (Resonanzwert) und oszilliert dann mit der Frequenz ω stationär. Wenn die Störfrequenz $\omega > \omega_{res}$ ist, pendelt sich $y(t)$ ebenfalls nach einem Einschwingvorgang auf eine mit steigendem ω immer kleiner werdende Amplitude ein (s. Abb. 13.22).

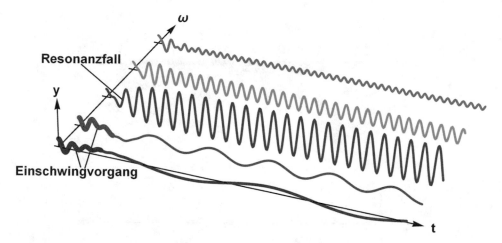

Abb. 13.22 Lösungsverhalten der Differentialgleichung (13.37) in Abhängigkeit der Frequenz der Störfunktion. In der CDF-Animation zu dieser Abbildung kann man die Lösung mit den Parametern δ und ω verändern. Die CDF-Animation ist unter der zu Beginn des Kapitels angegebenen DOI abrufbar. Nur mit CDF-Player abspielbar

Wenn die Dämpfung $\delta > 0$ klein ist und die Frequenz ω der Störung (blaue Kurve) sich der Resonanzfrequenz $\omega_{\mathrm{res}} = \sqrt{\omega_0^2 - 2\delta^2}$ nähert, wächst die Amplitude der Lösung (rote Kurve) auf einen Maximalwert (s. Abb. 13.23).

Für $\delta > 0$ gilt (s. Abb. 13.24)

$$\omega_{\mathrm{res}} < \omega_d < \omega_0$$

und der Abstand zwischen den Frequenzen wird größer mit wachsendem δ, denn es gilt:

$$\omega_{\mathrm{res}} = \sqrt{\omega_0^2 - 2\delta^2} < \omega_d = \sqrt{\omega_0^2 - \delta^2} < \omega_0$$

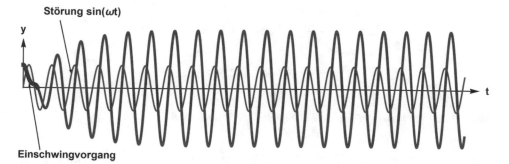

Abb. 13.23 Lösung der DGL (13.37) im Resonanzfall $\delta = 0{,}24$, $\omega_0 = 4$ und $\omega = 4$ (rot). Der Einschwingvorgang (dunkelrot) verschwindet nahezu

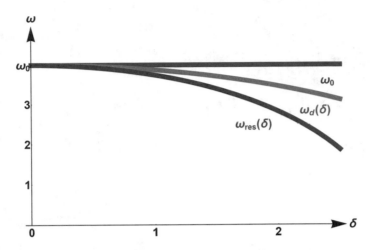

Abb. 13.24   Die Resonanzfrequenz wird kleiner, wenn die Dämpfung zunimmt

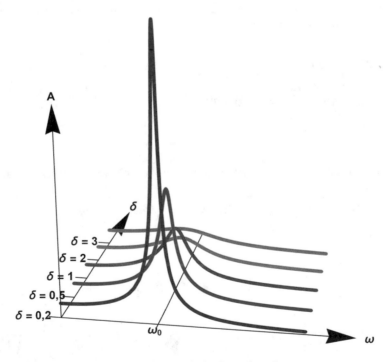

Abb. 13.25   Frequenzgang $A(\omega)$ in Abhängigkeit der Dämpfung δ

Wenn die Dämpfung $\delta = 0$ ist, kann die maximale Amplitude der Lösung der Differentialgleichung (13.37) unbegrenzt wachsen („Resonanzkatastrophe"). Mit zunehmendem δ flacht die Kurve der Resonanzfunktion ab. Die Resonanzfrequenz ω_{res} (= Frequenz des Maximalpunktes) verschiebt sich und ist dann kleiner als die Frequenz des freien, ungedämpften Systems ($\omega_{res} < \omega_0$), s. Abb. 13.24 und 13.25.

13.5 Bemerkungen zu nichtlinearen Differentialgleichungen

Wir betrachten zunächst die Differentialgleichung des linearisierten mathematischen Pendels (s. Beispiel 13.2):

$$\ddot{y}(t) + \omega_0^2 y(t) = 0 \tag{13.45}$$

$y(t)$ ist dabei die Winkelvariable und ω_0 die Frequenz des freien ungedämpften Systems. Eine Lösung dieser homogenen Differentialgleichung (13.45) ist

$$y(t) = \sin(\omega_0 t).$$

Wenn man die Winkelgeschwindigkeit $\dot{y}$ über der Winkelvariablen y aufträgt, erhält man die sogenannte Phasenraumdarstellung (s. Abb. 13.26). Wenn man nun bei diesem linearen Pendelsystem (13.45) Dämpfung einbezieht, entsteht die lineare Differentialgleichung des freien gedämpften Systems (*s.* Abb. 13.27):

$$\ddot{y}(t) + 2\delta\dot{y}(t) + \omega_0^2 y(t) = 0 \tag{13.46}$$

mit der abklingenden Lösung (s. Abschn. 13.4.1).

Eine zentrale Eigenschaft der linearen Differentialgleichungen ist die Stabilität gegenüber Störungen der Anfangsbedingungen. Das heißt, wenn man bei einer linearen Differentialgleichung die Anfangsbedingungen geringfügig verändert, ändert sich auch die zugehörige Lösung geringfügig. Dies ist bei nichtlinearen Differentialgleichungen im Allgemeinen nicht der Fall, was wir schon im Beispiel 13.2 gesehen haben.

Das (ungedämpfte) mathematische Pendel (s. Beispiel 13.2) im homogenen Fall wird beschrieben durch die nichtlineare Differentialgleichung

$$\ddot{y}(t) + \omega_0^2 \sin(y(t)) = 0. \tag{13.47}$$

Für größer werdende Anfangsgeschwindigkeiten $y'(0)$ weicht die Lösung von (13.47) immer stärker ab von der Lösung der „linearisierten" Differentialgleichung

$$\ddot{y}(t) + \omega_0^2 y(t) = 0. \tag{13.45}$$

Während bei der Lösung der linearen Differentialgleichung (13.45) bei gleichbleibender Frequenz nur die Amplitude der Sinusfunktion größer wird, geht die Lösung der nichtlinearen Differentialgleichung aperiodisch schließlich über alle Grenzen (s. Abb. 13.3 und Video).

Wenn man nun bei diesem Pendelsystem (13.47) Dämpfung berücksichtigt, erhält man die homogene Differentialgleichung des (nichtlinearen) Pendels mit Dämpfung 2δ:

$$\ddot{y}(t) + 2\delta\dot{y}(t) + \omega_0^2 \sin(y(t)) = 0 \tag{13.48}$$

Speziell für die Parameter $\omega_0 = 2{,}5$ und $\delta = 0{,}15$ haben wir einen stabilen Einschwingvorgang in die Ruhelage (s. Abb. 13.28).

Durch eine periodische Anregung gestört, erhält man die inhomogene Differentialgleichung des (nichtlinearen) Pendels mit Dämpfung 2δ und Störfunktion $y_0 \cos(\omega t)$:

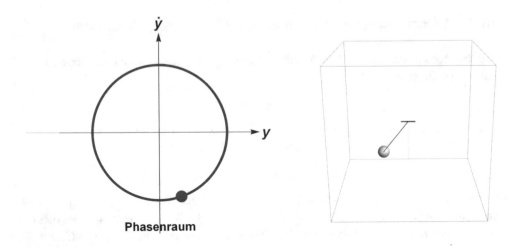

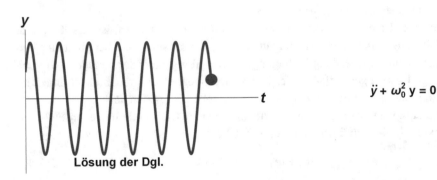

$$\ddot{y} + \omega_0^2\, y = 0$$

Abb. 13.26 Lösung und Phasenraum der homogenen linearen Differentialgleichung ohne Dämpfung (13.45). Video ▶ sn.pub/T5KTxW zeigt das zeitliche Verhalten der Lösung von (13.45) im Phasenraum, als physikalisches Pendel und grafisch als Ausschlag des Pendels aufgetragen auf der Zeitachse

$$\ddot{y}(t) + 2\delta\dot{y}(t) + \omega_0^2 \sin(y(t)) = y_0 \cos(\omega t) \tag{13.49}$$

Speziell für die Parameter $\omega_0 = 1$, $\delta = 0$, $y_0 = 0{,}5$, $\omega = 2/3$ haben wir chaotisches Verhalten (s. Abb. 13.29).

Eine andere Variante der Differentialgleichung (13.49) führt zu weiteren chaotischen Zuständen, z. B. (Abb. 13.30):

$$\ddot{y}(t) + 2\delta\dot{y}(t) - \omega_0^2 \sin(y(t)) = y_0 \cos(\omega t) \tag{13.50}$$

mit $\omega_0 = 1, \delta = 0{,}01, y_0 = \frac{2}{3}, \omega = 0{,}5$

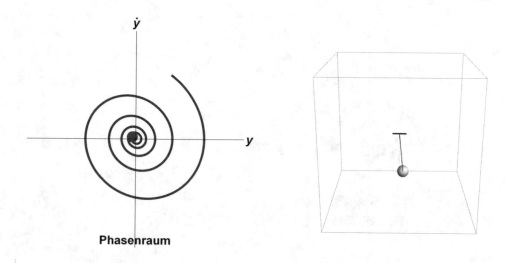

Phasenraum

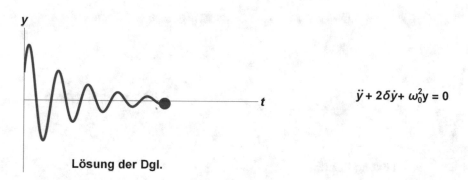

$$\ddot{y} + 2\delta\dot{y} + \omega_0^2 y = 0$$

Lösung der Dgl.

Abb. 13.27 Lösung und Phasenraum der gedämpften homogenen linearen Differentialgleichung (13.46). Video ▶ sn.pub/vac4Oq zeigt das zeitliche Verhalten der Lösung von (13.46) im Phasenraum, als physikalisches Pendel und grafisch als Ausschlag des Pendels aufgetragen auf der Zeitachse

Das instabile Verhalten von nichtlinearen Differentialgleichungen gegenüber Änderungen der Anfangsbedingungen wird deutlich bei der nichtlinearen inhomogenen Differentialgleichung des mathematischen Pendels:

$$\ddot{y}(t) + 2\delta\dot{y}(t) - \omega_0^2 \sin(y(t)) = y_0 \cos(\omega t) \tag{13.50}$$

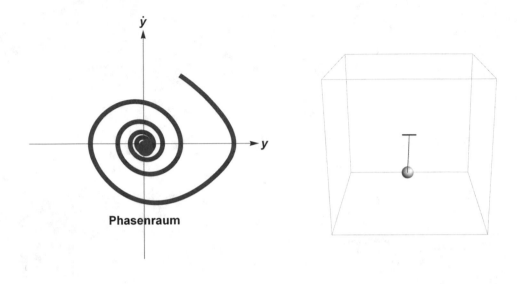

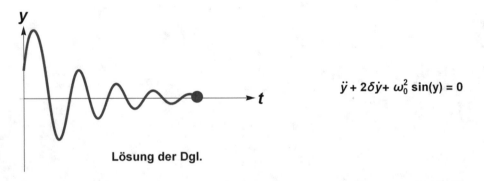

$$\ddot{y} + 2\delta\dot{y} + \omega_0^2 \sin(y) = 0$$

Abb. 13.28 Lösung und Phasenraum der gedämpften homogenen nichtlinearen Differential-gleichung (13.48). Video ▸ sn.pub/KWsUuW zeigt das zeitliche Verhalten der Lösung von (13.48) im Phasenraum, als physikalisches Pendel und grafisch als Ausschlag des Pendels aufgetragen auf der Zeitachse

mit den Parametern $\omega_0 = 1{,}30, \delta = 0{,}5, y_0 = 1{,}15, \omega = 0{,}66$. Wenn die Anfangs-bedingungen (AB): $y(0)$ variieren zwischen 0 und 0,3, starten die verschiedenen Lösungen am gleichen Punkt und laufen dann weit auseinander (s. Abb. 13.31).

Bei einer linearen Differentialgleichung sind im Gegensatz dazu die Unterschiede der Lösungen gering, denn nur der homogene abklingende Anteil der Lösung ist von den Anfangsbedingungen abhängig (s. Abb. 13.12 bis 13.14).

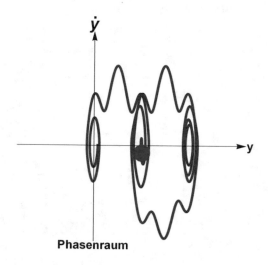

Phasenraum

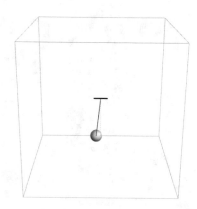

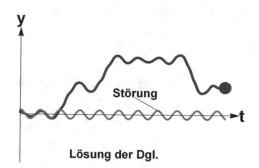

Störung

Lösung der Dgl.

$$\ddot{y} + \omega_0^2 \sin(y) = y_0 \cos(\omega t)$$

Abb. 13.29 Lösung der nichtlinearen inhomogenen Differentialgleichung ohne Dämpfung (13.49). Video ► sn.pub/PxBdsv zeigt das zeitliche Verhalten der Lösung von (13.49) im Phasenraum, als physikalisches Pendel und grafisch als Ausschlag des Pendels aufgetragen auf der Zeitachse

Ein weiteres Beispiel für die extreme Abhängigkeit von den Anfangsbedingungen ist das gekoppelte nichtlineare Differentialgleichungssystem von E. N. Lorenz:

$$\dot{X} = a(Y - X)$$
$$\dot{Y} = X(r - Z) - Y$$
$$\dot{Z} = XY - bZ$$

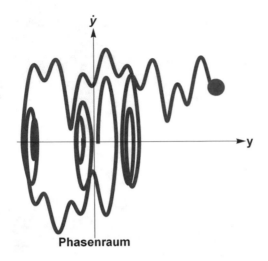

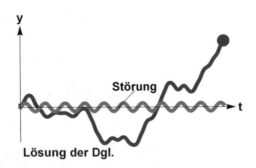

$$\ddot{y} + 2\delta\dot{y} - \omega_0^2 \sin(y) = y_0 \cos(\omega t)$$

Abb. 13.30 Mathematisches Pendel im chaotischen Zustand. Video ▸ sn.pub/InNDQw zeigt das zeitliche Verhalten der Lösung von (13.50) im Phasenraum, als physikalisches Pendel und grafisch als Ausschlag des Pendels aufgetragen auf der Zeitachse

mit den Parametern $a = 10$, $r = 28$, $b = 8/3$. Das System heißt gekoppelt, weil in allen Gleichungen mit der Ableitung einer Variablen die jeweils anderen Variablen auftauchen, und es ist nichtlinear, weil Produkte der Variablen vorkommen. Die Lösungen dieses Systems werden als sogenannter **Lorenz-Attraktor** dargestellt (s. R. Kragler 1997, H. G. Schuster 1989, S. 138 und J. Argyris et al. 1994, S. 104). In dem Video zum Lorenzattraktor kann man sehen, dass zehn Anfangszustände, die sich anfangs geringfügig unterscheiden, sich schließlich zu grundsätzlich verschiedenen Zuständen entwickeln. Die Bahnen der Zustände im Phasenraum laufen total auseinander (s. Abb. 13.32).

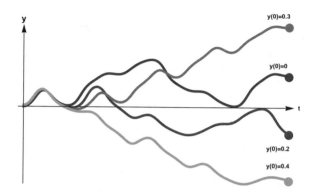

Abb. 13.31 Lösungen der nichtlinearen Differentialgleichung unter verschiedenen Anfangs-bedingungen

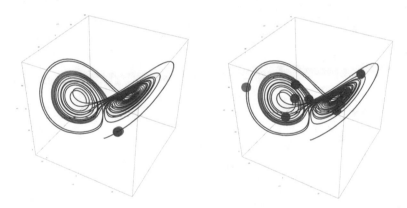

Abb. 13.32 **a** Lorenzattraktor 1, **b** Lorenzattraktor 2. Video ▸ sn.pub/ilsFjl zum Lorenzattraktor

Dieses Differentialgleichungssystem stellt ein stark vereinfachtes Wettermodell dar. Das Phänomen der extremen Instabilität bezüglich der Anfangsbedingungen wurde von Lorenz entdeckt und in einem Vortrag vor der American Association for the Advancement of Science 1972 beschrieben mit der Frage:

„Löst der Flügelschlag eines Schmetterlings in Brasilien einen Tornado in Texas aus?"

Funktionen mit mehreren Veränderlichen

14

In Physik und Technik werden häufig Funktionen von drei Raumvariablen oder von 3+1 Raum-Zeit-Variablen benötigt, z. B. um Temperaturfelder oder elektromagnetische Felder zu beschreiben. Analog zur Analysis von Funktionen einer Variablen kann man die Analysis im Mehrdimensionalen und daraus die Differential- und Integralrechnung im Mehrdimensionalen entwickeln.

Zunächst wird in Abschn. 14.1 die Erweiterung des Begriffs der Stetigkeit auf den allgemeinen n-dimensionalen Fall definiert. Dann beschränken wir uns auf stetige Funktionen über $\mathbb{R}^2$ (d. h. auf Flächen in $\mathbb{R}^3$), weil diese als dreidimensionale Objekte visualisierbar sind, indem Koordinatenschnittlinien und Höhenlinien eingezeichnet werden. Zunächst betrachten wir in Abschn. 14.2 Ebenen und dann in Abschn. 14.3 rotationssymmetrische Flächen, die durch Rotation einer Kurve um eine Achse entstehen. Danach folgen in Abschn. 14.4 weitere dreidimensionale Objekte.

14.1 Stetigkeit im Mehrdimensionalen

Zunächst die Definition einer Funktion im allgemeinen Fall:

Definition 14.1
Sei $D_f \subset \mathbb{R}^n$, $f : D_f \to \mathbb{R}$ und

$$f : (x_1, x_2, x_3, \ldots, x_n) \to f(x_1, x_2, x_3, \ldots, x_n) \text{ für } (x_1, x_2, x_3, \ldots, x_n) \in D_f \quad (14.1)$$

Elektronisches Zusatzmaterial Die elektronische Version dieses Kapitels enthält Zusatzmaterial, das berechtigten Benutzern zur Verfügung steht. https://doi.org/10.1007/978-3-658-30245-0_14

eine Abbildung. Dann heißt f *reellwertige Funktion von n Veränderlichen.* D_f heißt *Definitionsbereich von f* und $x_1, x_2, x_3, \ldots, x_n$ heißen die *unabhängigen Variablen.*

Wenn man den Betrag $|x|$ für $x \in \mathbb{R}^n$ definiert durch

$$|x| = \sqrt{\sum_{i=1}^{n} x_i^2},$$

kann man analog zu den Definitionen im Eindimensionalen (s. Kap. 5) auch hier den Begriff der Stetigkeit einführen. Damit ist die Definition wie in Bemerkung 5.2 formulierbar:

Definition 14.2

Sei $D_f \subset \mathbb{R}^n$ und $f : D_f \to \mathbb{R}$.

1. Eine Funktion $f : D_f \to \mathbb{R}$ ist *stetig an der Stelle* $x_0 \in D_f$, wenn für beliebig kleine ε-Umgebungen $U_\varepsilon(f(x_0))$ von $f(x_0)$ ein $\delta > 0$ existiert, sodass gilt: Für alle x in $U_\delta(x_0)$ ist $f(x)$ in $U_\varepsilon(f(x_0))$.
2. Eine Funktion f ist *stetig,* wenn sie stetig ist für alle $x \in D_f$.

Bemerkung 14.1

1. Aus der Definition 14.2 ergibt sich ebenso wie im Eindimensionalen eine mathematisch kompaktere Formulierung der Stetigkeit (s. Kap. 5 (5.1)):
   Eine Funktion f ist stetig, wenn gilt:

$$\bigwedge_{\varepsilon > 0} \ \bigvee_{\delta < 0} \ \bigwedge_{x \in D_f} (|x - x_0| < \delta \Rightarrow |f(x) - f(x_0)| < \varepsilon)$$

2. Äquivalent zur Stetigkeit ist weiterhin wie im Eindimensionalen (s. Definition 5.2) die Formulierung mit Hilfe von konvergenten Folgen:
   Eine Funktion f ist stetig an der Stelle $x_0 \in D_f$, wenn für **alle** Folgen $\{x_n\}_{n \in \mathbb{N}} \subset D_f$ mit $\lim\limits_{n \to \infty} x_n = x_0$ gilt:
   - Der Grenzwert $\lim\limits_{x \to x_0} f(x) = g$ existiert.
   - Es gilt $\lim\limits_{x \to x_0} f(x) = g = f(x_0)$.

3. Stetigkeit ist eine „lokale" Eigenschaft, das heißt, die Bemerkung 14.1, 2 gilt für Folgen, die in $\mathbb{R}^n$ aus **allen Richtungen** gegen x_0 konvergieren.

Wir beschränken uns nun auf den einfachsten Fall $n = 2$. Dann kann man Funktionen von zwei Veränderlichen als Flächen in $\mathbb{R}^3$, das heißt als Funktionen

$$z = f(x, y) \ \text{über} \ D_f \subset \mathbb{R}^2$$

darstellen (s. Abb. 14.1):

$$f : \quad (x, y) \to z = f(x, y) \ \text{für} \ (x, y) \in D_f \subset \mathbb{R}^2 \tag{14.2}$$

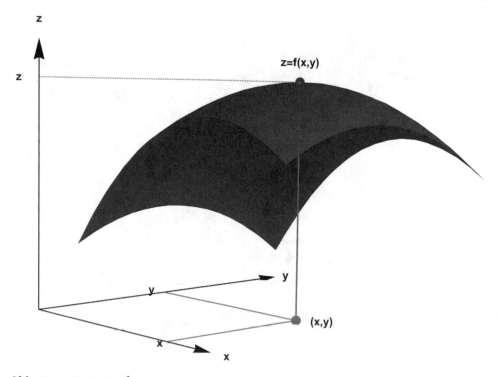

Abb. 14.1 Fläche in $\mathbb{R}^3$

Der Stetigkeitsbegriff wird anschaulicher, wenn man ein Gegenbeispiel einer nicht stetigen Funktion betrachtet:

Beispiel 14.1

Die Funktion $f : \mathbb{R}^2 \to \mathbb{R}$

$$f(x, y) = \begin{cases} \frac{xy}{x^2+y^2} & \text{für } (x, y) \neq (0,0) \\ 0 & \text{für } (x, y) = (0,0) \end{cases} \qquad (14.3)$$

ist **nicht** stetig an der Stelle (0,0), s. Abb. 14.2. Die Funktion f in (14.3) ist **nicht stetig** an der Stelle (0,0), weil für die drei aus verschiedenen Richtungen gegen (0,0) konvergierenden Folgen gilt:

$$\left\{ \frac{1}{n}, 0 \right\} \qquad \text{ist} \qquad \lim_{n \to \infty} f\left(\frac{1}{n}, 0 \right) = 0$$

$$\left\{ \frac{1}{n}, \frac{1}{n} \right\} \qquad \text{ist} \qquad \lim_{n \to \infty} f\left(\frac{1}{n}, \frac{1}{n} \right) = 1$$

$$\left\{ -\frac{1}{n}, \frac{1}{n} \right\} \qquad \text{ist} \qquad \lim_{n \to \infty} f\left(-\frac{1}{n}, \frac{1}{n} \right) = -1$$

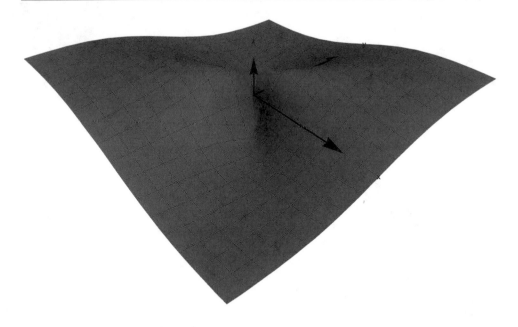

Abb. 14.2 Beispiel für eine nicht stetige Funktion in $\mathbb{R}^2$. Im Video ▸ sn.pub/EWfIR7 dreht sich die Abb. 14.2 in 3D

Das heißt: Für Folgen, die von verschiedenen Richtungen gegen die Stelle (0,0) konvergieren, gibt es verschiedene Grenzwerte für die Funktionswerte der Funktion f in (14.3). Somit ist die Funktion nicht stetig an der Stelle (0,0).

14.2   Spezielle Flächen: Ebenen

Die einfachsten Flächen in $\mathbb{R}^3$ sind Ebenen. Ebenen haben verschiedene Darstellungen:

- die vektorielle Darstellung
- die Hessesche Normalform
- die klassische Darstellung

Es seien

- $\vec{r} = \vec{r}(P)$ der Ortsvektor für einen beliebigen Punkt P in der Ebene E,
- $\vec{r}_0 = \vec{r}(P_0)$ der Ortsvektor eines Stützpunktes P_0 und
- $\vec{a}, \vec{b}$ zwei nicht parallele Vektoren in E (s. Abb. 14.3).

Dann ist

- die **vektorielle Darstellung** gegeben durch die Vektorgleichung (s. Abb. 14.3)

$$\vec{r}(P) = \vec{r}(P_0) + \lambda\vec{a} + \mu\vec{b}, \quad (\lambda, \mu \in \mathbb{R}), \tag{14.4}$$

- die **Hessesche Normalform** gegeben durch das Skalarprodukt

$$(\vec{r} - \vec{r}_0) \cdot \vec{n} = 0. \tag{14.5}$$

Dabei ist $\vec{n}$ der Normalenvektor auf der Ebene E im Punkt P_0. Daraus folgt:

$$(\vec{r} \cdot \vec{n}) = (\vec{r}_0 \cdot \vec{n})$$

Ausgehend von der Hesseschen Normalform und mit

$$(\vec{r}_0 \cdot \vec{n}) = \tilde{\delta}, \quad \vec{n} = \begin{pmatrix} \tilde{\alpha} \\ \tilde{\beta} \\ \tilde{\gamma} \end{pmatrix}, \quad \left(\tilde{\alpha}, \tilde{\beta}, \tilde{\gamma} \in \mathbb{R}\right),$$

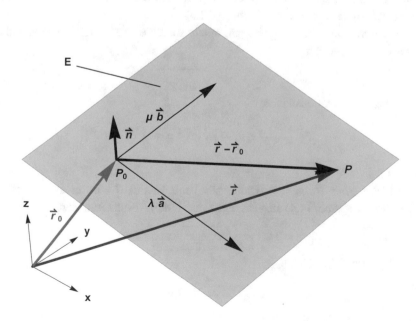

Abb. 14.3 Ebene in $\mathbb{R}^3$

sowie einem beliebigen Punkt

$$\vec{r} = \begin{pmatrix} x \\ y \\ z \end{pmatrix}$$

in der Ebene ergibt sich aus der Gl. (14.5)

$$(\vec{r} \cdot \vec{n}) = (\vec{r}_0 \cdot \vec{n}) = \begin{pmatrix} \tilde{\alpha} \\ \tilde{\beta} \\ \tilde{\gamma} \end{pmatrix} \cdot \begin{pmatrix} x \\ y \\ z \end{pmatrix} = \tilde{\delta}$$

die Formel

$$\tilde{\alpha}x + \tilde{\beta}y + \tilde{\gamma}z = \tilde{\delta}.$$

Wenn wir durch $\tilde{\gamma} \neq 0$ dividieren, entsteht die **klassische Darstellung** als Funktion von (x, y) in $\mathbb{R}^3$ über der xy-Ebene (s. (14.2)):

$$z = f(x,y) = \alpha x + \beta y + \delta \tag{14.6}$$

Man kann in dieser Darstellung erkennen, dass z linear von x und y abhängt.

14.3   Rotationsflächen

Rotationsflächen können erzeugt werden durch Rotation einer Funktion $z = f(x)$ um die z-Achse (bzw. um die x-Achse, s. Abschn. 17.2.3).

Mathematisch kann man das erzeugen, indem man x ersetzt durch den Abstand r von der z-Achse:

$$x \to r = \sqrt{x^2 + y^2}$$

Dann entsteht eine Rotationsfläche:

$$z = f(r) = f\left(\sqrt{x^2 + y^2}\right)$$

Beispiel 14.2

Die **Oberfläche einer Halbkugel** (Halbsphäre) mit Radius R wird erzeugt, indem man vom Viertelkreis (s. Abb. 14.4) ausgeht und x durch den Abstand r ersetzt:

$$z = f(x) = \sqrt{R^2 - x^2}, \; x \in [0, R]$$

x durch den Abstand r ersetzen:

$$z = f(r) = \sqrt{R^2 - r^2} = \sqrt{R^2 - \left(x^2 + y^2\right)}$$

Abb. 14.4 Viertelkreis. Im Video ▸ sn.pub/628y5Z sieht man die Halbsphäre, die durch den Viertelkreis erzeugt wird

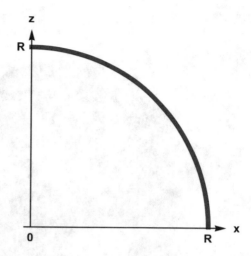

Somit wird die Halbsphäre beschrieben durch die Formel:

$$z = f(x, y) = \sqrt{R^2 - \left(x^2 + y^2\right)} \text{ für } \left(x^2 + y^2\right) \leq R^2 \tag{14.7}$$

Diese Fläche kann untersucht werden durch sogenannte Höhenlinien und Koordinatenlinien, das sind Schnittlinien der Fläche f mit Ebenen parallel zur yx-Ebene, xz-Ebene bzw. zur yz-Ebene.

Beispiel 14.3
Gegeben ist der Radius $R = 5$ (s. Abb. 14.5). Die Halbsphäre mit Radius R hat dann die Form

$$z = f(x, y) = \sqrt{25 - \left(x^2 + y^2\right)} \quad \text{für } \left(x^2 + y^2\right) \leq 25.$$

Dann entstehen Höhenlinien und Koordinatenlinien, z. B.:

1. Die **Höhenlinie** $z = 4$ hat dann die Form $\sqrt{25 - x^2 - y^2} = 4$. Daraus ergibt sich:

$$x^2 + y^2 = 25 - 16 = 9$$

   Dies ist ein Kreis mit dem Radius $3 = \sqrt{25 - 16}$.
2. Die **y-Koordinatenlinie** $y = 2$ hat dann die Form $z = \sqrt{25 - x^2 - 4}$. Daraus ergibt sich:

$$x^2 + z^2 = 25 - 4 = 21$$

   Dies ist ein Halbkreis mit dem Radius $\sqrt{25 - 4} = \sqrt{21}$.

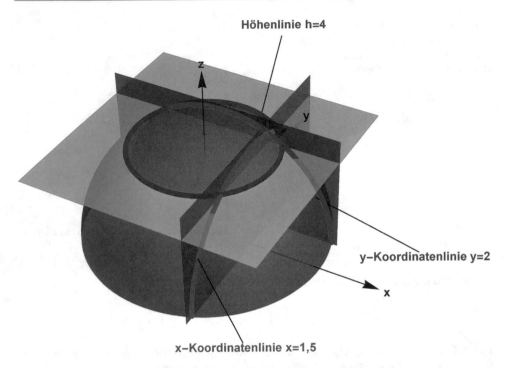

Abb. 14.5 Halbsphäre mit Höhenlinien und Koordinatenlinien in $\mathbb{R}^3$. In der CDF-Animation zu dieser Abbildung kann man die Schnittflächen der Halbsphäre manuell verschieben. Die CDF-Animation ist unter der zu Beginn des Kapitels angegebenen DOI abrufbar. Nur mit CDF-Player abspielbar

3. Die **x-Koordinatenlinie** $x = 1{,}5$ hat dann die Form $z = \sqrt{25 - y^2} - 2{,}25$. Daraus ergibt sich:

$$y^2 + z^2 = 22{,}75$$

Dies ist ein Halbkreis mit dem Radius $\sqrt{25 - 2{,}25} = \sqrt{22{,}75}$.

Wenn man in Abb. 14.5 alle „ganzzahligen" Koordinatenlinien einträgt, entsteht ein Netz, das der Projektion des Koordinatennetzes auf der xy-Ebene auf die zu beschreibende Fläche entspricht (s. Abb. 14.6).

Beispiel 14.4
Die Oberfläche eines Paraboloids entsteht durch Rotation der Parabel $z = x^2$ um die z-Achse und wird beschrieben durch die Formel (x durch $r = \sqrt{x^2 + y^2}$ ersetzen; s. Abb. 14.7).

$$z = f(x, y) = r^2 = x^2 + y^2$$

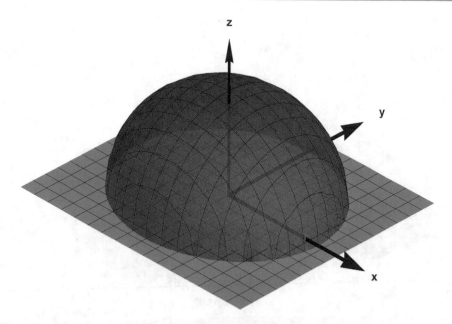

Abb. 14.6 Fläche mit Koordinatennetz in $\mathbb{R}^3$

Dann entstehen Höhenlinien und Koordinatenlinien, z. B.:

1. Die **Höhenlinie** $z = 1{,}5$ hat dann die Form $x^2 + y^2 = 1{,}5$.
   Dies ist ein Kreis mit dem Radius $\sqrt{1{,}5}$.
2. Die **y-Koordinatenlinie** $y = 1$ hat dann die Form $z = x^2 + 1$.
3. Die **x-Koordinatenlinie** $x = 1$ hat dann die Form $z = y^2 + 1$.

Wenn man in Abb. 14.7 alle „ganzzahligen" Koordinatenlinien und Höhenlinien einträgt, entsteht ein Netz, das der Projektion des Koordinatennetzes auf der xy-Ebene auf die zu beschreibende Fläche samt Höhenlinien entspricht (s. Abb. 14.8).

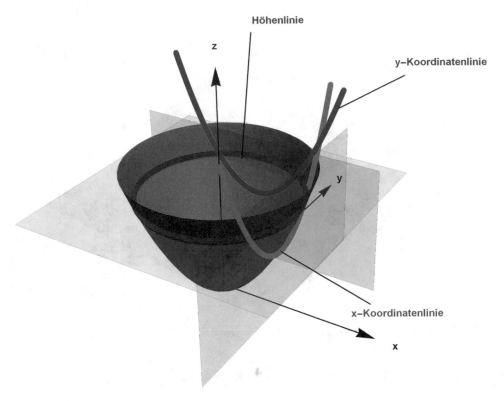

Abb. 14.7 Paraboloid mit Koordinatenschnittlinien. In der CDF-Animation zu dieser Abbildung kann man die Schnittflächen des Paraboloids manuell verschieben. Die CDF-Animation ist unter der zu Beginn des Kapitels angegebenen DOI abrufbar. Nur mit CDF-Player abspielbar

Beispiel 14.5

Eine weitere Rotationsfläche entsteht durch Rotation der Gaußschen Glockenfunktion $z = e^{-x^2}$ um die z-Achse und wird beschrieben durch die Formel (x durch r ersetzen!)

$$z = f(x, y) = e^{-r^2} = e^{-(x^2+y^2)}.$$

Höhenlinien sind dann Kreise und die Koordinatenlinien entsprechend verschobene Gaußsche Glockenfunktionen (s. Abb. 14.9).

Abb. 14.8 Paraboloid mit Koordinatennetz. Im Video ▸ sn.pub/mY4uhu sieht man das Paraboloid im 3D-Raum rotierend

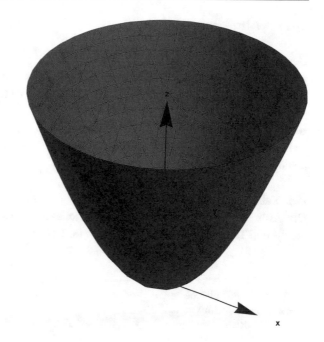

Abb. 14.9 Gaußsche Glockenfunktion $z = e^{-(x^2+y^2)}$ in $\mathbb{R}^3$. Im Video ▸ sn.pub/B9yBE5 sieht man die Glockenfläche im 3D-Raum rotierend

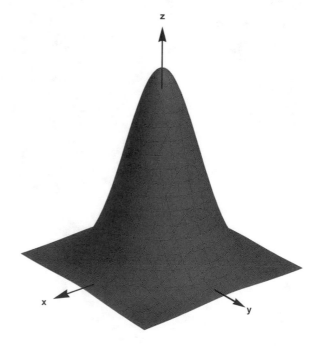

14.4   Allgemeine Flächen

Beispiel 14.6
Sattelflächen haben die Eigenschaft, dass die „Krümmung" (s. Bemerkung 6.2) der Koordinatenlinien in x- bzw. y-Richtung verschieden ist (s. Abb. 14.10).

Beispiel 14.7: „Hexensattel"
Beim sogenannten Hexensattel ändert sich die „Krümmung" der Fläche richtungs- abhängig viermal (s. Abb. 14.11).

Beispiel 14.8: „Eierkarton"
Die Abb. 14.12 ändert sich in x und y-Richtung sinusförmig und hat unendlich viele Hoch- und Tiefpunkte sowie Sattelpunkte (s. Kap. 16).

Abb. 14.10 Sattelfläche $z = x^2 - y^2$ in $\mathbb{R}^3$. Im Video ► sn.pub/EpRk70 sieht man die Sattelfläche im 3D-Raum rotierend

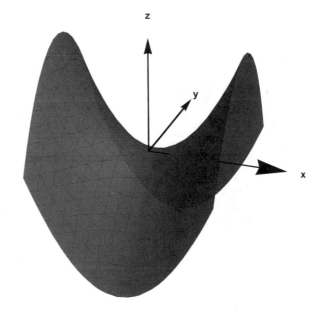

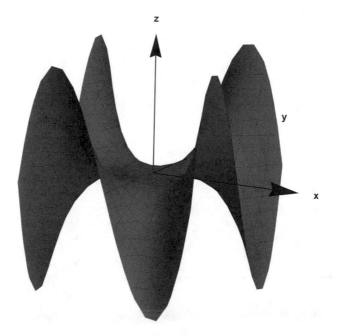

Abb. 14.11 „Hexensattel" $z = (x - y)^2 - (x + y)^2(x - y)^2$. Im Video ▸ sn.pub/Z7EUKm sieht man den „Hexensattel" im 3D-Raum rotierend

Abb. 14.12 „Eierkarton" $z = \sin(x)\sin(y)$. Im Video ▸ sn.pub/KHYqol sieht man den „Eierkarton" im 3D-Raum rotierend

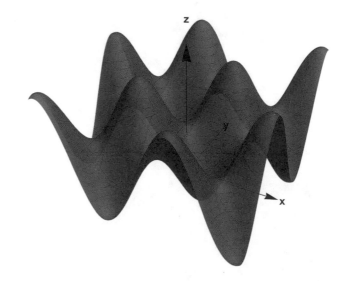

Partielle Ableitungen und Differenzierbarkeit

15

Wie bei Funktionen im Eindimensionalen gibt es auch bei Funktionen im Mehrdimensionalen Ableitungen. Dabei werden in Abschn. 15.1 zunächst die Ableitungen der Koordinatenschnittlinien berechnet und zur Unterscheidung der Ableitung im Eindimensionalen als partielle Ableitungen bezeichnet.

Wir beschränken uns in Abschn. 15.1 und 15.2 zunächst auf die Diskussion der partiellen Ableitungen erster und höherer Ordnung, weil diese anschaulich direkt an die Begriffsbildungen in der 1D-Analysis anschließt, um dann in Abschn. 15.3 die Differenzierbarkeit einzuführen. Dabei ist zu beachten, dass die Existenz der partiellen Ableitungen nur unter zusätzlichen Bedingungen (Stetigkeit) die Differenzierbarkeit einer Funktion im Mehrdimensionalen impliziert. Dies ist dann äquivalent zur Existenz einer Tangentialebene und der Schmiegeparaboloide. Schließlich ermöglichen die partiellen Ableitungen die Berechnung von Ableitungen von implizit definierten Funktionen (s. Abschn. 15.5).

Die meisten Eigenschaften von Funktionen im Mehrdimensionalen sind schon bei Funktionen $f: \mathbb{R}^2 \to \mathbb{R}$ im Zweidimensionalen grafisch darstellbar, daher beschränken wir uns weiterhin – wie in Kap. 14 – bei den Beispielen auf stetige Funktionen mit zwei unabhängigen Variablen (Flächen) und nehmen der Einfachheit halber an, dass alle Grenzwerte existieren.

Elektronisches Zusatzmaterial Die elektronische Version dieses Kapitels enthält Zusatzmaterial, das berechtigten Benutzern zur Verfügung steht. https://doi.org/10.1007/978-3-658-30245-0_15

© Springer Fachmedien Wiesbaden GmbH, ein Teil von Springer Nature 2020
H. Cycon, *Mathematik visuell und interaktiv*,
https://doi.org/10.1007/978-3-658-30245-0_15

15.1   Partielle Ableitungen 1. Ordnung

Wenn wir eine Funktion $z = f(x, y)$, $(x, y) \in D_f$ betrachten und durch einen Schnittpunkt in $(x_0, y_0) \in D_f \subset \mathbb{R}^2$ von zwei Koordinatenschnittlinien in x- und y-Richtung legen, kann man die Steigungen der Tangenten der Koordinatenschnittlinien in x- und y-Richtung betrachten (s. Abb. 15.1). Dies führt zum Begriff der **partiellen Ableitung.** Wir betrachten das ***Schnittbild*** der Fläche (Abb. 15.1) mit der Ebene $y = y_0 =$ konstant (d. h. parallel zur xz-Ebene) (s. Abb. 15.2). Die Steigung der Sekante $\overline{PQ}$ ist gegeben durch den Differenzenquotient $\frac{\Delta z}{\Delta x}$. Wenn Δx kleiner wird, nähert sich der Punkt Q auf der Koordinatenlinie $f(x, y_0)$ dem Punkt P und die Sekante nähert sich der Tangente bei P. Im Grenzfall $\Delta x \to 0$ wird die Sekante zur Tangente und der Grenzwert des Differenzenquotienten $\frac{\Delta z}{\Delta x}$ ist der **partielle Differentialquotient** $\frac{\partial z}{\partial x}$. Das ist die Steigung der Tangente in x-Richtung im Punkt $z_0 = f(x_0, y_0)$.

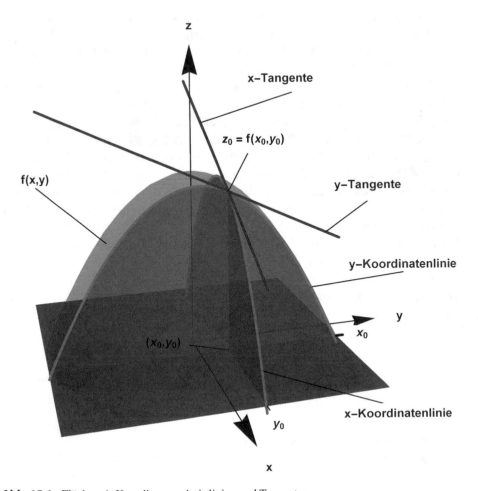

Abb. 15.1   Fläche mit Koordinatenschnittlinien und Tangenten

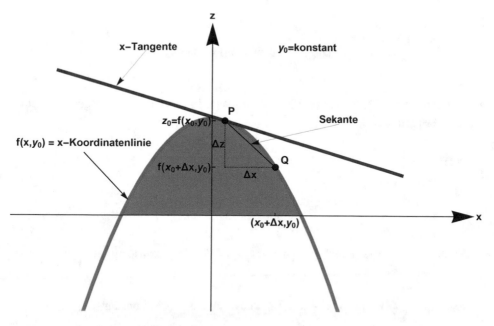

Abb. 15.2 Schnittfläche zur Bestimmung der partiellen Ableitung in x-Richtung

Damit haben wir die

Definition 15.1
Sei $z = f(x, y)$, $(x, y) \in D_f$ eine Funktion von zwei Variablen und $(x_0, y_0) \in D_f$. Wir betrachten die Koordinatenlinie durch (x_0, y_0) in x-Richtung (d. h. $y_0 = $konstant). Dann heißt der Grenzwert

$$\frac{\partial f}{\partial x}(x_0, y_0) := \lim_{\Delta x \to 0} \frac{\Delta z}{\Delta x} = \lim_{\Delta x \to 0} \frac{f(x_0 + \Delta x, y_0) - f(x_0, y_0)}{\Delta x} \tag{15.1}$$

partielle Ableitung erster Ordnung der Funktion f nach x an der Stelle (x_0, y_0).

Entsprechend heißt (für $x_0 = $konstant):

$$\frac{\partial f}{\partial y}(x_0, y_0) := \lim_{\Delta y \to 0} \frac{\Delta z}{\Delta y} = \lim_{\Delta y \to 0} \frac{f(x_0, y_0 + \Delta y) - f(x_0, y_0)}{\Delta y} \tag{15.2}$$

partielle Ableitung erster Ordnung der Funktion f nach y an der Stelle (x_0, y_0).

Schreibweisen für partielle Ableitungen sind:

$$\frac{\partial f}{\partial x}(x_0, y_0) = f_x(x_0, y_0) = \partial x f(x_0, y_0) = z_x(x_0, y_0) = \frac{\partial z}{\partial x}(x_0, y_0)$$

bzw.

$$\frac{\partial f}{\partial y}(x_0, y_0) = f_y(x_0, y_0) = \partial yf(x_0, y_0) = z_y(x_0, y_0) = \frac{\partial z}{\partial y}(x_0, y_0)$$

Es gelten wie bei Ableitungen im Eindimensionalen Linearität, Produktregel und Kettenregel (s. Kap. 6).

Beispiel 15.1

Sei

$$f(x, y) = x^3 y e^y + \sin(xy) + 3y + 2x,$$

dann ist

$$f_x(x, y) = 3x^2 y e^y + y\cos(xy) + 2 \quad (y = \text{konstant!})$$

und

$$f_y(x, y) = x^3 e^y + x^3 y e^y + x\cos(xy) + 3 \quad (x = \text{konstant!}).$$

Man kann dies erweitern auf drei oder mehr unabhängige Variablen: Sei

$$f(x, y, z) = x^2 y^3 e^z + z^2\sin(xyz) + 3y + 2x + zx + zy + z,$$

dann ist

$$f_x(x, y, z) = 2xy^3 e^z + z^3 y\cos(xyz) + 2 + z \quad (y, z = \text{konstant!})$$

und

$$f_y(x, y, z) = 3x^2 y^2 e^z + z^3 x\cos(xyz) + 3 + z \quad (x, z = \text{konstant!}),$$

ebenso $f_z(x, y, z) = x^2 y^3 e^z + 2z\sin(xyz) + z^2 xy\cos(xyz) + y + x + 1 \quad (x, y = \text{konstant!})$

15.2   Partielle Ableitungen höherer Ordnung

Die partiellen Ableitungen $f_x(x, y)$ und $f_y(x, y)$ einer (partiell) differenzierbaren Funktion $f(x,y)$ sind wieder Funktionen von zwei Variablen, die (falls die Ableitungen, d. h. die Grenzwerte existieren) wiederum ableitbar sind. Es entstehen dann vier weitere Ableitungen. Durch weiteres Differenzieren gewinnt man (falls existent) die 3., 4. (bis zur n-ten) Ableitung. So entsteht der „Ableitungsbaum" (s. Abb. 15.3). Dazu gibt es die Schreibweisen

$$f_{xx} = \frac{\partial}{\partial x}\frac{\partial f}{\partial x} = \frac{\partial^2 f}{\partial x^2} = \partial x\partial xf$$

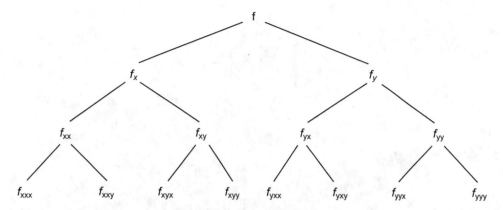

Abb. 15.3 Ableitungsbaum der partiellen Ableitungen bis 3. Ordnung

und entsprechend für die gemischten partiellen Ableitungen:

$$\underbrace{f_{xy}}_{(*)} = \underbrace{\frac{\partial}{\partial y}\frac{\partial f}{\partial x}}_{(*)} = \frac{\partial^2 f}{\partial y \partial x} = \partial y \partial x f$$

$$\underbrace{f_{yx}}_{(*)} = \underbrace{\frac{\partial}{\partial x}\frac{\partial f}{\partial y}}_{(*)} = \frac{\partial^2 f}{\partial x \partial y} = \partial x \partial y f$$

(∗) Beachte die Schreibweise: Umkehrung der Reihenfolge von xy!

Der Ausdruck

$$\frac{\partial^n}{\partial x^n} f(x) \tag{15.3}$$

heißt *partielle Ableitung n-ter Ordnung.*

Entsprechend berechnet man die gemischten Ableitungen höherer Ordnung.

Beispiel 15.2
Sei

$$f(x, y) = \ln\left(1 + x^2 + y^4\right).$$

Dann ist

$$f_x(x, y) = \frac{2x}{\left(1 + x^2 + y^4\right)} \quad \text{und} \quad f_y(x, y) = \frac{4y^3}{\left(1 + x^2 + y^4\right)}.$$

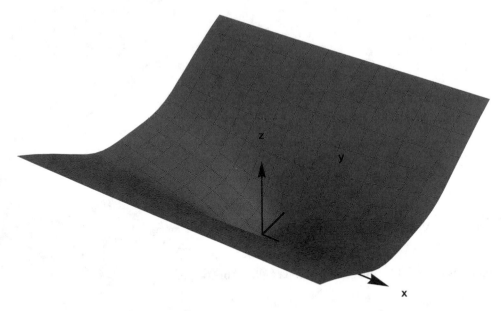

Abb. 15.4 Funktion $f(x,y) = \ln\left(1 + x^2 + y^4\right)$

Weiterhin gilt

$$f_{xy}(x,y) = \frac{8xy^3}{\left(1+x^2+y^4\right)^2} = f_{yx}(x,y) = \frac{8xy^3}{\left(1+x^2+y^4\right)^2},$$

$$f_{xyx}(x,y) = -\frac{8y^3\left(1-3x^2+y^4\right)}{\left(1+x^2+y^4\right)^2} = f_{xxy}(x,y) = -\frac{8y^3\left(1-3x^2+y^4\right)}{\left(1+x^2+y^4\right)^2} = f_{yxx}(x,y) = -\frac{8y^3\left(1-3x^2+y^4\right)}{\left(1+x^2+y^4\right)^2},$$

$$f_{xyy}(x,y) = -\frac{8xy^2\left(3+3x^2-5y^4\right)}{\left(1+x^2+y^4\right)^3} = f_{yxy}(x,y) = -\frac{8xy^2\left(3+3x^2-5y^4\right)}{\left(1+x^2+y^4\right)^3} = f_{yyx}(x,y) = -\frac{8xy^2\left(3+3x^2-5y^4\right)}{\left(1+x^2+y^4\right)^3}$$

(s. Abb. 15.4 und 15.5).

Wir sehen im Beispiel 15.2 (s. Abb. 15.4 und 15.5): Die gemischten Ableitungen f_{xy} und f_{yx} und auch die entsprechenden gemischten höheren Ableitungen sind gleich. Das gilt „fast" immer, denn es gilt der

Satz 15.1: Satz von Schwarz
Die Reihenfolge der Differentiationen ist vertauschbar, wenn die „gemischten" Ableitungen existieren und stetig sind.

Die Bedingungen für den Satz 15.1 sind in fast allen Anwendungen erfüllt, sodass man nicht immer alle gemischten Ableitungen ausrechnen muss. Die Bedeutung eines Satzes wird klarer, wenn man ein Gegenbeispiel betrachtet.

$\partial_x f(x,y)$ $\partial_y f(x,y)$

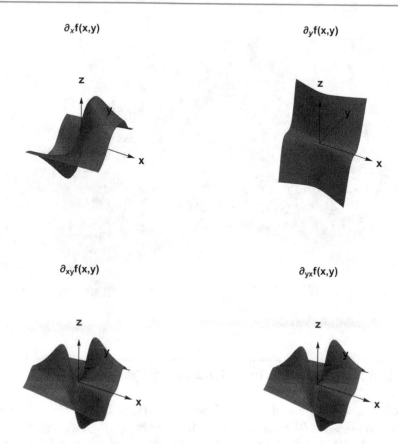

$\partial_{xy} f(x,y)$ $\partial_{yx} f(x,y)$

Abb. 15.5 Partielle Ableitungen von $f(x,y) = \ln\left(1 + x^2 + y^4\right)$

Beispiel 15.3: Gegenbeispiel zum Satz von Schwarz
Sei

$$f(x,y) = \begin{cases} \frac{xy(x^2-y^2)}{(x^2+y^2)}, & \text{falls}\,(x,y) \neq (0,0) \\ 0, & \text{falls}\,(x,y) = (0,0) \end{cases}$$

(siehe Abb. 15.6).

Dann kann man zeigen, dass

$$f_{xy}(0,0) = -1 \quad \neq \quad f_{yx}(0,0) = 1$$

gilt (s. R. Wüst 2002, Bd. II, S. 639).

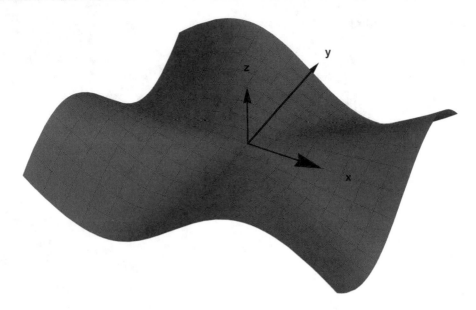

Abb. 15.6 Gegenbeispiel zum Satz von Schwarz

15.3   Die Tangentialebene und das Schmiegeparaboloid

Gegeben sei eine Funktion, d. h. eine Fläche $z = f(x, y)$, $(x, y) \in D_f \subset \mathbb{R}^2$ und f sei an der Stelle $(x_0, y_0) \in D_f$ partiell stetig differenzierbar (d. h. $f_x(x_0, y_0)$ und $f_y(x_0, y_0)$ existieren und sind stetig). Dann werden die Steigungen der Tangenten in x- und in y-Richtung an der Stelle (x_0, y_0) bestimmt durch die partiellen Ableitungen $f_x(x_0, y_0)$ und $f_y(x_0, y_0)$. Diese Tangenten spannen die Tangentialebene (TE) auf (s. Abb. 15.7).

Vorbetrachtung zur Bestimmung der Tangentialebene (in der Schnittebenen y_0=konstant):
Betrachten wir den Schnitt parallel zur zx-Ebene, d. h., wir setzen y_0=konstant (s. Abb. 15.8). Dann ist die partielle Ableitung in x-Richtung (das ist die Steigung der Tangente $T_x(x)$ in x-Richtung mit $z(x) = T_x(x)$):

$$f_x(x_0, y_0) = \frac{\Delta z}{\Delta x} = \frac{z(x) - z_0}{x - x_0} = \frac{T_x(x) - z_0}{x - x_0}$$

Daraus folgt die Gleichung der Tangente in x-Richtung:

$$T_x(x) = f_x(x_0, y_0)(x - x_0) + z_0 \tag{15.4}$$

Entsprechend kann man die partielle Ableitung in y-Richtung $f_y(x_0, y_0)$ bestimmen und erhält die Tangente in y-Richtung:

$$T_y(y) = f_y(x_0, y_0)(y - y_0) + z_0 \tag{15.5}$$

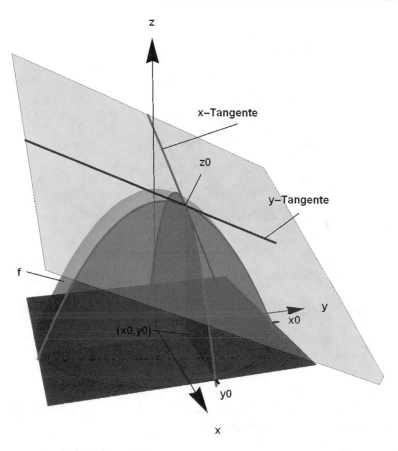

Abb. 15.7 Fläche mit Tangentialebene. In der CDF-Animation zu dieser Abbildung kann man das Bild interaktiv von allen Seiten betrachten. Die CDF-Animation ist unter der zu Beginn des Kapitels angegebenen DOI abrufbar. Nur mit CDF-Player abspielbar

Nun kann man mit (15.4) und (15.5) die Tangentialebene am Punkt $z_0 = f(x_0, y_0)$ bestimmen (s. Abb. 15.9): Wenn man auf der Tangente T_x vom Punkt $z_0 = f(x_0, y_0)$ zum Punkt $T_x(x_0 + \Delta x, y_0)$ in x-Richtung läuft, passiert man einen „Höhenunterschied" von $f_x(x_0, y_0)(x - x_0)$, und wenn man danach parallel zu T_y in y-Richtung zum Punkt $T(x_0 + \Delta x, y_0 + \Delta y) = T(x, y)$ läuft, einen weiteren „Höhenunterschied" von $f_y(x_0, y_0)(y - y_0)$. Der gesamte „Höhenunterschied" Δz beim Weg auf der Tangentialebene vom Punkt $z_0 = f(x_0, y_0)$ zum Punkt $z_T(x, y) = T(x, y)$ addiert sich also zu:

$$\Delta z = T(x, y) - z_0 = f_x(x_0, y_0)(x - x_0) + f_y(x_0, y_0)(y - y_0)$$

Daraus ergibt sich die Definition der Tangentialebene $T(x, y)$ von f an der Stelle (x_0, y_0).

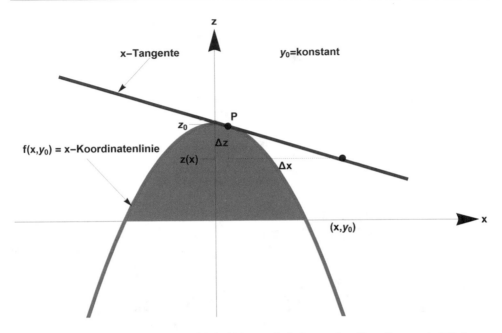

Abb. 15.8 Tangentensteigung = partielle Ableitung als Steigung einer Koordinatenschnittlinie

Definition 15.2
Sei $f: \mathbb{R}^2 \to \mathbb{R}$ eine Funktion. Wenn die partiellen Ableitungen f_x und f_y an der Stelle (x_0, y_0) existieren und stetig sind, dann heißt

$$T(x, y) = f_x(x_0, y_0)(x - x_0) + f_y(x_0, y_0)(y - y_0) + f(x_0, y_0) \tag{15.6}$$

Tangentialebene T(x, y) von f an der Stelle (x_0, y_0).

Mit Hilfe des Begriffs der Tangentialebene lässt sich auch die **Differenzierbarkeit** einer Funktion definieren.

Definition 15.3
1. Eine Funktion $f(x, y)$ heißt an der Stelle (x_0, y_0) **differenzierbar**, wenn an der Stelle (x_0, y_0) die Tangentialebene $T(x, y)$ existiert (d. h. f_x und f_y sind stetig).
2. Wenn eine Funktion $f: \mathbb{R}^2 \to \mathbb{R}$ differenzierbar ist, dann nennt man den Vektor

$$J(x_0, y_0): = \begin{pmatrix} f_x(x_0, y_0) \\ f_y(x_0, y_0) \end{pmatrix}$$

Ableitung der Funktion f an der Stelle (x_0, y_0).[1]

---

[1] $J(x_0, y_0)$ entspricht der sogenannten Jacobi-Matrix (s. Kap. 17).

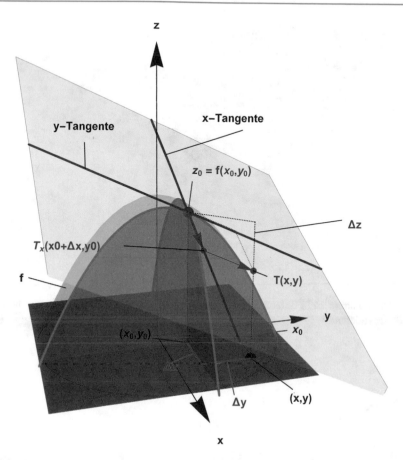

Abb. 15.9 Bestimmung der Tangentialebene

Wie schon erwähnt, ist der Begriff der Differenzierbarkeit stärker als die Existenz der partiellen Ableitungen. Der Unterschied besteht darin, dass die partiellen Ableitungen stetig sein müssen, damit die Funktion differenzierbar ist und die Ableitung existiert.

Es gibt durchaus Funktionen, deren partielle Ableitungen existieren, die aber **nicht** differenzierbar sind.

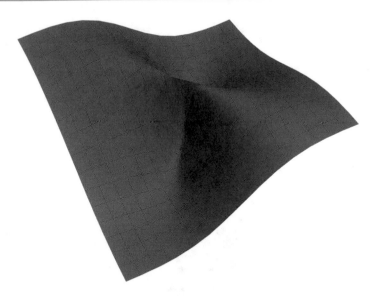

Abb. 15.10 Funktion nicht differenzierbar. Im Video ▸ sn.pub/OZPuOx sieht man die Funktion im 3D-Raum rotierend

Beispiel 15.4

Sei (s. Abb. 15.10)

$$f(x, y) = \begin{cases} \frac{10xy}{(2x^2+3y^2)}, & \text{falls } (x, y) \neq (0, 0) \\ 0, & \text{falls } (x, y) = (0, 0). \end{cases}$$

Dann ist

$$f_x(x, y) = \frac{10y\left(-2x^2 + 3y^2\right)}{\left(2x^2 + 3y^2\right)^2}$$

und auf der Koordinatenlinie $y=0$ ist $f_x(x, 0) = 0$ für $x \in (0, 1]$. Ebenso ist wegen

$$f_y(x, y) = \frac{10x\left(2x^2 - 3y^2\right)}{\left(2x^2 + 3y^2\right)^2}$$

auf der Koordinatenlinie $x=0$ auch $f_y(0, y) = 0$ für $y \in (0, 1]$.

Die partiellen Ableitungen f_x und f_y sind aber an der Stelle $(0,0)$ nicht stetig, da

$$\lim_{x\to 0} f_x(x,y) = \frac{10}{3y} \quad \text{und} \quad \lim_{y\to 0} f_y(x,y) = \frac{10}{4x}.$$

Somit ist f an der Stelle $(0,0)$ nicht differenzierbar.

Anschaulich können wir sagen, dass die Funktion in Abb. 15.10 einen „Knick" hat in der Nähe von $(0,0)$. Das heißt, dass die Ableitung sich dort „sprunghaft" verändert und es dann dort auch keine Tangentialebene gibt.

Bemerkung 15.1

Die Tangentialebene $T(x,y)$ ist das **Taylor-Polynom 1. Grades** in der Funktion $f(x,y)$ an der Stelle $z_0 = f(x_0, y_0)$ im Zweidimensionalen. Dies entspricht einer „Linearisierung" von f an der Stelle (x_0, y_0) (s. Abb. 15.11).

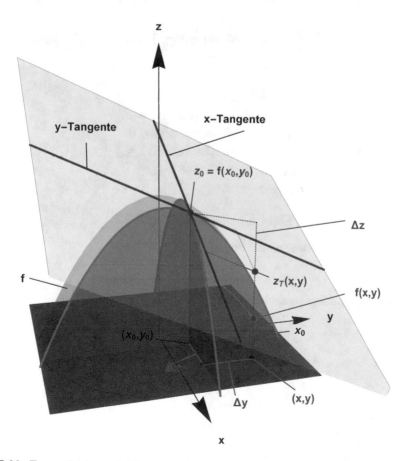

Abb. 15.11   Tangentialebene als Linearisierung

Analog zur Taylor-Entwicklung im Eindimensionalen (s. Abschn. 7.2) kann man auch im Zweidimensionalem Taylor-Polynome höheren Grades berechnen.

Die Formel für das **Taylor-Polynom 2. Grades T_2** (anschaulich: „Schmiegeparaboloid") ergibt sich, indem man zur Tangentialebene T_1 das Paraboloid mit den „Krümmungen" der Funktion f an der Stelle $z_0 = f(x_0, y_0)$ hinzu addiert:

$$T_2(x,y) = \underbrace{f(x_0,y_0) + f_x(x_0,y_0)(x-x_0) + f_y(x_0,y_0)(y-y_0)}_{T_1(x,y)}$$
$$+ \tfrac{1}{2}\left(f_{xx}(x_0,y_0)(x-x_0)^2 + 2f_{xy}(x_0,y_0)(x-x_0)(y-y_0) + f_{yy}(x_0,y_0)(y-y_0)^2\right)$$
$$\tag{15.7}$$

Beispiel 15.5:
Gegeben sei (s. Abb. 15.12)

$$z = f(x,y) = 2\sin(x)\sin(y) + 2$$

und

$$(x_0, y_0) = \left(\frac{\pi}{2}, -\frac{\pi}{2}\right).$$

Dann ist:

$$f(x_0, y_0) = 0$$
$$f_x(x_0, y_0) = 2\cos(x)\sin(y) = 0$$
$$f_y(x_0, y_0) = 2\sin(x)\cos(y) = 0$$
$$f_{xx}(x_0, y_0) = -2\sin(x)\sin(y) = 2$$
$$f_{xy}(x_0, y_0) = 2\cos(x)\cos(y) = 0$$

und

$$f_{yy}(x_0, y_0) = -2\sin(x)\sin(y) = 2$$

Somit ist die Tangentialebene an der Stelle $\left(\frac{\pi}{2}, -\frac{\pi}{2}\right)$:

$$T_1(x,y) = 0$$

$T_2(x,y)$ ist das „Schmiegeparaboloid" an der Stelle $\left(\frac{\pi}{2}, -\frac{\pi}{2}\right)$:

$$T_2(x,y) = \left(x - \frac{\pi}{2}\right)^2 + \left(y + \frac{\pi}{2}\right)^2$$

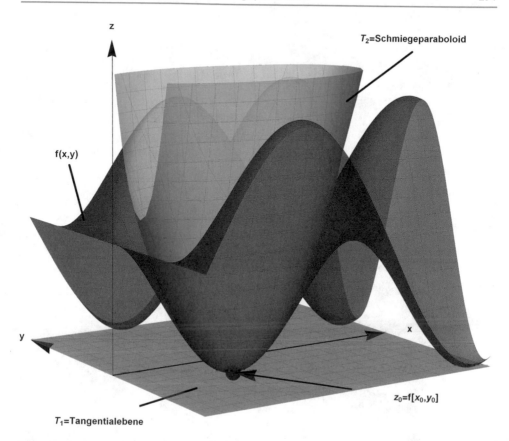

T_2=Schmiegeparaboloid

f(x,y)

z

y

x

z_0=f[x_0,y_0]

T_1=Tangentialebene

Abb. 15.12 Fläche mit Taylor-Polynom 2. Grades im 3D-Raum. In der CDF-Animation zu dieser Abbildung kann man die Figur interaktiv in alle Richtungen drehen. Die CDF-Animation ist unter der zu Beginn des Kapitels angegebenen DOI abrufbar. Nur mit CDF-Player abspielbar. Im Video ▶ sn.pub/deuQlA zur Abb. 15.12 dreht sich die Figur in 3D

Anwendung (linearer Fehler): Wenn $f(x,y)$ eine Messung mit Sollwert $f(x_0, y_0)$ und

$$\Delta f = f(x_0, y_0) - f(x_1, y_1)$$

die Sollwertabweichung an einem Punkt $(x_1, y_1) \neq (x_0, y_0)$ beschreibt, dann kann man mit der Tangentialebene an der Stelle (x_0, y_0) auf einfache Weise die **linearisierte Sollwertabweichung**

$$\Delta T = f(x_0, y_0) - T(x_1, y_1) \tag{15.8}$$

berechnen. Wir definieren analog zur Taylor-Entwicklung im Eindimensionalen (s. Beispiel 7.10) den Fehler, der durch die Linearisierung entsteht:

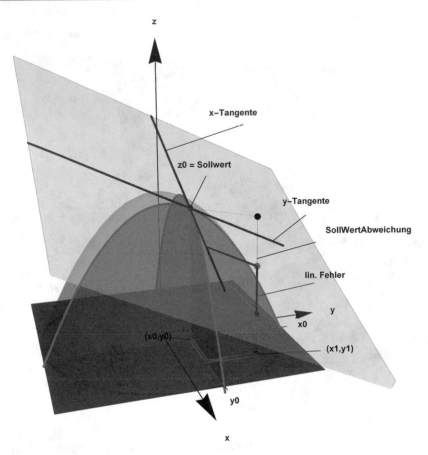

Abb. 15.13 Fläche mit Tangentialebene, Sollwert-Abweichung und linearem Fehler. Im Video
▶ sn.pub/AyggL6 wird der lineare Fehler erklärt

Definition 15.4
Die Differenz (der Sollwertabweichungen)

$$\Delta f - \Delta T = T(x_1, y_1) - f(x_1, y_1) \tag{15.9}$$

heißt *linearer Fehler* (s.Abb. 15.13).

Beispiel 15.6: Parallelschaltung von Widerständen
Gegeben seien zwei Widerstände (s. Abb. 15.14):

Abb. 15.14 Parallelschaltung von Widerständen

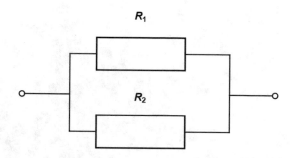

$R_1 = 200\,\Omega$ mit einer Fehlertoleranz von $\pm\,10\,\%$, also $200\,\Omega \pm 20\,\Omega$ und
$R_2 = 80\,\Omega$ mit einer Fehlertoleranz von $\pm\,20\,\%$, also $80\,\Omega \pm 16\,\Omega$.

Die Parallelschaltung von R_1 und R_2 ergibt eine Funktion $R(R_1, R_2)$ von zwei Variablen:

$$R(R_1, R_2) = \frac{R_1 R_2}{R_1 + R_2} = \frac{200\,\Omega \cdot 80\,\Omega}{200\,\Omega + 80\,\Omega} = 57{,}14\,\Omega$$

Es gilt

$$R_{max} = \frac{(R_1 + \Delta R_1)(R_2 + \Delta R_2)}{(R_1 + \Delta R_1) + (R_2 + \Delta R_2)} = \frac{220.96}{316}\,\Omega = 66{,}83\,\Omega$$

Gesucht ist die (maximale) linearisierte Sollwertabweichung (SWA) der Gesamtschaltung. Dann ist mit

$$\frac{\partial R}{\partial R_1} = \frac{R_2^2}{(R_1 + R_2)^2} = \frac{80^2}{280^2} = 0{,}08$$

und

$$\frac{\partial R}{\partial R_2} = \frac{R_1^2}{(R_1 + R_2)^2} = \frac{200^2}{280^2} = 0{,}51$$

die linearisierte SWA (s. Abb. 15.15):

$$\Delta R = \frac{\partial R}{\partial R_1}\Delta R_1 + \frac{\partial R}{\partial R_2}\Delta R_2 = (0{,}08)20\,\Omega + (0{,}51)16\,\Omega = 9{,}76\,\Omega$$

Der tatsächliche maximale Fehler ist

$$\Delta R_{max} = R_{max} - R = \left(\frac{22096}{316} - 57{,}14\right)\Omega = (66{,}83 - 57{,}14)\,\Omega = 9{,}69\,\Omega$$

und die Fehlertoleranz der Schaltung beträgt:

$$R(R_1, R_2) \pm \Delta R_{max} = 57{,}14\,\Omega \pm 9{,}69\,\Omega$$

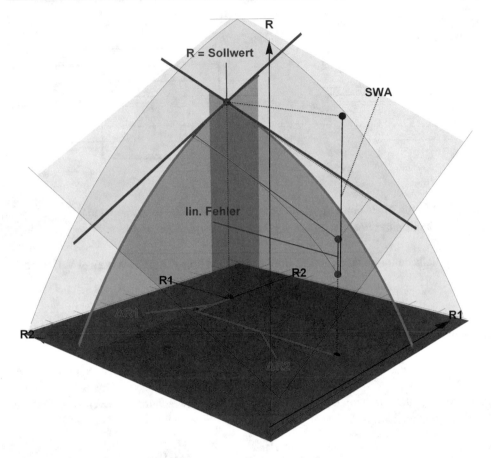

Abb. 15.15 Parallelschaltung von Widerständen als Fläche mit Tangentialebene als Linearisierung

Damit ist der *lineare Fehler,* das heißt die Abweichung der Gesamttoleranz durch die Linearisierung:

$$\Delta R - \Delta R_{\text{max}} = 9{,}76\ \Omega - 9{,}69\ \Omega = 0{,}07\ \Omega$$

15.4 Vollständiges Differential

Bemerkung 15.2
Gegeben sei $f(x, y)$ mit der Tangentialebene $z_T(x, y) = T(x, y)$ und $z_0 = f(x_0, y_0)$.

Mit

$$z_T(x, y) = T(x, y) \text{ und } z_0 = f(x_0, y_0)$$

kann man den „Höhenunterschied" auf der Tangentialebene beschreiben:

$$z_T(x,y) - z_0 = f_x(x_0,y_0)(x - x_0) + f_y(x_0,y_0)(y - y_0)$$

Mit den Abkürzungen

$$\Delta z = z_T(x,y) - z_0, \quad \Delta x = (x - x_0) \quad \text{und} \quad \Delta y = (y - y_0)$$

ergibt sich

$$\Delta z = f_x(x_0,y_0)\Delta x + f_y(x_0,y_0)\Delta y.$$

Wenn man (x_0, y_0) durch eine allgemeine Stelle (x, y) ersetzt und die Schreibweise

$$\Delta z = dz, \Delta x = dx \text{ und } \Delta y = dy$$

benutzt, erhält man den Ausdruck

$$dz = f_x(x,y)dx + f_y(x,y)dy. \tag{15.10}$$

Dies nennt man:

Totales Differential oder ***vollständiges Differential von f an der Stelle*** (x,y).

15.5 Implizite Ableitung

Wenn man eine implizite Darstellung einer Funktion im Eindimensionalen hat, kann man formal mit Hilfe des totalen Differentials die Ableitung $y'(x)$ berechnen, ohne eine explizite Darstellung $y(x)$ zu kennen. Betrachte die implizite Funktion $z = F(x, y) = 0$. Dies kann man als die Höhenlinie der Flächenfunktion $z = F(x, y)$ in Dreidimensionalen für $z = 0$ betrachten (s. Abb. 15.16). Die Ableitung von

$$z = F(x,y) = 0$$

nach x ergibt mit der Kettenregel:

$$F_x(x,y) + F_y(x,y)\frac{dy}{dx} = 0$$

Daraus folgt:

$$\frac{dy}{dx} = -\frac{F_x(x,y)}{F_y(x,y)}, \quad \text{falls } F_y(x,y) \neq 0 \tag{15.11}$$

Damit haben wir die

Abb. 15.16 Implizite
Funktion als Schnittlinie mit
xy-Ebene

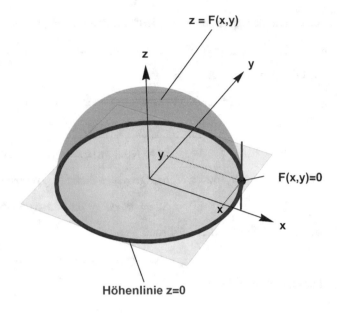

Definition 15.5

$$y'(x) = -\frac{F_x(x, y)}{F_y(x, y)}$$

heißt *implizite Ableitung von y(x)*.

Beispiel 15.7

Gegeben sei die implizite Funktion (s. Abb. 15.17)

$$F(x, y) = \sqrt{1 - \left(x^2 + y^2\right)} = 0.$$

Dann ist

$$F_x(x, y) = -\frac{x}{\sqrt{1 - \left(x^2 + y^2\right)}} \text{ und } F_y(x, y) = -\frac{y}{\sqrt{1 - \left(x^2 + y^2\right)}}$$

und die **implizite Ableitung** (für $y \neq 0$) ist mit (15.11):

$$\frac{\mathrm{d}y}{\mathrm{d}x} = -\frac{F_x(x, y)}{F_y(x, y)} = -\frac{x}{y}$$

Abb. 15.17 Implizite
Funktion als Höhenlinie

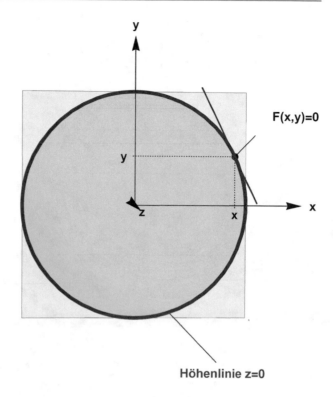

Probe mit expliziter Darstellung: Wenn man die Funktion $F(x, y) = \sqrt{1 - (x^2 + y^2)} = 0$
explizit nach y auflöst, gilt (für den positiven Zweig der Wurzel)

$$y(x) = \sqrt{1 - x^2}$$

und dann ist

$$y'(x) = -\frac{x}{\sqrt{1 - x^2}} = -\frac{x}{y}.$$

Relative Extremwerte von Funktionen im Mehrdimensionalen

16

Analog zum Eindimensionalen kann man mit Hilfe der Differentialrechnung Maxima und Minima von Funktionen im Mehrdimensionalen finden und beschreiben. In diesem Kapitel werden „glatte" (d. h. stetige differenzierbare) Funktionen $z = f(x,y)$ mit $(x,y) \in D_f \subset \mathbb{R}^2$ (d. h. Flächen in $\mathbb{R}^3$) untersucht. Solche Flächen können Hoch- und Tiefpunkte haben aber auch Sattelpunkte wie in Kap. 14 dargestellt.

Zunächst werden die mathematischen Kriterien formuliert, die diese Punkte auszeichnen. Danach werden Probleme behandelt, bei denen die Extremwerte noch weiteren sogenannten Nebenbedingungen genügen. Dabei hat sich bei der Bestimmung dieser Extremwerte ein besonderer Ansatz von Lagrange mit einem Hilfsparameter bewährt.

16.1 Relative Extremwerte ohne Nebenbedingungen

Wir betrachten Funktionen $z = f(x,y)$ mit $(x, y) \in D_f \subset \mathbb{R}^2$, die mindestens zweimal partiell differenzierbar sind. Zusätzlich nehmen wir an, dass diese partiellen Ableitungen stetig sind. Wir suchen nach relativen Extremwerten dieser Funktionen. Relative Extremwerte sind lokale Extremwerte, d. h., nur in einer lokalen Umgebung der Extremstellen liegen sie höher oder tiefer als die Nachbarpunkte. Sie können in einer Fläche mehrfach auftreten (s. Abb. 16.1).

Elektronisches Zusatzmaterial Die elektronische Version dieses Kapitels enthält Zusatzmaterial, das berechtigten Benutzern zur Verfügung steht. https://doi.org/10.1007/978-3-658-30245-0_16

Abb. 16.1 Fläche mit
unendlich vielen Hoch- und
Tiefpunkten. Im Video ▶ sn.
pub/HgDG6R dreht sich die
Figur in 3D

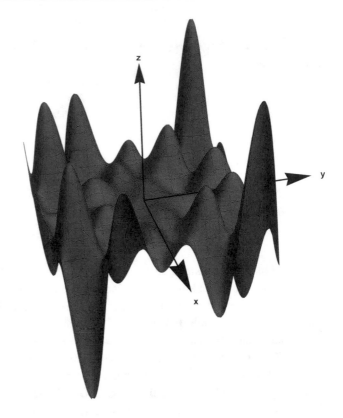

Definition 16.1

Eine Funktion $z = f(x,y)$ hat an der Stelle $(x_0, y_0) \in D_f$.

- ein ***relatives Maximum,*** wenn es eine ε-Umgebung $U_\varepsilon(x_0, y_0) \subset D_f$ gibt mit

$$f(x, y) < f(x_0, y_0) \text{ für alle } (x, y) \in \dot{U}_\varepsilon(x_0, y_0)$$

- ein ***relatives Minimum,*** wenn es eine ε-Umgebung $U_\varepsilon(x_0, y_0) \subset D_f$ gibt mit

$$f(x, y) > f(x_0, y_0) \text{ für alle } (x, y) \in \dot{U}_\varepsilon(x_0, y_0)$$

wobei eine ε-Umgebung $U_\varepsilon(x_0, y_0)$ eine Menge ist mit

$$U_\varepsilon(x_0, y_0) = \left\{ (x, y) \in D_f \,|\, (x, y) - (x_0, y_0)| < \varepsilon \right\} \text{ für } \varepsilon > 0$$

und

$$\dot{U}_\varepsilon(x_0, y_0) := U_\varepsilon(x_0, y_0) \setminus \{(x_0, y_0)\}.$$

Man sagt: f hat an der Stelle (x_0, y_0) einen ***relativen Extremwert,*** wenn f dort ein relatives Maximum oder Minimum hat (s. Abb. 16.2).

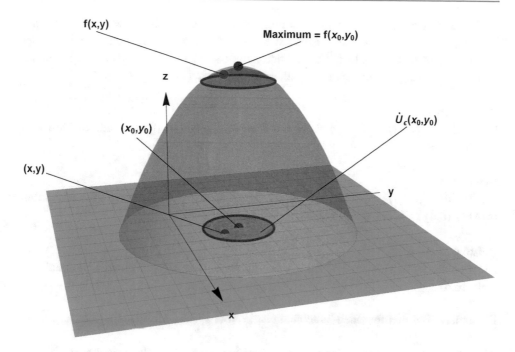

Abb. 16.2   Fläche mit Maximum und ε-Umgebung $\dot{U}_\varepsilon$

Es gibt **notwendige** und **hinreichende** Bedingungen für relative Extremwerte. Eine notwendige Bedingung formuliert

Satz 16.1
Wenn f an der Stelle (x_0, y_0) stetig partiell differenzierbar ist und an der Stelle (x_0, y_0) ein Extremwert von f vorliegt, dann gilt:

$$f_x(x_0, y_0) = 0 \quad \text{und} \quad f_y(x_0, y_0) = 0 \tag{16.1}$$

Eine andere Schreibweise für (16.1) ermöglicht die Vektoranalysis (s. Kap. 18, (18.1)):

$$\text{grad}\,(f(x_0, y_0)) = \vec{0}$$

Definition 16.2
Punkte, für die die Bedingung (16.1) erfüllt ist, heißen *stationäre (oder kritische) Punkte*.

Bemerkung 16.1
1. Die Bedingung (16.1) bedeutet, dass f an der Stelle (x_0, y_0) eine waagerechte Tangentialebene hat, d. h. die Tangentialebene ist parallel zur xy-Ebene.

2. Die Bedingung (16.1) ist aber nicht hinreichend für einen Extremwert. Denn es gibt Funktionen f mit stationären Punkten (x_0, y_0), die eine ε-Umgebung haben, in der sowohl Punkte $(x, y) \in \dot{U}_\varepsilon(x_0, y_0)$ existieren mit $f(x, y) < f(x_0, y_0)$ als auch Punkte mit $f(x, y) > f(x_0, y_0)$. Solche Punkte heißen **Sattelpunkte.**

Beispiel 16.1
Die Funktion $f(x, y) = x^2 + y^2$ hat an der Stelle $(x_0, y_0) = (0, 0)$ ein relatives Minimum (s. Abb. 16.3).

Beispiel 16.2
Die Funktion $f(x, y) = e^{-(x^2 + y^2)}$ hat an der Stelle $(x_0, y_0) = (0, 0)$ ein relatives Maximum (s. Abb. 16.4).

Beispiel 16.3
Die Funktion $f(x, y) = x^2 - y^2$ hat an der Stelle $(x_0, y_0) = (0, 0)$ einen Sattelpunkt (s. Abb. 16.5).

Ein anderes Beispiel für einen Sattelpunkt ist in Abb. 14.11 („Hexensattel") zu sehen.

Wir führen nun hinreichende Bedingungen für Extremwerte und Sattelpunkte ein.

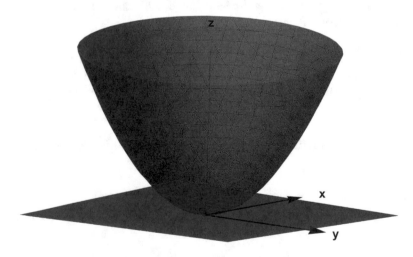

Abb. 16.3 Fläche mit Minimum und Tangentialebene am Minimum

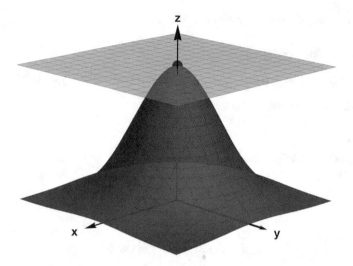

Abb. 16.4 Fläche mit Maximum und Tangentialebene am Maximum

Abb. 16.5 Fläche
mit Sattelpunkt und
Tangentialebene am
Sattelpunkt

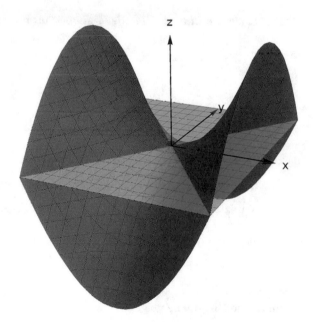

Definition 16.3

1. Die Matrix der zweiten Ableitungen

$$H(x,y) = \begin{pmatrix} f_{xx}(x,y) & f_{yx}(x,y) \\ f_{xy}(x,y) & f_{yy}(x,y) \end{pmatrix} \tag{16.2}$$

heißt *Hessesche Matrix* von f an der Stelle (x, y).

2. Die Determinante von $H(x, y)$

$$\Delta(x, y) := \det(H(x, \; y)) \; = f_{xx}(x, y) f_{yy}(x, y) - f_{xy}(x, y) f_{yx}(x, y) \tag{16.3}$$

heißt *Diskriminante* von f an der Stelle (x, y).

Bemerkung 16.2
Da die Funktion stetige partielle Ableitungen hat, gilt der Satz von Schwarz (s. Abschn. 15.2, Satz 15.1) und es gilt:

$$f_{xy}(x, y) = f_{yx}(x, y)$$

Somit gilt:

$$H(x, y) = \begin{pmatrix} f_{xx} & f_{xy} \\ f_{xy} & f_{yy} \end{pmatrix}(x, y), \tag{16.4}$$

d. h., $H(x, y)$ ist symmetrisch.

Damit können wir *hinreichende Bedingungen* für Extremwerte von f formulieren.

Satz 16.2
Wenn gilt

$$f_x(x_0, y_0) = 0 \quad \text{und} \quad f_y(x_0, y_0) = 0 \quad \text{und} \tag{16.5}$$

$$\Delta(x_0, y_0) := \left(f_{xx} f_{yy} - f_{xy}^2 \right)(x_0, y_0) > 0, \tag{16.6}$$

dann hat f an der Stelle (x_0, y_0) einen *Extremwert.* Es gilt dann insbesondere:

Wenn $f_{xx}(x_0, y_0) < 0$ ist, dann hat f an der Stelle (x_0, y_0) ein *Maximum.* (16.7)

Wenn $f_{xx}(x_0, y_0) > 0$ ist, dann hat f an der Stelle (x_0, y_0) ein *Minimum.* (16.8)

Wenn $\Delta(x_0, y_0) := \left(f_{xx} f_{yy} - f_{xy}^2 \right)(x_0, y_0) < 0$, dann hat f an der Stelle (x_0, y_0) einen *Sattelpunkt.*
$$\tag{16.9}$$

Bemerkung 16.3
Wenn für die Diskriminante gilt

$$\Delta(x_0, y_0) = 0, \tag{16.10}$$

dann liefert das Verfahren in Satz 16.2 keine Aussage über Extremwerte oder Sattelpunkte und man muss weitere Informationen heranziehen (s. Beispiel 16.6, Abb. 16.13 und 16.14).

Wir geben in Beispiel 16.4 und 16.5 für interessierte Leser eine Begründung für die hinreichenden Bedingungen für Extremwerte und Sattelpunkte in Satz 16.2.
Wir betrachten zunächst die Standardbeispiele, für die die Diskriminante $\Delta(x_0, y_0) \neq 0$ ist.

Beispiel 16.4

Wir haben für die drei Fälle (s. Abb. 16.6) die Funktionen

$$f(x,y) = x^2 + y^2 \quad \text{mit Minimum bei } (0,0), \tag{16.11}$$

$$f(x,y) = 1 - (x^2 + y^2) \quad \text{mit Maximum bei } (0,0), \tag{16.12}$$

$$f(x,y) = x^2 - y^2 \quad \text{mit Sattelpunkt bei } (0,0). \tag{16.13}$$

Wegen $f_x(x_0, y_0) = \pm 2x = 0$ und $f_y(x_0, y_0) = \pm 2y = 0$ ist in allen drei Fällen (16.11), (16.12) und (16.13) der stationäre Punkt bei $(x_0, y_0) = (0,0)$ und es gilt $f_{xy}(x_0, y_0) = f_{xy}(x_0, y_0) = 0$.

Somit ist die Hessesche Matrix an dieser Stelle

$$H(x_0, y_0) = \begin{pmatrix} f_{xx} & 0 \\ 0 & f_{yy} \end{pmatrix} (x_0, y_0). \tag{16.14}$$

Speziell im Fall (16.11) $f(x,y) = x^2 + y^2$ (Minimum bei (0,0)) haben wir

$$f_{xx}(x_0, y_0) = 2, \quad f_{yy}(x_0, y_0) = 2$$

und die Hessesche Matrix an dieser Stelle ist

$$H(x_0, y_0) = \begin{pmatrix} 2 & 0 \\ 0 & 2 \end{pmatrix}.$$

Daraus ergibt sich die Diskriminante:

$$\Delta(x_0, y_0) = \det(H(x_0, y_0)) = f_{xx}f_{yy} = f_{xx}f_{yy} - f_{yx}^2 = 4 > 0$$

Im Fall (16.12) $f(x,y) = 1 - (x^2 + y^2)$ (Maximum bei (0,0)) haben wir

$$f_{xx}(x_0, y_0) = -2, f_{yy}(x_0, y_0) = -2$$

und die Hessesche Matrix an dieser Stelle ist

$$H(x_0, y_0) = \begin{pmatrix} -2 & 0 \\ 0 & -2 \end{pmatrix}.$$

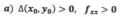

a) $\Delta(x_0, y_0) > 0$, $f_{xx} > 0$ *b)* $\Delta(x_0, y_0) > 0$, $f_{xx} < 0$ *c)* $\Delta(x_0, y_0) < 0$

Abb. 16.6 Taylor-Approximation 2. Grades für $f(x, y)$ mit $\Delta(x_0, y_0) \neq 0$

Daraus ergibt sich die Diskriminante:

$$\Delta(x_0, y_0) = \det(H(x_0, y_0)) = f_{yy} = f_{xx}f_{yy} - f_{yx}^2 = 4 > 0$$

Im Fall (16.13) $f(x, y) = x^2 - y^2$) (Sattelpunkt bei (0,0)) haben wir

$$f_{xx}(x_0, y_0) = 2, \quad f_{yy}(x_0, y_0) = -2$$

und die Hessesche Matrix an dieser Stelle ist

$$H(x_0, y_0) = \begin{pmatrix} 2 & 0 \\ 0 & -2 \end{pmatrix}.$$

Daraus ergibt sich die Diskriminante:

$$\Delta(x_0, y_0) = \det(H(x_0, y_0)) = f_{xx} f_{yy} = f_{xx}f_{yy} - f_{yx}^2 = -4 < 0$$

Das heißt also, dass in den drei Fällen des Beispiels 16.4, nämlich (16.11), (16.12) und (16.13), der Satz 16.2 und die Bemerkung 16.3 anwendbar sind.

Beispiel 16.5: Allgemeiner Fall

Sei $z = f(x,y)$ eine Funktion mit einem stationären Punkt bei (x_0, y_0). Dann kann man analog zur Taylor-Entwicklung im Eindimensionalen (s. Abschn. 7.2) auch für Funktionen f im zweidimensionalen Raum das Taylor-Polynom 2. Grades T_2 von $f(x,y)$ berechnen (s. Kap. 15). Die Formel (15.7) für das Taylor-Polynom 2. Grades T_2 ergibt sich anschaulich, indem man zur Tangentialebene T_1 das „Schmiegeparaboloid" der Funktion f an der Stelle $z_0 = f(x_0, y_0)$ addiert.

Die Idee ist nun, dass man mit Hilfe einer Hauptachsentransformation die Funktion f so darstellen kann, dass das Taylor-Polynom T_2 die Form einer der drei Fälle in Beispiel 16.4 hat.

In Kurzform (s. (15.7)) ist das Taylor-Polynom 2. Grades beschrieben durch:

$$T_2(x, y) = \underbrace{f(x_0, y_0) + \mathrm{grad}(f(x_0, y_0))\begin{pmatrix} x - x_0 \\ y - y_0 \end{pmatrix}}_{T_1} + \underbrace{\begin{pmatrix} x - x_0 \\ y - y_0 \end{pmatrix} H(x_0, y_0) \begin{pmatrix} x - x_0 \\ y - y_0 \end{pmatrix}}_{\text{"Schmiegeparaboloid"}}$$

Da (x_0, y_0) ein stationärer Punkt ist, gilt $f_x(x_0, y_0) = 0$ und $f_y(x_0, y_0) = 0$, das heißt, mit

$$\mathrm{grad}\,(f(x_0, y_0)) = \vec{0}$$

haben wir

$$T_2(x, y) = f(x_0, y_0) + \begin{pmatrix} x - x_0 \\ y - y_0 \end{pmatrix} H(x_0, y_0) \begin{pmatrix} x - x_0 \\ y - y_0 \end{pmatrix}.$$

Wir nehmen an, dass $z_0 = f(x_0, y_0) = 0$ ist; damit ist

$$T_1(x, y) = 0$$

und

$$T_2(x, y) = \begin{pmatrix} x - x_0 \\ y - y_0 \end{pmatrix} \mathrm{H}(x_0, y_0) \begin{pmatrix} x - x_0 \\ y - y_0 \end{pmatrix}.$$

Dies ist wie im eindimensionalen Fall eine (quadratische) Näherung (s. Abschn. 7.2.) für die Funktion f an der Stelle (x_0, y_0), die für „kleine" $\begin{pmatrix} x - x_0 \\ y - y_0 \end{pmatrix}$ immer besser mit der Funktion f übereinstimmt.

Wenn nun bei (x_0, y_0) ein Extremwert vorliegt, dann ist $T_2(x, y)$ ein „Schmiegeparaboloid" (s. z. B. Abb. 16.7), das nach oben (bzw. nach unten) geöffnet ist – je nachdem, ob es sich um ein relatives Maximum oder ein relatives Minimum handelt. Wenn (x_0, y_0) ein Sattelpunkt ist, dann ist $T_2(x, y)$ ein „Schmiegesattel" (s. Abb. 16.8).

Im Abschn. 11.6 (Beispiel 11.5, Bemerkung 11.5) haben wir für eine symmetrische Matrix gezeigt, dass sie spezielle Eigenschaften hat, d. h. mit Hilfe einer speziellen Transformationsmatrix in eine Diagonalmatrix transformiert werden kann. Dies gilt für alle symmetrischen Matrizen.[1] Da die Hessesche Matrix H symmetrisch ist, gibt es auch für H eine invertierbare Transformationsmatrix S, die H in eine Diagonaldarstellung $\tilde{\mathrm{H}}$ mit Eigenwerten λ_1 und λ_2 von H in der Diagonalen transformiert:

$$\tilde{\mathrm{H}} = \mathrm{S}^{-1}\mathrm{H}\mathrm{S} = \begin{pmatrix} \lambda_1 & 0 \\ 0 & \lambda_2 \end{pmatrix}$$

Die Transformation $\mathrm{H} \to \mathrm{S}^{-1}\mathrm{H}\mathrm{S} = \tilde{\mathrm{H}}$ ist eine sogenannte „Hauptachsentransformation", die H und f in eine Darstellung in einem Koordinatensystem $(\tilde{x}, \tilde{y})$ transformiert, welches durch zwei orthonormale Eigenvektoren von H als Basis (s. Abb. 16.9) erzeugt wird. Es gilt somit für die Diskriminante:

$$\Delta(x_0, y_0) = \det(\mathrm{H}(x_0, y_0)) = \det\left(\mathrm{S}^{-1}\mathrm{H}(x_0, y_0)\mathrm{S}\right)$$

(Beachte: Weil S invertierbar ist, gilt $\det(\mathrm{S}^{-1})\det(\mathrm{S}) = 1$.) Bei dieser Transformation verschwinden die gemischten Ableitungen, d. h. es gilt

$$f_{\tilde{x}\tilde{y}} = f_{\tilde{y}\tilde{x}} = 0$$

und $\tilde{\mathrm{H}}$ hat im Koordinatensystem $(\tilde{x}, \tilde{y})$ die Form

$$\tilde{\mathrm{H}} = \begin{pmatrix} f_{\tilde{x}\tilde{x}} & 0 \\ 0 & f_{\tilde{y}\tilde{y}} \end{pmatrix}.$$

Dies ist die Hessesche Matrix (16.14) von f im Koordinatensystem $(\tilde{x}, \tilde{y})$ und es gilt für die Diskriminante:

$$\Delta(x_0, y_0) = \det(\mathrm{H}(x_0, y_0)) = \det\left(\tilde{\mathrm{H}}(x_0, y_0)\right) = f_{\tilde{x}\tilde{x}} \cdot f_{\tilde{y}\tilde{y}} \tag{16.15}$$

---

[1] s. z. B. R. Wüst (2002, Bd. I, S. 533).

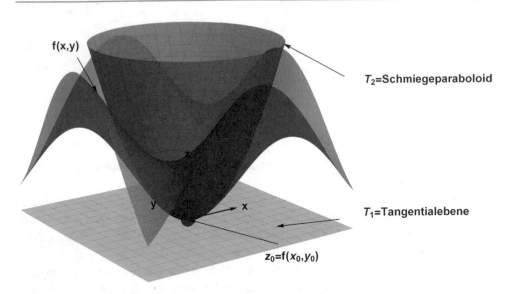

Abb. 16.7   Taylor-Approximation 2. Grades (Schmiegeparaboloid)

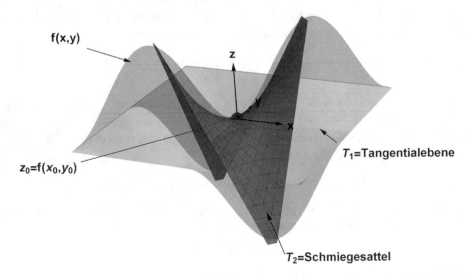

Abb. 16.8   Taylor-Approximation 2. Grades (Schmiegesattel). Im Video ▸ sn.pub/TaPfeu sieht man den Schmiegesattel im 3D-Raum rotierend

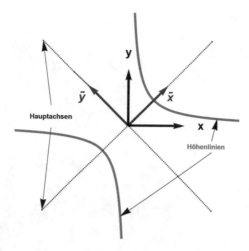

Abb. 16.9 Hauptachsentransformation von (x, y) auf die Hauptachsen $(\tilde{x}, \tilde{y})$ und Höhenlinien der Sattelfläche

Das bedeutet: Wenn man die Funktion f mit S in die „Hauptachsen" $(\tilde{x}, \tilde{y})$ transformiert, dann hat $T_2(\tilde{x}, \tilde{y})$ die Form einer der drei Fälle im Beispiel 16.4 (s. Abb. 16.10 und 16.11).

In Abb. 16.11 sind die Hauptachsenvektoren und einige Höhenlinien dargestellt. Man sieht, dass die Tangenten der Höhenlinien im Schnittpunkt orthogonal zu den Hauptachsen sind. Es ergeben sich dann aus (16.5) die hinreichenden Bedingungen aus Satz 16.2 für relative Extrema und Sattelpunkte (16.5) bis (16.9) im allgemeinen Fall für f.

Abb. 16.10 Schmiegesattel in 3D mit Hauptachsen $(\tilde{x}, \tilde{y})$

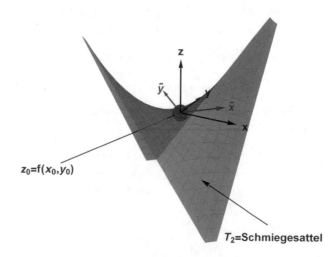

Abb. 16.11 Draufsicht auf
den Schmiegesattel in 2D
mit Hauptachsen $(\tilde{x}, \tilde{y})$ und
Höhenlinien

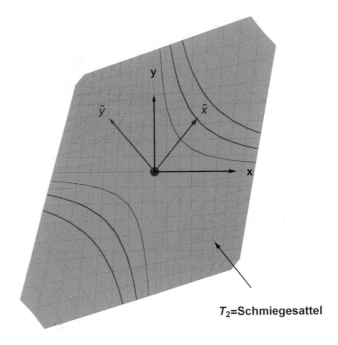

T_2=Schmiegesattel

Beispiel 16.6
Gegeben sei die Funktion $z = f(x,y) = x^2 y + 2x^2 - 3y^3 - y + 1$.

Wir berechnen die Extremwerte und Sattelpunkte:

1. **Schritt:** Stationäre Punkte berechnen
   Aus den Gleichungen

$$f_x(x,y) = 4x + 2xy = 0$$
$$f_y(x,y) = 1 + x^2 - 9y^2 = 0$$

folgen die reellwertigen Lösungen (stationäre Punkte):

$$(x_0, y_0) = (\sqrt{37}, -2) \quad \text{und} \quad (x_1, y_1) = (-\sqrt{37}, -2)$$

2. **Schritt:** Diskriminante $\Delta(x,y)$ berechnen
   Mit

$$f_{xx}(x,y) = 4 + 2y$$
$$f_{yy}(x,y) = -18y$$
$$f_{xy}(x,y) = f_{yx}(x,y) = 2x$$

   folgt:

$$\Delta(x,y) = (f_{xx}f_{yy} - f_{xy}^2)(x,y) = -18y(4 + 2y) - 4x^2$$

3. **Schritt:** Stationäre Punkte in $\Delta(x, y)$ einsetzen
   Dann ist:

$$\Delta(x_0, y_0) = -148$$

Damit ist an der Stelle (x_0, y_0) ein Sattelpunkt. Und da

$$\Delta(x_1, y_1) = -148$$

ist, ist an der Stelle (x_1, y_1) auch ein Sattelpunkt. Also hat die Funktion zwei Sattelpunkte.

4. **Schritt:** Funktionswerte berechnen

$$z_0 = f(x_0, y_0) = 27$$

und

$$z_1 = f(x_1, y_1) = 27$$

Somit sind die beiden Punkte

$$P_0 = (x_0, y_0, z_0) = (\sqrt{37}, -2, 27) \quad \text{und} \quad P_1 = (x_1, y_1, z_1) = (-\sqrt{37}, -2, 27)$$

die Sattelpunkte der Funktion $f(x, y)$ (siehe Abb. 16.12).

Beispiel 16.7
Gegeben sei die Funktion $z = f(x, y) = 3x^2y + 2x^3 - 3y^2 + 3y + 2$.

Wir berechnen die Extremwerte und Sattelpunkte.

1. **Schritt:** Stationäre Punkte berechnen
   Aus den Gleichungen

$$f_x(x, y) = 6x^2 + 6xy = 0$$

$$f_y(x, y) = 3 + 3x^2 + 6y = 0$$

folgen die reellwertigen Lösungen (stationäre Punkte):

$$(x_1, y_1) = (-1, 1) \quad \text{und} \quad (x_0, y_0) = (0, \frac{1}{2})$$

2. **Schritt:** Diskriminante $\Delta(x, y)$ berechnen
   Mit

$$f_{xx}(x, y) = 12x + 6y$$

$$f_{yy}(x, y) = -6$$

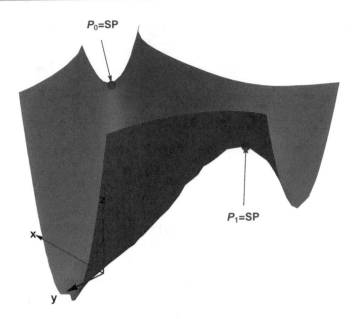

Abb. 16.12 Fläche mit zwei Sattelpunkten (zu Beispiel 16.6). Im Video ▸ sn.pub/4N1CTg dreht sich die Figur in 3D

$$f_{xy}(x, y) = f_{yx}(x, y) = 6x$$

folgt:

$$\Delta(x, y) = (f_{xx}f_{yy} - f_{xy}^2)(x, y) = -6(12x + 6y) - 36x^2$$

3. **Schritt:** Stationäre Punkte in $\Delta(x, y)$ einsetzen
   Dann ist:

$$\Delta(x_1, y_1) = \Delta(-1, 1) = 0$$

Damit gilt an der Stelle (x_1, y_1): Es gibt keine Entscheidung (s. Bemerkung 16.3)!
Es gilt jedoch

$$\Delta(x_0, y_0) = \Delta\left(0, \frac{1}{2}\right) = -18.$$

Somit ist an der Stelle (x_0, y_0) ein Sattelpunkt.

4. **Schritt:** Funktionswerte berechnen

Es gilt:

$$z_1 = f(x_1, y_1) = 3$$

und

$$z_0 = f(x_0, y_0) = 2{,}75$$

Somit ist der Punkt

$$P_0 = (x_0, y_0, z_0) = (0, 0{,}5, 2{,}75)$$

ein Sattelpunkt der Funktion $f(x, y)$ und beim Punkt

$$P_1 = (x_1, y_1, z_1) = (-1, 1, 3)$$

liefert der Satz 16.2 nach Bemerkung 16.3 keine Entscheidung (s. Abb. 16.13 und 16.14).

Bemerkung 16.4

In Abb. 16.13 und im Video zu Abb. 16.13 kann man erkennen, dass die Funktion f an der Stelle $(x_1, y_1) = (-1, 1)$ einen „Grat" hat, wo die Funktion f in eine Richtung wie bei einem Maximum abfällt, während f orthogonal dazu einerseits ansteigt und andererseits abfällt. Wir nennen P_1 daher einen „Sattelpunkt 2. Art".

Beispiel 16.8

Gegeben sei die Funktion $z = f(x, y) = (x - 2)^2 + (y - 1)^2 + \frac{y^3}{3}$.

Wir berechnen die Extremwerte und Sattelpunkte.

1. **Schritt:** Stationäre Punkte berechnen

Aus den Gleichungen

$$f_x(x, y) = 2(-2 + x) = 0$$

$$f_y(x, y) = 2(-1 + y) + y^2 = 0$$

folgen die reellwertigen Lösungen (stationäre Punkte):

$$(x_0, y_0) = \left(2, -1 - \sqrt{3}\right) \quad \text{und} \quad (x_1, y_1) = \left(2, -1 + \sqrt{3}\right)$$

Abb. 16.13 Fläche mit
Sattelpunkt und „Sattelpunkt
2. Art" (zu Beispiel 16.7).
Im Video ▸ sn.pub/A249Ig
dreht sich die Figur in 3D.
In der CDF-Animation zu
dieser Abbildung kann man
die Fläche beliebig manuell
drehen. Die CDF-Animation
ist unter der zu Beginn des
Kapitels angegebenen DOI
abrufbar. Nur mit CDF-Player
abspielbar

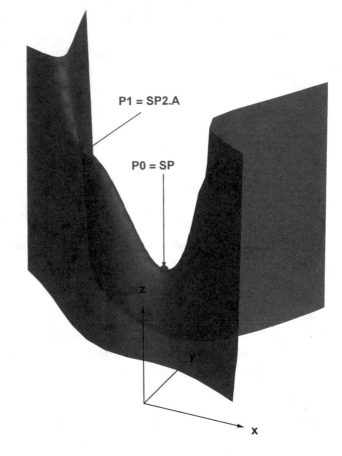

2. **Schritt:** Diskriminante $\Delta(x, y)$ berechnen
   Mit

$$f_{xx}(x, y) = 2$$

$$f_{yy}(x, y) = 2 + 2y$$

$$f_{xy}(x, y) = f_{yx}(x, y) = 0$$

folgt:

$$\Delta(x, y) = (f_{xx}f_{yy} - f_{xy}^2)(x, y) = 2(2 + 2y)$$

3. **Schritt:** Stationäre Punkte in $\Delta(x, y)$ einsetzen
   Dann ist

$$\Delta(x_0, y_0) = -6{,}92 < 0.$$

P1 = SP2.A

Abb. 16.14 Ausschnitt aus Fläche mit „Sattelpunkt 2. Art". Im Video ▶ sn.pub/B83VxO dreht sich die Figur in 3D

Damit ist an der Stelle (x_0, y_0) ein Sattelpunkt. Und da

$$\Delta(x_1, y_1) = 6{,}92 > 0$$

ist, ist an der Stelle (x_1, y_1) ein Minimum.

4. **Schritt:** Funktionswerte berechnen

$$z_0 = f(x_0, y_0) = 7{,}13$$

und

$$z_1 = f(x_1, y_1) = 0{,}20$$

Somit ist der Punkt

Abb. 16.15 Fläche mit
Sattelpunkt und Minimum (zu
Beispiel 16.8). Im Video ▶
sn.pub/HtrceY dreht sich die
Figur in 3D

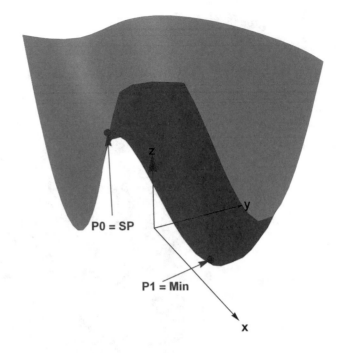

$$P_0 = (x_0, y_0, z_0) = \left(2, -1 - \sqrt{3}, 7{,}13\right) \text{ ein Sattelpunkt}$$

$$\text{und } P_1 = (x_1, y_1, z_1) = \left(2, -1 + \sqrt{3}, 0{,}20\right) \text{ ein Minimum}$$

der Funktion $f(x, y)$ (s. Abb. 16.15).

16.2   Relative Extremwerte mit Nebenbedingungen

Es gibt Extremwertaufgaben, bei denen man die Suche nach dem gewünschten Wert durch zusätzliche Bedingungen (sogenannte Nebenbedingungen) einschränkt. Anschaulich kann man das interpretieren als eine Suche nach Hoch- und Tiefpunkten entlang eines Wanderweges in einer hügeligen Landschaft. Wir nennen solche Hoch- und Tiefpunkte auch (relative) Maxima bzw. Minima mit Nebenbedingungen. Man kann in manchen Fällen diese Nebenbedingungen nach einer Variablen auflösen und in die Extremwertaufgabe einsetzen. Dann erhält man ein Extremwertproblem mit niedrigerer Ordnung. Dies kann jedoch zu aufwendigen Berechnungen führen. Eine elegantere Lösungsmethode ist das **Multiplikatorverfahren von Lagrange.** Dieses Verfahren ist

eine weit verbreitete Methode zur Lösung von linearen und nichtlinearen Optimierungs-
probleme und hat unzählige Anwendungen, z. B. Videocodierung[2], Produktions- und
Lagerhaltung, Preis-, Energie- oder Wegoptimierung unter komplexen Bedingungen
(s. W. Alt 2002, S. 36, 305). Das Verfahren liefert allerdings nur notwendige
Bedingungen für einen Extremwert. Hinreichende Bedingungen lassen sich nur mit
weiterführenden Methoden formulieren, was über den Rahmen dieses Buches hinausgeht.

Die **mathematische Formulierung** des Problems lautet:
Gegeben sei eine Funktion $z = f(x, y)$ und eine Kurve in impliziter Form $\varphi(x, y) = 0$ in
der xy- Ebene. Gesucht sind relative Maxima und Minima von $f(x, y)$ unter der Nebenbedingung $\varphi(x, y) = 0$. Die Lösung erfolgt mit Hilfe des **Multiplikatorverfahrens von
Lagrange:**

1. **Schritt:** Bilde die Hilfsfunktion.

$$L(x, y, \lambda) := f(x, y) + \lambda \varphi(x, y) \tag{16.16}$$

$\lambda \in \mathbb{R}$ ist ein Hilfsparameter und heißt **Lagrange-Multiplikator.**

2. **Schritt:** Suche stationäre Punkte in $L(x, y, \lambda)$ (d. h. setze die partiellen
Ableitungen $= 0$).

$$L_x(x, y, \lambda) = f_x(x, y) + \lambda \varphi_x(x, y) = 0 \tag{16.17}$$

$$L_y(x, y, \lambda) = f_y(x, y) + \lambda \varphi_y(x, y) = 0 \tag{16.18}$$

$$L_\lambda(x, y, \lambda) = \varphi(x, y) = 0 \tag{16.19}$$

Die Gl. (16.19) ist identisch mit der Nebenbedingung $\varphi(x, y) = 0$.
Damit haben wir drei Gleichungen mit den drei „Unbekannten" (x, y, λ). Die
Lösungen (x_0, y_0, λ_0) dieses Gleichungssystems liefern die Stellen (x_0, y_0), an denen
Hoch- und Tiefpunkte (genannt stationäre Punkte) angenommen werden können. λ_0
ist ein Hilfsparameter, der nicht explizit berechnet werden muss.

3. **Schritt:** Berechnung von $z_0 = f(x_0, y_0)$ ergibt dann die (möglichen) Hoch- und Tiefpunkte (x_0, y_0, z_0).

Das Verfahren liefert keine Aussage darüber, welcher Art die möglichen Extremwerte (x_0, y_0, z_0) sind. Dies muss sich aus dem Kontext ergeben oder mit weiterführenden Methoden (Kurvenkrümmung mit Differentialgeometrie) ermittelt werden.

---

[2]Siehe auch B. Girod, Lectures on Image and Video Compression.

In praktischen Anwendungen ergibt sich aber oft schon aus der Problemstellung, ob der gesuchte Extremwert ein Maximum, ein Minimum oder Sattelpunkt ist.

Begründung für das Lagrange-Verfahren

Ein gesuchter stationärer Punkt $P_0 = (x_0, y_0)$ zeichnet sich dadurch aus, dass die Kurve (d. h. der „Weg") durch diesen Punkt eine waagerechte Tangente hat (s. Abb. 16.16). Damit hat der „Weg" an diesem Punkt eine gemeinsame Tangente T mit der Höhenlinie H durch $f(P_0)$. Wenn man den Weg und die Höhenlinie auf die xy-Ebene projiziert, erhält man die Nebenbedingung $\varphi(x, y) = 0$ und die projizierte Höhenlinie $H' = f(x, y) = z_0$. Da $f(x, y) = z_0$ und $\varphi(x, y) = 0$ auch in der xy-Ebene eine gemeinsame Tangente T' und damit gleiche implizite Ableitungen (s. Abschn. 15.5) haben, gilt (s. (15.11)):

$$-\frac{\varphi_x}{\varphi_y}(x_0, y_0) = -\frac{f_x}{f_y}(x_0, y_0) \tag{16.20}$$

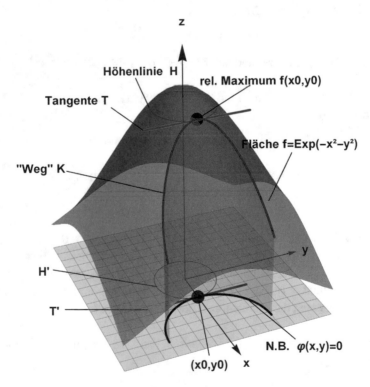

Abb. 16.16 Fläche mit Maximum von $f(x, y)$ unter der Nebenbedingung $\varphi(x, y) = 0$. Im Video ▶ sn.pub/q6p2CP sieht man die Gaußsche Glockenfunktion mit Nebenbedingung und den Weg animiert. In der CDF-Animation zu dieser Abbildung kann man die Position auf dem Weg verändern. Die CDF-Animation ist unter der zu Beginn des Kapitels angegebenen DOI abrufbar. Nur mit CDF-Player abspielbar

Daraus folgt (Einführung von λ):

$$-\frac{f_y}{\varphi_y}(x_0, y_0) = -\frac{f_x}{\varphi_x}(x_0, y_0) =: \lambda \qquad (16.21)$$

(16.21) hat nun zwei Gleichungen zur Folge:

$$-f_x(x_0, y_0) = \lambda\varphi_x(x_0, y_0)$$

$$-f_y(x_0, y_0) = \lambda\varphi_y(x_0, y_0)$$

Umgestellt ergeben sich die Bedingungen (16.17) und (16.18) der Hilfsfunktion (16.16).

Beispiel 16.9

Bestimme den Extremwert von $z = f(x, y) = 1 - (x^2 + y^2)$ unter der Nebenbedingung $\varphi(x, y) = 2x - y + 1 = 0$.

Lösung:

1. **Schritt:** Bilde die Lagrangesche Hilfsfunktion.

$$L(x, y, \lambda) = 1 - (x^2 + y^2) + \lambda(2x - y + 1)$$

2. **Schritt:** Setze die partiellen Ableitungen von $L(x, y, \lambda)$ gleich 0.
   (1) $L_x(x, y, \lambda) = -2x + 2\lambda = 0$
   (2) $L_y(x, y, \lambda) = -2y - \lambda = 0$
   (3) $L_\lambda(x, y, \lambda) = 2x - y + 1 = 0$

3. **Schritt:** Löse das Gleichungssystem (1), (2), (3).
   Aus (1) und (2) folgt: $x = \lambda, -2y = \lambda$ und damit $x = -2y$.
   Einsetzen in (3) ergibt: $2(-2y) - y = -1$. Daraus folgt $y = \frac{1}{5}$ und $x = -\frac{2}{5}$.
   Also ist $(x, y) = (-\frac{2}{5}, \frac{1}{5})$ ein stationärer Punkt.

4. **Schritt:** Bestimme den Typ des stationären Punktes und den Funktionswert.
   Da die Funktion $f(x, y) = 1 - (x^2 + y^2)$ ein nach unten geöffnetes Paraboloid ist, ist an der Stelle $(x, y) = \left(-\frac{2}{5}, \frac{1}{5}\right)$ ein Maximum mit dem Funktionswert

$$z = f(x, y) = 1 - \left(\frac{4}{25} + \frac{1}{25}\right) = \frac{4}{5}.$$

Also ist der Punkt $(x, y, z) = \left(-\frac{2}{5}, \frac{1}{5}, \frac{4}{5}\right)$ ein Maximum von $f(x, y)$ unter der Nebenbedingung $\varphi(x, y) = 0$ (s. Abb. 16.17).

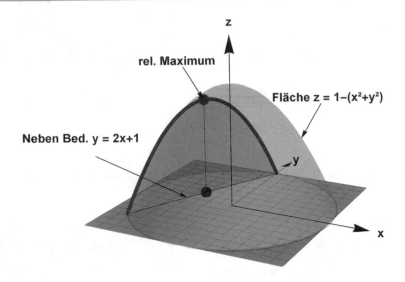

Abb. 16.17 zu Beispiel 16.9

Beispiel 16.10

Bestimme die Extremwerte von $z = f(x,y) = e^{-(x^2+y^2)}$ unter der Nebenbedingung $\varphi(x,y) = \left(x - \frac{1}{2}\right)^2 + y^2 - \frac{1}{4} = 0$.

Lösung:

1. **Schritt:** Bilde die Lagrangesche Hilfsfunktion.

$$L(x,y,\lambda) = e^{-(x^2+y^2)} + \lambda\left(\left(x - \frac{1}{2}\right)^2 + y^2 - \frac{1}{4}\right)$$

2. **Schritt:** Setze die partiellen Ableitungen von $L(x,y,\lambda)$ gleich 0.

(1) $\quad L_x(x,y,\lambda) = -2xe^{-(x^2+y^2)} + 2\lambda\left(x - \frac{1}{2}\right) = 0$

(2) $\quad L_y(x,y,\lambda) = -2ye^{-(x^2+y^2)} - 2\lambda y = 0$

(3) $\quad L_\lambda(x,y,\lambda) = \left(x - \frac{1}{2}\right)^2 + y^2 - \frac{1}{4} = 0$

3. **Schritt:** Löse das Gleichungssystem (1), (2), (3).

Aus (2) folgt: $2y(-e^{-(x^2+y^2)} - \lambda) = 0$ und damit gibt es zwei Fälle:

1. Fall: $\lambda = e^{-(x^2+y^2)}$.

Wenn man dieses λ in (1) einsetzt, erhält man

$$-2xe^{-(x^2+y^2)} + 2e^{-(x^2+y^2)}\left(x - \frac{1}{2}\right) = 0.$$

Daraus folgt $\frac{1}{2}e^{-(x^2+y^2)} = 0$. Dies ist aber nicht möglich, da $\frac{1}{2}e^{-(x^2+y^2)} > 0$ für alle $x, y \in \mathbb{R}$ gilt. Somit bleibt der

2. Fall: $y = 0$.

$y = 0$ einsetzen in (3) ergibt $\left(x - \frac{1}{2}\right)^2 = \frac{1}{4}$.

Daraus folgen zwei Lösungen. $x_1 = 0$ und $x_2 = 1$. Also gibt es zwei stationäre Punkte:

$$(x_1, y) = (0, 0) \quad \text{und} \quad (x_2, y) = (1, 0)$$

4. **Schritt:** Bestimme den Typ der stationären Punkte und die Funktionswerte.

Die Funktion $f(x, y) = e^{-(x^2 + y^2)}$ ist eine Gaußsche Glockenfunktion mit dem Maximum an der Stelle $(0,0)$. Damit ist klar, dass an der Stelle $(x_1, y) = (0, 0)$ ein Maximum und an der Stelle $(x_2, y) = (1, 0)$ ein Minimum unter der Nebenbedingung $\varphi(x, y) = 0$ liegt.

Die Funktionswerte sind:

$$z_1 = f(0, 0) = e^{-0} = 1$$
$$z_2 = f(1, 0) = e^{-1} = \frac{1}{e}$$

Also ist der Punkt $P_1 = (x_1, y_1, z_1) = (0, 0, 1)$ ein Maximum von $f(x, y)$ unter der Nebenbedingung

$$\varphi(x, y) = 0$$

und $P_2 = (x_2, y_2, z_2) = \left(1, 0, \frac{1}{e}\right)$ ein Minimum von $f(x, y)$ unter der Nebenbedingung

$$\varphi(x, y) = 0$$

(s. Abb. 16.18)

Beispiel 16.11

Bestimme die Extremwerte von $z = f(x, y) = \left(x^2 - y^2\right) + 1$ unter der Nebenbedingung $\varphi(x, y) = x^2 + y^2 - 1 = 0$.

Lösung:

1. **Schritt:** Bilde die Lagrangesche Hilfsfunktion.

$$L(x, y, \lambda) = \left(x^2 - y^2\right) + 1 + \lambda \left(x^2 + y^2 - 1\right)$$

2. **Schritt:** Setze die partiellen Ableitungen von $L(x, y, \lambda)$ gleich 0.

(1) $L_x(x, y, \lambda) = 2x + 2\lambda x = 0$
(2) $L_y(x, y, \lambda) = -2y + 2\lambda y = 0$
(3) $L_\lambda(x, y, \lambda) = x^2 + y^2 - 1 = 0$

3. **Schritt:** Löse das Gleichungssystem (1), (2), (3).

Aus (1) folgt Fall 1: $x = 0$ (oder Fall 2 $\lambda = -1$). Einsetzen $x = 0$ in (3) ergibt $y = \pm 1$.
Mit Fall 2 ($\lambda = -1$) folgt aus (2): $y = 0$. Einsetzen von $y = 0$ in (3) ergibt $x = \pm 1$.
Wir haben somit vier „stationäre" Punkte:
$(x_1, y_1) = (0, 1)$, $(x_2, y_2) = (0, -1)$, $(x_3, y_3) = (1, 0)$, $(x_4, y_4) = (-1, 0)$.

Eine analoge Argumentation, die mit der Gleichung (2) beginnt, liefert keine neuen Ergebnisse.

4. **Schritt:** Bestimme den Typ der stationären Punkte und die Funktionswerte.

Die Funktionswerte sind:

$$z_1 = f(0,1) = 0$$
$$z_2 = f(0,-1) = 0$$
$$z_3 = f(1,0) = 2$$
$$z_4 = f(1,0) = 2$$

Aus der Geometrie der Sattelfläche und der Nebenbedingung (s. Abb. 16.19) erkennt man leicht, dass

$P_1 = (x_1, y_1, z_1) = (0,1,0)$ und $P_2 = (x_2, y_2, z_2) = (0,-1,0)$ Minima und
$P_3 = (x_3, y_3, z_3) = (1,0,2)$ und $P_4 = (x_4, y_4, z_4) = (-1,0,2)$ Maxima

von f unter der Nebenbedingung φ sind (s. Abb. 16.19).

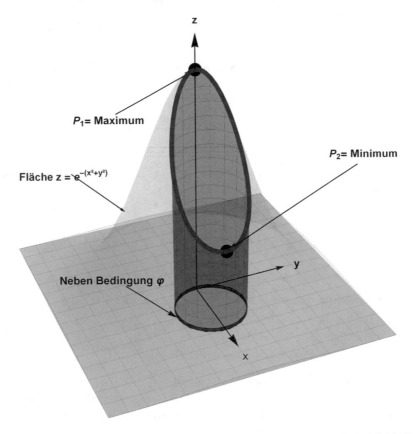

Abb. 16.18 Gaußsche Glockenfunktion mit Kreis als Nebenbedingung (zu Beispiel 16.10)

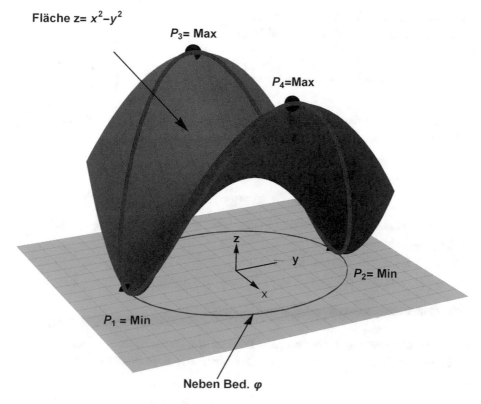

Abb. 16.19 Sattelfläche mit Kreis als Nebenbedingung (4 Extrema). Im Video ▸ sn.pub/9BuMSP dreht sich die Figur in 3D (zu Beispiel 16.11)

Beispiel 16.12

Bestimme die Extremwerte von $z = f(x,y) = x^2 + 3y^2 + 4$ unter der Nebenbedingung $\varphi(x,y) = x^2 - y - 2 = 0$.

Lösung:

1. **Schritt:** Bilde die Lagrangesche Hilfsfunktion.

$$L(x, y, \lambda) = x^2 + 3y^2 + 4 + \lambda\,(x^2 - y - 2)$$

2. **Schritt:** Setze die partiellen Ableitungen von $L(x, y, \lambda)$ gleich 0.

$$(1) \quad L_x(x, y, \lambda) = 2x + 2\lambda x = 0$$
$$(2) \quad L_y(x, y, \lambda) = 6y - \lambda = 0$$
$$(3) \quad L_\lambda(x, y, \lambda) = x^2 - y - 2 = 0$$

3. **Schritt:** Löse das Gleichungssystem (1), (2), (3).

Analoge Rechnungen wie in Beispiel 16.11 ergeben drei stationäre Punkte:

$$(x_1, y_1) = (0,2), \quad (x_2, y_2) = \left(-\sqrt{\frac{11}{6}}, -\frac{1}{6}\right), \quad (x_3, y_3) = \left(\sqrt{\frac{11}{6}}, -\frac{1}{6}\right)$$

4. **Schritt:** Bestimme den Typ der stationären Punkte und die Funktionswerte.

Die Funktionswerte sind:

$$z_1 = 16$$
$$z_2 = \frac{71}{12}$$
$$z_3 = \frac{71}{12}$$

Aus der Geometrie der Paraboloid Fläche und der Nebenbedingung s. (Abb. 16.20) erkennt man leicht, dass

$P_0 = (0, 2, 16)$ ein Maximum ist und

$P_1 = \left(-\sqrt{\frac{11}{6}}, -\frac{1}{6}, \frac{71}{12}\right)$ und $P_2 = \left(\sqrt{\frac{11}{6}}, -\frac{1}{6}, \frac{71}{12}\right)$ Minima

von f unter der Nebenbedingung φ sind (s. Abb. 16.20).

Beispiel 16.13: Minimaler Abstand eines Punktes von einem Kreis

Gegeben sei ein Punkt $P_0 = (2, 1)$ in $\mathbb{R}^2$. Der Abstand a eines Punktes $P = (x, y)$ von P_0 ist dann

$$a(x, y) = \sqrt{(x - 2)^2 + (y - 1)^2}.$$

Gesucht ist der Punkt $P_1 = (x_1, y_1)$ auf dem Kreis $(x - 3)^2 + (y - 2)^2 = 1$ mit dem minimalen Abstand von P_0. (s. T. Arens et al. 2012, S. 1206).

Wir betrachten die Abstandsfunktion:

$$f(x, y) = (a(x, y))^2 = (x - 2)^2 + (y - 1)^2$$

Damit haben wir das Extremwertproblem $f(x, y)$ mit dem Kreis als Nebenbedingung:

$$\varphi(x, y) = (x - 3)^2 + (y - 2)^2 - 1 = 0$$

Lösung:

1. **Schritt:** Bilde die Lagrangesche Hilfsfunktion.

$$L(x, y, \lambda) = (x - 2)^2 + (y - 1)^2 + \lambda(x - 3)^2 + (y - 2)^2 - 1$$

2. **Schritt:** Setze die partiellen Ableitungen von $L(x, y, \lambda)$ gleich 0.

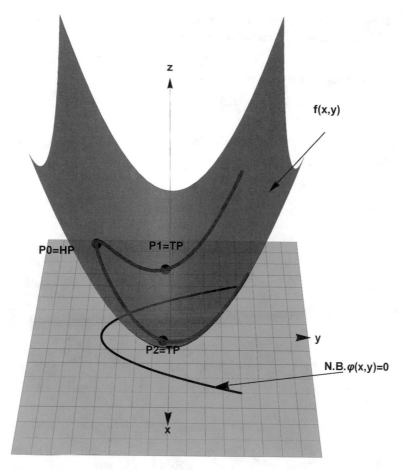

Abb. 16.20 Paraboloid Fläche $z = x^2 + 3y^2 + 4$ mit Parabel als NB: $\varphi(x, y) = x^2 - y - 2 = 0$ (3 Extrema: 1 HP & 2TP). Im Video ► sn.pub/UqFAov dreht sich die Figur in 3D (zu Beispiel 16.12)

$$(1) \quad L_x(x, y, \lambda) = 2x + 2\lambda x - 6\lambda - 4 = 0$$
$$(2) \quad L_y(x, y, \lambda) = 2y + 2\lambda y - 4\lambda - 2 = 0$$
$$(3) \quad L_\lambda(x, y, \lambda) = (x - 3)^2 + (y - 2)^2 - 1$$

3. **Schritt:** Die Lösung des Gleichungssystems (1), (2), (3) ergibt für die Koordinaten des gesuchten Punktes zwei Lösungen:

$$(x_1, y_1) = (3 - \tfrac{1}{\sqrt{2}}, \ 2 - \tfrac{1}{\sqrt{2}})$$
$$(x_2, y_2) = (3 + \tfrac{1}{\sqrt{2}}, \ 2 + \tfrac{1}{\sqrt{2}})$$

4. **Schritt:** Bestimme den Typ der stationären Punkte und die Funktionswerte.
Die Funktionswerte der Abstandsfunktion sind:

$$z_1 = f(x_1, y_1) = \left(\left(3 - \tfrac{1}{\sqrt{2}}\right) - 2\right)^2 + \left(2 - \tfrac{1}{\sqrt{2}} - 1\right)^2 = 0.172$$

$$z_2 = f(x_2, y_2) = \left(\left(3 + \tfrac{1}{\sqrt{2}}\right) - 2\right)^2 + \left(2 + \tfrac{1}{\sqrt{2}} - 1\right)^2 = 5.83$$

Somit ist (x_1, y_1) der Punkt mit dem kleinsten Abstand zu P_0 auf dem Kreis (s. Abb. 16.21).

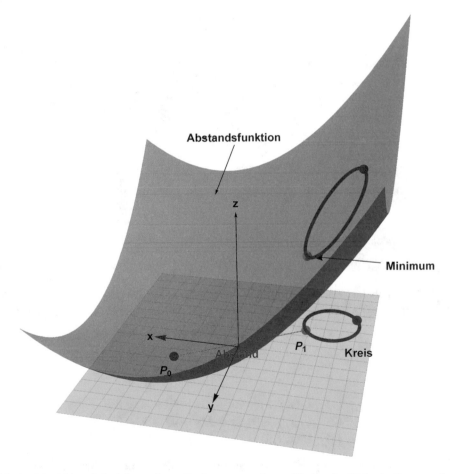

Abb. 16.21 Abstandsfunktion eines Punktes von einem Kreis als Nebenbedingung (zwei Extrema). Im Video ▸ sn.pub/VVdR3X zu Abb. 16.21 dreht sich die Figur (zu Beispiel 16.13)

Beispiel 16.14: „Fliegender Teppich" mit Ellipse als Nebenbedingung
Gegeben sei

$$f(x, y) = x^2 y$$

mit der Nebenbedingung

$$\varphi(x, y) = \frac{x^2}{4} + \frac{y^2}{9} - 1 = 0.\,(\text{s. Abb. 16.22})$$

Die Berechnung der sechs Extrempunkte erfolgt analog zu den Beispielen 16.9 bis 16.13
als Übung.

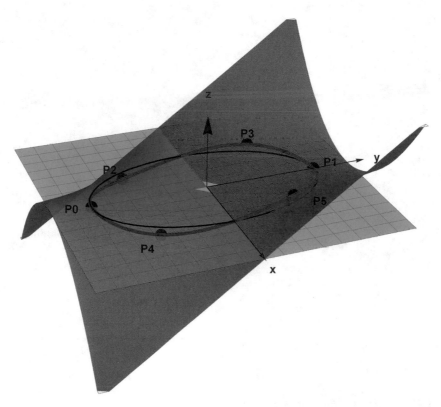

Abb. 16.22 „Fliegender Teppich" mit Ellipse als Nebenbedingung (6 Extrema: 3 Hochpunkte
und 3 Tiefpunkte) (zu Beispiel 16.14)

Integralrechnung im Mehrdimensionalen

17

Doppelintegrale bzw. Dreifachintegrale sind (bestimmte) Integrale im Mehrdimensionalen. Sie dienen zur Berechnung von Volumina, Flächen, Massen, elektrischen Ladungen, Trägheitsmomenten usw. in einem Raumgebiet, das durch komplizierte Ränder begrenzt sein kann. Ein großer Teil der mathematisch strengen Behandlung der Integralrechnung beschäftigt sich mit der Diskussion der Randfunktionen und Randkurven, d. h. mit der Frage, ob „zerrissene" Ränder, Löcher oder isolierte Punkte vorkommen. Wir nehmen in diesem Kapitel aber an, dass alle Randlinien und -flächen beschränkt und glatt sind, d. h. (stückweise) stetig differenzierbar und einfach zusammenhängend (ohne „Löcher").

Die Beschreibung der Ränder und die Integration erfolgt mit Hilfe von verschiedenen Koordinatensystemen. Die wichtigsten sind kartesische Koordinaten, Zylinderkoordinaten oder Kugelkoordinaten. Die Wahl des Koordinatensystems wird hauptsächlich bestimmt durch die Ränder der Integrationsgebiete.

Wir übertragen in Abschn. 17.1 zunächst die Definition der Riemann-Integration (s. Abschn. 8.2) ins Mehrdimensionale. Die tatsächliche Berechnung der Integrale erfolgt dann jedoch durch ineinander geschachtelte eindimensionale Integrale.

17.1 Doppelintegrale

Gegeben seien ein einfach zusammenhängendes Gebiet (d. h. eine ebene Fläche ohne „Löcher" $A \subseteq \mathbb{R}^2$) in der xy-Ebene und eine Funktion $z = f(x, y) > 0$ über A (d. h. $D_f \subset A$). Dadurch wird ein zylindrischer Körper definiert mit dem „Boden" A und dem

Elektronisches Zusatzmaterial Die elektronische Version dieses Kapitels enthält Zusatzmaterial, das berechtigten Benutzern zur Verfügung steht. https://doi.org/10.1007/978-3-658-30245-0_17

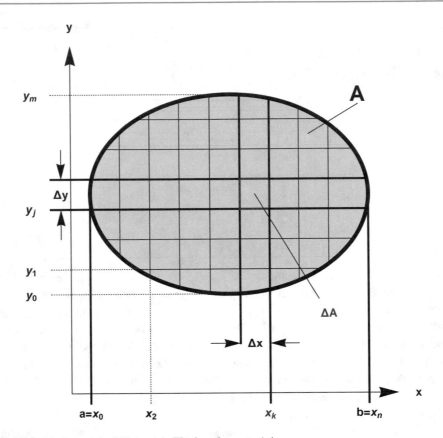

Abb. 17.1   Zerlegung der Fläche A in Flächenelemente ΔA

durch die senkrechte Projektion von A auf die Funktion f ausgeschnittenen Teil von f als „Deckel". Das Problem besteht darin, das Volumen des Körpers zu berechnen.

Wie beim Riemann-Integral im Eindimensionalen (s. Abschn. 8.2) wird A zerlegt, indem man das Intervall $[a,b]$ in der x-Achse mit Hilfe von Teilpunkten $x_0 = a, x_1, x_2, \ldots, x_k, x_{k+1}, \ldots, x_n = b$ in n Teilintervalle der Länge $\Delta x = x_{k+1} - x_k$ zerlegt (s. Abb. 17.1). Ebenso wird die y-Achse in A mit Teilpunkten $y_0, y_1, y_2, \ldots, y_l, y_{l+1}, \ldots, y_m$ in m Teilintervalle der Länge $\Delta y = y_{l+1} - y_l$ zerlegt. Es entstehen dann „kleine" Rechtecke $\Delta x \Delta y = \Delta A$, und wenn man die z-Koordinaten hinzunimmt, hat man „Säulen" mit dem „Profil" ΔA und dem „Deckel" $f(x,y)$, $(x, y) \in \Delta A$ über der xy-Ebene (s. Abb. 17.2). Wenn man nun $z_{kl} = f(x_k, y_l) =$ konstant in ΔA wählt, wird das Volumen der Säule approximiert durch das Volumen des Quaders mit der Grundfläche ΔA und der Höhe z_{kl} (s. Abb. 17.2). Wenn man alle diese Quadervolumina aufaddiert, erhält man eine Approximation des gesuchten Volumens V:

Abb. 17.2 Zerlegung des Volumens in „Säulen"

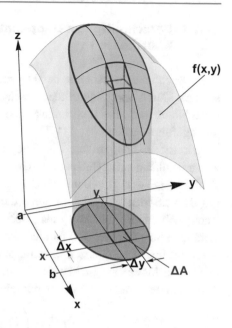

$$V \approx \sum_{k,l}^{n,m} z_{kl} \Delta A$$

Durch immer feinere Zerlegungen (z. B. durch immer weitere Halbierungen von Δx und Δy) erhält man immer genauere Werte für V und im Grenzfall ergibt sich:

Definition 17.1

$$V = \lim_{n,m \to \infty} \sum_{k,l}^{n,m} z_{kl} \Delta A =: \iint_A f(x,y) \mathrm{d}A \qquad (17.1)$$

Bemerkung 17.1

Wir beschränken uns hier auf einfache Fälle: Die Funktion f muss in A „integrierbar", also stückweise stetig und beschränkt sein und der Integrationsbereich A muss stetige „glatte" Ränder haben.[1] Dann kann man zeigen, dass das Doppelintegral, d. h. der Grenzwert der Doppelsumme (17.1), existiert.

---

[1]Zur präzisen Definition der Integrierbarkeit s. R. Wüst (2002, Bd. II, S. 756, 775).

17.1.1 Berechnung von Doppelintegralen mit kartesischen Koordinaten

Die tatsächliche Berechnung der Doppelintegrale erfolgt nicht mit der Definition 17.1, sondern durch zwei ineinander geschachtelte Integrationen. Man reduziert also die Berechnung auf die Berechnung eindimensionaler Integrationen, die hintereinander durchgeführt werden.

Wir setzen hier voraus, dass alle Integrale existieren. Gegeben seien ein einfach zusammenhängendes Gebiet (d. h. eine ebene Fläche) $A \subseteq \mathbb{R}^2$ in der xy-Ebene und eine Funktion $z = f(x, y) > 0$ mit $D_f \subset A$. Dadurch wird ein zylindrischer Körper definiert mit dem „Boden" A und dem durch die senkrechte Projektion von A auf die Funktion f ausgeschnittenen Teil von f als „Deckel" (s. Abb. 17.3). Für ein festes $x \in [a, b]$ entsteht eine Schnittfläche $S(x)$ parallel zur yz-Ebene. Die formale Beschreibung der Fläche A erfolgt über ihre Grenzen. Seien a bzw. b die kleinsten bzw. größten x-Werte von A. Dann sind für ein $x \in [a, b]$ $y_u(x)$ der untere Rand und $y_o(x)$ der obere Rand der Fläche A. A kann beschrieben werden durch seine Grenzen in Kurzform:

$$(A) = \begin{pmatrix} y_u(x) \le y(x) \le y_o(x) \\ a \le x \le b \end{pmatrix}$$

Abb. 17.3 Körper mit Schnittfläche $S(x)$ für $x \in [a, b]$

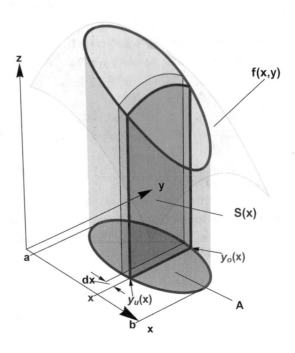

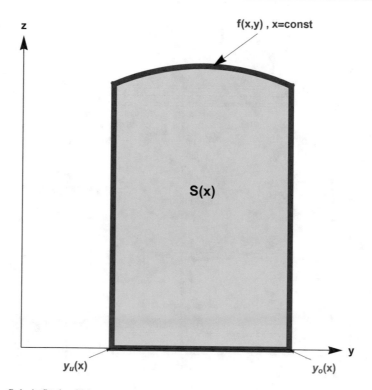

Abb. 17.4 Schnittfläche $S(x)$

Die Integration erfolgt in zwei Schritten:

1. **Schritt:** Sei $x \in [a, b], x = $ konstant.

Integration über y ergibt die Schnittfläche $S(x)$, s. Abb. 17.4.

$$S(x) = \int_{y=y_u(x)}^{y=y_0(x)} f(x, y) \mathrm{d}y \tag{17.2}$$

2. **Schritt:** Integration über x ergibt das gesuchte Volumen, s. Abb. 17.5.

$$V = \int_{x=a}^{x=b} S(x) \mathrm{d}x = \int_{x=a}^{x=b} \left(\int_{y=y_u(x)}^{y=y_0(x)} f(x, y) \mathrm{d}y \right) \mathrm{d}x \tag{17.3}$$

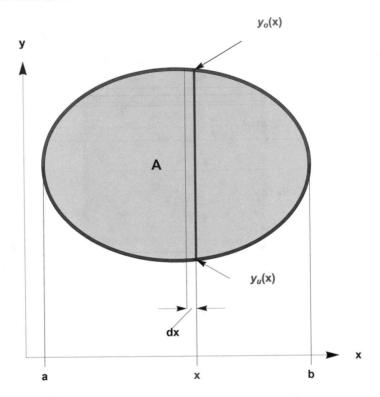

Abb. 17.5   Grundfläche A

Beispiel 17.1

Gegeben seien $f(x, y) = x^2 y$ und die Fläche A mit den Grenzen (s. Abb. 17.6):

$$(A) = \begin{pmatrix} x \le y(x) \le x^2 + 1 \\ 0 \le x \le 1 \end{pmatrix}$$

1. **Schritt:** Integration über y

   Sei $x \in [0, 1]$ konstant. Berechnung der Schnittfläche $S(x)$:

   $$S(x) = \int\limits_{y=x}^{y=1+x^2} x^2\, y\, \mathrm{d}y = \left[x^2 \frac{y^2}{2}\right]_{y=x}^{y=1+x^2} = \frac{x^2}{2}\left(1 + x^2\right)^2 - \frac{x^4}{2} = \frac{1}{2}\left(x^2 + x^4 + x^6\right)$$

2. **Schritt:** Integration über x

   Integration über x ergibt das gesuchte Volumen:

   $$V = \int\limits_{x=0}^{x=1} \frac{1}{2}\left(x^2 + x^4 + x^6\right)\mathrm{d}x = \frac{1}{2}\left[\frac{x^3}{3} + \frac{x^5}{5} + \frac{x^7}{7}\right]_{x=0}^{x=1} = 0{,}338$$

Bemerkung 17.2

Man kann im Prinzip die Integrationsreihenfolge vertauschen. Dazu muss man aber die Umkehrfunktionen der Randfunktionen ermitteln und als Integralgrenzen ein-

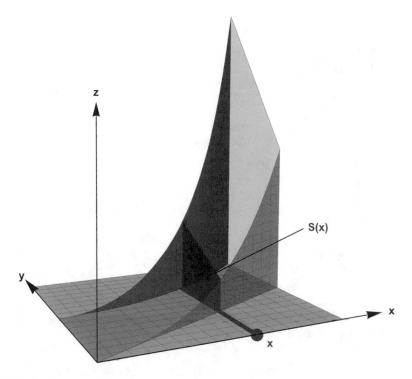

Abb. 17.6 zum Beispiel 17.1: Volumen mit Schnittfläche $S(x)$, $x=$konstant. Im Video ▶ sn.pub/ cl6W73 zu Abb. 17.6 durchläuft die Schnittfläche $S(x)$ den ganzen Bereich von $x=0$ bis $x=1$

setzen. Die mathematische Begründung dafür liefert eine Erweiterung des Satzes von Fubini.[2]

17.1.2 Berechnung von Doppelintegralen mit Polarkoordinaten

Zur Definition von Polarkoordinaten siehe Abschn. 2.9, Abb. 2.39. Ein Punkt P in der xy-Ebene wird beschrieben durch den Winkel φ und den Radius r. Das „Flächenelement dA" hat „gekrümmte" Ränder und den Flächeninhalt d$A = r \, \mathrm{d}\varphi \, \mathrm{d}r$ (s. Abb. 17.7). Die Fläche A wird dann beschrieben durch die Grenzen (s. Abb. 17.7)

$$(A) = \begin{pmatrix} r_i(\varphi) \leq r(\varphi) \leq r_a(\varphi) \\ \varphi_1 \leq \varphi \leq \varphi_2 \end{pmatrix}.$$

---

[2]Satz von Fubini, s. T. Arens et al. (2012, S. 840); R. Wüst (2002, Bd. II, S. 754).

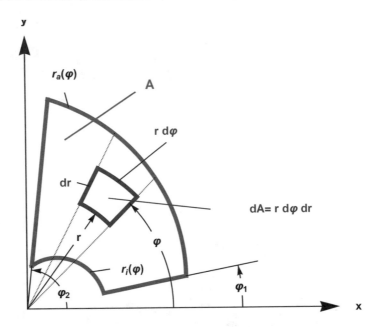

Abb. 17.7 Flächengrenzen und Flächenelement in Polarkoordinaten

Eine Funktion $f(x, y)$ über A hat in Polarkoordinaten die Form $\tilde{f}(r, \varphi) = f(r\cos(\varphi),\ r\sin(\varphi))$. Der Einfachheit halber schreiben wir $\tilde{f}(r, \varphi) = f(r, \varphi)$. Das Volumen eines Körpers mit $f(r, \varphi)$ über der Fläche A wird dann berechnet mit dem Doppelintegral

$$V = \int_{\varphi=\varphi_1}^{\varphi=\varphi_2} \left(\int_{r=r_i(\varphi)}^{r=r_a(\varphi)} f(r, \varphi) r \, dr \right) d\varphi. \tag{17.4}$$

Bemerkung 17.3
Der Faktor r im Integranden berücksichtigt die „Verzerrung" der Koordinaten im Fall des Übergangs von kartesischen zu Polarkoordinaten. Er entspricht im Mehrdimensionalen der sogenannten Funktionaldeterminante[3] (s. Bemerkung 17.7).

Beispiel 17.2: Paraboloid in Polarkoordinaten (s. Abb. 17.8)
Gegeben seien das Paraboloid $f(r, \varphi) = 1 - r^2$ und die Fläche A, begrenzt durch

$$(A) = \begin{pmatrix} 0 \le r(\varphi) \le 1 \\ 0 \le \varphi \le 2\pi \end{pmatrix}.$$

---

[3]Die Funktionaldeterminante bei der Transformation der Koordinaten ist definiert als Determinante der partiellen Ableitungen (s. G. Bärwolff 2006, S. 584).

Abb. 17.8 zum Beispiel 17.2: Paraboloid in Polarkoordinaten mit Volumenelement. Im Video ▶ sn.pub/F9QZ2o zu Abb. 17.8 dreht sich der Sektor (das Volumenelement) mit dem Winkel φ

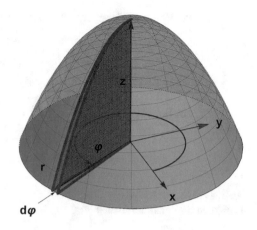

Das Volumen des Paraboloids ist dann:

$$V = \int\limits_{\varphi=0}^{\varphi=2\pi} \left(\int\limits_{r=0}^{r=1} f(r) r \, dr \right) d\varphi = \int\limits_{\varphi=0}^{\varphi=2\pi} \left(\int\limits_{r=0}^{r=1} (1-r^2) r \, dr \right) d\varphi = \int\limits_{\varphi=0}^{\varphi=2\pi} \left(\frac{1}{2} - \frac{1}{4} \right) d\varphi =$$

$$\int\limits_{\varphi=0}^{\varphi=2\pi} \left(\frac{1}{4} \right) d\varphi = \frac{2\pi}{4} = \frac{\pi}{2}$$

Beispiel 17.3: Halbkugel in Polarkoordinaten (s. Abb. 17.9)

Gegeben seien die Funktion $f(r, \varphi) = \sqrt{1 - r^2}$ und die Fläche A, begrenzt durch

$$(A) = \begin{pmatrix} 0 \le r(\varphi) \le 1 \\ 0 \le \varphi \le 2\pi \end{pmatrix}.$$

Das Volumen ist dann:

$$V = \int\limits_{\varphi=0}^{\varphi=2\pi} \left(\int\limits_{r=0}^{r=1} f(r) r \, dr \right) d\varphi = \int\limits_{\varphi=0}^{\varphi=2\pi} \left(\int\limits_{r=0}^{r=1} \sqrt{1-r^2} r \, dr \right) d\varphi = \int\limits_{\varphi=0}^{\varphi=2\pi} d\varphi \left(\int\limits_{r=0}^{r=1} \sqrt{1-r^2} \, r \, dr \right)$$

$$= 2\pi \left(\int\limits_{r=0}^{r=1} \sqrt{1-r^2} \, r \, dr \right) = 2\pi \frac{1}{3}$$

Beispiel 17.4

Gegeben seien die Funktion $f(x, y) = xy$ und die Fläche A, begrenzt durch

$$(A) = \begin{pmatrix} 0 \le r(\varphi) \le 2 \\ 0 \le \varphi \le \frac{\pi}{4} \end{pmatrix}.$$

Da die Begrenzung durch Polarkoordinaten beschrieben ist, schreiben wir auch f um in Polarkoordinaten:

$$f(x, y) = \tilde{f}(r, \varphi) = r^2 \cos(\varphi) \sin(\varphi)$$

Dann ist das Volumen des Körpers (s. Abb. 17.10)

$$V = \int\limits_{\varphi=0}^{\varphi=\frac{\pi}{4}} \left(\int\limits_{r=0}^{r=2} f(r,\varphi) dr \right) d\varphi = \int\limits_{\varphi=0}^{\varphi=\frac{\pi}{4}} \left(\int\limits_{r=0}^{r=2} r^2 \cos(\varphi)\sin(\varphi) r\, dr \right) d\varphi =$$

$$\left(\int\limits_{\varphi=0}^{\varphi=\frac{\pi}{4}} \cos(\varphi)\sin(\varphi) d\varphi \right) \left(\int\limits_{r=0}^{r=2} r^3\, dr \right) = \left(\frac{(\sin(\varphi))^2}{2} \bigg|_{\varphi=0}^{\varphi=\frac{\pi}{4}} \right) 4 = 2 \left(\sin\left(\frac{\pi}{4}\right) \right)^2 = 1$$

Abb. 17.9 zum Beispiel 17.3:
Halbkugel in Polarkoordinaten

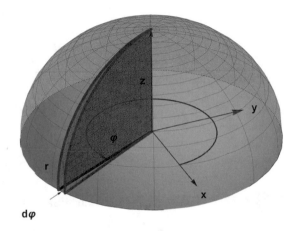

Abb. 17.10 zum
Beispiel 17.4: Körper in
Polarkoordinaten. Im Video
▶ sn.pub/jwOjDb dreht sich
der Körper in 3D

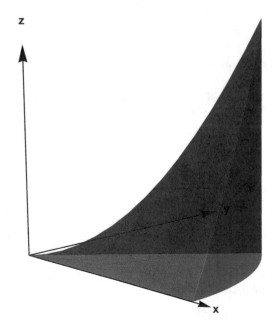

17.1.3 Anwendung von Doppelintegralen: Flächenberechnung von ebenen Flächen

Sei A eine Fläche mit den Grenzen

$$(A) = \begin{pmatrix} y_u(x) \le y(x) \le y_o(x) \\ a \le x \le b \end{pmatrix}.$$

Wenn man einen Körper mit der konstanten Höhe $f(x, y) = 1$ über der Fläche $f(x, y)$ betrachtet, ist das Volumen $f(x, y)$ (zahlen-) gleich mit dem Flächeninhalt der Bodenfläche A (s. Abb. 17.11):

$$V = \int\limits_{x=a}^{x=b} \left(\int\limits_{y=y_u(x)}^{y=y_o(x)} 1 \, dy \right) dx = \int\limits_{x=a}^{x=b} 1 (y_0(x) - y_u(x)) dx = 1 A = A$$

$$(17.5)$$

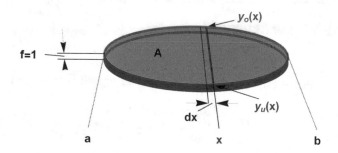

Abb. 17.11 Flächenberechnung mit Volumenintegral (kartesisch)

Abb. 17.12 zum Beispiel 17.5: Flächenberechnung mit Volumenintegral (kartesisch)

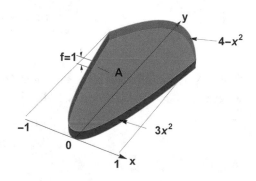

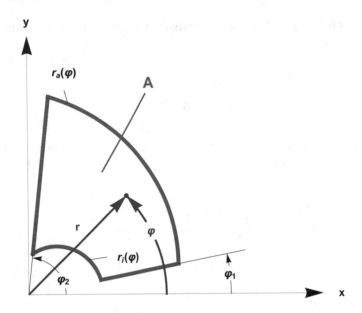

Abb. 17.13 Flächengrenzen in Polarkoordinaten

Beispiel 17.5

Gegeben sei die Fläche A mit den Grenzen (s. Abb. 17.12)

$$(A) = \begin{pmatrix} 3x^2 \leq y(x) \leq 4 - x^2 \\ -1 \leq x \leq 1 \end{pmatrix}.$$

Mit $f(x, y) = 1$ ergibt sich der Flächeninhalt:

$$A = \int\limits_{x=-1}^{x=1} \left(\int\limits_{y_u=3x^2}^{y_0=4-x^2} 1\,dy \right) dx = \int\limits_{x=-1}^{x=1} \left(4 - x^2 - 3x^2\right) dx = \left[4x - 4\frac{x^3}{3}\right]_{x=-1}^{x=1} = \frac{16}{3} = 5{,}33$$

Dieses Verfahren funktioniert auch mit Polarkoordinaten (r, φ). Wenn die Fläche A gegeben ist durch die Grenzen (s. Abb. 17.13)

$$(A) = \begin{pmatrix} r_i(\varphi) \leq r(\varphi) \leq r_a(\varphi) \\ \varphi_1 \leq \varphi \leq \varphi_2 \end{pmatrix},$$

dann ist

$$V = \int\limits_{\varphi=\varphi_1}^{\varphi=\varphi_2} \left(\int\limits_{r=r_i(\varphi)}^{r=r_a(\varphi)} 1r\,dr \right) d\varphi = \int\limits_{\varphi=\varphi_1}^{\varphi=\varphi_2} \frac{1}{2}\left(r_a(\varphi)^2 - r_i(\varphi)^2\right) d\varphi = A. \qquad (17.6)$$

Abb. 17.14 zum Beispiel
17.6: Flächenberechnung
mit Volumenintegral in
Polarkoordinaten

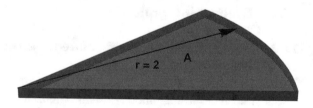

Beispiel 17.6

Gegeben sei die Fläche A mit den Grenzen (s. Abb. 17.14)

$$(A) = \begin{pmatrix} 0 \le r(\varphi) \le 2 \\ 0 \le \varphi \le \frac{\pi}{4} \end{pmatrix}.$$

Mit $f(r, \varphi) = 1$ ergibt sich

$$V = \int\limits_{\varphi=0}^{\varphi=\frac{\pi}{4}} \left(\int\limits_{r=0}^{r=2} 1\, r\, dr \right) d\varphi = \int\limits_{\varphi=0}^{\varphi=\frac{\pi}{4}} \frac{1}{2} 4\, d\varphi = \frac{2\pi}{4} = \frac{\pi}{2} = A.$$

Beispiel 17.7: Kardioide

Gegeben sei die Fläche A mit den Grenzen (s. Abb. 17.15)

$$(A) = \begin{pmatrix} 0 \le r(\varphi) \le \cos(\varphi) + 1 \\ 0 \le \varphi \le 2\pi \end{pmatrix}.$$

Wenn V das Volumen des Körpers ist, dann gilt:

$$A = 1V = \int\limits_{\varphi=0}^{\varphi=2\pi} \left(\int\limits_{r=0}^{r=\cos(\varphi)+1} 1r\, dr \right) d\varphi = \int\limits_{\varphi=0}^{\varphi=2\pi} \frac{1}{2}(\cos(\varphi) + 1)^2 d\varphi = \underbrace{\cdots}_{\text{Rechnung}} = \frac{3\pi}{2}$$

Abb. 17.15 zum Beispiel
17.7: Flächenberechnung
mit Volumenintegral in
Polarkoordinaten

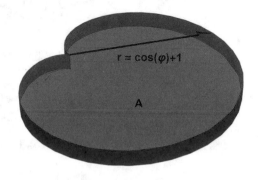

17.2   Dreifachintegrale

17.2.1 Berechnung von Dreifachintegralen mit kartesischen Koordinaten

Gegeben seien der Körper mit den Volumengrenzen

$$
(V) = \begin{pmatrix} z_u(x,y) \leq z(x,y) \leq z_o(x,y) \\ y_u(x) \leq y(x) \leq y_o(x) \\ a \leq x \leq b \end{pmatrix}
$$

und die „Dichtefunktion" $f:(x,y,z) \to f(x,y,z)$ für $(x,y,z) \in V$. Die Berechnung des Dreifachintegrals von f über V erfolgt durch sukzessive Reduktion auf ineinander geschachtelte Einfachintegrationen, also:

$$
I_k = \iiint\limits_V f(x,y,z)\mathrm{d}v = \int\limits_{x=a}^{x=b} \left(\int\limits_{y=y_u(x)}^{y=y_o(x)} \left(\int\limits_{z=z_u(x,y)}^{z=z_o(x,y)} f(x,y,z)\mathrm{d}z \right) \mathrm{d}y \right) \mathrm{d}x \qquad (17.7)
$$

Bemerkung 17.4

1. Wenn $f(x,y,z) \equiv 1 (=$ konstant$)$ ist für $(x,y,z) \in V$, dann ist das Integral I_k das Volumen V des Körpers.
2. Wenn $f(x,y,z) \neq 1$ ist, dann entspricht das Integral I_k einer Masse oder einer Ladung des Körpers mit der **Massedichte** bzw. **Ladungsdichte** f.
3. Wenn $f(x,y,z) \equiv 1$ und $z_u = 0$ ist, dann reduziert sich das Volumenintegral zu einem Doppelintegral (s. Abschn. 17.1):

$$
V = \int\limits_{x=a}^{x=b} \left(\int\limits_{y=y_u(x)}^{y=y_o(x)} \left(\int\limits_{0}^{z=z_o(x,y)} 1\ \mathrm{d}z \right) \mathrm{d}y \right) \mathrm{d}x
$$

$$
= \int\limits_{x=a}^{x=b} \left(\int\limits_{y=y_u(x)}^{y=y_o(x)} z_o(x,y)\mathrm{d}y \right) \mathrm{d}x
$$

Beispiel 17.8

Gegeben sei ein Körper, definiert durch die Grenzen

$$
(V) = \begin{pmatrix} -x \leq z(x,y) \leq ye^x \\ x \leq y(x) \leq 2 \\ 0 \leq x \leq 1 \end{pmatrix},
$$

und es gilt $f(x,y,z) \equiv 1$ (s. Abb. 17.16). Dann ist das Volumen:

$$
V = \iiint\limits_{(V)} 1\ \mathrm{d}v = \int\limits_{x=0}^{x=1} \left(\int\limits_{y=x}^{y=2} \left(\int\limits_{z=-x}^{z=ye^x} \mathrm{d}z \right) \mathrm{d}y \right) \mathrm{d}x
$$

$$
= \int\limits_{x=0}^{x=1} \left(\int\limits_{y=x}^{y=2} (ye^x + x)\mathrm{d}y \right) \mathrm{d}x = \int\limits_{x=0}^{x=1} \left(2e^x + 2x - x^2 - \tfrac{x^2 e^x}{2} \right) \mathrm{d}x
$$

$$
= \left[2e^x + x^2 - \tfrac{x^3}{3} - e^x \left(1 - x + \tfrac{x^2}{2} \right) \right]_{x=0}^{x=1} = \tfrac{3}{2}e - \tfrac{1}{3} = 3{,}74
$$

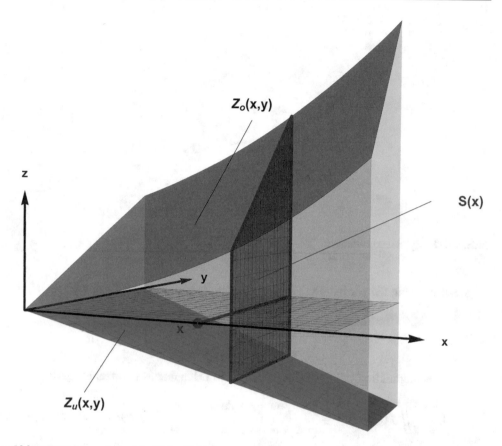

Abb. 17.16 zum Beispiel 17.8: Volumenberechnung mit Dreifachintegralen (kartesisch) mit Schnittfläche $x=$const. In der CDF-Animation zu dieser Abbildung kann man die Schnittfläche $S(x)$ manuell verschieben. Die CDF-Animation ist unter der zu Beginn des Kapitels angegebenen DOI abrufbar. Nur mit CDF-Player abspielbar. Im Video ▸ sn.pub/pz1GkC läuft die Schnittfläche $S(x)$ durch das Volumen

17.2.2 Berechnung von Dreifachintegralen mit Zylinderkoordinaten

Für die Beschreibung von Körpern mit rotationssymmetrischen Randflächen sind Zylinderkoordinaten besonders geeignet. Zylinderkoordinaten sind Polarkoordinaten mit einer zusätzlichen z-Koordinate. Ein Punkt P im Raum $\mathbb{R}^3$ wird dann beschrieben durch die Koordinaten r, φ und z, d. h. $P=(r, \varphi, z)$, s. Abb. 17.17. Dreifachintegrale werden dann durch Grenzen in Zylinderkoordinaten beschrieben.

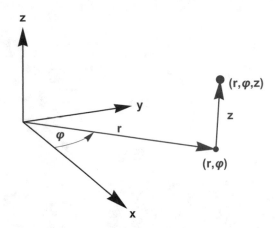

Abb. 17.17 Zylinderkoordinaten

Gegeben seien ein Körper mit den Volumengrenzen (in Zylinderkoordinaten (r, φ, z))

$$(V) = \begin{pmatrix} z_u(r, \varphi) \leq z(r, \varphi) \leq z_o(r, \varphi) \\ r_i(\varphi) \leq r(\varphi) \leq r_a(\varphi) \\ \varphi_1 \leq \varphi \leq \varphi_2 \end{pmatrix}$$

und die „Dichtefunktion" $f(r, \varphi, z)$ für $(r, \varphi, z) \in V$. Dann ist das Dreifachintegral:

$$I_z = \iiint\limits_V f(r, \varphi, z) dv = \int\limits_{\varphi=\varphi_1}^{\varphi=\varphi_2} \left(\int\limits_{r(\varphi)=r_i(\varphi)}^{r(\varphi)=r_a(\varphi)} \left(\int\limits_{z(r,\varphi)=z_u(r,\varphi)}^{z(r,\varphi)=z_o(r,\varphi)} f(r, \varphi, z) r \, dz \right) dr \right) d\varphi \quad (17.8)$$

Bemerkung 17.5

1. Der zusätzliche Faktor r im Integranden heißt *Funktionaldeterminante* und berücksichtigt die „Krümmung" der Koordinaten wie bei Polarkoordinaten (s. Bemerkung 17.7).
2. Wenn $f(r, \varphi, z) \equiv 1$ für $(r, \varphi, z) \in V$ ist, dann ist das Integral I_z das *Volumen* des Körpers.
3. Wenn $z_u(r)$, $z_o(r)$, r_i und r_a unabhängig von φ und $\varphi_1 = 0$ und $\varphi_2 = 2\pi$ sind, dann ist der Körper rotationssymmetrisch um die z-Achse.

Beispiel 17.9

Gegeben sei ein rotationssymmetrischer Körper („Kartoffel"), definiert durch die Grenzen (s. Abb. 17.18)

$$(V) = \begin{pmatrix} -\sqrt{1 - r^2} \leq z(r, \varphi) \leq 1 - r^2 \\ 0 \leq r(\varphi) \leq 1 \\ 0 \leq \varphi \leq 2\pi \end{pmatrix}.$$

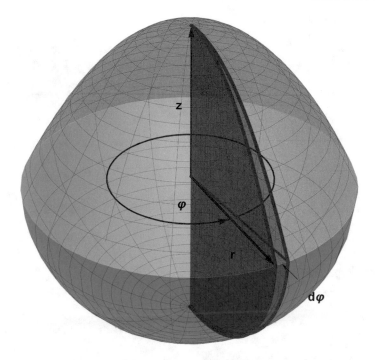

Abb. 17.18 zum Beispiel 17.9: Volumenberechnung mit einem Dreifachintegral in Zylinderkoordinaten

Dann ist das Volumen:

$$V = \iiint\limits_V 1 \, dv = \underbrace{\int\limits_{\varphi=0}^{\varphi=2\pi} \left(\int\limits_{r=0}^{r=1} \left(\int\limits_{z=-\sqrt{1-r^2}}^{z=1-r^2} 1 \, r \, dz \right) dr \right) d\varphi}_{\text{unabhängig von } \varphi} =$$

$$\int\limits_{\varphi=0}^{\varphi=2\pi} d\varphi \left(\int\limits_{r=0}^{r=1} \left(\int\limits_{z=-\sqrt{1-r^2}}^{z=1-r^2} 1 \, r \, dz \right) dr \right) = 2\pi \left(\int\limits_{r=0}^{r=1} \left(\int\limits_{z=-\sqrt{1-r^2}}^{z=1-r^2} 1 \, r \, dz \right) dr \right)$$

$$= 2\pi \int\limits_{r=0}^{r=1} r \left((1-r^2) + \sqrt{1-r^2} \right) dr = \ldots = 2\pi \, (0{,}583) = 3{,}66$$

Beispiel 17.10

Berechne die *Masse* des Körpers, der durch Rotation der Funktion $z = \sqrt{x}$ für $x \in [0,4]$ um die z-Achse entsteht und die Massendichte $\rho(r,\varphi,z) = r(\cos{(\varphi)})^2 \left[\frac{\text{kg}}{\text{m}^3} \right]$ hat (s. Abb. 17.19).

Die Rotation von $z = \sqrt{x}$ um die z-Achse erzeugt die Mantelfläche $z = \sqrt{r}, r \in [0,4]$.

Abb. 17.19   zum Beispiel 17.10: Massenberechnung eines Körpers, erzeugt durch Rotation von $\sqrt{x}$ um die z-Achse, in Zylinderkoordinaten

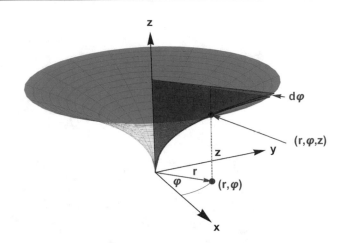

Also ist der Körper begrenzt durch

$$(V) = \begin{pmatrix} \sqrt{r} \leq z(r) \leq 2 \\ 0 \leq r \leq 4 \\ 0 \leq \varphi \leq 2\pi \end{pmatrix}$$

mit der Dichte $\rho(r, \varphi, z) = r(\cos(\varphi))^2 \left[\frac{\text{kg}}{\text{m}^3}\right]$.

Dann ist die Masse des Körpers:

$$M = \iiint\limits_V \rho(r, \varphi, z)\mathrm{d}v = \int\limits_{\varphi=0}^{\varphi=2\pi} \left(\int\limits_{r=0}^{r=4} \left(\int\limits_{z(r)=\sqrt{r}}^{z(r)=2} r^2\,(\cos(\varphi))^2\mathrm{d}z \right) \mathrm{d}r \right) \mathrm{d}\varphi$$

$$= \left(\int\limits_{\varphi=0}^{\varphi=2\pi} (\cos(\varphi))^2\mathrm{d}\varphi \right) \left(\int\limits_{r=0}^{r=4} \left(\int\limits_{z(r)=\sqrt{r}}^{z(r)=2} r^2\,\mathrm{d}z \right) \mathrm{d}r \right) \mathrm{d}r = \ldots = \pi 6{,}09 = 19{,}13$$

Die Dimensionsrechnung ergibt $\left(\frac{\text{kg}}{\text{m}^3}\right)\text{m}^3 = \text{kg}$. Also hat der Körper die Masse 19,13 kg.

Beispiel 17.11

Berechne das Volumen des Körpers, der durch Rotation der Funktion $z = f(x) = \sin(x)$, $x \in \left[0, \frac{\pi}{2}\right]$ um die z-Achse entsteht mit $\sin(x) \leq z \leq 1$ (s. Abb. 17.20). Wegen der Rotationssymmetrie setzen wir $x \to r$ und damit ist $\sin(x) \to \sin(r)$. Die Grenzen des Körpers sind somit

$$(V) = \begin{pmatrix} \sin(r) \leq z(r) \leq 1) \\ 0 \leq r \leq \frac{\pi}{2} \\ 0 \leq \varphi \leq 2\pi \end{pmatrix}.$$

Abb. 17.20 zum Beispiel
17.11: Volumenberechnung
eines Körpers, erzeugt durch
Rotation von sin(x) um die
z-Achse in Zylinderkoordinaten.
Im Video ▸ sn.pub/D4YAaW
dreht sich der Sektor (das
Volumenelement) mit dem
Winkel φ

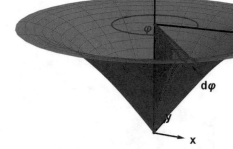

Dann ist das Volumen:

$$V = \iiint\limits_{V} 1 \, \mathrm{d}v = \int\limits_{\varphi=0}^{\varphi=2\pi} \left(\int\limits_{r=0}^{r=\frac{\pi}{2}} \left(\int\limits_{z(r)=\sin(r)}^{z(r)=1} r \, \mathrm{d}z \right) \mathrm{d}r \right) \mathrm{d}\varphi = 2\pi \int\limits_{r=0}^{r=\frac{\pi}{2}} \left(\int\limits_{z(r)=\sin(r)}^{z(r)=1} r \, \mathrm{d}z \right) \mathrm{d}r$$

$$= 2\pi \int\limits_{r=0}^{r=\frac{\pi}{2}} r(1 - \sin(r))\mathrm{d}r = 2\pi \left(1 - \tfrac{\pi^2}{8} \right) = 1{,}468$$

Bemerkung 17.6: „Röhrenansatz"

Bei rotationssymmetrischen Körpern gibt es eine Variante der Dreifachintegration mit Zylinderkoordinaten, die die Volumenberechnung auf ein einfaches Integral reduziert. Betrachte einen Körper mit den Grenzen

$$(V) = \begin{pmatrix} z_u(r) \leq z(r) \leq z_o(r) \\ r_i \leq r \leq r_a \\ 0 \leq \varphi \leq 2\pi \end{pmatrix}.$$

Dann ist

$$V = \iiint\limits_{V} 1 \, \mathrm{d}v = \int\limits_{\varphi=0}^{\varphi=2\pi} \left(\int\limits_{r=r_i}^{r=r_a} \left(\int\limits_{z_u(r)}^{z_o(r)} r \, \mathrm{d}z \right) \mathrm{d}r \right) \mathrm{d}\varphi.$$

Wegen der Rotationssymmetrie gilt:

$$V = 2\pi \int\limits_{r=r_i}^{r=r_a} \left(\int\limits_{z_u(r)}^{z_o(r)} r \, \mathrm{d}z \right) \mathrm{d}r = \int\limits_{r=r_i}^{r=r_a} 2\pi r(z_o(r) - z_u(r))\mathrm{d}r$$

Anschaulich wird der Körper „zerlegt" in konzentrische Röhren mit der Wanddicke $\mathrm{d}r$ und der Höhe $h(r) = (z_o(r) - z_u(r))$. Somit erhalten wir ein einfaches Integral (s. Abb. 17.21):

$$V = \int\limits_{r=r_i}^{r=r_a} 2\pi r h(r)\mathrm{d}r \tag{17.9}$$

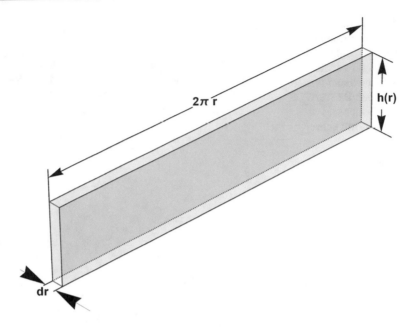

Abb. 17.21 Röhre, abgerollt als „Quader" der Wandstärke dr

Das Volumen berechnet sich also durch „Aufaddieren" (und Grenzwertbildung) der Volumina d$v = 2\pi r\, h(r)\mathrm{d}r$, d. h. von konzentrischen Röhren mit dem Umfang $2\pi r$, der Wandstärke dr und der Höhe

$$h(r) = z_o(r) - z_u(r).$$

(Wir setzen $2\pi r \cong 2\pi r + \mathrm{d}r$, was im Integralgrenzwert stimmt!) Die Berechnung reduziert sich schließlich auf die Ermittlung des Grenzwerts einer Summe von Quadern der Wandstärke dr (s. Abb. 17.21).

Beispiel 17.12
Berechne das Volumen des Körpers, der durch Rotation der Funktion $z = f(x) = \cos(x)$ mit $x \in \left[0, \frac{\pi}{2}\right]$ um die z-Achse entsteht mit $0 \le z \le \cos(x)$ (s. Abb. 17.22). Wegen der Rotationssymmetrie setzen wir $x \to r$ und damit $\cos(x) \to \cos(r)$. Die Grenzen des Körpers sind somit

$$(V) = \begin{pmatrix} 0 \le z(r) \le \cos(r) \\ 0 \le r \le \frac{\pi}{2} \\ 0 \le \varphi \le 2\pi \end{pmatrix}.$$

Abb. 17.22 zum Beispiel
17.12: Volumenberechnung
eines Körpers, erzeugt
durch Rotation von
$\cos(x)$ um die z-Achse in
Zylinderkoordinaten

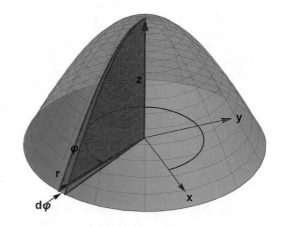

Abb. 17.23 zum Beispiel
17.12: Volumenberechnung
eines Körpers, erzeugt durch
Rotation von $\cos(x)$ mit
„Röhrenansatz". Im Video
▸ sn.pub/IsxQga öffnet sich
die „Röhre" für $\cos(x)$ (das
Volumenelement) mit dem
Radius r

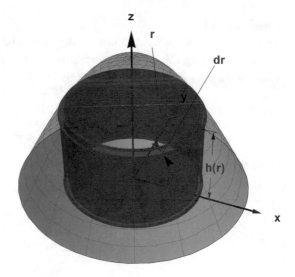

Dann ist das Volumen, berechnet in Zylinderkoordinaten:

$$V = \iiint\limits_{V} 1 \, dv = \int\limits_{\varphi=0}^{\varphi=2\pi} \left(\int\limits_{r=0}^{r=\frac{\pi}{2}} \left(\int\limits_{z(r)=0}^{z(r)=\cos(r)} r \, dz \right) dr \right) d\varphi$$

$$= 2\pi \int\limits_{r=0}^{r=\frac{\pi}{2}} r \cos(r) \, dr = 2\pi \left(\frac{\pi}{2} - 1 \right) = 3,586$$

Mit Hilfe des Röhrenansatzes (17.9) reduziert sich die Rechnung auf die einfache
Integration (s. Abb. 17.23):

$$V = \int\limits_{r=0}^{r=\frac{\pi}{2}} 2\pi r \cos(r) \, dr = \pi(\pi - 2) = 3,586$$

Abb. 17.24 zum Beispiel
17.13: Volumenberechnung
eines Körpers, erzeugt
durch Rotation von sin(x)
in Zylinderkoordinaten mit
Schnittfläche $\varphi = const$

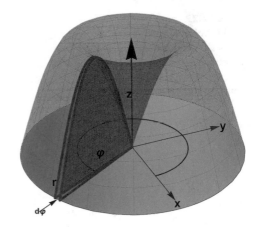

Beispiel 17.13

Berechne das Volumen des Körpers, der durch Rotation der Funktion $z=f(x)=\sin(x)$
mit $x \in [0, \pi]$ um die z-Achse entsteht (s. Abb. 17.24). Wegen der Rotationssymmetrie
setzen wir $x \to r$ und damit $\sin(x) \to \sin(r)$. Somit ist der Körper begrenzt durch

$$(V) = \begin{pmatrix} 0 \le z(r) \le \sin(r) \\ 0 \le r \le \pi \\ 0 \le \varphi \le 2\pi \end{pmatrix}.$$

Dann ist das Volumen, berechnet in Zylinderkoordinaten:

$$V = \iiint\limits_{V} 1\,dv = \int\limits_{\varphi=0}^{\varphi=2\pi} \left(\int\limits_{r=0}^{r=\pi} \left(\int\limits_{z(r)=0}^{z(r)=\sin(r)} r\,dz \right) dr \right) d\varphi$$

$$= 2\pi \int\limits_{r=0}^{r=\pi} r\sin(r)\,dr = 2\pi^2 = 19{,}74$$

Im Röhrenansatz (17.9) reduziert sich das auf das einfache Integral (s. Abb. 17.25):

$$V = \int\limits_{r=0}^{r=\pi} 2\pi r\sin(r)\,dr = 2\pi^2 = 19{,}74$$

17.2.3 Das Prinzip von Cavalieri

Durch Rotation einer Funktion $z = f(x)$ mit $x \in [a, b]$ um die x-Achse entsteht ein
rotationssymmetrischer Körper. Das Volumen berechnet sich durch „Aufaddieren"
und Grenzwertbildung von Kreisscheiben $S(x)$ mit den Radien $f(x)$ und den Volumina
$dv = \pi f(x)^2 dx$:

$$V = \int\limits_{x=a}^{x=b} \pi f(x)^2 dx \tag{17.10}$$

Abb. 17.25 zum Beispiel
17.13: Volumenberechnung
eines Körpers, erzeugt durch
Rotation von sin(x) um die
z-Achse mit Röhrenansatz. Im
Video ▸ sn.pub/nonaUv öffnet
sich die „Röhre" für sin(x) (das
Volumenelement) mit dem
Radius r

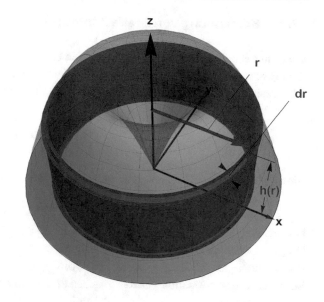

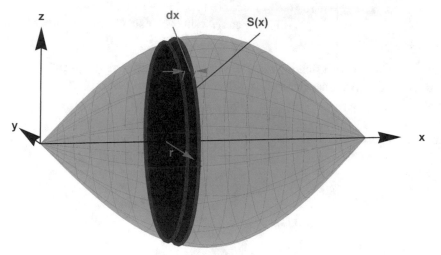

Abb. 17.26 zum Beispiel 17.14: Volumenberechnung mit Cavalieris Formel. Im Video ▸ sn.pub/
EpH8wZ verschiebt sich die Schnittfläche $S(x)$ (das Volumenelement) mit x durch den Körper

Beispiel 17.14

Berechne das Volumen des Körpers, der durch Rotation der Funktion $z = f(x) = \sin(x)$
mit $x \in [0, \pi]$ um die x-Achse entsteht (s. Abb. 17.26). Dann ist das Volumen:

$$V = \int\limits_{x=0}^{x=\pi} S(x)\mathrm{d}x = \int\limits_{x=0}^{x=\pi} \pi(\sin(x))^2\mathrm{d}x = \frac{\pi^2}{2} = 4{,}935$$

17.2.4 Berechnung von Dreifachintegralen mit Kugelkoordinaten

Ein Punkt P in $\mathbb{R}^3$ wird mit Kugelkoordinaten beschrieben durch die Winkel φ, ϑ und den Radius r, d. h. $P = (r, \vartheta, \varphi)$, s. Abb. 17.27. Die Umrechnung von Kugelkoordinaten in kartesische Koordinaten erfolgt mit den Formeln (s. Abb. 17.27):

$$x = r \sin (\vartheta) \cos (\varphi)$$
$$y = r \sin (\vartheta) \sin (\varphi)$$
$$z = r \cos (\vartheta)$$

Die zugehörige Funktionaldeterminante D ist (s. Bemerkung 17.7):

$$D = r^2 \sin (\vartheta)$$

Bemerkung 17.7

Die *Funktionaldeterminante D* (Jacobi-Determinante) ist die Determinante der sogenannten Jacobi-Matrix, s. G. Bärwolff (2006, S. 584). Sie entsteht bei der Koordinatentransformation von kartesischen zu Kugelkoordinaten und ist definiert durch:

$$D = \begin{vmatrix} \frac{\partial x}{\partial r} & \frac{\partial x}{\partial \vartheta} & \frac{\partial x}{\partial \varphi} \\ \frac{\partial y}{\partial r} & \frac{\partial y}{\partial \vartheta} & \frac{\partial y}{\partial \varphi} \\ \frac{\partial z}{\partial r} & \frac{\partial z}{\partial \vartheta} & \frac{\partial z}{\partial \varphi} \end{vmatrix} = \begin{vmatrix} \sin (\vartheta) \cos (\varphi) & r \cos (\vartheta) \cos (\varphi) & -r \sin (\vartheta) \sin (\varphi) \\ \sin (\vartheta) \sin (\varphi) & r \cos (\vartheta) \sin (\varphi) & r \sin (\vartheta) \cos (\varphi) \\ \cos (\vartheta) & -r \sin (\vartheta) & 0 \end{vmatrix} = r^2 \sin (\vartheta)$$

In diesem Sinne berücksichtigt die Determinante die „Krummlinigkeit" der Kugelkoordinaten. Das „Volumenelement" in Kugelkoordinaten ist somit:

$$dV = r^2 \sin(\vartheta) \, dr \, d\varphi \, d\vartheta$$

Dies erkennt man auch in den Abb. 17.28, 17.29 und 17.30.

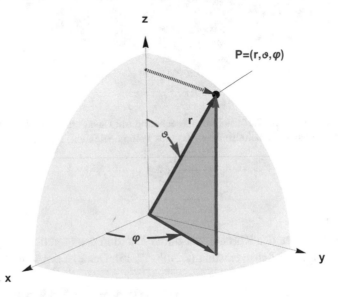

Abb. 17.27   Kugelkoordinaten

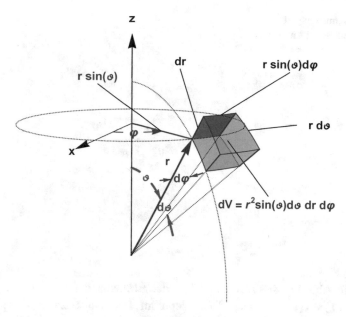

Abb. 17.28 Volumenelement in Kugelkoordinaten

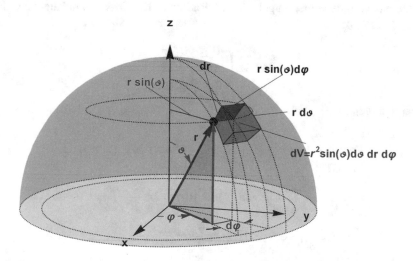

Abb. 17.29 Volumenelement in der Halbkugel. Im Video ▸ sn.pub/lHyjuJ dreht sich das Objekt in 3D

Abb. 17.30 zum Beispiel
17.15: Volumenelement in der
Vollkugel

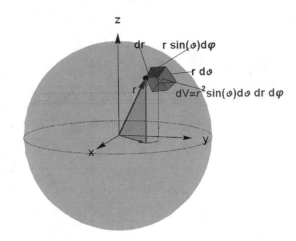

Bemerkung 17.8

Wir setzen in Abb. 17.28, 17.29 und 17.30 der Einfachheit halber $(r + \mathrm{d}r)\mathrm{d}\vartheta \cong r\,\mathrm{d}\vartheta$, ebenso $(r + \mathrm{d}r)\sin(\vartheta)\mathrm{d}\varphi \cong r\sin(\vartheta)\mathrm{d}\varphi$, denn im Integralgrenzwert verschwindet der Unterschied!

Beispiel 17.15

Berechne das Volumen einer Kugel mit dem Radius R. Die Grenzen in Kugelkoordinaten sind (s. Abb. 17.30):

$$(V) = \begin{pmatrix} 0 \leq \vartheta \leq \pi \\ 0 \leq r \leq R \\ 0 \leq \varphi \leq 2\pi \end{pmatrix}$$

Dann ist das Volumen:

$$V = \iiint\limits_{V} 1\,\mathrm{d}v = \int\limits_{\varphi=0}^{\varphi=2\pi} \left(\int\limits_{r=0}^{r=R} \left(\int\limits_{\vartheta=0}^{\vartheta=\pi} r^2\sin(\vartheta)\mathrm{d}\vartheta \right) \mathrm{d}r \right) \mathrm{d}\varphi$$

$$= 2\pi \int\limits_{r=0}^{r=R} \left(\int\limits_{\vartheta=0}^{\vartheta=\pi} r^2 \sin(\vartheta)\mathrm{d}\vartheta \right) \mathrm{d}r = 2\pi \frac{R^3}{3} \int\limits_{\vartheta=0}^{\vartheta=\pi} \sin(\vartheta)\mathrm{d}\vartheta$$

$$= 2\pi \frac{R^3}{3} [-\cos(\vartheta)]_{\vartheta=0}^{\vartheta=\pi} = \frac{4}{3}\pi R^3$$

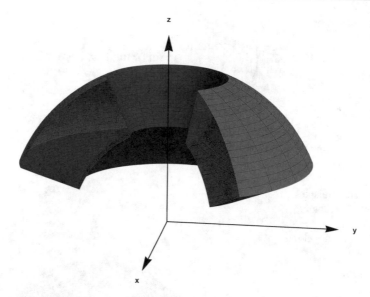

Abb. 17.31 zum Beispiel 17.16: Volumenberechnung eines Kugelabschnitts mit Kugelkoordinaten

Beispiel 17.16: Volumen eines „Kugelstücks"

Die Grenzen sind gegeben durch:

$$(V) = \begin{pmatrix} \frac{\pi}{8} \leq \vartheta \leq \frac{3\pi}{8} \\ 0{,}6 \leq r \leq 1 \\ \frac{\pi}{5} \leq \varphi \leq \frac{7\pi}{5} \end{pmatrix}$$

Dann ist das Volumen (s. Abb. 17.31):

$$V = \iiint\limits_V 1 \, dv = \int\limits_{\varphi=\frac{\pi}{5}}^{\varphi=\frac{7\pi}{5}} \left(\int\limits_{r=0{,}6}^{r=1} \left(\int\limits_{\vartheta=\frac{\pi}{8}}^{\vartheta=\frac{3\pi}{8}} r^2 \sin(\vartheta) d\vartheta \right) dr \right) d\varphi$$

$$= \frac{6\pi}{5} \int\limits_{r=0{,}6}^{r=1} \left(\int\limits_{\vartheta=\frac{\pi}{8}}^{\vartheta=\frac{3\pi}{8}} r^2 \sin(\vartheta) d\vartheta \right) dr = \frac{6\pi}{5} \left(\frac{1 - 0{,}6^3}{3} \right) = [-\cos(\vartheta)]_{\vartheta=\frac{\pi}{8}}^{\vartheta=\frac{3\pi}{8}} = \ldots = 0{,}5327$$

Beispiel 17.17 „Eistüte"

Gegeben seien die Grenzen eines Körpers (s. Abb. 17.32):

$$(V) = \begin{pmatrix} 0 \leq r \leq \cos(\vartheta) \\ 0 \leq \vartheta \leq \frac{\pi}{4} \\ 0 \leq \varphi \leq 2\pi \end{pmatrix}$$

Dann ist das Volumen:

$$V = \int\limits_{\varphi=0}^{\varphi=2\pi} \left(\int\limits_{\vartheta=0}^{\vartheta=\frac{\pi}{4}} \left(\int\limits_{r=0}^{r=\cos(\vartheta)} r^2 \sin(\vartheta) \mathrm{d}r \right) \mathrm{d}\vartheta \right) \mathrm{d}\varphi$$

$$= \int\limits_{\varphi=0}^{\varphi=2\pi} \left(\int\limits_{\vartheta=0}^{\vartheta=\frac{\pi}{4}} \frac{\cos(\vartheta)^3}{3} \sin(\vartheta) \mathrm{d}\vartheta \right) \mathrm{d}\varphi$$

$$= \int\limits_{\varphi=0}^{\varphi=2\pi} \left[-\frac{\cos(\vartheta)^4}{12} \right]_{\vartheta=0}^{\vartheta=\frac{\pi}{4}} \mathrm{d}\varphi = 2\pi \left[-\frac{\cos(\vartheta)^4}{12} \right]_{\vartheta=0}^{\vartheta=\frac{\pi}{4}} = \ldots = \frac{\pi}{8}$$

Abb. 17.32 zum Beispiel 17.17: Volumenberechnung einer „Eistüte" mit Kugelkoordinaten (Kegel mit Halbkugel)

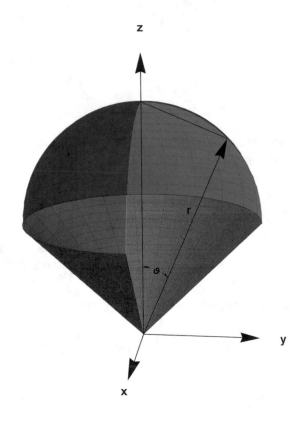

Vektoranalysis

18

Grundlegende Erscheinungen in Physik und Technik sind Kraftfelder wie Gravitationsfelder, magnetische und elektrische Felder oder auch Temperaturfelder. Die mathematische Beschreibung solcher Felder und ihrer Zusammenhänge erfolgt in Abschn. 18.1. Sie werden beschrieben durch mehrdimensionale Funktionen, sogenannte Vektorfelder, Skalarfelder und deren partielle Ableitungen. Daraus ergeben sich die grundlegenden Begriffe wie Gradient, Divergenz, Rotation und Potential mit ihren Beziehungen. In Abschn. 18.2 führen physikalische Betrachtungen wie Wegintegrale entlang eines Weges in einem Kraftfeld zu Begriffen der Arbeit und der konservativen Felder. Es werden äquivalente Eigenschaften für die Konservativität eines Feldes entwickelt. Daraus ergibt sich schließlich eine Aussage, die analog ist zum eindimensionalen Hauptsatz der Differential- und Integralrechnung.

18.1   Felder und Differentialrechnung in Feldern

Definition 18.1
Eine Funktion φ, die jedem Punkt (x, y, z) in $\mathbb{R}^3$ eine (reelle) Zahl $\varphi(x, y, z) \in \mathbb{R}$ zuordnet, d. h.

$$\varphi : (x, y, z) \rightarrow \varphi(x, y, z)$$

heißt *Skalarfeld*.

Beispiele für Skalarfelder:

- Temperaturfelder (Verteilung der Temperatur in einem Raum)
- Massedichten (Verteilung der spezifischen Masse in einem Körper)
- Ladungsdichten (Verteilung der elektrischen Ladung in einem Raumgebiet)

© Springer Fachmedien Wiesbaden GmbH, ein Teil von Springer Nature 2020
H. Cycon, *Mathematik visuell und interaktiv*,
https://doi.org/10.1007/978-3-658-30245-0_18

Definition 18.2

Eine Funktion $\vec{F}$, die jedem Punkt (x, y, z) in $\mathbb{R}^3$ einen (3D-) Vektor $\vec{F}(x, y, z) \in \mathbb{R}^3$ zuordnet, d. h.

$$\vec{F}: (x, y, z) \rightarrow \vec{F}(x, y, z) = \begin{pmatrix} F_1(x, y, z) \\ F_2(x, y, z) \\ F_3(x, y, z) \end{pmatrix},$$

heißt *Vektorfeld*.

Schreibweisen für Vektorfelder sind:

$$\vec{F}(x, y, z) = F_1(x, y, z)\vec{e}_x + F_2(x, y, z)\vec{e}_y + F_3(x, y, z)\vec{e}_z = (F_1, F_2, F_3)^T(x, y, z)$$

Die drei Komponenten eines Vektorfeldes sind also drei Funktionen (F_1, F_2, F_3) der Raumkoordinaten (x, y, z).

Beispiele für Vektorfelder:

- Gravitationsfelder (auf eine Masse wirkt in jedem Raumpunkt eine Kraft)
- Elektrische Felder (auf eine elektrische Ladung wirkt in jedem Raumpunkt eine Kraft)
- Magnetfelder (auf einen Magneten bzw. stromdurchflossenen Leiter wirkt in jedem Raumpunkt eine Kraft)

Physikalisch sind Vektorfelder also fast immer Kraftfelder.

Bemerkung 18.1

Manche Felder (z. B. elektrische Felder oder Magnetfelder) werden mit Hilfe von sogenannten *Feldlinien* beschrieben. Feldlinien sind im Allgemeinen stetige Kurvenscharen, wobei das zugehörige Vektorfeld aus den **Tangenten** an die Feldlinien besteht (s. Abb. 18.1). Wenn die drei Funktionen (F_1, F_2, F_3) eines Vektorfeldes $\vec{F}$ differenzierbar sind, kann man „Ableitungen" des Feldes definieren. Entsprechendes gilt, wenn ein Skalarfeld φ differenzierbar ist, das heißt, man kann drei (Ableitungs-) Operatoren definieren. Wir nehmen an, dass alle Komponenten und Skalarfelder zweimal differenzierbar sind.

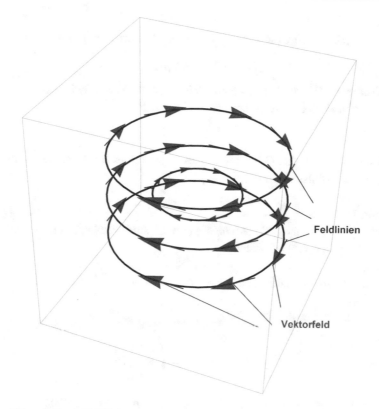

Abb. 18.1   Vektorfeld mit Feldlinien

Definition 18.3 Gradient

Für ein differenzierbares Skalarfeld $\varphi(x, y, z)$ definieren wir das Vektorfeld

$$\text{grad}(\varphi) = \frac{\partial \varphi}{\partial x}\vec{e}_x + \frac{\partial \varphi}{\partial y}\vec{e}_y + \frac{\partial \varphi}{\partial z}\vec{e}_z = \begin{pmatrix} \partial_x \varphi \\ \partial_y \varphi \\ \partial_z \varphi \end{pmatrix}, \tag{18.1}$$

gesprochen: *Gradient von φ*.

Für grad(φ) gelten die Rechenregeln:

1. Linearität: $\text{grad}(\alpha\varphi + \beta\psi) = \alpha\text{grad}(\varphi) + \beta\text{grad}(\psi)$
2. Produktregel: $\text{grad}(\varphi \cdot \psi) = \phi(\text{grad}(\psi)) + \psi(\text{grad}(\varphi))$
3. Konstantes Feld c: $\text{grad}(c) = 0$

Dabei sind φ und ψ Skalarfelder, $\alpha, \beta \in \mathbb{R}$ und c ist eine Konstante.

Definition 18.4

Vektorfelder $\vec{F}$, die durch Gradientenbildung eines Skalarfeldes φ definiert sind, d. h.

$$\vec{F} = \text{grad}(\varphi),$$

heißen **Gradientenfelder** oder **Potentialfelder** (d. h. Vektorfelder, die ein Potential besitzen). Das Skalarfeld φ heißt dann **Potential von $\vec{F}$**.

Bemerkung 18.2

Geometrisch kann man den Gradienten eines Skalarfeldes φ interpretieren als Richtung (und Betrag) des „steilsten" Anstiegs von φ.

Bemerkung 18.3:

Äquipotentialflächen eines Skalarfeldes $\varphi(x, y, z)$ sind Flächen, für die das Potential konstant ist, d. h. $\varphi(x, y, z) = $ konstant.

Beispiel 18.1 Äquipotentialflächen des rotationssymmetrischen Skalarfeldes $\varphi = x^2 + y^2 + z^2$.
Dann ist

$$\vec{F} = \text{grad}(\varphi) = \begin{pmatrix} 2x \\ 2y \\ 2z \end{pmatrix}.$$

Das Vektorfeld $\vec{F}$ ist „radialsymmetrisch" und die Äquipotentialflächen $\varphi = $ konstant sind Kugelsphären (s. Abb. 18.2).

Definition 18.5: Divergenz

Für ein differenzierbares Vektorfeld

$$\vec{F}(x, y, z) = \begin{pmatrix} F_1(x, y, z) \\ F_2(x, y, z) \\ F_3(x, y, z) \end{pmatrix}$$

definieren wir das Skalarfeld

$$\text{div}(\vec{F}) := \frac{\partial F_1}{\partial x} + \frac{\partial F_2}{\partial y} + \frac{\partial F_3}{\partial z}, \tag{18.2}$$

gesprochen: **Divergenz von $\vec{F}$**.

Abb. 18.2 Rotationssymmetrisches Vektorfeld mit Potentialflächen

Für $\mathrm{div}(\vec{F})$ gelten die Rechenregeln:

1. Linearität: $\mathrm{div}(\alpha\vec{A} + \beta\vec{B}) = \alpha\,\mathrm{div}(\vec{A}) + \beta\,\mathrm{div}(\vec{B})$
2. Produktregel: $\mathrm{div}(\varphi \cdot \vec{A}) = \mathrm{grad}(\varphi) \cdot \vec{A} + \varphi(\mathrm{div}(\vec{A}))$
3. Konstantes Feld: $\mathrm{div}(\vec{C}) = 0$

Dabei sind $\vec{A}$ und $\vec{B}$ Vektorfelder, φ ist ein Skalarfeld und $\vec{C}$ ein konstantes Vektorfeld. Wenn $\vec{F}$ ein elektrisches Feld ist, dann entspricht $\mathrm{div}(\vec{F})$ der Ladungsdichte; bei Gravitationsfeldern entspricht $\mathrm{div}(\vec{F})$ der Massendichte. Daher heißt $\mathrm{div}(\vec{F})$ auch *Quellendichte*.

Definition 18.6: Rotation
Für ein differenzierbares Vektorfeld

$$\vec{F}(x,y,z) = \begin{pmatrix} F_1(x,y,z) \\ F_2(x,y,z) \\ F_3(x,y,z) \end{pmatrix}$$

definieren wir das Vektorfeld

$$\text{rot}(\vec{F}):= \left(\frac{\partial F_3}{\partial y} - \frac{\partial F_2}{\partial z} \right) \vec{e}_x + \left(\frac{\partial F_1}{\partial z} - \frac{\partial F_3}{\partial x} \right) \vec{e}_y + \left(\frac{\partial F_2}{\partial x} - \frac{\partial F_1}{\partial y} \right) \vec{e}_z$$

$$= \begin{pmatrix} \partial_y F_3 - \partial_z F_2 \\ \partial_z F_1 - \partial_x F_3 \\ \partial_x F_2 - \partial_y F_1 \end{pmatrix},$$

gesprochen: **Rotation von** $\vec{F}$.

Bemerkung 18.4

Zur praktischen Berechnung der Rotation kann man die formale Determinante benutzen:

$$\text{rot}(\vec{F}):= \begin{vmatrix} \vec{e}_x & \vec{e}_y & \vec{e}_z \\ \partial_x & \partial_y & \partial_z \\ F_1 & F_2 & F_3 \end{vmatrix} \tag{18.3}$$

Für rot $(\vec{F})$ gelten die Rechenregeln:

$$\text{rot}(\vec{a}) = 0$$

$$\text{rot}(\varphi \vec{A}) = \text{grad}(\varphi) \times \vec{A} + \varphi \cdot \text{rot}(\vec{A})$$

$$\text{rot}(c\vec{A}) = c \, \text{rot}(\vec{A})$$

$$\text{rot}(\vec{A} + \vec{B}) = \text{rot}(\vec{A}) + \text{rot}(\vec{B})$$

Dabei sind $\vec{A}$ und $\vec{B}$ Vektorfelder, $\vec{a}$ ist ein konstantes Vektorfeld, φ ein Skalarfeld und c eine Konstante.

Bemerkung 18.5

Das Vektorfeld rot($\vec{F}$) heißt auch **Wirbeldichte** des Vektorfeldes $\vec{F}$ (Wirbel sind geschlossene „Feldlinien").

Eine Übersicht über die verschiedenen Operatoren zur Differentialrechnung in Feldern gibt Tab. 18.1.

Tab. 18.1 Gradient, Divergenz und Rotation

Operator	Symbol	Verknüpfung	Argument	Ergebnis	Bedeutung
Gradient	grad φ	$\nabla \varphi$	Skalar	Vektor	Max. Anstieg
Divergenz	div $\vec{F}$	$\nabla \cdot \vec{F}$	Vektor	Skalar	Quellendichte
Rotation	rot $\vec{F}$	$\nabla \times \vec{F}$	Vektor	Vektor	Wirbeldichte

Definition 18.7

∇ ist der sogenannte

$$\textbf{\textit{Nabla-Operator: }} \nabla := \begin{pmatrix} \partial_x \\ \partial_y \\ \partial_z \end{pmatrix}.$$

∇ besteht aus drei Ableitungsoperatoren in Vektorform, angeordnet als symbolischer Vektor.

Es gelten die Beziehungen (Beweis durch Nachrechnen mit dem Satz von Schwarz, s. Satz 15.1):

$$\text{div}(\text{rot}(\vec{F})) = 0 \tag{18.4}$$

Anschaulich sagt man: „**Wirbelfelder sind quellenfrei**" (geschlossene Feldlinien haben keinen „Ursprung").

$$\text{rot}(\text{grad}(\varphi)) = \vec{0} \tag{18.5}$$

Anschaulich sagt man: „**Gradientenfelder sind wirbelfrei**" (es gibt keine geschlossenen Feldlinien).

Beispiel 18.2

Das radialsymmetrische Vektorfeld $\vec{F} = \begin{pmatrix} x \\ y \\ z \end{pmatrix}$ (s. Abb. 18.3).

Es gilt dann:

$$\text{rot}(\vec{F}) = \text{rot}\begin{pmatrix} x \\ y \\ z \end{pmatrix} = \nabla \times \vec{F} = \begin{pmatrix} \partial_x \\ \partial_y \\ \partial_z \end{pmatrix} \times \begin{pmatrix} x \\ y \\ z \end{pmatrix} = \begin{pmatrix} \partial_y z - \partial_z y \\ \partial_z x - \partial_x z \\ \partial_x y - \partial_y x \end{pmatrix} = \begin{pmatrix} 0 \\ 0 \\ 0 \end{pmatrix} = \vec{0}$$

Das heißt anschaulich: Radialsymmetrische Vektorfelder haben keine Wirbel (d. h. keine geschlossenen Feldlinien).

Beispiel 18.3

Das „Wirbelfeld" $\vec{F} = \begin{pmatrix} y \\ -x \\ z \end{pmatrix}$ (s. Abb. 18.4).

Es gilt dann:

$$\text{rot}(\vec{F}) = \text{rot}\begin{pmatrix} y \\ -x \\ z \end{pmatrix} = \begin{pmatrix} \partial_y z + \partial_z x \\ \partial_z y - \partial_x z \\ -\partial_x x - \partial_y y \end{pmatrix} = \begin{pmatrix} 0 \\ 0 \\ -2 \end{pmatrix} \neq \vec{0}$$

Dies ist ein Vektorfeld mit kreisförmigen Feldlinien. Die Rotation von $\vec{F}$ ist wieder ein Vektorfeld, dessen Vektoren senkrecht auf den Kreisebenen stehen.

Abb. 18.3   Radialsymmetrisches Vektorfeld

18.2   Linienintegrale bzw. Arbeitsintegrale (Kurvenintegrale)

In der Physik wird die *Arbeit* W definiert als Kraft $\vec{F}$ (in Richtung des Weges) multipliziert mit dem Weg $\vec{s}$. Das heißt, W ist das Skalarprodukt (s. Abb. 18.5):

$$W = F \, s \cos(\varphi) = \vec{F} \cdot \vec{s}$$

Dieser Begriff wird übertragen auf Wege in Vektorfeldern: Gegeben seien ein Vektorfeld

$$\vec{F}(x, y, z) = \begin{pmatrix} F_1(x, y, z) \\ F_2(x, y, z) \\ F_3(x, y, z) \end{pmatrix}$$

und ein (parametrisierter, differenzierbarer, doppelpunktfreier) Weg (s. Abb. 18.6):

$$C : t \rightarrow \vec{r}(t) = \begin{pmatrix} x(t) \\ y(t) \\ z(t) \end{pmatrix}, \quad t \in [t_1, t_2] \subseteq \mathbb{R}$$

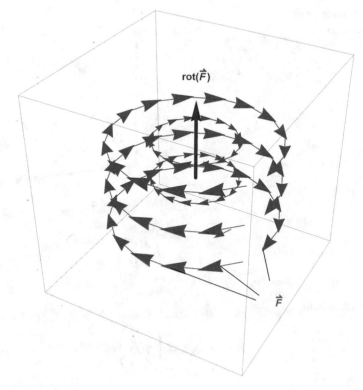

Abb. 18.4 Wirbelfeld

Abb. 18.5 Kraft · Weg = Arbeit

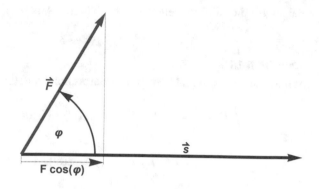

Abb. 18.6 Ortsvektor mit
Kraft- und Wegvektor

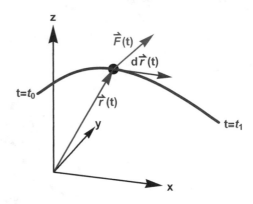

Mit

$$\frac{d\vec{r}(t)}{dt} = \dot{r}(t) = \begin{pmatrix} \dot{x}(t) \\ \dot{y}(t) \\ \dot{z}(t) \end{pmatrix}$$

können wir schreiben

$$d\vec{r}(t) := \dot{r}(t)dt = \begin{pmatrix} \dot{x}(t) \\ \dot{y}(t) \\ \dot{z}(t) \end{pmatrix} dt,$$

und mit

$$\vec{F}(t) := \vec{F}(x(t), y(t), z(t))$$

haben wir die „differentielle", von t abhängige Arbeit:

$$dW = \vec{F} \cdot d\vec{r}$$

Definition 18.8
Wir können das Integral über den Skalarprodukten definieren:

$$W := \int_C \vec{F} \cdot d\vec{r} := \int_C F_1(x(t), y(t), z(t)) \cdot \dot{x}(t)dt + \int_C F_2(x(t), y(t), z(t)) \cdot \dot{y}(t)dt$$

$$+ \int_C F_3(x(t), y(t), z(t)) \cdot \dot{z}(t)dt$$

$$(18.6)$$

W heißt *Linienintegral* oder *Wegintegral* oder *Arbeitsintegral.*

Wenn das Linienintegral W entlang des Weges C zwischen zwei beliebigen Punkten $P_1 = \vec{r}(t_1)$ und $P_2 = \vec{r}(t_2)$ **unabhängig** vom Weg C ist und wenn das Linienintegral auf einem Weg $C1$ vom Punkt P_1 zum Punkt P_2

$$W = \int_{C1} \vec{F} \cdot d\vec{r}$$

ist, dann ist das Linienintegral auf einem $C2$ vom Punkt P_2 zum Punkt P_1

$$-W = \int_{C2} \vec{F} \cdot d\vec{r},$$

d. h. es gilt:

$$\int_{P_1}^{P_2} \vec{F} \cdot d\vec{r} = - \int_{P_2}^{P_1} \vec{F} \cdot d\vec{r}$$

Daraus folgt:

$$\int_{C1+C2} \vec{F} \cdot d\vec{r} = 0$$

Das heißt, das Integral auf jedem geschlossenen Weg ist gleich Null (s. Abb. 18.7). Wir benutzen dafür die Schreibweise

$$\oint_C \vec{F} \cdot d\vec{r} = 0. \tag{18.7}$$

Wenn diese Eigenschaft im gesamten Feld vorliegt, hat das Feld einen besonderen Charakter und wir definieren:

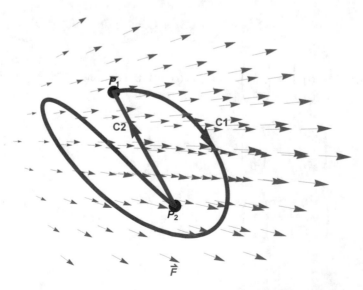

Abb. 18.7 Geschlossene Kurve im Vektorfeld $\vec{F}$

Definition 18.9

Wenn für ein Feld $\vec{F}$ **alle** geschlossenen Linienintegrale

$$\oint_C \vec{F} \cdot d\vec{r} = 0$$

sind, dann heißt das Feld *konservativ*.

Bemerkung 18.6

Konservative Felder haben die Eigenschaft, dass die Arbeit (=das Arbeitsintegral), die auf einem Weg vom Punkt P_1 zu einem Punkt P_2 verrichtet wird, auf einem beliebigen Weg von P_2 nach P_1 wiedergewonnen wird. Das heißt, die Arbeit wird im Feld „konserviert". Anders gesagt: Innerhalb eines konservativen Feldes gilt das Prinzip der Energieerhaltung.

Beispiel 18.4

Gegeben seien ein Vektorfeld $\vec{F}(x,y,z) = \begin{pmatrix} x \\ y \\ z \end{pmatrix}$ und drei Wege von $P_1 = (0,0,0)$ nach $P_2 = (2,1,1)$:

$$C1: t \to \vec{r}(t) = \begin{pmatrix} x(t) \\ y(t) \\ z(t) \end{pmatrix} = \begin{pmatrix} 2t \\ t \\ t \end{pmatrix} \Rightarrow d\vec{r}(t) = \begin{pmatrix} 2 \\ 1 \\ 1 \end{pmatrix} dt \quad \text{und} \quad \vec{F}(t) = \begin{pmatrix} 2t \\ t \\ t \end{pmatrix}, t \in [0,1]$$

$$C2: t \to \vec{r}(t) = \begin{pmatrix} x(t) \\ y(t) \\ z(t) \end{pmatrix} = \begin{pmatrix} 2t \\ t^2 \\ t^2 \end{pmatrix} \Rightarrow d\vec{r}(t) = \begin{pmatrix} 2 \\ 2t \\ 2t \end{pmatrix} dt \quad \text{und} \quad \vec{F}(t) = \begin{pmatrix} 2t \\ t^2 \\ t^2 \end{pmatrix}, t \in [0,1]$$

und

$$C3 := C3x + C3y + C3z \quad \text{mit}$$

$$C3x: t \to \vec{r}(t) = \begin{pmatrix} x(t) \\ y(t) \\ z(t) \end{pmatrix} = \begin{pmatrix} 2t \\ 0 \\ 0 \end{pmatrix} \Rightarrow d\vec{r}(t) = \begin{pmatrix} 2 \\ 0 \\ 0 \end{pmatrix} dt \quad \text{und} \quad \vec{F}(t) = \begin{pmatrix} 2t \\ 0 \\ 0 \end{pmatrix}, t \in [0,1]$$

$$C3y: t \to \vec{r}(t) = \begin{pmatrix} x(t) \\ y(t) \\ z(t) \end{pmatrix} = \begin{pmatrix} 2 \\ t \\ 0 \end{pmatrix} \Rightarrow d\vec{r}(t) = \begin{pmatrix} 0 \\ 1 \\ 0 \end{pmatrix} dt \quad \text{und} \quad \vec{F}(t) = \begin{pmatrix} 2 \\ t \\ 0 \end{pmatrix}, t \in [0,1]$$

$$C3z: t \to \vec{r}(t) = \begin{pmatrix} x(t) \\ y(t) \\ z(t) \end{pmatrix} = \begin{pmatrix} 2 \\ 1 \\ t \end{pmatrix} \Rightarrow d\vec{r}(t) = \begin{pmatrix} 0 \\ 0 \\ 1 \end{pmatrix} dt \quad \text{und} \quad \vec{F}(t) = \begin{pmatrix} 2 \\ 1 \\ t \end{pmatrix}, t \in [0,1]$$

(s. Abb. 18.8)

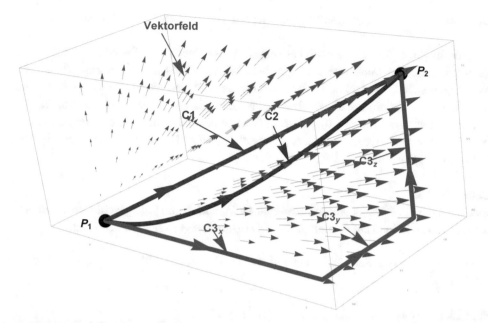

Abb. 18.8   Drei Wege in einem Vektorfeld

Die Berechnung der drei Wegintegrale ergibt:

$$W_1 = \int_{C1} \vec{F} \cdot d\vec{r} = \int_{t=0}^{t=1} \begin{pmatrix} 2t \\ t \\ t \end{pmatrix} \cdot \begin{pmatrix} 2 \\ 1 \\ 1 \end{pmatrix} dt = \int_{t=0}^{t=1} (4t + t + t) dt = 6 \left[\frac{t^2}{2} \right]_{t=0}^{t=1} = 3$$

$$W_2 = \int_{C2} \vec{F} \cdot d\vec{r} = \int_{t=0}^{t=1} \begin{pmatrix} 2t \\ t^2 \\ t^2 \end{pmatrix} \cdot \begin{pmatrix} 2 \\ 2t \\ 2t \end{pmatrix} dt = \int_{t=0}^{t=1} \left(4t + 2t^3 + 2t^3 \right) dt = 4 \left[\frac{t^2}{2} + \frac{t^4}{4} \right]_{t=0}^{t=1} = 3$$

$$W_3 = \int_{C3} \vec{F} \cdot d\vec{r} = \int_{t=0}^{t=1} \begin{pmatrix} 2t \\ 0 \\ 0 \end{pmatrix} \cdot \begin{pmatrix} 2 \\ 0 \\ 0 \end{pmatrix} dt + \int_{t=0}^{t=1} \begin{pmatrix} 2 \\ t \\ 0 \end{pmatrix} \cdot \begin{pmatrix} 0 \\ 1 \\ 0 \end{pmatrix} dt + \int_{t=0}^{t=1} \begin{pmatrix} 2 \\ 1 \\ t \end{pmatrix} \cdot \begin{pmatrix} 0 \\ 0 \\ 1 \end{pmatrix} dt$$

$$= \int_{t=0}^{t=1} (4t + t + t) dt = 6 \left[\frac{t^2}{2} \right]_{t=0}^{t=1} = 3$$

Diese drei Wegintegrale sind gleich! Also gilt:

$$W_1 = \int_{C1} \vec{F} \cdot d\vec{r} = W_2 = \int_{C2} \vec{F} \cdot d\vec{r} = W_3 = \int_{C3} \vec{F} \cdot d\vec{r}$$

Das bedeutet jedoch nicht, dass alle Wegintegrale von P_1 nach P_2 gleich sind!

Die Bedingung für Konservativität eines Vektorfeldes in Definition 18.9 (alle geschlossenen Linienintegrale sind gleich Null) ist praktisch nicht nachprüfbar. Deshalb erhebt sich die Frage, ob es dafür einfachere Kriterien gibt. Ein solches Kriterium ist: Wenn der Definitionsbereich des Feldes „einfach zusammenhängend" ist, genügt Wirbelfreiheit (d. h. $\text{rot}(\vec{F}) = 0$). Im zweidimensionalen Raum ist eine Menge einfach zusammenhängend, wenn sie keine „Löcher" hat. Für die Dimensionen $n > 2$ ist die Definition allgemeiner:

Definition 18.10
Eine Menge D in $\mathbb{R}^3$ heißt *einfach zusammenhängend,* wenn jede geschlossene, doppelpunktfreie Kurve in D auf einen Punkt $x \in D$ *zusammengezogen* werden kann.

Dann kann man den Satz 18.1 beweisen (s. T. Arens et al. 2012, S. 922; G. Bärwolff 2006, S. 560).

Satz 18.1
Sei $\vec{F}$ ein Vektorfeld, definiert in einem einfach zusammenhängenden Bereich D in $\mathbb{R}^3$ mit $\text{rot}(\vec{F}) = \vec{0}$. Dann sind alle Wegintegrale wegunabhängig, d. h. das Feld ist *konservativ.*

Im Beispiel 18.4 gilt:

$$\text{rot}(\vec{F}) = \begin{vmatrix} \vec{e}_x & \vec{e}_y & \vec{e}_z \\ \partial x & \partial y & \partial z \\ F_1 & F_2 & F_3 \end{vmatrix} = \begin{vmatrix} \vec{e}_x & \vec{e}_y & \vec{e}_z \\ \partial x & \partial y & \partial z \\ x & y & z \end{vmatrix} = \left(\frac{\partial z}{\partial y} - \frac{\partial y}{\partial z} \right)\vec{e}_x + \left(\frac{\partial x}{\partial z} - \frac{\partial z}{\partial x} \right)\vec{e}_y + \left(\frac{\partial y}{\partial x} - \frac{\partial x}{\partial y} \right)\vec{e}_z = \begin{pmatrix} 0 \\ 0 \\ 0 \end{pmatrix}$$

Also ist das Feld $\vec{F}$ wirbelfrei und somit konservativ.

Es gibt eine weitere Eigenschaft für konservative Felder:

Satz 18.2
Konservative Felder sind Potentialfelder. Das heißt: Wenn $\vec{F}$ konservativ ist, gibt es ein Potential φ, sodass gilt:

$$\text{grad}(\varphi) = \vec{F}$$

Man rechnet leicht nach, dass für konservative Felder $\vec{F}$ gilt:

$$\text{rot}(\vec{F}) = \vec{0},$$

da $\text{grad}(\varphi) = \vec{F}$ (s. Satz von Schwarz, 15.1).

Beispiel 18.5

Das Vektorfeld $\vec{F}(x, y, z) = \begin{pmatrix} x \\ y \\ z \end{pmatrix}$ im Beispiel 18.4 ist konservativ (d. h. die Weg-

integrale sind wegunabhängig). Damit ist für $P_1 = (0,0,0)$ und $P_2 = (x, y, z)$ das Integral

$$W(x, y, z) = \int_C \vec{F} \cdot d\vec{r}$$

unabhängig vom Weg C zwischen P_1 und P_2. Das heißt: Wenn man P_1 festhält, ist W nur abhängig von $P_2 = (x,y,z)$. Also ist $W(x, y, z)$ eindeutig definiert als eine reellwertige Funktion in $\mathbb{R}^3$ und somit ein Skalarfeld.

Es zeigt sich, dass $W(x, y, z)$ ein Potential von $\vec{F}$ ist:

Beispiel 18.6

Betrachte den (speziellen) Weg zwischen $P_1 = (0,0,0)$ und $P_2 = (x, y, z)$:

$$C: t \rightarrow \vec{r}(t) = \begin{pmatrix} x(t) \\ y(t) \\ z(t) \end{pmatrix} = \begin{pmatrix} x\,t \\ y\,t \\ z\,t \end{pmatrix} \quad \text{mit} \quad d\vec{r}(t) = \begin{pmatrix} x \\ y \\ z \end{pmatrix} dt$$

und das Vektorfeld in Beispiel 18.5. Dann ist das Feld entlang des Weges

$$\vec{F}(t) = \begin{pmatrix} x\,t \\ y\,t \\ z\,t \end{pmatrix}, \quad t \in [0, 1]$$

und es gilt:

$$W(x, y, z) = \int_{C1} \vec{F} \cdot d\vec{r} = \int_{t=0}^{t=1} \begin{pmatrix} x^2 t \\ y^2 t \\ z^2 t \end{pmatrix} dt = \int_{t=0}^{t=1} (x^2 + y^2 + z^2)\,t\,dt = (x^2 + y^2 + z^2)\left[\frac{t^2}{2}\right]_{t=0}^{t=1}$$

$$= \frac{(x^2 + y^2 + z^2)}{2}$$

Wegen

$$\text{grad}(W(x, y, z)) = \text{grad}(x^2 + y^2 + z^2)/2 = \begin{pmatrix} x \\ y \\ z \end{pmatrix} = \vec{F}$$

ist $W(x, y, z)$ ein Potential von $\vec{F}$.

Wenn $W(x, y, z)$ ein Potential von $\vec{F}$ ist, dann ist $W(x, y, z) + c$ offensichtlich auch ein Potential von $\vec{F}$ für eine beliebige Konstante c.

Allgemein gilt:

Wir können auch für ein beliebiges konservatives Vektorfeld $\vec{F}$ durch ein Wegintegral entlang eines Weges

$$C: t \to \vec{r}(t) = \begin{pmatrix} x(t) \\ y(t) \\ z(t) \end{pmatrix}, \quad t \in [0,1] \quad \text{mit} \quad \vec{r}(0) = \begin{pmatrix} 0 \\ 0 \\ 0 \end{pmatrix} \quad \text{und} \quad \vec{r}(1) = \begin{pmatrix} x \\ y \\ z \end{pmatrix}$$

ein Potential φ (eindeutig bis auf eine Konstante c) berechnen:

$$\varphi(x,y,z) = \int_C \vec{F} \cdot d\vec{r} = \int_{t=0}^{t=1} \begin{pmatrix} F_1(x(t),y(t),z(t)) \\ F_2(x(t),y(t),z(t)) \\ F_3(x(t),y(t),z(t)) \end{pmatrix} \cdot \begin{pmatrix} x \\ y \\ z \end{pmatrix} dt \qquad (18.8)$$

Es gilt dann analog zum Hauptsatz der Differential- und Integralrechnung (s. Abschn. 8.3):

$$\text{grad}(\varphi(x,y,z)) = \vec{F}(x,y,z)$$

Zusammenfassung

Wir haben also (unter der Bedingung, dass $\vec{F}$ in einem einfach zusammenhängenden Bereich definiert ist) vier äquivalente Eigenschaften:

(E1) Es gilt

$$\oint_C \vec{F} \cdot d\vec{r} = 0$$

für alle geschlossenen Wege C (d. h. $\vec{F}$ ist **konservativ**).

(E2) Das Linienintegral

$$\int_C \vec{F} \cdot d\vec{r}$$

ist **wegunabhängig** für beliebige Wege C zwischen zwei Punkten P_1 und P_2.

(E3) $\vec{F}$ ist ein **Potentialfeld** (d. h. es gibt ein Potential φ, sodass gilt: $\vec{F} = \text{grad}(\varphi)$).

(E4) $\vec{F}$ ist **wirbelfrei** (d. h. es gilt rot $(\vec{F}) = \vec{0}$).

Bemerkung 18.7

1. Das Potential $\varphi(x,y,z)$ in **(E3)** lässt sich berechnen (bis auf eine Konstante) durch ein Wegintegral auf einem beliebigen Weg C zwischen $P_1 = (0,0,0)$ und $P_2 = (x,y,z)$.
2. Das Integral in Eigenschaft **(E2)** lässt sich interpretieren als **Potentialdifferenz**

$$\int_C \vec{F} \cdot d\vec{r} = \int_{P_1}^{P_2} \vec{F} \cdot d\vec{r} = \varphi(P_1) - \varphi(P_2)$$

des Potentials φ aus **(E3)**.

3. Die Eigenschaften **(E3)** und **(E4)** lassen sich zusammenfassen zu

$$\text{rot}(\text{grad}(\varphi)) = \vec{0}.$$

4. Für ein konservatives Feld gilt:

Die **Integration** von $\vec{F}$ ergibt φ (eindeutig bis auf eine Konstante) und die **Differentiation** von φ ergibt $\vec{F}$, d. h.:

$$\varphi(x, y, z) = \int_C \vec{F} \cdot d\vec{r}$$

und

$$\text{grad}(\varphi(x, y, z)) = \vec{F}(x, y, z)$$

Bemerkung 18.7, 4 besagt also, dass die „Ableitung" des „Integrals" φ von $\vec{F}$ wieder $\vec{F}$ ergibt:

$$\text{grad}\left(\int_C \vec{F} \cdot d\vec{r} \right) = \vec{F} \tag{18.9}$$

Das ist der

Hauptsatz der Differential- und Integralrechnung für konservative Vektorfelder
(s. K. E. Hellwig, B. Wegner 1992, Bd I, S. 191).

Physikalische Anwendung
Wenn $\vec{E}$ ein (konservatives) elektrisches Feld ist, dann ist das Potential die elektrische Spannung und das Integral

$$U = \int_C \vec{E} \cdot d\vec{r}$$

auf einem Weg C zwischen zwei Punkten P_1 und P_2 ist die elektrische Spannung U zwischen P_1 und P_2.

Fourier-Reihen

19

In diesem Kapitel werden Fourier-Reihen eingeführt. Das sind Funktionenreihen (d. h. „unendliche" Summen von Funktionen) bestehend aus Sinus- und Kosinusfunktionen, mit denen man periodische Funktionen darstellen kann, s. Abschn. 19.1. Die Koeffizienten der Reihe werden, wenn auf der Frequenzachse aufgetragen, zum Spektrum der periodischen Funktion. Man kann einerseits periodische Funktionen zerlegen in Sinus- und Kosinuskomponenten (Fourier-Analyse) und umgekehrt auch periodische Funktionen aus Sinus- und Kosinusfunktionen approximieren, indem man die Grund- und Oberwellen mit den zugehörigen Spektralelementen multipliziert und aufaddiert (Fourier-Synthese). Letzteres ist eine Funktionenreihe, genannt Fourier-Reihe. Mit Hilfe der Eulerschen Gleichungen kann man die trigonometrischen Komponenten ersetzen durch komplexwertige Exponentialfunktionen. Dies führt zu komplexwertigen Darstellungen der Fourier-Reihen (s. Abschn. 19.2). Die komplexen Koeffizienten können dann mit einer einheitlichen Formel berechnet werden. Diese Darstellung der Fourier-Reihen ermöglicht einen nahtlosen Übergang zu Fourier-Transformationen.

19.1 Reellwertige Fourier-Reihen

19.1.1 Vorbetrachtungen

Wenn eine beidseitig eingespannte Saite angeregt wird, entstehen „stehende" Wellen (Abb. 19.1). Das sind Schwingungen, bei denen die eingespannten Enden feststehende „Schwingungsknoten" sind. Neben der Grundschwingung (GW) gibt es abzählbar viele Oberschwingungen (OW), deren Frequenz ganzzahlige Vielfache der Grundfrequenz sind. Wenn man diese „Wellen" addiert, entsteht eine Funktion und dies ergibt die tatsächliche Schwingform der Saite. Dies ist ein physikalisches Modell einer Fourier-Reihe:

© Springer Fachmedien Wiesbaden GmbH, ein Teil von Springer Nature 2020
H. Cycon, *Mathematik visuell und interaktiv*,
https://doi.org/10.1007/978-3-658-30245-0_19

Stehende Wellen einer Saite

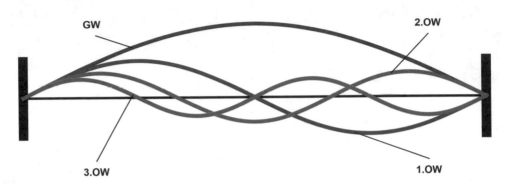

GW   2.OW

3.OW   1.OW

Abb. 19.1 Grundschwingung und Oberschwingungen einer eingespannten Saite (stehende Wellen)

$$f = \mathrm{GW} + 1.\,\mathrm{OW} + 2.\,\mathrm{OW} + \dots \tag{19.1}$$

In Video 19.1 sieht man vier Schwingungszustände einer zweiseitig eingespannten Saite, der sogenannten Grundwelle und der ersten, zweiten und dritten Oberwelle:

▸ sn.pub/5UWmFk

19.1.2 Die trigonometrische Funktionenreihe

Aus den Vorbetrachtungen in Abschn. 19.1.1 ergibt sich die mathematische Beschreibung: Wenn man die Grundschwingung in der Funktion f in Gl. (19.1) zu einer vollen Sinusperiode ergänzt und f mit der Variablen t periodisch fortsetzt, hat man Summen vom Typ

$$f(t) = \sum_{k=1}^{n} b_k \sin(k\omega_0 t),$$

wobei ω_0 die Grundfrequenz ist und b_k die Amplituden der einzelnen (Sinus-) Wellen sind. Dies führt verallgemeinert zur mathematischen Formulierung:

Eine periodische Funktion $f(t)$ mit der (kleinsten) Periode T kann man „entwickeln" in eine trigonometrische Reihe (mit der Grundfrequenz $\omega_0 = \frac{2\pi}{T}$):

$$f(t) = FR(t) := \frac{a_0}{2} + \sum_{k=1}^{\infty}(a_k \cos(k\omega_0 t) + b_k \sin(k\omega_0 t)) \tag{19.2}$$

Dabei ist $FR(t)$ der Grenzwert der Folge der Partialsummen $\{P_n(t)\}_{n=0}^{\infty}$ (zur Definition einer Funktionenreihe s. Kap. 7 Funktionenreihen),

$$FR(t) := \lim_{n \to \infty} P_n(t) = \lim_{n \to \infty} \left(\frac{a_0}{2} + \sum_{k=1}^{n} (a_k \cos(k\omega_0 t) + b_k \sin(k\omega_0 t)) \right), \quad (19.3)$$

wobei die „Fourier-Koeffizienten" a_k und b_k sich ergeben aus den Integralen:

$$a_k = \frac{2}{T} \int\limits_{(T)} f(t) \cos(k\omega_0 t) dt \quad \text{und} \quad b_k = \frac{2}{T} \int\limits_{(T)} f(t) \sin(k\omega_0 t) dt, \ k \in \mathbb{N} \quad (19.4)$$

Die a_k und b_k kann man als die „Entwicklungskoeffizienten" der Funktion f bezüglich der trigonometrischen „Basiselemente" interpretieren (s. Kap. 10). In diesem Sinn kann man die Koeffizienten auch als „Projektionen" der Funktion f auf die Basiselemente interpretieren.

Die Schreibweise $\int\limits_{(T)} g(t)dt$ bedeutet, dass man die periodische Funktion $g(t)$ auch über ein beliebiges, um $a \in \mathbb{R}$ verschobenes Intervall $(a, a+T)$ integrieren kann. Das heißt, dass die Lage des Integrationsbereichs T auf der Zeitachse t keine Rolle spielt, da der Integrand periodisch in T ist.

Man kann die Gleichungen (19.3) und (19.4) in zwei Richtungen lesen:

Die Berechnung Gl. (19.4) der Sinus- und Kosinusanteile der periodischen Funktion f heißt **Fourier-Analyse** (Zerlegung in harmonische Anteile):

$$f \quad \to \quad \{a_k, b_k\}$$

Umgekehrt kann man aus den einzelnen Sinus- und Kosinusanteilen die ursprüngliche Funktion f wieder durch sukzessive Approximation rekonstruieren Gl. (19.3). Dieser Prozess heißt **Fourier-Synthese:**

$$\{a_k, b_k\} \quad \to \quad f$$

Wenn die Funktion f Symmetrien hat (d. h. gerade oder ungerade ist), dann vereinfacht sich die Fourier-Entwicklung:

- **Ungerade Funktionen** (d. h. punktsymmetrisch zum Nullpunkt $f(-t) = -f(t)$) haben keine Kosinusanteile ($a_k = 0$).
- **Gerade Funktionen** (d. h. symmetrisch zur y-Achse, $f(-t) = f(t)$) haben keine Sinusanteile ($b_k = 0$).

Beispiel 19.1: Rechteckfunktion

$$f(t) = \begin{cases} 1 & \text{für } t \in [0, \pi) \\ -1 & \text{für } t \in [\pi, 2\pi) \end{cases} \quad \text{periodisch mit Periode } T = 2\pi \text{ fortgesetzt.}$$

Damit gilt

$$\omega_0 = \frac{2\pi}{T} = 1.$$

Die Funktion f ist ungerade; damit hat die Fourier-Reihe die Form (nur Sinusanteile):

$$f(t) = \sum_{k=1}^{\infty} b_k \sin (kt)$$

Die einzelnen Partialsummen

$$P_n(t) = \sum_{k=1}^{n} b_k \sin (kt)$$

sind Approximationen der Funktion f.

Die Fehler einer Approximation werden teilweise kompensiert durch den nächsten Summanden der Fourier-Reihe und dies ergibt die nachfolgende verbesserte Approximation (s. Abb. 19.2, 19.3 und 19.4).

Abb. 19.2 1. Approximation einer Rechteckfunktion durch Sinusfunktionen

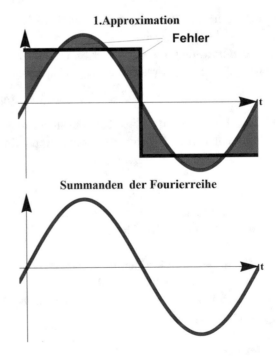

Abb. 19.3 2. Approximation einer Rechteckfunktion durch Sinusfunktionen

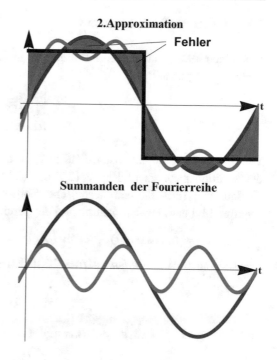

Abb. 19.4 3. Approximation einer Rechteckfunktion durch Sinusfunktionen

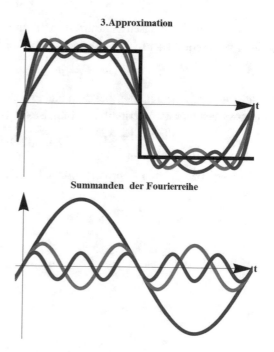

19.1.3 Das reelle Spektrum

Das Video 19.2 beinhaltet eine Einführung in das reelle Spektrum von reellen Fourier Reihen: ▶ sn.pub/aFRj0i

Wenn man den Summationsterm (19.5) T_k in der reellwertigen Fourier-Reihe mit Hilfe der Additionstheoreme (s. Kap. 2, (2.7) und (2.8)) umformt in einen phasenverschobenen Kosinusterm (dies ist eine technische Konvention!), ergeben sich die Amplitudenspektren $\{A_k\}$ bzw. Phasenspektren $\{\varphi_k\}$ der periodischen Funktion:

$$T_k = a_k \cos(k\omega_0 t) + b_k \sin(k\omega_0 t) = A_k \cos(k\omega_0 t + \varphi_k) \quad \text{für } k \in \mathbb{N} \quad (19.5)$$

Das sogenannte *Amplitudenspektrum* lässt sich berechnen mit

$$A_k = \sqrt{a_k^2 + b_k^2}, \quad A_0 = \frac{a_0}{2} \qquad (19.6)$$

und das zugehörige *Phasenspektrum* ergibt sich aus

$$\varphi_k = -\arctan\left(\frac{b_k}{a_k}\right) \quad \text{für } k \in \mathbb{N}$$

Amplituden- und Phasenspektrum werden zumeist dargestellt als (diskrete) Funktionen über der Frequenzachse (k-faches der Grundfrequenz ω_0):

$$k \to A_k \quad \text{bzw.} \quad k \to \varphi_k$$

Beispiel 19.2: Amplitudenspektrum und Phasenspektrum eines nichtsymmetrischen (d. h. phasenverschobenen) periodischen Impulses mit Gleichstromanteil (s. Abb. 19.5 und 19.6)

$$f(t) = \begin{cases} 1 & \text{für } t \in \left[-\frac{\pi}{4}, \frac{3\pi}{4}\right) \\ 0 & \text{für } t \in \left[\frac{3\pi}{4}, \frac{7\pi}{4}\right) \end{cases} \quad \text{periodisch mit Periode } \pi \text{ fortgesetzt}$$

Dann ergeben sich die Approximationen und das Spektrum wie in Abb. 19.6 dargestellt.

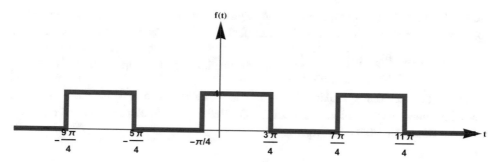

Abb. 19.5 Nichtsymmetrischer (phasenverschobener) periodischer Impuls mit Gleichstromanteil

Approximationen

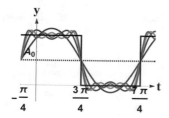

Amplitudenspektrum

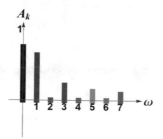

Summanden der Fourierreihe

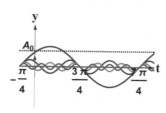

Phasenspektrum

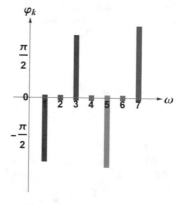

Abb. 19.6 Amplitudenspektrum und Phasenspektrum eines nichtsymmetrischen (phasenver-schobenen) periodischen Impulses mit Gleichstromanteil

Beispiel 19.3: Amplitudenspektrum und Phasenspektrum eines nichtsymmetrischen (phasenverschobenen) periodischen Impulses ohne Gleichstromanteil (Abb. 19.7 und 19.8).

$$f(t) = \begin{cases} 1 & \text{für } t \in \left[-\frac{\pi}{4}, \frac{3\pi}{4}\right) \\ -1 & \text{für } t \in \left[\frac{3\pi}{4}, \frac{7\pi}{4}\right) \end{cases} \quad \text{periodisch mit Periode } 2\pi \text{ fortgesetzt.}$$

Dann ergeben sich die Approximationen und das Spektrum wie in Abb. 19.8 dargestellt. Der Einfachheit halber schreibt man bei der Darstellung des Spektrums in der Frequenzachse meist nur die Vielfachen von ω_0.

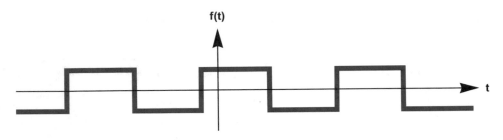

Abb. 19.7 Nichtsymmetrischer (phasenverschobener) periodischer Impuls ohne Gleichstromanteil

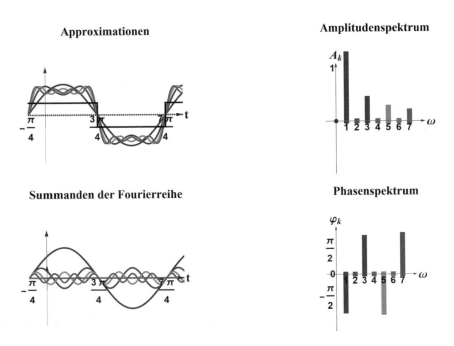

Abb. 19.8 Amplitudenspektrum und Phasenspektrum eines nichtsymmetrischen (phasenverschobenen) periodischen Impulses ohne Gleichstromanteil

19.1.4 Konvergenzverhalten der Fourier-Reihen

Fourier-Reihen haben spezifische Konvergenzeigenschaften:

- An Stetigkeitsstellen t der Funktion f konvergiert die Fourier-Reihe (punktweise) gegen den Funktionswert $f(t)$. Wenn die Funktion nicht stetig ist und weder „Pole" noch „Oszillationen", sondern einen „Sprung" an einer Stelle t hat, konvergiert die Fourier-Reihe gegen den Mittelwert der Sprunghöhe (**Satz von Dirichlet**). Das heißt, wenn wir die Partialsummen

$$P_n(t) = \frac{a_0}{2} + \sum_{k=1}^{n} (a_k \cos(k\omega_0 t) + b_k \sin(k\omega_0 t)) \qquad (19.7)$$

betrachten, gilt für alle $t \in \mathbb{R}$:

$$FR(t) := \lim_{n \to \infty} P_n(t) = \frac{f(t+0) - f(t-0)}{2} \qquad (19.8)$$

(s. Abb. 19.9).
- An den Sprungkanten ergeben sich „Über- bzw. Unterschwinger" mit dem 1,17-fachem der Sprunghöhe, die aber schließlich mit wachsendem n gegen die Sprungstelle wandern (s. Abb. 19.9). Diese Eigenschaft heißt **Gibbs'sches Phänomen** (s. T. Arens et al. 2012, S. 1051).

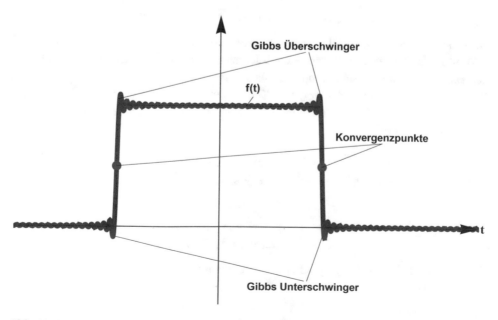

Abb. 19.9 Gibbs'sches Phänomen und Satz von Dirichlet

Bemerkung 19.1

Die Fehlerberechnung bei einer endlichen Approximation von f mit den trigonometrischen Polynomen $P_n(t)$ erfolgt (im Gegensatz zu Taylor-Reihen, s. Abschn. 7.2)
über den mittleren quadratischen Fehler (Gaußsche Fehlerquadrate, s. Bronstein et al.
S.416, S.914):

$$\Delta_n = \sqrt{\int_{(T)} (f(t) - P_n(t))^2 dt} \tag{19.9}$$

(s. auch T. Arens et al. 2012, S. 1039).

19.2   Komplexwertige Fourier-Reihen

Im Video 19.3 wird der Übergang von der reellen zur komplexwertigen Fourier-Reihe
gezeigt: ▸ sn.pub/scgDHK

Eine periodische (stückweise stetige) Funktion f mit der Periode T wird als reelle
Fourier-Reihe mit den Partialsummen der reellwertigen Terme

$$T_k = a_k \cos(k\omega_0 t) + b_k \sin(k\omega_0 t) \quad \text{für } k \in \mathbb{N} \tag{19.10}$$

entwickelt (s. Abschn. 19.1.1). Dabei müssen die reellwertigen Koeffizienten a_k und
b_k mit Hilfe von zwei verschiedenen Integralen bestimmt werden. Es entsteht eine
„elegantere" Darstellung mit komplexer Rechnung:
Wenn man $\cos(k\omega_0 t)$ und $\sin(k\omega_0 t)$ im Term T_k mit Hilfe der Eulerschen Gleichungen
(s. Kap. 2, Gl. (2.5) und (2.6)) umformt (einsetzen und nach $e^{jk\omega_0 t}$ sowie $e^{-jk\omega_0 t}$
sortieren!), erhält man:

$$T_k = c_k e^{jk\omega_0 t} + c_{-k} e^{-jk\omega_0 t} \quad \text{für k} \in \mathbb{N} \tag{19.11}$$

Dabei gilt, wenn man alle ganzzahligen k $\in \mathbb{Z}$ betrachtet:

$$c_k = \begin{cases} \frac{1}{2}a_0 & \text{für } k = 0 \\ \frac{1}{2}(a_k - jb_k) & \text{für } k > 0 \\ \frac{1}{2}(a_{-k} + jb_{-k}) & \text{für } k < 0 \end{cases} \tag{19.12}$$

Die letzte Zeile in (19.12) entspricht der Schreibweise

$$c_{-k} = \frac{1}{2}(a_k + jb_k) \quad \text{für } k > 0.$$

Die Fourier Reihe wird dann in komplexer Schreibweise zu einer „Doppelreihe":

$$f(t) = \cdots c_{-3}e^{-j3\omega_0 t} + c_{-2}e^{-j2\omega_0 t} + c_{-1}e^{-j\omega_0 t} + c_0 + c_1 e^{j\omega_0 t} + c_2 e^{j2\omega_0 t} + c_3 e^{j3\omega_0 t} \cdots$$

Die Aufsummierung der Partialsummen und deren Grenzwertbildung erfolgt in „positiver und negativer k-Richtung".

Kurzschreibweise:

$$f(t) = \sum_{k=-\infty}^{\infty} c_k e^{jk\omega_0 t} \tag{19.13}$$

Die Formel (19.13) kann man interpretieren als *komplexe Fourier-Synthese:*

$$\{c_k\} \quad \rightarrow \quad f$$

Eine ähnliche Rechnung wie bei den reellen Koeffizienten-Formeln (s. Abschn. 19.1) und (19.4) ergibt die direkte Berechnung der c_k:

$$c_k = \frac{1}{T} \int_{(T)} f(t) e^{-jk\omega_0 t} dt, \quad k \in \mathbb{Z} \tag{19.14}$$

Die Formel (19.14) kann man interpretieren als *komplexe Fourier-Analyse:*

$$f \quad \rightarrow \quad \{c_k\}$$

Es folgt für die reellen Koeffizienten die Umrechnung

$$a_k = 2Re(c_k) \quad \text{und} \quad b_k = -2Im(c_k), \quad k \in \mathbb{N}. \tag{19.15}$$

Beispiel 19.4: Periodische Impulsfolge mit gerader Symmetrie (s. Abb. 19.10)

$$f(t) = \begin{cases} A \text{ für } & t \in \left(-\frac{\tau}{2}, \frac{\tau}{2}\right] \\ 0 \text{ für } & t \in \left(\frac{\tau}{2}, T - \frac{\tau}{2}\right] \end{cases} \quad \text{mit } 0 < \tau < T, \text{periodisch mit Periode } T \text{ fortgesetzt.}$$

Abb. 19.10 Periodische Impulsfolge mit gerader Symmetrie

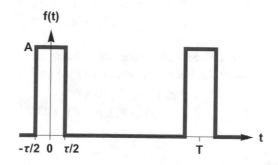

Dann ist mit $\omega_0 = \frac{2\pi}{T}$:

$$c_k = \frac{1}{T} \int\limits_{(T)} f(t) e^{-jk\omega_0 t} dt = \frac{1}{T} \int\limits_{-\frac{\tau}{2}}^{\frac{\tau}{2}} A e^{-jk\omega_0 t} dt = \frac{A\tau}{T} Si\left(k\omega_0 \frac{\tau}{2}\right), \quad k \in \mathbb{Z} \quad (19.16)$$

Die letzte Gleichung in (19.16) ergibt sich aus

$$\frac{1}{T} \int\limits_{-\frac{\tau}{2}}^{\frac{\tau}{2}} A e^{-j\omega_0 t} dt = \frac{A}{T} \frac{1}{(-j\omega_0)} \left[e^{-j\omega_0 t}\right]_{t=-\frac{\tau}{2}}^{t=\frac{\tau}{2}} = \frac{2A}{T} \frac{e^{j\omega_0 \frac{\tau}{2}} - e^{-j\omega_0 \frac{\tau}{2}}}{(-2j\omega_0)} = \frac{2A}{T} \frac{\tau}{2} \frac{\sin\left(\omega_0 \frac{\tau}{2}\right)}{\omega_0 \frac{\tau}{2}} = \frac{A\tau}{T} Si\left(\omega_0 \frac{\tau}{2}\right),$$

$$(19.17)$$

wobei gilt: $Si(x) = \frac{\sin(x)}{x}$ (Si-Funktion, s. Abschn. 2.8). Damit ist die komplexe Fourier-Reihe von f:

$$f(t) = \frac{A\tau}{T} \sum_{k=-\infty}^{\infty} Si\left(k\omega_0 \frac{\tau}{2}\right) e^{jk\omega_0 t} \tag{19.18}$$

19.2.1 Komplexes Spektrum

Die im Allgemeinen komplexwertigen Koeffizienten c_k der komplexen Fourier-Entwicklung von f heißen **(komplexwertiges) Spektrum** von f. Das Spektrum wird als (diskrete) Funktion über der Frequenz (ganzzahlige Vielfache der Grundfrequenz ω_0) dargestellt. Dabei ist eine Konsequenz aus der erweiterten komplexen Darstellung zu beachten: Die Frequenzachse wird ins Negative erweitert!

Der Zusammenhang zum reellen Amplitudenspektrum ist gegeben durch:

$$A_k = 2|c_k| = 2\sqrt{c_k \overline{c_k}} \quad \text{und} \quad \varphi_k = -\arctan\left(\frac{Im(c_k)}{Re(c_k)}\right) \tag{19.19}$$

Symmetrieeigenschaften des Spektrums:

- Gerade Funktionen f haben ein reelles Spektrum.
- Ungerade Funktionen f haben ein rein imaginäres Spektrum.

Beispiel 19.5: Periodische Impulsfolge mit gerader Symmetrie (vgl. Beispiel 19.4)
Dann ist das Spektrum reellwertig (s. Abb. 19.11):

$$f(t) = \begin{cases} 1 & \text{für} \quad t \in \left[-\frac{\pi}{8}, \frac{\pi}{8}\right) \\ 0 & \text{für } t \in \left[\frac{\pi}{8}, 5\pi - \frac{\pi}{8}\right) \end{cases} \quad \text{periodisch mit Periode } 5\pi \text{ fortgesetzt.}$$

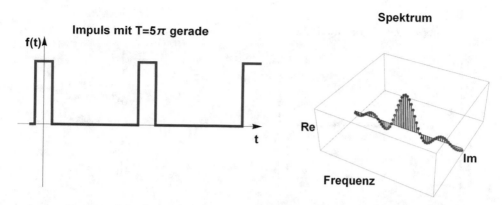

Abb. 19.11 Eine periodische Impulsfolge mit gerader Symmetrie hat ein reellwertiges Spektrum

Dann ist mit $T=5\pi$ und $\omega_0 = \frac{2\pi}{5\pi} = \frac{2}{5}$

$$c_k = \frac{1}{T}\int\limits_{(T)} f(t)e^{-jk\omega_0 t}\,dt = \frac{1}{5\pi}\int\limits_{-\frac{\pi}{8}}^{\frac{\pi}{8}} 1e^{-jk\omega_0 t}\,dt = \frac{1}{20}Si\left(\frac{k\pi}{10}\right), \quad k \in \mathbb{Z}$$

und das Spektrum ist reell, s. Abb. 19.11.

Beispiel 19.6: Periodische Impulsfolge mit ungerader Symmetrie
Dann ist das Spektrum rein imaginär (s. Abb. 19.12):

$$f(t) = \begin{cases} -1 & \text{für} \quad t \in \left[-\frac{2\pi}{8}, 0\right) \\ 1 & \text{für} \quad t \in \left[0, \frac{2\pi}{8}\right) \\ 0 & \text{für } t \in \left[\frac{2\pi}{8}, 5\pi - \frac{2\pi}{8}\right) \end{cases} \quad \text{periodisch mit Periode } 5\pi \text{ fortgesetzt}$$

Dann ist mit $\omega_0 = \frac{2\pi}{5\pi} = \frac{2}{5}$

$$c_k = \frac{1}{T}\int\limits_{(T)} f(t)e^{-jk\omega_0 t}\,dt = \frac{1}{5\pi}\int\limits_{-\frac{2\pi}{8}}^{\frac{2\pi}{8}} 1e^{-jk\omega_0 t}\,dt = \frac{2j\left(\cos\left(\frac{k\pi}{8}\right) - 1\right)}{5k\pi}, \quad k \in \mathbb{Z}$$

und das Spektrum ist rein imaginär, s. Abb. 19.12.

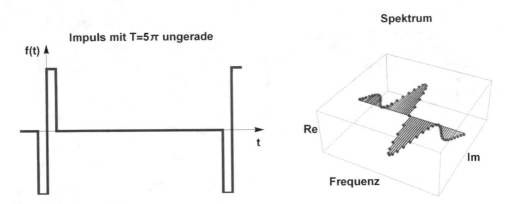

Abb. 19.12 Eine periodische Impulsfolge mit ungerader Symmetrie hat ein rein imaginäres Spektrum

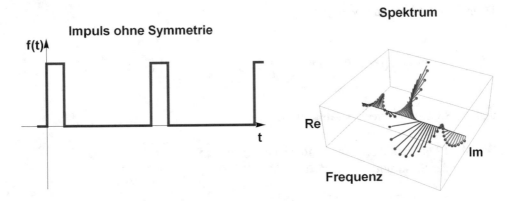

Abb. 19.13 Eine periodische Impulsfolge ohne Symmetrie hat ein komplexwertiges Spektrum. Video ▸ sn.pub/6gWRkV zeigt, wie sich das komplexe Spektrum verhält, wenn man die periodische Impulsfunktion zeitlich verschiebt

Beispiel 19.7: Periodische Impulsfolge, keine Symmetrie
Dann ist das Spektrum komplexwertig (s. Abb. 19.13):

$$f(t) = \begin{cases} 1 & \text{für } t \in \left[0, \frac{\pi}{4}\right) \\ 0 & \text{für } t \in \left[\frac{\pi}{4}, 5\pi\right) \end{cases} \quad \text{periodisch mit Periode } T = 5\pi \text{ fortgesetzt}$$

Dann ist mit $T = 5\pi$ und $\omega_0 = \frac{2\pi}{5\pi} = \frac{2}{5}$

$$c_k = \frac{1}{T} \int\limits_{(T)} f(t) e^{-jk\omega_0 t} dt = \frac{1}{5\pi} \int\limits_0^{\frac{\pi}{4}} 1 e^{-jk\omega_0 t} dt = \frac{1}{2k\pi} \left(\sin\left(\frac{k\pi}{10} \right) - j \left(\sin\left(\frac{k\pi}{10} \right) - 1 \right) \right), \quad k \in \mathbb{Z}$$

und das Spektrum ist komplexwertig, s. Abb. 19.13.

Fourier-Transformationen

20

Dieses Kapitel baut auf Kap. 19 auf, in dem die Fourier-Analyse für periodische Funktionen behandelt wird. In Abschn. 20.1 erweitern wir den Begriff der Fourier-Analyse auf nichtperiodische Funktionen. Diese Erweiterung demonstrieren wir anhand einer periodischen Impulsfolge mit Periode T auf der Zeitachse, die ein diskretes Spektrum auf der Frequenzachse hat. Wir betrachten dann das Verhalten bei wachsender Periode T. Dabei sehen wir: Wenn T immer größer wird und schließlich gegen unendlich geht, rücken die Spektralwerte zusammen und verschmelzen zu einer kontinuierlichen Funktion. Damit haben wir im Zeitbereich eine nichtperiodische Funktion f (einen Einzelimpuls) und im Frequenzbereich eine kontinuierliche Spektralfunktion. Die bei diesem Grenzübergang entstehenden Formeln motivieren die Definition der Fourier-Transformation, die auch allgemeine nichtperiodische Funktionen in zugehörige Spektralfunktionen abbildet. In Abschn. 20.2 werden Eigenschaften und Rechenregeln für Fourier-Transformationen aufgezählt und an Beispielen demonstriert. Umgekehrt möchte man auch aus einer Spektralfunktion die Zeitdarstellung des „Signals" f zurückgewinnen. Dies wird in Abschn. 20.3 ebenfalls mit Hilfe des Beispiels einer periodischen Impulsfolge definiert. Dabei entsteht die Rücktransformation (die Fourier-Synthese), die als Umkehrabbildung der Fourier-Transformation einen eineindeutigen Zusammenhang zwischen der Zeitdarstellung und der Frequenzdarstellung eines Signals herstellt. Abschn. 20.4 diskutiert Faltungen von Funktionen im Zeitbereich und deren Fourier-Transformationen in den Frequenzbereich. Dies ist eine Verknüpfung, die eine große Rolle in der Signalverarbeitung spielt. In Abschn. 20.5 werden Fourier-Transformationen erweitert auf „verallgemeinerte" Funktionen wie die Diracsche Deltafunktion. Abschn. 20.6 schließt dann den Kreis der Argumentation zu Fourier-Transformationen von periodischen Funktionen.

Bemerkungen zu Anwendungen von Fourier-Transformationen finden sich in den Videos des Kapitels.

© Springer Fachmedien Wiesbaden GmbH, ein Teil von Springer Nature 2020
H. Cycon, *Mathematik visuell und interaktiv,*
https://doi.org/10.1007/978-3-658-30245-0_20

Das Video 20.1 bietet eine Einführung zu Fourier-Transformationen:

▸ sn.pub/rSRrwI

20.1   Fourier-Analyse (Fourier-Transformationen)

Video 20.2 zur Definition der Fouriertransformation, motiviert mit einem Beispiel:

▸ sn.pub/f6NsPE

Wir betrachten ein einführendes Beispiel.

Beispiel 20.1: Periodische Impulsfolge mit Periode T und gerader Symmetrie
Dies ist ein spezieller Fall von Beispiel 19.4, wobei wir $A = 1$ und $\tau = 2$ setzen.
Sei

$$f(t) = \begin{cases} 1 & \text{für} \quad t \in (-1, 1] \\ 0 & \text{für} \quad t \in (1, T-1] \end{cases} \quad \text{periodisch mit Periode } T \text{ fortgesetzt (s. Abb. 20.1).}$$

Dann ist mit $\omega_0 = \frac{2\pi}{T}$ (Berechnung s. (19.17))

$$c_k = \frac{1}{T} \int\limits_{(T)} f(t) e^{-jk\omega_0 t} dt = \frac{1}{T} \int\limits_{-1}^{1} e^{-jk\omega_0 t} dt = \frac{2}{T} \text{Si}(k\omega_0), \quad k \in \mathbb{Z},$$

wobei gilt: $\text{Si}(\omega) = \frac{\sin(\omega)}{\omega}$ (Si-Funktion, s. Abschn. 2.8).

Wir betrachten nun

$$c_k^* := T c_k = \int\limits_{(T)} f(t) e^{-jk\omega_0 t} dt = 2\text{Si}(k\omega_0), \quad k \in \mathbb{Z}. \tag{20.1}$$

Abb. 20.1 Periodische
Impulsfolge mit gerader
Symmetrie

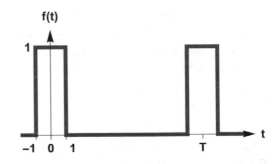

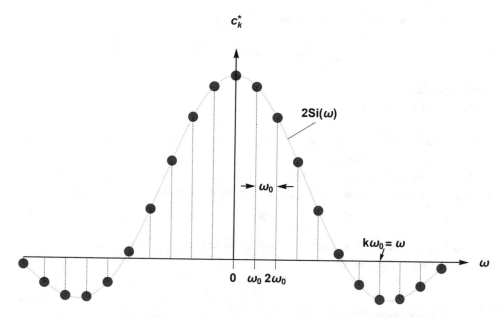

Abb. 20.2 Spektralwerte einer periodischen Impulsfolge mit gerader Symmetrie (vgl. Abb. 19.11)

Dann wird das (normalisierte) Spektrum $\omega \to c_k^*$ dargestellt in Abb. 20.2 $\left(\text{mit } \omega = k\omega_0 = \frac{k2\pi}{T}\right)$.

Die Spektralwerte c_k^* liegen auf der Kurve $2Si(\omega)$ wie an einem Faden „aufgefädelt". Wenn wir den Grenzwert für $T \to \infty$ betrachten, haben wir

$$F(\omega) = \lim_{T \to \infty} (Tc_k) = \lim_{T \to \infty} \left(\int_{-\frac{T}{2}}^{\frac{T}{2}} f(t)e^{-jk\omega_0 t}dt \right)$$

$$= \int_{-\infty}^{\infty} \tilde{f}(t)e^{-j\omega t}dt = \int_{-1}^{1} e^{-j\omega t}dt = 2Si(\omega), \tag{20.2}$$

wobei $\tilde{f}(t) = \lim_{T \to \infty} (f(t))$ der Grenzwert der Impulsfolge ist (das ist ein Einzelimpuls, s. Beispiel 20.2). Die letzte Gleichung in (20.2) ergibt sich aus der Integration (s. (19.17))

$$\int_{-1}^{1} e^{-j\omega t}dt = \frac{1}{-j\omega}\left[e^{-j\omega t}\right]_{t=-1}^{t=1} = 2\frac{e^{j\omega} - e^{-j\omega}}{2j\omega} = 2\frac{\sin(\omega)}{\omega} = 2Si(\omega) \tag{20.3}$$

und der Eulerschen Gleichung (s. Abschn. 2.2 (2.5)):

$$\sin(x) = \frac{e^{jx} - e^{-jx}}{2j}.$$

Zusammenfassung

Es gilt also, wenn $T \to \infty$:

- Für festes $\omega \in \mathbb{R}$ geht der Stützstellenabstand $\omega_0 \to 0$ und $k \to \infty$, da $\omega = k\omega_0 = \frac{k2\pi}{T} = $ konstant.
- Aus der periodischen Impulsfolge $f(t)$ wird ein (nichtperiodischer) Einzelimpuls $\tilde{f}(t)$.
- Das (normalisierte) Spektrum c_k^* geht über in eine kontinuierliche Funktion:

$$F(\omega) = Si(\omega), \quad \omega \in \mathbb{R}$$

- Aus einem diskreten Spektrum wird eine kontinuierliche Spektraldichte.
- Wir haben die Gleichung:

$$F(\omega) = \int\limits_{-\infty}^{\infty} \tilde{f}(t)e^{-j\omega t}\,dt \tag{20.4}$$

Dies sieht man auch in der Abb. 20.3 (bzw. im Video zu Abb. 20.3):

- Eine periodische Impulsfolge $f(t)$ mit der Periode T hat ein diskretes Spektrum.
- Wenn T größer wird, rücken die Spektralpunkte immer näher zusammen.
- Im Grenzfall $T \to \infty$ entsteht ein Einzelimpuls $\tilde{f}(t)$ (d. h. eine nichtperiodische Funktion) und aus dem Spektrum wird eine kontinuierliche Spektraldichte $F(\omega)$, genannt *Fourier-Transformation* von $\tilde{f}(t)$.

Die Gl. (20.4) motiviert die allgemeine Definition der Fourier-Transformierten.

Definition 20.1

Gegeben sei eine (nichtperiodische) Funktion $f(t)$. Dann heißt das uneigentliche Parameterintegral

$$F(\omega) := \int\limits_{-\infty}^{\infty} f(t)e^{-j\omega t}\,dt \tag{20.5}$$

Spektraldichte, Spektralfunktion oder *Fourier-Transformation von f(t).*

Wir benutzen im Folgenden die symbolische Schreibweise:

$$f(t) \quad \overset{\mathcal{F}}{\underset{\circ\!\!-\!\!\bullet}{}} \quad F(\omega)$$

Zeitdarstellung   Frequenzdarstellung

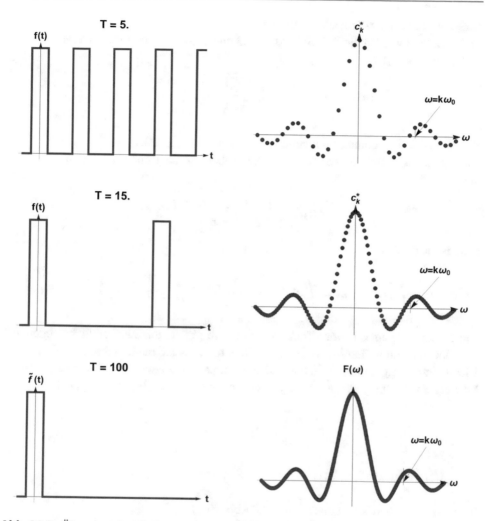

Abb. 20.3 Übergang des Spektrums einer periodischen Impulsfolge für $T \to \infty$. Video zur Abb. 20.3 (Übergang Fourier-Transformationen): ▶ sn.pub/X6FYAW

Die Abbildung $\mathcal{F}:f(t) \to F(\omega)$ vom Zeitbereich in den Frequenzbereich entspricht der (komplexen) Fourier-Analyse (s. Kap. 19, (19.14)), auch **Frequenz-Analyse** genannt. $F(\omega)$ ist die Funktion über der Frequenzachse ω, die – analog zum Spektrum bei periodischen Signalen – den jeweiligen „Frequenzanteil" des dargestellten kontinuierlichen Signals angibt.

Beispiele zu Fourier-Transformationen

Im Video 20.3 werden die Beispiele 20.2, 20.3 und 20.4 zu Fourier Reihen erläutert:

▸ sn.pub/b0zQRT

Beispiel 20.2: Einzelimpuls mit gerader Symmetrie (s. Abb. 20.4)

Dies ist ein spezieller Fall von Beispiel 19.4, wobei wir $A = 1$ und $\tau = 2$ setzen.

Sei

$$f(t) = \begin{cases} 1 & \text{für } t \in (-1, 1] \\ 0 & \text{sonst} \end{cases},$$

dann ist (s. (20.3)):

$$F(\omega) = \int_{-\infty}^{\infty} f(t) e^{-j\omega t} dt = \int_{-1}^{1} e^{-j\omega t} dt = \frac{1}{-j\omega} \left[e^{-j\omega t} \right]_{t=-1}^{t=1} = 2 \frac{e^{j\omega} - e^{-j\omega}}{2j\omega} = 2Si(\omega)$$

Die Berechnung einer Fourier-Transformation erfolgt über ein „uneigentliches Integral", d. h. der Integrationsbereich erstreckt sich über die gesamte reelle Achse $\mathbb{R} = (-\infty, \infty)$. Dies hat zur Folge, dass die Integrale nicht immer existieren. Eine Bedingung für die Konvergenz des Integrals (20.5) von f ist die absolute Integrierbarkeit von f, d. h.

$$\int_{-\infty}^{\infty} |f(t)| e^{-j\omega t} dt < \infty$$

(s. T. Arens et al. 2012, S. 741).

Beispiel 20.3: Heaviside-Funktion $\sigma(t)$ (s. Abb. 20.5)

Die Fourier-Transformierte dieser Funktion lässt sich nicht direkt mit dem definierenden Integral (20.5) berechnen.

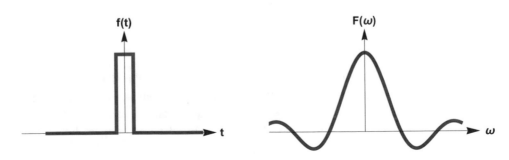

Abb. 20.4   Einzelimpuls mit gerader Symmetrie und dessen Fourier-Transformierte

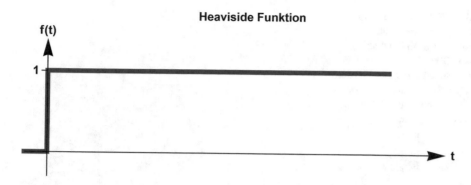

Heaviside Funktion

Abb. 20.5 Heaviside-Funktion

Sei

$$f(t) = \sigma(t):=\begin{cases} 0 & \text{für } t < 0 \\ 1 & \text{für } t \geq 0 \end{cases},$$

dann ist:

$$F(\omega) = \int\limits_{-\infty}^{\infty} f(t)e^{-j\omega t}dt = \int\limits_{0}^{\infty} e^{-j\omega t}dt = \frac{1}{-j\omega}\left[e^{-j\omega t}\right]_{t=0}^{t=\infty} = \frac{1}{-j\omega}\left[\lim_{t\to\infty} e^{-j\omega t} - e^{0}\right]$$

Das Integral $\int\limits_{0}^{\infty} e^{-j\omega t}\, dt$ existiert jedoch nicht, da der Grenzwert $\lim\limits_{t\to\infty} e^{-j\omega t}$ nicht existiert.
Dies ist offensichtlich, da der komplexe Zeiger $e^{-j\omega t}$ mit wachsendem t immer weiter auf dem Einheitskreis in der komplexen Ebene rotiert und nicht gegen einen festen Wert konvergiert (s. Abb. 20.6). Es gilt jedoch

Beispiel 20.4
Eine (genügend schnell) abklingende Funktion (s. Abb. 20.7) ist direkt integrierbar.

Sei

$$f(t) = \sigma(t)e^{-\alpha t} = \begin{cases} 0 & \text{für } t < 0 \\ e^{-\alpha t} & \text{für } t \geq 0 \end{cases} \quad \text{mit } \alpha > 0,$$

dann ist:

$$F(\omega) = \int\limits_{-\infty}^{\infty} f(t)e^{-j\omega t}dt = \int\limits_{0}^{\infty} e^{-\alpha t}e^{-j\omega t}dt = \frac{1}{-(\alpha + j\omega)}\left[e^{-\alpha t}e^{-j\omega t}\right]_{t=0}^{t=\infty}$$

$$= \frac{1}{-(\alpha + j\omega)}\left[\lim_{t\to\infty}(e^{-\alpha t}e^{-j\omega t}) - e^{0}\right] = \frac{1}{(\alpha + j\omega)}$$

Abb. 20.6 Der komplexe Zeiger $e^{-j\omega t}$ ist nicht konvergent. Video ▸ sn. pub/x30hbW zeigt, wie der komplexe Zeiger sich auf dem Einheitskreis mit t bewegt, ohne gegen einen Grenzwert zu konvergieren

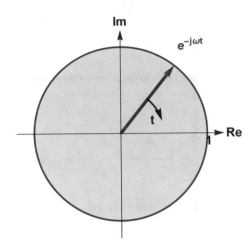

Abb. 20.7 Exponentiell abklingende Funktion $\sigma(t)e^{-\alpha t}$

Das Integral $F(\omega) = \int\limits_{0}^{\infty} e^{-(\alpha+j\omega)t}dt$ existiert, da der Betrag des Grenzwertes

$$\lim_{t\to\infty}\left|e^{-\alpha t}e^{-j\omega t}\right| = \lim_{t\to\infty}\left|e^{-\alpha t}\right|\left|e^{-j\omega t}\right| = \lim_{t\to\infty}\left|e^{-\alpha t}\right| = 0$$

ist und somit der komplexe Zeiger $e^{-(\alpha+j\omega)t}$ mit steigendem t gegen 0 „spiralt" (s. Abb. 20.8). Das heißt, dass das Integral $\int\limits_{-\infty}^{\infty} f(t)e^{-j\omega t}dt$ existiert und wir Fourier-Korrespondenz haben (s. Abb. 20.9).

Abb. 20.8 Der komplexe Zeiger $e^{-(\alpha t+j\omega t)}$ konvergiert gegen null. Im Video ▸ sn.pub/ HwDZrf zur Abb. 20.8 sieht man, wie der komplexe Zeiger mit $t \to \infty$ gegen null konvergiert

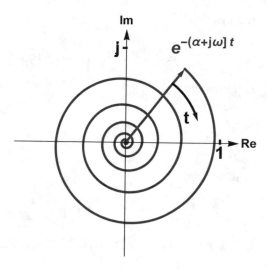

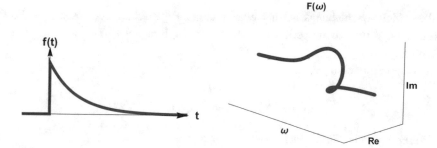

Abb. 20.9 Abklingende e-Funktion und ihre Fourier-Transformierte

20.2   Eigenschaften und Rechenregeln für Fourier-Transformationen

1. Symmetrie-Eigenschaften der Fourier-Transformation (s. Tab. 20.1)

Tab. 20.1 Symmetrieeigenschaften der Fourier-Transformation

$f(t)$	$\overset{\mathcal{F}}{\circ\!\!-\!\!\bullet}$	$F(\omega)$
Reell, gerade		Reell, gerade
Reell, ungerade		Imaginär, ungerade
Imaginär, gerade		Imaginär, gerade
Imaginär, ungerade		Reell, ungerade

2. Linearität

$$\alpha_1 f_1(t) + \alpha_2 f_2(t) \quad \overset{\mathcal{F}}{\multimap} \quad \alpha_1 F_1(\omega) + \alpha_2 F_2(\omega) \quad \text{für} \quad \alpha_1, \alpha_2 \in \mathbb{R}.$$

3. Vertauschungssatz
   Wenn gilt

$$f(t) \quad \overset{\mathcal{F}}{\multimap} \quad F(\omega),$$

   dann folgt

$$F(t) \quad \overset{\mathcal{F}}{\multimap} \quad 2\pi f(-\omega).$$

4. Zeitverschiebungssatz (s. Abb. 20.10 und Video Link)

$$f(t - t_0) \quad \overset{\mathcal{F}}{\multimap} \quad e^{-j\omega t_0} F(\omega)$$

   Dieser Zeitverschiebungssatz hat eine analoge Eigenschaft bei komplexen Fourier-Reihen (s. Verschiebung periodischer Impulsfolge, Beispiel 19.7):
   Analog gilt der

5. Frequenzverschiebungssatz

$$F(\omega - \omega_0) \quad \overset{\mathcal{F}^{-1}}{\bullet\!\!-\!\!\circ} \quad e^{j\omega_0 t} f(t)$$

6. Differentiation im Zeitbereich

$$\frac{d^n}{dt^n} f(t) \quad \overset{\mathcal{F}}{\multimap} \quad (j\omega)^n F(\omega) , \quad n \in \mathbb{N}$$

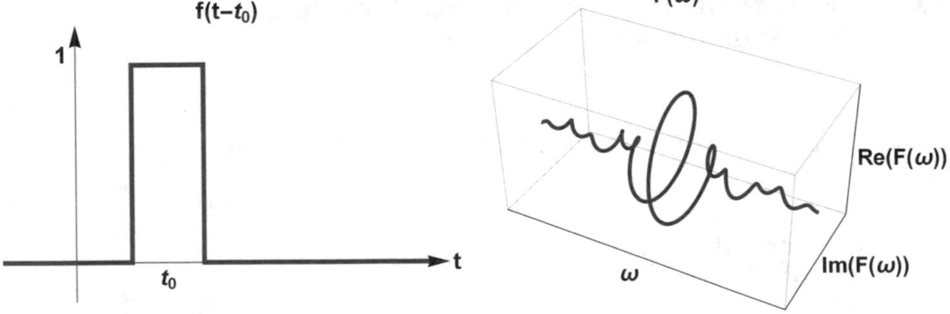

Abb. 20.10 Zeitverschiebungssatz. Video ► sn.pub/jytESp zeigt, wie sich die Fouriertransformierte verhält, wenn man den Einzelimpuls auf der Zeitachse verschiebt

7. Differentiation im Frequenzbereich

$$\frac{d^n}{d\omega^n}F(\omega) \quad \overset{\mathcal{F}^{-1}}{\bullet-\circ} \quad (-jt)^n f(t), \quad n \in \mathbb{N}$$

8. Integration im Zeitbereich

$$\int_{-\infty}^{t} f(\tau)d\tau \quad \overset{\mathcal{F}}{\circ-\bullet} \quad \frac{F(\omega)}{j\omega} + \pi F(0)\delta(\omega)$$

Dabei ist $\delta(.)$ die Deltafunktion, s. Abschn. 20.5.

9. Spiegelungssatz

Wenn gilt

$$f(t) \quad \overset{\mathcal{F}}{\circ-\bullet} \quad F(\omega),$$

dann folgt

$$f(-t) \quad \overset{\mathcal{F}}{\circ-\bullet} \quad F(-\omega),$$

10. Ähnlichkeitssatz (Maßstabsänderung, s. Abb. 20.11 und 20.12)

a) $f(at) \quad \overset{\mathcal{F}}{\circ-\bullet} \quad \frac{1}{|a|}F(\frac{\omega}{a})$ für $a \neq 0$

b) $\frac{1}{|a|}f(\frac{t}{a}) \quad \overset{\mathcal{F}}{\circ-\bullet} \quad F(a\omega)$ für $a \neq 0$

Bemerkung 20.1

zum Ähnlichkeitssatz, Eigenschaft 20.2, 10

Der Ähnlichkeitssatz besagt, dass das Produkt aus Bandbreite und Zeitdauer konstant ist (s. Abb. 20.13). Dieser Satz heißt in der Nachrichtentechnik „Zeitdauer-Bandbreiten-Produkt" (s. M. Werner 1999, S. 57). Dies taucht auch in anderer Form in der Quantenphysik auf als „Heisenbergsche Unschärferelation" (s. K. E. Hellwig und B. Wegner 1993, Bd. 2, S. 331).

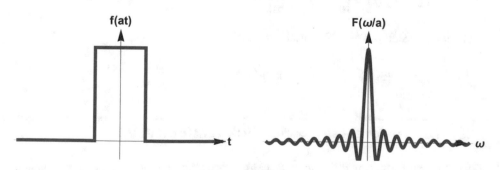

Abb. 20.11 Ähnlichkeitssatz mit $a=1$. Siehe auch Video zu Abb. 20.12

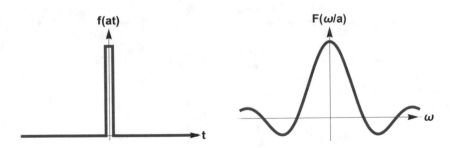

Abb. 20.12 Ähnlichkeitssatz mit $a=6$. Video ▶ sn.pub/shGPmS zeigt, wie die Impulsbreite in der Zeitdarstellung und die Impulsbreite in der Frequenzdarstellung eines Signals sich invers verhalten

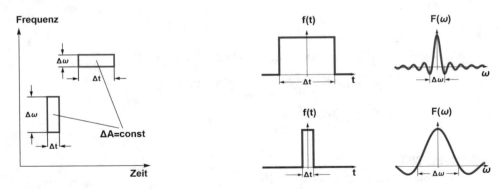

Abb. 20.13 Zeit-Frequenz-Diagramm: Bandbreite mal Zeitdauer $=\Delta A=$ konstant

Beispiel 20.5: Vertauschungssatz (Eigenschaft 20.2, 3)
Aus Beispiel 20.2 wissen wir:

$$re(t) := f(t) = \begin{cases} 1 & \text{für} \quad t \in (-1,1] \\ 0 & \text{sonst} \end{cases} \qquad \overset{\mathcal{F}}{\circ\!\!-\!\!\bullet} \qquad 2\mathrm{Si}\,(\omega)$$

Dann ergibt sich mit dem Vertauschungssatz:

$$2\mathrm{Si}\,(t) \qquad \overset{\mathcal{F}}{\circ\!\!-\!\!\bullet} \qquad \pi\,re(\omega) := \begin{cases} \pi & \text{für} \quad \omega \in (-1,1] \\ 0 & \text{sonst} \end{cases}$$

20.3   Fourier-Synthese (Fourier-Rücktransformation)

Video 20.4 zur Definition der Fourier-Rücktransformation, motiviert mit einem Beispiel:
▶ sn.pub/fjPece

Die Fourier-Transformation entspricht der **Fourier-Analyse** für nichtperiodische Funktionen. Wir haben die **allgemeine Definition 20.1** der Fourier-Transformierten von $f(t)$:

$$F(\omega) = \int_{-\infty}^{\infty} f(t)e^{-j\omega t}dt$$

Umgekehrt möchte man, wie im periodischen Fall, auch hier aus dem Spektrum $F(\omega)$ die Zeitfunktion $f(t)$ konstruieren können (Fourier-Synthese). Wir kehren zurück zum einführenden Beispiel 20.1: Wenn $f(t)$ periodisch ist mit der Periode T, ist die komplexe Fourier-Reihe (s. (19.13) zur komplexen Fourier-Synthese):

$$f(t) = \sum_{k=-\infty}^{k=\infty} c_k e^{jk\omega_0 t} \tag{20.6}$$

Wenn wir die Gleichung (20.6) erweitern mit $T = \frac{2\pi}{\omega_0}$, ergibt sich

$$f(t) = \sum_{k=-\infty}^{k=\infty} c_k T\, e^{jk\omega_0 t} \frac{\omega_0}{2\pi} = \frac{1}{2\pi} \sum_{k=-\infty}^{k=\infty} c_k^*\, e^{jk\omega_0 t} \omega_0, \tag{20.7}$$

wobei $c_k^* = Tc_k$ die (normalisierten) Spektralwerte sind (s. (20.1)). Die rechte Seite der Gleichung (20.7) kann man interpretieren als Riemannsche Summe (s. Abschn. 8.2) über der Treppenfunktion[1] mit den Funktionswerten $c_k^* e^{jk\omega_0 t}$ und der Intervallbreite ω_0 (s. Abb. 20.14).

Für ein $\omega \in \mathbb{R}$ und mit $\omega = k\omega_0 = k\frac{2\pi}{T}$ ergibt sich dann im Grenzwert für $T \to \infty$

$$F(\omega) = \lim_{T \to \infty} (Tc_k)$$

(siehe 20.2)

und (symbolisch $\omega_0 \to d\omega$ für $T \to \infty$) das Riemann-Integral

$$\tilde{f}(t) = \lim_{T \to \infty} f(t) = \lim_{T \to \infty} \sum_{k=-\infty}^{k=\infty} c_k e^{jk\omega_0 t} = \frac{1}{2\pi} \lim_{T \to \infty} \left(\sum_{k=-\infty}^{k=\infty} c_k T e^{j\omega t} \omega_0 \right)$$

$$= \frac{1}{2\pi} \int_{-\infty}^{\infty} F(\omega)e^{j\omega t}d\omega,$$

---

[1]Die Treppenfunktion wird hier reellwertig dargestellt, hat aber tatsächlich komplexe Werte $c_k^* e^{jk\omega_0 t} \in \mathbb{C}$.

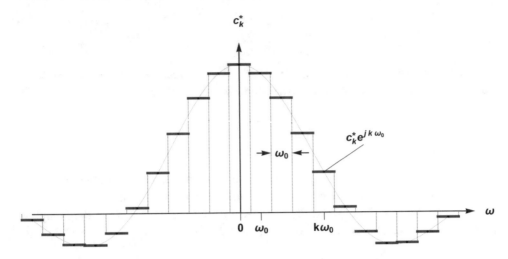

Abb. 20.14 Riemann-Summe (R-Integral): Integral für Fourier-Rücktransformation

wobei $\tilde{f}(t) = \lim\limits_{T \to \infty} (f(t))$ der Grenzwert der Impulsfolge (= Einzelimpuls) ist.

Dies Ergebnis motiviert die allgemeine Definition der *Fourier-Rücktransformation.*

Definition 20.2
Gegeben ist eine Spektralfunktion $F(\omega)$, dann heißt

$$f(t) = \frac{1}{2\pi} \int\limits_{-\infty}^{\infty} F(\omega)e^{j\omega t} d\omega \tag{20.8}$$

die *Fourier-Rücktransformation von $F(\omega)$.*

Die Fourier-Rücktransformation $\mathcal{F}^{-1}{:}F(\omega) \to f(t)$ entspricht der *Fourier-Synthese* (19.13) bei Fourier-Reihen. Die Fourier-Transformation und die Fourier-Rücktransformation sind in eineindeutiger Weise einander zugeordnet. Man spricht daher von einer Fourier-Korrespondenz.

20.4   Die Faltung

Im Video 20.5 werden Faltungen erläutert:

▸ sn.pub/JD0OTR

Sowohl die Menge H_z der Zeitdarstellungen als auch die Menge der H_F zugehörigen Frequenzdarstellungen von Signalen sind lineare Räume mit weiteren Strukturen (genauer: Hilberträume $L^2(\mathbb{R})$; s. W. Strampp et al. 2004, S. 360). Das heißt, Addition und Multiplikation mit Skalaren sowie ein Skalarprodukt sind definiert. Ebenso gibt es in beiden Räumen die einfache Multiplikation $f_1 \cdot f_2$ bzw. $F_1 \cdot F_2$ zweier Funktionen. Die Fourier-Transformation $\mathcal{F}$ ebenso wie ihre Rücktransformation $\mathcal{F}^{-1}$ bilden „struktur-erhaltende" Abbildungen zwischen H_z und H_F. Die Formel (20.11) im Faltungssatz 20.3 besagt nun, dass die Multiplikation zweier Funktionen $f_1 \cdot f_2$ im Raum H_z mit der Fourier-Transformation $\mathcal{F}$ in eine Faltung $F_1 * F_2$ im Raum H_F (bis auf einen Faktor) abgebildet wird. Entsprechend besagt die Formel (20.12) im Faltungssatz 20.3, dass die Multiplikation zweier Funktionen $F_1 \cdot F_2$ im Raum H_F mit der Fourier-Rücktrans-formation $\mathcal{F}^{-1}$ in eine Faltung $f_1 * f_2$ im Raum H_z abgebildet wird (s. Reed und Simon 1975, Bd. 2, S. 74).

Die Deltafunktion δ bildet dann bezüglich der Faltungs-Verknüpfung $*$ das „neutrale Element", d. h. es gilt:

$$f * \delta = f \quad \text{für alle } f \in H_z$$

(s. Abschn. 20.5)

Definition 20.3

1. Gegeben seien zwei Funktionen f_1 und f_2 im Zeitbereich, dann heißt

$$(f_1 * f_2)(t) := \int_{-\infty}^{\infty} f_1(\tau) \cdot f_2(t - \tau) d\tau \tag{20.9}$$

Faltung von f_1 und f_2 im Zeitbereich.

2. Gegeben seien zwei Funktionen F_1 und F_2 im Frequenzbereich, dann heißt

$$(F_1 * F_2)(\omega) := \int_{-\infty}^{\infty} F_1(u) \cdot F_2(\omega - u) du \tag{20.10}$$

Faltung von F_1 und F_2 im Frequenzbereich.

Der Übergang der Variablen $\tau \to (t - \tau)$ von f_2 im Integranden von (20.9) entspricht der Spiegelung am Punkt $\tau = 0$ und der Verschiebung der Funktion f_2 um t. Dies erklärt den Namen *Faltung.* Entsprechendes gilt für (20.10).

Es gilt dann:

Satz 20.3 (Faltungssatz)
Seien f_1 und f_2 zwei Funktionen im Zeitbereich und F_1 und F_2 ihre Fouriertransformierten im Frequenzbereich, dann gilt:

$$f_1(t) \cdot f_2(t) \quad \overset{\mathcal{F}}{\circ\!\!-\!\!\bullet} \quad \tfrac{1}{2\pi}\big(F_1(\omega) * F_2(\omega)\big) \qquad (20.11)$$

und

$$f_1(t) * f_2(t) \quad \overset{\mathcal{F}}{\circ\!\!-\!\!\bullet} \quad F_1(\omega) \cdot F_2(\omega) \qquad (20.12)$$

Beispiel 20.6: Faltung einer Rechtecks- mit einer Dreiecksfunktion
Seien

$$f_1(t) = \begin{cases} 0 & \text{für } t < -1 \\ 1 & \text{für } t \in [0,1] \\ 0 & \text{für } t > 1 \end{cases}$$

und

$$f_2(t) = \begin{cases} t+1 & \text{für } t \in [-1,0] \\ -t+1 & \text{für } t \in [0,1] \\ 0 & \text{sonst} \end{cases}$$

Dann ist (s. Abb. 20.15):

$$\tilde{f}(t) = f_1(t) * f_2(t) = \int_{\mathbb{R}} f_1(\tau) f_2(t-\tau) d\tau$$

Die Berechnung des Integrals teilt sich auf in sechs Fälle (s. Abb. 20.16):

$$\tilde{f}(t) = f_1(t) * f_2(t) = \begin{cases} 0 & \text{für} \quad t < -2 \\ \frac{t^2}{2} + 2t + 2 & \text{für } t \in [-2,-1] \\ -\frac{t^2}{2} + 1 & \text{für} \quad t \in [-1,0] \\ -\frac{t^2}{2} + 1 & \text{für} \quad t \in [0,1] \\ \frac{t^2}{2} - 2t + 2 & \text{für} \quad t \in [1,2] \\ 0 & \text{für} \quad 2 < t \end{cases}$$

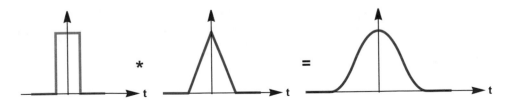

Abb. 20.15 Faltung einer Rechtecks- mit einer Dreiecksfunktion, symbolisch

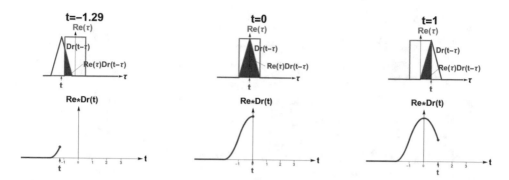

Abb. 20.16 Faltung einer Rechtecks- mit einer Dreiecksfunktion, grafische Darstellung. Video ▸ sn.pub/lMzXmg zeigt, wie sich die Faltungsfunktion und der Faltungsintegrand zweier Funktionen entlang der t-Achse entwickeln

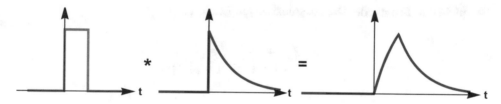

Abb. 20.17 Faltung einer Rechtecks- mit einer exponentiellen Abklingfunktion, symbolisch

Beispiel 20.7: Faltung einer Rechteckfunktion mit einer exponentiellen Abkling-funktion

Betrachte die beiden folgenden Funktionen:

$$f_1(t) = re(t) = \begin{cases} 1 & \text{für } t \in [0, 1] \\ 0 & \text{sonst} \end{cases} \quad \text{und } f_2(t) = \sigma(t) \cdot e^{-1} = \begin{cases} e^{-t} & \text{für } t \geq 0 \\ 0 & \text{für } t < 0 \end{cases}$$

Dann ist (s. Abb. 20.17):

$$\tilde{f}(t) = f_1(t) * f_2(t) = re(t) * \sigma(t)e^{-t} = \int_{-\infty}^{\infty} re(\tau) * \sigma(t - \tau)e^{(-t-\tau)}d\tau$$

Die Berechnung des Integrals teilt sich auf in drei Fälle (s. Abb. 20.18):

$$\tilde{f}(t) = f_1 * f_2(t) = \begin{cases} 0 & \text{für } t < 0 \\ 1 - e^{-t} & \text{für } t \in [0, 1] \\ [e - 1]e^{-t} & \text{für } t > 1 \end{cases}$$

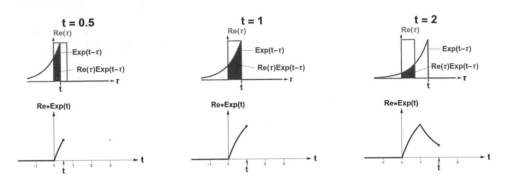

Abb. 20.18 Faltung einer Rechtecksfunktion mit einer exponentiellen Abklingfunktion, grafische Darstellung. Video ▸ sn.pub/PYhoeb zeigt, wie sich die Faltungsfunktion und der Faltungs-integrand zweier Funktionen entlang der t-Achse entwickeln

Beispiel 20.8: Faltung der Dreiecksfunktion f mit sich selbst
Sei

$$f(t) = \begin{cases} t+1 & \text{für } t \in [-1,0] \\ -t+1 & \text{für } t \in [0,1] \\ 0 & \text{sonst} \end{cases}.$$

Dann ist (s. Abb. 20.19):

$$\tilde{f}(t) = f(t) * f(t) = \int_{\mathbb{R}} f(\tau)f(t-\tau)d\tau$$

Die Berechnung des Integrals teilt sich auf in sechs Fälle (s. Abb. 20.20):

$$\tilde{f}(t) = (f * f)(t) = \begin{cases} 0 & \text{für} \quad t < -2 \\ \frac{t^3}{6} + t^2 + 2t + \frac{4}{3} & \text{für } t \in [-2,-1] \\ \frac{2}{3} - t^2 - \frac{t^3}{2} & \text{für } t \in [-1,0] \\ \frac{2}{3} - t^2 + \frac{t^3}{2} & \text{für } t \in [0,1] \\ -\frac{t^3}{6} + t^2 - 2t + \frac{4}{3} & \text{für } t \in [1,2] \\ 0 & \text{für} \quad 2 < t \end{cases}$$

Eigenschaften der Faltungsoperation:
   Die Operation „*" ist

- kommutativ: f * g = g * f,
- assoziativ: f * (g * h) = (f * g) * h,
- linear: $(\alpha f + \beta g) * h = \alpha f * h + \beta g * h$ für reelle oder komplexe Zahlen α, β

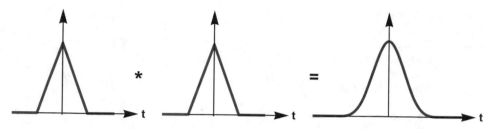

Abb. 20.19 Faltung zweier Dreiecksfunktionen (Faltung $\Delta * \Delta$), symbolisch

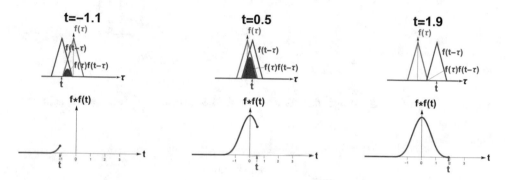

Abb. 20.20 Faltung zweier Dreiecksfunktionen (Faltung $\Delta * \Delta$), grafische Darstellung. Video ▶ sn.pub/IDQdY8 zeigt, wie sich die Faltungsfunktion und der Faltungsintegrand zweier Dreiecksfunktionen entlang der t-Achse entwickeln

20.5   Diracsche (Delta-) Funktion

Ein sehr nützliches Konzept ist die sogenannte *Diracsche (Delta) -Funktion* δ. Sie wird definiert als eine „Funktion", die überall bis auf die Stelle 0 den Wert 0 annimmt. Mathematisch ist δ jedoch keine Funktion im klassischen Sinn, sondern eine sogenannte *Distribution* oder auch **verallgemeinerte Funktion**. Die physikalische Idee hinter der Diracschen Deltafunktion δ ist, dass man damit sehr kurze Impulse (mechanische oder elektrische) beschreiben kann. Aus dieser physikalischen Idee hat sich ein wichtiges Teilgebiet der modernen Analysis, das der Distributionen, entwickelt. Die mathematische Theorie der Distributionen führt jedoch über den Rahmen dieses Buches hinaus (s. E. Berz 1967).

Die *Dirac-Funktion* entsteht anschaulich durch die Betrachtung der Funktion

$$d_\varepsilon(t) := \begin{cases} \frac{1}{\varepsilon} & \text{für } t \in \left[-\frac{\varepsilon}{2}, \frac{\varepsilon}{2}\right] \\ 0 & \text{sonst} \end{cases}.$$

Abb. 20.21 Erzeugung
der δ-Funktion. Video ▶
sn.pub/sfrIPB zeigt, wie
sich die Delta-Funktion als
Grenzwert einer Folge von
Rechteckfunktionen darstellen
lässt

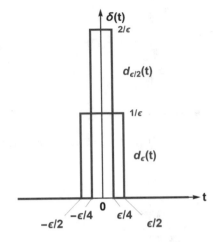

Wenn ε kleiner wird, steigt der Wert $\frac{1}{\varepsilon}$ und die „Basis" $\left[-\frac{\varepsilon}{2}, \frac{\varepsilon}{2}\right]$ wird schmaler
(s. Abb. 20.21).
Dann gilt für $d_\varepsilon(t)$

$$\lim_{\varepsilon \to 0} d_\varepsilon(t) = 0 \quad \text{für alle } t \neq 0 \tag{D1}$$

und es gilt:

$$\int_{\mathbb{R}} d_\varepsilon(t)dt = \int_{-\frac{\varepsilon}{2}}^{\frac{\varepsilon}{2}} \frac{1}{\varepsilon} = 1 \quad \text{für alle } \varepsilon > 0$$

Damit gilt auch im Grenzwert:

$$\lim_{\varepsilon \to 0} \int_{\mathbb{R}} d_\varepsilon(t)dt = 1 \tag{D2}$$

Die beiden Eigenschaften (D1) und (D2) von $d_\varepsilon(t)$ motivieren die Definition $\delta(t)$ der
„verallgemeinerten Funktion".

Definition 20.4
δ mit den Eigenschaften

1. $\delta(t) = 0$, für $t \neq 0$

2. $\int_{-\infty}^{\infty} \delta(t)dt = 1$

heißt δ-***Funktion*** oder *Dirac-Funktion*.

Abb. 20.22 δ-Funktion, symbolisch

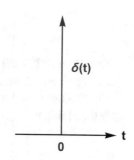

Bemerkung 20.2

Mathematisch ist δ keine Funktion im klassischen Sinn, weil bei einer klassischen Funktion mit der Eigenschaft der Definition 20.4, 1 das Integral in Definition 20.4, 2 den Wert null hätte.

Eine übliche formale Schreibweise für δ ist (s. Abb. 20.22):

$$\delta(t) = \begin{cases} 0 & \text{für } t \neq 0 \\ \infty & \text{für } t = 0 \end{cases}$$

Entsprechend benutzt man die Schreibweise der „um t_0 verschobenen" δ-Funktion:

$$\delta(t - t_0) = \begin{cases} 0 & \text{für } t \neq t_0 \\ \infty & \text{für } t = t_0 \end{cases}$$

Eigenschaften der δ-Funktion

- Faltung mit δ:

  Für stetiges $f(t)$ gilt, wie man mit Hilfe $d_\varepsilon(t)$ leicht nachrechnet:

$$\lim_{\varepsilon \to 0}(d_\varepsilon(t) * f(t)) = \lim_{\varepsilon \to 0} \int_{\mathbb{R}} d_\varepsilon(t)f(t - \tau)d\tau = \lim_{\varepsilon \to 0} \int_{-\frac{\varepsilon}{2}}^{\frac{\varepsilon}{2}} \frac{1}{\varepsilon}f(t - \tau)d\tau = f(t)$$

Also ist

$$\delta(t) * f(t) = f(t) * \delta(t) = f(t). \tag{20.13}$$

Das heißt, δ ist „das neutrale Element" bezüglich der Faltung $*$.

- Ableitung von $\sigma(t)$:

  Mit

$$\int_{-\infty}^{t} \delta(t - t_0)dt = \sigma(t - t_0) \tag{20.14}$$

gilt formal für die „Ableitung" der Heaviside-Funktion $\sigma(t)$:

$$\frac{d\sigma(t - t_0)}{dt} = \delta(t - t_0) \tag{20.15}$$

Die Formel (20.15) gilt nur im „Distributions-Sinne", das heißt, sie ist eine verallgemeinerte Ableitung, da die „klassische" Ableitung (s. Kap. 6) der Heaviside-Funktion $\sigma(t)$ an der Stelle $t = 0$ nicht existiert.

- Integral mit δ:

$$\int_{-\infty}^{\infty} f(t)\delta(t - t_0)dt = f(t_0) \tag{20.16}$$

Beispiel 20.9

Aus (20.16) ergibt sich für die **Fourier-Transformation der Deltafunktion:**

$$\int_{-\infty}^{\infty} \delta(t)e^{-j\omega t}dt = e^0 = 1(\omega)$$

Das heißt, es gilt

$$\delta(t) \quad \overset{\mathcal{F}}{\underset{\circ\!-\!\bullet}{}} \quad 1(\omega) \tag{20.17}$$

und mit dem Vertauschungssatz 20.3, 3 folgt:

$$1(t) \quad \overset{\mathcal{F}}{\underset{\circ\!-\!\bullet}{}} \quad 2\pi\delta(\omega) \tag{20.18}$$

Mit Hilfe der Rechenregeln und der Deltafunktion lassen sich nun Fourier-Transformationen berechnen, deren Fourier-Integrale nicht konvergieren.

Beispiel 20.10: Fourier-Transformation von $\sin(\omega_0 t)$
Wegen (20.18) folgt mit $f(t) = 1(t)$ aus dem Frequenzverschiebungssatz (s. Abschn. 20.2, 5) und der exponentiellen Darstellung der Sinusfunktion (s. Eulersche Gl. (2.5)) die Fourier-Transformierte der Sinusfunktion (s. Abb. 20.23):

$$\sin(\omega_0 t) \quad \overset{\mathcal{F}}{\underset{\circ\!-\!\bullet}{}} \quad j\pi\big(\delta(\omega + \omega_o) - \delta(\omega - \omega_o)\big) \tag{20.19}$$

Entsprechend gilt für die Fourier-Transformation von $\cos(\omega_0 t)$:

Beispiel 20.11: Fourier-Transformation von $\cos(\omega_0 t)$
(s. Abb. 20.24):

$$\cos(\omega_0 t) \quad \overset{\mathcal{F}}{\underset{\circ\!-\!\bullet}{}} \quad \pi\big(\delta(\omega + \omega_o) + \delta(\omega - \omega_o)\big) \tag{20.20}$$

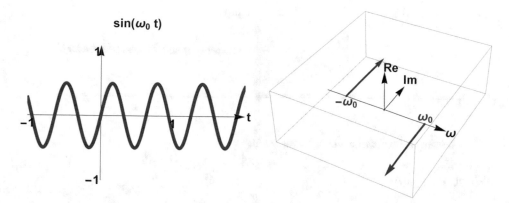

Abb. 20.23 $sin(\omega_0 t)$ und Fourier-Transformierte von $sin(\omega_0 t)$

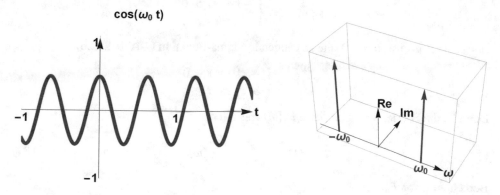

Abb. 20.24 $cos(\omega_0 t)$ und Fourier-Transformierte von $cos(\omega_0 t)$

Bemerkung 20.3

Speziell für eine **reelle** Fourier-Reihenentwicklung von einer periodischen Funktion $f(t)$ gilt (s. Beispiel 20.10 und Beispiel 20.11):

$$f(t) = \frac{a_0}{2} + \sum_{k=1}^{\infty} (a_k \cos(k\omega_0 t) + b_k \sin(k\omega_0 t)) \quad \overset{\mathcal{F}}{\circ\!-\!\bullet}$$

$$F(\omega) = \frac{a_0}{2}\delta(\omega) + \pi \sum_{k=1}^{\infty}(a_k[\delta(\omega + k\omega_0) + \delta(\omega - k\omega_0)] + (jb_k[\delta(\omega + k\omega_0) - \delta(\omega - k\omega_0)]))$$

Hierbei gilt für $k \in \mathbb{N}$ (s. Abschn. 19.1, (19.4)):

$$a_k = \frac{2}{T} \int_{(T)} f(t) \cos(k\omega_0 t)\, dt$$
$$b_k = \frac{2}{T} \int_{(T)} f(t) \sin(k\omega_0 t)\, dt$$

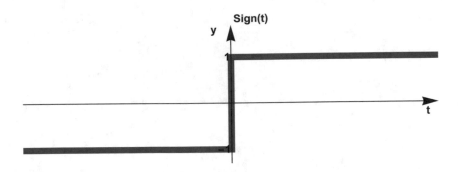

Abb. 20.25 *sign(t)*

Beispiel 20.12: Fourier-Transformation der Signumfunktion sign(t), s. Abb. 20.25

$$\text{sign}(t) := \begin{cases} -1 & \text{für } t > 0 \\ 1 & \text{für } t \geq 0 \end{cases}$$

Betrachte zunächst für $\varepsilon > 0$ die abklingende Sigma-Funktion (s. Abb. 20.26):

$$f_\varepsilon(t) := \begin{cases} -e^{\varepsilon t} & \text{für } t < 0 \\ e^{-\varepsilon t} & \text{für } t \geq 0 \end{cases}$$

Dann ist die Fourier-Transformierte $F_\varepsilon(\omega)$ von $f_\varepsilon(t)$:

$$f_\varepsilon(t) \quad \overset{\mathcal{F}}{\underset{\circ\!-\!\bullet}{}} \quad F_\varepsilon(\omega) \tag{20.21}$$

Berechnung von $F_\varepsilon(\omega)$:

$$F_\varepsilon(\omega) = \int\limits_{-\infty}^{0} -e^{\varepsilon t} e^{-j\omega t}\,dt + \int\limits_{0}^{\infty} e^{-\varepsilon t} e^{-j\omega t}\,dt$$

$$= -\frac{1}{(\varepsilon - j\omega)} \left[e^{(\varepsilon - j\omega)t} \right]_{t=-\infty}^{t=0} + \frac{1}{-(\varepsilon + j\omega)} \left[e^{-(\varepsilon + j\omega)t} \right]_{t=0}^{t=\infty}$$

$$= -\frac{1}{(\varepsilon - j\omega)} \left[e^0 - \underbrace{\lim_{t \to -\infty} \left(e^{(\varepsilon - j\omega)t} \right)}_{=0} \right] + \frac{1}{-(\varepsilon + j\omega)} \left[\underbrace{\lim_{t \to \infty} \left(e^{-(\varepsilon + j\omega)t} \right)}_{=0} - e^0 \right]$$

$$= -\frac{1}{(\varepsilon - j\omega)} + \frac{1}{(\varepsilon + j\omega)}$$

Nun gilt im Grenzfall $\varepsilon \to 0$, wenn man das „Abklingen" von f_ε verschwinden lässt:

$$\lim_{\varepsilon \to 0} f_\varepsilon(t) = \text{sign}(t) \quad \text{und} \quad \lim_{\varepsilon \to 0} F_\varepsilon(\omega) = \frac{2}{j\omega}$$

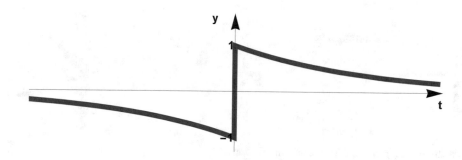

Abb. 20.26 $f_\varepsilon(t)$

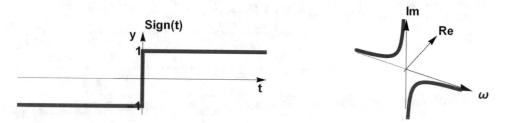

Abb. 20.27 $sign(t)$ *und* Fourier-Transformierte von $sign(t)$

Damit haben wir die Fourier-Transformierte von sign(t) (s. Abb. 20.27):

$$\text{sign}(t) \quad \overset{\mathcal{F}}{\circ\!-\!\bullet} \quad \frac{2}{j\omega}$$

Beispiel 20.13: Fourier-Transformation der Heaviside-Funktion $\sigma(t)$
Die direkte Fourier-Integration existiert nicht (s. Beispiel 20.3), aber mit den Rechenregeln und mit Hilfe der Deltafunktion lässt sich eine Fourier-Transformierte von $\sigma(t)$
finden (s. Abb. 20.28).
Mit

$$\sigma(t) = \frac{1}{2}(\text{sign}(t) + 1)$$

folgt aus Beispiel 20.12:

$$\sigma(t) \quad \overset{\mathcal{F}}{\circ\!-\!\bullet} \quad \frac{1}{j\omega} + \pi\delta(\omega) \qquad\qquad (20.22)$$

Zusammenfassung: Funktionen und ihre Fourier-Transformierten (s. Tab. 20.2).

σ–Funktion

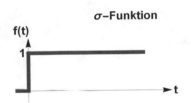

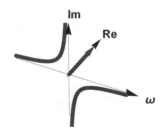

Abb. 20.28 $\sigma(t)$ und Fourier-Transformierte von $\sigma(t)$

Tab. 20.2 Fourier-Transformationen verschiedener Funktionen

$f(t)$	$F(\omega)$
$\mathrm{re}(t):=\begin{cases} 1 & \text{für } t \in [-1,1] \\ 0 & \text{sonst} \end{cases}$	$2\,\mathrm{Si}\,(\omega) = 2\frac{\sin(x)}{x}$
$\frac{1}{\pi}\,\mathrm{Si}\,(t)$	$\mathrm{re}(\omega):=\begin{cases} 1 & \text{für } \omega \in [-1,1] \\ 0 & \text{sonst} \end{cases}$
$\sigma(t)e^{-\alpha t}$	$\frac{1}{(\alpha+j\omega)}$
$1(t)$	$2\pi\,\delta(\omega)$
$\delta(t)$	$1(\omega)$
$e^{j\omega_0 t}$	$2\pi\,\delta(\omega-\omega_0)$
$\mathrm{sign}(t)$	$\frac{2}{j\omega}$
$\sigma(t)$	$\frac{1}{j\omega} + \pi\,\delta(\omega)$
$\sin(\omega_0 t)$	$j\pi\,(\delta(\omega+\omega_0) - \delta(\omega-\omega_0))$
$\cos(\omega_0 t)$	$\pi\,(\delta(\omega+\omega_0) + \delta(\omega-\omega_0))$

20.6   Fourier-Transformationen periodischer Funktionen

Der Kreis der Argumentation schließt sich mit der Betrachtung von Fourier-Transformationen für periodische Funktionen.

Sei f eine periodische Funktion mit Periode T_0, dann ist die Grundfrequenz $\omega_0 = {2\pi}/{T_0}$ und die komplexe Fourier-Reihe ist gegeben durch

$$f(t) = \sum_{k=-\infty}^{\infty} c_k e^{jk\omega_0 t}, \tag{20.23}$$

wobei gilt

$$c_k = \frac{1}{T_0} \int_0^{T_0} f(t)e^{-jk\omega_0 t}\,dt \quad \text{für } k \in \mathbb{Z} \tag{20.24}$$

(siehe Abschn. 19.2, (19.3) und (19.4)).

Mit der *primitiven Periode*

$$f_0(t) := \begin{cases} f(t) \text{ für } t \in [0, T_0] \\ 0 \quad \text{sonst} \end{cases}$$

erhält man mit Hilfe von (20.16) eine andere Schreibweise für f:

$$f(t) = \sum_{n=-\infty}^{\infty} f_0(t - nT_0) = \sum_{n=-\infty}^{\infty} f_0(t) * \delta(t - nT_0) = f_0(t) * \sum_{n=-\infty}^{\infty} \delta(t - nT_0)$$

$$(20.25)$$

Die Fourier-Transformation von f ergibt sich in der Darstellung (2.23) (mit (20.18) und dem Frequenz-Verschiebungssatz 20.2, 5)

$$F(\omega) = \sum_{k=-\infty}^{\infty} c_k 2\pi \delta(\omega - k\omega_0) \tag{20.26}$$

und somit gilt:

$$F(\omega) = 2\pi \sum_{k=-\infty}^{\infty} c_k \delta(\omega - k\omega_0) \tag{20.27}$$

Eine elegantere Schreibweise von (20.25) entsteht durch die Einführung eines *Deltakamms* III (gesprochen: „scha").

Definition 20.5: Deltakamm
Die (verallgemeinerte) Funktion im Zeitbereich

$$\text{III}_{T_0}(t) := \sum_{n=-\infty}^{\infty} \delta(t - nT_0)$$

bzw. im Frequenzbereich

$$\text{III}_{\omega_0}(\omega) := \sum_{k=-\infty}^{\infty} \delta(\omega - k\omega_0)$$

heißen *Deltakamm* (s. Abb. 20.29).

Damit können wir die periodische Funktion f in (20.25) schreiben als

$$f(t) = \sum_{n=-\infty}^{\infty} f_0(t - nT_0) = f_0(t) * \text{III}_{T_0}(t)$$

und die Fourier-Transformierte von f (20.27) als

$$F(\omega) = 2\pi \sum_{k=-\infty}^{\infty} c_k \delta(\omega - k\omega_0).$$

Abb. 20.29 Deltakamm im
Zeitbereich

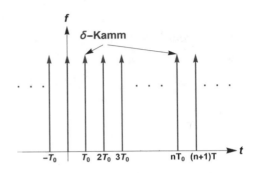

Somit haben wir die Fourier-Korrespondenz:

$$f(t) = f_0(t) * \text{Ш}_{T_0}(t) \qquad \overset{\mathcal{F}}{\circ\!-\!\bullet} \qquad F(\omega) = 2\pi \sum_{k=-\infty}^{\infty} c_k \delta(\omega - k\omega_0) \quad (20.28)$$

Wenn wir speziell $f_0 = \delta(t)$ setzen, dann gilt $c_k = {1}/{T_0}$ und $c_k\, 2\pi = \omega_0$ (s. (20.17)), und aus (20.27) und (20.28) folgt insbesondere für die Deltakämme:

$$f(t) = \text{Ш}_{T_0}(t) \qquad \overset{\mathcal{F}}{\circ\!-\!\bullet} \qquad F(\omega) = \omega_0 \text{Ш}_{\omega_0}(\omega) \qquad (20.29)$$

Dies führt zu einer anderen Betrachtungsweise von Beispiel 20.10:

Beispiel 20.14
Sei $f(t) = \sin(\omega_0 t), t \in \mathbb{R}$ und $T_0 = \frac{2\pi}{\omega_0}$.

Die primitive Periode ist:

$$f_0(t) = \sin(\omega_0 t), \quad t \in [0, T_0]$$

(s. Abb. 20.30)

Die komplexe Fourier-Reihe von $f(t) = \sin(\omega_0 t)$ hat die Form (s. (20.23) und (20.24))

$$f(t) = \sum_{k=-\infty}^{\infty} c_k e^{jk\omega_0 t},$$

wobei aus

$$c_k = \frac{1}{T_0} \int_0^{T_0} \sin(\omega_0 t) e^{-jk\omega_0 t} dt \quad \text{für } k \in \mathbb{Z}$$

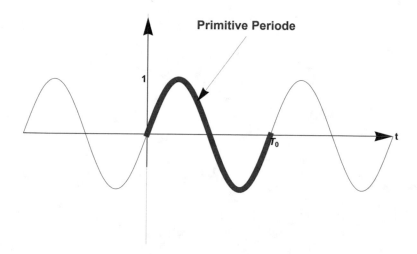

Abb. 20.30 Primitive Periode von $sin(\omega_0 t)$

folgt:

$$c_1 = \frac{1}{2j}, \; c_{-1} = -\frac{1}{2j} \text{ und } c_k = 0 \quad \text{für } k \text{ sonst}$$

(Nachrechnen für $\omega_0 = 1$!)

Damit ist die komplexe Fourier-Reihe von f

$$f(t) = \frac{1}{2j}e^{j\omega_0 t} - \frac{1}{2j}e^{-j\omega_0 t}, \; t \in \mathbb{R}$$

und die Fourier -Transformierte ist mit (20.28) und $c_1 = \frac{1}{2j}, c_{-1} = -\frac{1}{2j}, c_k = 0$, für k sonst

$$F(\omega) = 2\pi \sum_{k=-\infty}^{\infty} c_k \delta(\omega - k\omega_0) = \frac{2\pi}{2j}\delta(\omega - k\omega_0) - \frac{2\pi}{2j}\delta(\omega + k\omega_0)$$

$$= \frac{\pi}{j}\delta(\omega - k\omega_0) - \frac{\pi}{j}\delta(\omega + k\omega_0) = -j\pi\delta(\omega - k\omega_0) + j\pi\delta(\omega + k\omega_0),$$

Also:

$$F(\omega) = j\pi(\delta(\omega + \omega_o) - \delta(\omega - \omega_o))$$

Dies ist das gleiche Ergebnis wie (20.19), das in Beispiel 20.10, Abb. 20.23 mit Hilfe der Eulerschen Gleichungen erzielt wurde.

Laplace-Transformationen

21

Laplace-Transformationen sind wie Fourier-Transformationen uneigentliche Parameter-integrale. Fourier-Transformationen haben den Nachteil, dass die Fourier-Integrale nicht für alle Funktionen konvergieren, z. B. wenn sie nicht „schnell genug" abfallen (s. Beispiel 20.3). Die Integrale der Laplace-Transformationen dagegen existieren sogar für einige ansteigende Funktionen (s. Bemerkung 21.1, 2). Weitere Vorteile von Laplace-Transformationen sind:

- Sie ermöglichen elegante Lösungen von Anfangswertproblemen, da die Anfangs-bedingungen in den Transformationsprozess einbezogen werden (s. Abschn. 21.2.1).
- Sie erweitern die Lösungsmöglichkeiten für inhomogene Differentialgleichungen, da unstetige Störfunktionen zugelassen sind.
- Sie eignen sich besonders für die Berechnung von Einschaltvorgängen, da die Laplace-Integration nur über die positive Halbachse erfolgt.
- Sie sind ein wichtiges Instrumentarium bei der Beschreibung und Analyse von Über-tragungssystemen (d. h. Systemtheorie, s. Abschn. 21.2.2).

Einführendes Beispiel

Im Beispiel 20.3 der Heaviside-Funktion

$$\sigma(t) := \begin{cases} 0 & \text{für } t < 0 \\ 1 & \text{für } t \geq 0 \end{cases}$$

haben wir gesehen, dass das Fourierintegral

$$F(\omega) = \int\limits_{-\infty}^{\infty} \sigma(t) e^{-\mathrm{j}\omega t} dt$$

nicht konvergiert (s. Abb. 20.6).

© Springer Fachmedien Wiesbaden GmbH, ein Teil von Springer Nature 2020
H. Cycon, *Mathematik visuell und interaktiv,*
https://doi.org/10.1007/978-3-658-30245-0_21

Erweitert man jedoch die imaginäre Frequenzvariable $j\omega$ ins Komplexe: $\omega \to s := j\omega + \alpha$, wobei der Realteil α von s in der positiven komplexen Halbebene $\{z \in \mathbb{C}, Re(z) \geq c > 0\}$ für ein $c > 0$ liegt, ergibt sich durch den abklingenden Faktor $e^{-\alpha t}$ die Konvergenz des Laplace-Integrals (s. auch Beispiel 20.4):

$$F(s) = \int_{-\infty}^{\infty} \sigma(t)e^{-st}dt = \int_{0}^{\infty} e^{-\alpha t}\, e^{-j\omega t}dt \;\; = \frac{1}{-(\alpha + j\omega)}\Big[e^{-\alpha t}\, e^{-j\omega t}\Big]_{t=0}^{t=\infty}$$

$$= \frac{1}{-(\alpha + j\omega)}\Big[\lim_{t \to \infty}(e^{-\alpha t}\, e^{-j\omega t}) - e^{0}\Big] = \frac{1}{(\alpha + j\omega)} = \frac{1}{s}$$

Der Grenzwert $\lim_{t \to \infty}\left(e^{-\alpha t}\, e^{-j\omega t}\right)$ ist 0, da der komplexe Zeiger $e^{-(\alpha + j\omega)t} = e^{-\alpha t}\, e^{-j\omega t}$ mit steigendem t gegen 0 „spiralt" (s. Abb. 21.1).

Das führt zu folgender Idee:

Ersetze $j\omega$ durch $\alpha + j\omega =: s$, dann gilt

$$\int_{0}^{\infty} \sigma(t)e^{-st}dt = \frac{1}{s}.$$

Wir definieren also:

Definition 21.1
Die Abbildung

$$\mathcal{L}: \quad f(t) \qquad \to \qquad F(s) := \int_{0}^{\infty} f(t)e^{-st}dt$$

Abb. 21.1 Der komplexe Zeiger $e^{-(\alpha + j\omega)t}$ spiralt gegen 0. Animation siehe Abb. 20.8

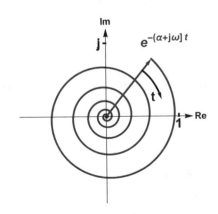

mit $s \in \mathbb{C}$ und $\text{Re}(s) = \alpha \geq c > 0$ heißt ***Laplace-Transformation.***

Man sagt, $\mathcal{L}$ bildet ab vom ***Zeitbereich*** in den ***Bildbereich.*** Wir benutzen im Folgenden für die Laplace-Transformation folgende Symbolik:

$$ f(t) \quad \overset{\mathcal{L}}{\circ\!\!-\!\!\bullet} \quad F(s) $$

Bemerkung 21.1

1. Da nur über die positive Halbachse integriert wird, wird der negative Anteil der Funktion f bei der Integration abgeschnitten und spielt keine Rolle. Daher heißt diese Transformation auch manchmal ***einseitige Laplace-Transformation.*** Es gibt jedoch auch eine erweiterte, zweiseitige Laplace-Transformation, die wir hier nicht betrachten (s. W. Strampp et al. 2004, S. 123).
2. Die Laplace-Transformationen existieren für Funktionen von höchstens exponentieller Ordnung, d. h. wenn gilt $|f(t)| < ae^{bt}$, $t > 0$ für geeignete a und $b > 0$ (s. Beispiel 21.3).
   Gegenbeispiel: Die Funktion $f(t) = e^{t^2}$, $t > 0$ ist nicht von exponentieller Ordnung und besitzt keine Laplace-Transformation (s. Th. Westermann 2008, S. 564).
3. Die Laplace-Transformierte $F(s)$ ist also eine komplexwertige Funktion mit dem Definitionsbereich $D_L = \{s \in \mathbb{C} \mid \text{Re}(s) = \alpha \geq c > 0\}$ für ein $c > 0$. Die Variable s entspricht der (erweiterten) Frequenzvariablen ω bei Fourier-Transformierten. Es gilt $\text{Im}(s) = \omega$.
4. In diesem Sinne sind Laplace-Transformationen Erweiterungen der Fourier-Transformationen ins Komplexe (s. Abb. 21.2).

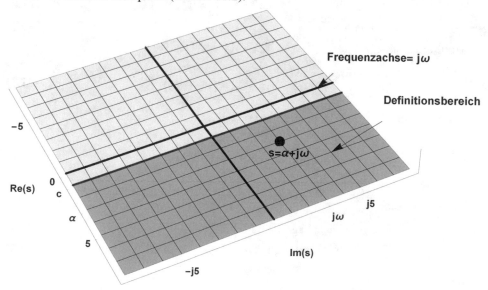

Abb. 21.2 s-Ebene und Definitionsbereich der Laplace-Transformierten $F(s)$

21.1   Rechenregeln für die Laplace-Transformation

1. Linearität
$$\alpha f_1(t) + \beta f_2(t) \qquad \overset{\mathcal{L}}{\circ\!\!-\!\!\bullet} \qquad \alpha F_1(s) + \beta F_2(s) \quad \text{für } \alpha, \beta \in \mathbb{R} \qquad (21.1)$$

2. Verschiebungssatz
$$(f \cdot \sigma)(t - a) \qquad \overset{\mathcal{L}}{\circ\!\!-\!\!\bullet} \qquad e^{-as} F(s) \quad \text{für } a > 0 \qquad (21.2)$$

   Verschiebung nach rechts!
3. Dämpfungssatz

$$e^{-at} f(t) \qquad \overset{\mathcal{L}}{\circ\!\!-\!\!\bullet} \qquad F(s + a) \qquad (21.3)$$

4. Differentiationssatz (Ableitung im Zeitbereich)

$$\frac{df(t)}{dt} \qquad \overset{\mathcal{L}}{\circ\!\!-\!\!\bullet} \qquad s\,F(s) - f(0) \qquad (21.4)$$

$$\frac{d^2 f(t)}{dt^2} \qquad \overset{\mathcal{L}}{\circ\!\!-\!\!\bullet} \qquad s^2\,F(s) - (sf(0) + f'(0)) \qquad (21.5)$$

Mit den Anfangswerten $f(0), f'(0), \ldots, f^{(n-2)}(0), f^{(n-1)}(0)$ gilt allgemein für $n \in \mathbb{N}$ für die n-te Ableitung:

$$f^{(n)}(t) \qquad \overset{\mathcal{L}}{\circ\!\!-\!\!\bullet} \qquad s^n\,F - \sum_{k=1}^{n} s^{n-k} f^{(k-1)}(0) \qquad (21.6)$$

5. Multiplikationssatz

$$t^n f(t) \qquad \overset{\mathcal{L}}{\circ\!\!-\!\!\bullet} \qquad (-1)^n F^{(n)}(s) \qquad (21.7)$$

6. Divisionssatz

$$\frac{1}{t} f(t) \qquad \overset{\mathcal{L}}{\circ\!\!-\!\!\bullet} \qquad \int_{s}^{\infty} F(u)\, du \qquad (21.8)$$

7. Integrationssatz

$$\tilde{f}(t) = \int_{0}^{t} f(u)\, du \qquad \overset{\mathcal{L}}{\circ\!\!-\!\!\bullet} \qquad \frac{1}{s} F(s) \qquad (21.9)$$

8. Ähnlichkeitssatz

$$f(at) \quad \overset{\mathcal{L}}{\circ\!-\!\bullet} \quad \frac{1}{|a|} F\left(\frac{s}{a}\right), \ a \neq 0 \tag{21.10}$$

9. Faltungssatz

$$f_1(t) * f_2(t) \quad \overset{\mathcal{L}}{\circ\!-\!\bullet} \quad F_1(s) \cdot F_2(s) \tag{21.11}$$

Dabei gilt:

Definition 21.2: *Laplace-Faltung*
(Beachte die Grenzen!)

$$f_1(t) * f_2(t) := \int\limits_0^t f_1(\tau) \cdot f_2(t - \tau) d\tau \tag{21.12}$$

Bemerkung 21.2
1. Die endlichen Grenzen der Laplace-Faltung (21.12) folgen aus der Definition der Faltung für Fourier-Transformationen (20.9), wenn man beachtet, dass $f_1(t) = 0$ und $f_2(t) = 0$ für t<0 angenommen werden kann, da die Laplace-Transformationen nur über die positive Halbachse integrieren.
2. Bei (einseitigen) Laplace-Transformationen gibt es im Gegensatz zu Fourier-Transformationen keinen Spiegelsatz, keinen Vertauschungssatz und nur **einen** Faltungssatz!

Beispiel 21.1: Heaviside-Funktion (Fortsetzung des einführenden Beispiels)
Sei

$$\sigma(t) = \begin{cases} 0 \text{ für } t < 0 \\ 1 \text{ für } t \geq 0 \end{cases}.$$

Die Laplace-Transformierte von $\sigma(t)$ ist dann:

$$F(s) = \int\limits_0^\infty \sigma(t) e^{-st} dt = \int\limits_0^\infty e^{-\alpha t} e^{-j\omega t} dt = \frac{1}{-(\alpha + j\omega)} \left[e^{-\alpha t} e^{-j\omega t} \right]_{t=0}^{t=\infty} = \frac{1}{-s} \left[\lim_{t \to \infty} (e^{-\alpha t} e^{-j\omega t}) - e^0 \right] = \frac{1}{s}$$

Das Integral $F(s) = \int\limits_0^\infty e^{-(\alpha + j\omega)t} dt$ existiert, da der Betrag des Grenzwertes gegen 0 konvergiert, denn es gilt für die Beträge (s. Abb. 21.1):

$$\lim_{t \to \infty} \left| e^{-\alpha t} e^{-j\omega t} \right| = \lim_{t \to \infty} \left| e^{-\alpha t} \right| \left| e^{-j\omega t} \right| = \lim_{t \to \infty} \left| e^{-\alpha t} \right| = 0$$

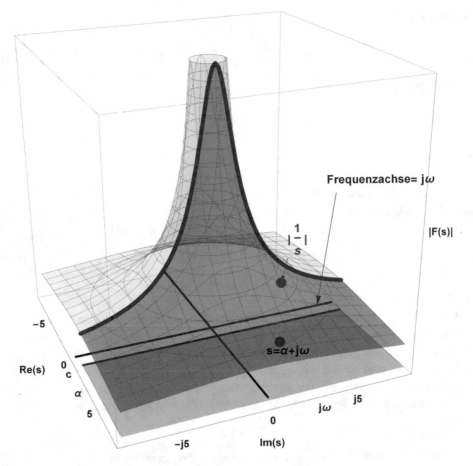

Abb. 21.3 $|F(s)| =$ Betrag von $L(\sigma(t))$

Die grafische Darstellung des Betrags der Funktion $\frac{1}{s}$ über der s-Ebene sieht man in Abb. 21.3.

Bemerkung 21.3

Aufgrund der einseitigen Definition der Laplace-Transformation tragen nur die Werte von $f(t)$, $t \in \mathbb{R}^+$ auf der positiven Halbachse zur Laplace-Transformierten $F(s)$ bei. Damit haben die Funktion $1(t) = f(t) \equiv 1$ und die Heaviside-Funktion $\sigma(t)$ dieselbe Laplace-Transformierte:

$$\left.\begin{array}{r} \sigma(t) \\ 1(t) \end{array}\right\} \quad \begin{array}{c} \mathcal{L} \\ \circ\!\!-\!\!\bullet \end{array} \quad F(s) = \frac{1}{s}$$

Abb. 21.4 Verschobener
Einzelimpuls

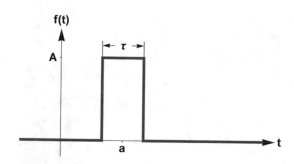

Beispiel 21.2: Verschobener Einzelimpuls (s. Abb. 21.4)
Sei

$$f(t) = \begin{cases} A & \text{für } t \in \left[a - \frac{\tau}{2}, a + \frac{\tau}{2}\right] \\ 0 & \text{sonst} \end{cases}.$$

Dann ist die Laplace-Transformierte:

$$F(s) = \int\limits_0^\infty f(t)e^{-st}dt = \int\limits_{a-\frac{\tau}{2}}^{a+\frac{\tau}{2}} Ae^{-st}dt = \frac{A}{-s}\left[e^{-st}\right]_{t=a-\frac{\tau}{2}}^{t=a+\frac{\tau}{2}} = \frac{Ae^{-sa}}{-s}\left[e^{s(\tau/2)} - e^{-s(\tau/2)}\right]$$

Im folgenden Beispiel 21.3 sieht man, dass die Laplace-Transformation auch für „ansteigende" Funktionen existiert (s. Bemerkung 21.1, 2).

Beispiel 21.3
Betrachte für $s = \alpha + j\omega$ und $0 < b < \alpha$ die exponentiell ansteigende Funktion

$$f(t) = e^{bt}, \quad t \geq 0.$$

Dann ist die Laplace-Transformierte:

$$F(s) = \int\limits_0^\infty f(t)e^{-st}dt = \int\limits_0^\infty e^{bt}e^{-(\alpha-j\omega)t}dt$$

$$= \int\limits_0^\infty e^{(b-\alpha-j\omega)t}dt = \frac{1}{(b-\alpha-j\omega)}\left[e^{(b-\alpha-j\omega)t}\right]_{t=0}^{t=\infty}$$

$$= \frac{1}{b-(\alpha+j\omega)}\left[\underbrace{\lim_{t\to\infty}(e^{-(\alpha-b)t}e^{-j\omega t})}_{=0} - e^0\right] = \frac{1}{(s-b)}$$

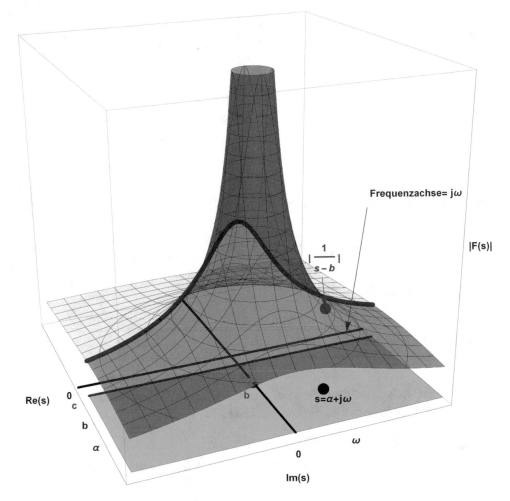

Abb. 21.5 $|F(s)| = $ Betrag von $L(e^{bt})$

(Die Argumentation mit Beispiel 21.1 und dem Dämpfungssatz (21.3) führt zum gleichen Ergebnis!). Die grafische Darstellung des Betrags der Funktion $\frac{1}{(s-b)}$ über der s-Ebene sieht man in Abb. 21.5.

Beispiel 21.4: Laplace-Transformation von $\sin(\omega_0 t)$
Aus Beispiel 21.1 und dem Dämpfungssatz (21.3) ergibt sich

$$e^{\pm j\omega_0 t} 1 \quad \overset{\mathcal{L}}{\circ\!\!-\!\!\bullet} \quad \frac{1}{s \mp j\omega_0}$$

und mit der Eulerschen Gleichung für die Sinusfunktion (2.5),

$$\sin(\omega_0 t) = \frac{1}{2j}\left(e^{j\omega_0 t} - e^{-j\omega_0 t}\right) \quad \overset{\mathcal{L}}{\circ\!\!-\!\!\bullet} \quad \frac{1}{2j}\left(\frac{1}{s-j\omega_0} - \frac{1}{s+j\omega_0}\right) = \frac{1}{2j}\left(\frac{(s+j\omega_0)-(s-j\omega_0)}{s^2+\omega_0^2}\right),$$

ergibt sich die Korrespondenz:

$$\sin(\omega_0 t) \quad \overset{\mathcal{L}}{\circ\!\!-\!\!\bullet} \quad \frac{\omega_0}{s^2+\omega_0^2}$$

Die grafische Darstellung des Betrags von $\frac{\omega_0}{s^2+\omega_0^2}$ sieht man in Abb. 21.6 (zwei Singulari-täten). Vergleiche dazu die Fourier-Transformation von $\sin(\omega_0 t)$, s. Beispiel 20.10.

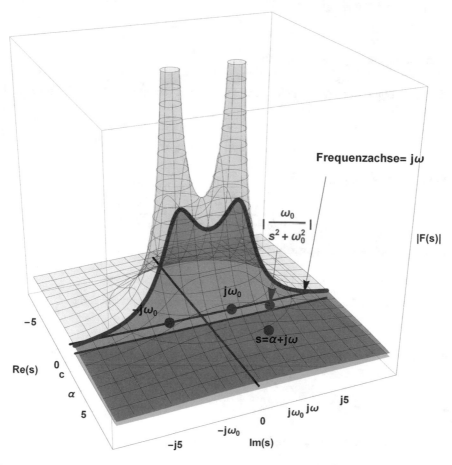

Abb. 21.6 $|F(s)| = $ Betrag von $L(\sin(\omega_0 t))$

21.2   Anwendungen von Laplace-Transformationen

21.2.1 Lösung von Anfangswertproblemen (AWP)

Das AWP wird nun nicht direkt in Zeitdarstellung „klassisch" gelöst, sondern die Differentialgleichung wird zusammen mit den Anfangsbedingungen mit der Laplace-Transformation abgebildet in eine Darstellung im Bildbereich.

Dabei wird mit Hilfe des Differentiationssatzes (21.5) das Anfangswertproblem zu einer algebraischen Gleichung, die im Allgemeinen leicht zu lösen ist. Die Komplexität des Problems wird dann allerdings auf die Laplace-Rücktransformation verlagert (s. Abb. 21.7).

Beispiel 21.5
Gesucht ist die Lösung des AWP

$$y'(t) + 4y(t) = t + 2$$

mit der Anfangsbedingung (AB): $y(0) = 1$

1. **Schritt:** Laplace-Transformation der Gleichung, benutze den Differentiationssatz (21.4)

$$sY(s) - 1 + 4Y(s) = \frac{1}{s^2} + \frac{2}{s}$$

2. **Schritt:** Auflösung nach $Y(s)$

$$Y(s) = \frac{1}{s^2(s+4)} + \frac{2}{s(s+4)} + \frac{1}{(s+4)}$$

3. **Schritt:** Laplace-Rücktransformation (mit Tab. 21.1)

$$y(t) = \frac{e^{-4t} + 4t - 1}{16} + 2\frac{e^{-4t} - 1}{-4} + e^{-4t} = \frac{9}{16}e^{-4t} + \frac{1}{4}t + \frac{7}{16}$$

Zum Vergleich berechnen wir die „klassische" Lösung (vgl. Abschn. 13.2) des AWP

$$y'(t) + 4y(t) = t + 2$$

mit der (AB): $y(0) = 1$

1. **Schritt:** Die homogene Lösung ist

$$y'(t) + 4y(t) = 0, \quad \text{daraus folgt} \quad y_h(t) = Ce^{-4t} \text{ für } C \in \mathbb{R}.$$

2. **Schritt:** Partikuläre Lösung
   Ansatz: $y_p(t) = At + B$.
   Dann ist $y_p'(t) = A$ und einsetzen in Differentialgleichung ergibt:

   $$A + 4(At + B) = t + 2$$

   Der Koeffizientenvergleich

   $$4A = 1$$
   $$A + 4B = 2$$

   ergibt:

   $$A = \frac{1}{4}; \quad B = \frac{7}{16}$$

   Damit ist:

   $$y_p(t) = \frac{t}{4} + \frac{7}{16}$$

3. **Schritt:** Allgemeine Lösung

   $$y(t) = y_h(t) + y_p(t) = Ce^{-4t} + \frac{t}{4} + \frac{7}{16}$$

4. **Schritt:** Lösung des AWP mit (AB):

   $$y(0) = Ce^0 + 0 + \frac{7}{16} = 1, \quad \text{also} \quad C = 1 - \frac{7}{16} = \frac{9}{16}$$

Somit ist die „klassische" Lösung:

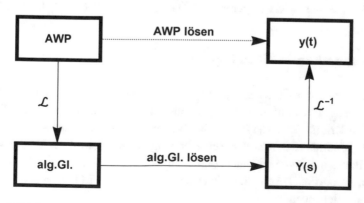

Abb. 21.7 AWP: Lösung mit Laplace-Transformationen

Tab. 21.1 Laplace-
Transformation

$f(t)$	$F(s)$
$\left.\begin{array}{c} 1(t) \\ \sigma(t) \end{array}\right\}$	$1/s$
t	$1/s^2$
t^n	$\frac{n!}{s^{n+1}}$
e^{at}	$\frac{1}{s-a}$
$\frac{1-e^{-at}}{a}$	$\frac{1}{s(s+a)}$
$\frac{e^{-at}+at-1}{a^2}$	$\frac{1}{s^2(s+a)}$
$\sin(\omega_0 t)$	$\frac{\omega_0}{s^2+\omega_0^2}$
$\cos(\omega_0 t)$	$\frac{s}{s^2+\omega_0^2}$
$\frac{e^{at}-e^{bt}}{a-b}$	$\frac{1}{(s-a)(s-b)}$

$$y(t) = \frac{9}{16}e^{-4t} + \frac{t}{4} + \frac{7}{16}$$

Dies stimmt mit der Laplace-Lösung überein!

Tab. 21.1 gibt einen Überblick über die Laplace-Transformationen einiger häufig benutzter Funktionen.

Bemerkung 21.4
Die inverse Laplace-Transformation ist ebenfalls über ein komplexes Parameter-integral definiert. Allerdings benötigt man dazu zusätzliche Kenntnisse der Funktionen-theorie, was über den Rahmen dieses Buches hinausgeht (s. W. Strampp et al. 2004, S. 16). Daher ist es vorteilhaft, die Laplace-Rücktransformation mit Tabellen oder mit geeigneten Computer Algebra Systemen zu ermitteln. Entsprechende Tabellen findet man zum Beispiel bei G. Merzinger et al., S. 125 oder I. Bronstein et al. 1999, S. 1063.

21.2.2 Systemtheorie (Grundlagen)

Wir betrachten hier nur Übertragungssysteme, das heißt technische Systeme, die Signale empfangen, verarbeiten und weiterleiten können. Beispiele sind elektrische Schaltungen mit *RLC*-Gliedern (s. Abb. 3.21). Zunächst beschränken wir uns auf Systeme, bei denen die Signale kontinuierlich von der Zeit t abhängen. Wir setzen auch voraus, dass die einzelnen Bausteine invariant unter zeitlichen Verschiebungen sind und dass sie sich linear (d. h. proportional) verhalten. Solche Systeme heißen LTI- Systeme (LTI steht für Linear Time Independent).

Abb. 21.8 System mit
Signalen

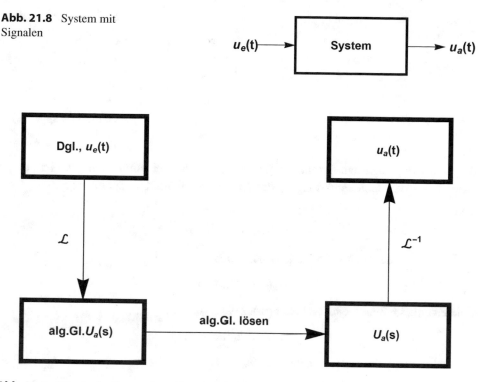

Abb. 21.9 Prinzip der Systemdarstellung mit Laplace-Transformationen

Es gibt ein Eingangssignal $u_e(t)$ und ein Ausgangssignal $u_a(t)$, s. Abb. 21.8. Der Zusammenhang zwischen $u_a(t)$ und $u_e(t)$ wird mathematisch zumeist mit linearen Differentialgleichungen beschrieben. Dabei ist $u_a(t)$ die Lösung der Differential-gleichung und $u_e(t)$ die Inhomogenität (Störfunktion). Die Differentialgleichung, die das System beschreibt, wird (definitionsgemäß mit Anfangsbedingungen $u'_a(0) = 0$ und $u''_a(0) = 0$) nicht direkt in Zeitdarstellung „klassisch" gelöst, sondern mit Laplace-Trans-formationen abgebildet in eine Darstellung im Bildbereich (s. Abb. 21.9).

Die Auflösung der algebraischen Gleichung im Bildbereich nach $U_a(s)$ führt zu einer Multiplikation des Eingangssignals $U_e(s)$ mit einem Faktor $H(s)$:

$$U_a(s) = H(s)U_e(s)$$

$H(s)$ heißt ***Übertragungsfunktion.***

$H(s)$ charakterisiert das LTI-System vollständig und ergibt sich durch

$$H(s) = \frac{U_a(s)}{U_e(s)}, \quad s \in \mathbb{C}.$$

Abb. 21.10 Ausgangssignal
Zeit- und Bildbereich

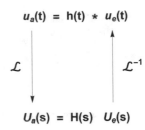

$$u_a(t) = h(t) * u_e(t)$$

$$\mathcal{L} \qquad \mathcal{L}^{-1}$$

$$U_a(s) = H(s)\ U_e(s)$$

Wenn man die Übertragungsfunktion $H(s)$ in den Zeitbereich zurück transformiert, erhält man die zeitabhängige Funktion $h(t)$, das heißt, man hat die Korrespondenz

$$h(t) \quad \overset{\mathcal{L}}{\circ\!\!-\!\!\bullet} \quad H(s).$$

Dann wird aus der Multiplikation im Bildbereich

$$U_a(s) = H(s)U_e(s)$$

eine Faltung im Zeitbereich (s. Faltungssatz (21.11)):

$$u_a(t) = h(t) * u_e(t)$$

Wir haben somit folgendes Schema (s. Abb. 21.10).

Wenn man speziell als Eingangsfunktion $u_e(t)$ die Deltafunktion $\delta(t)$ – hier heißt sie auch Impulsfunktion – wählt, erhält man als Ausgangsfunktion $u_a(t)$, die sogenannte **Impulsantwort.** Damit ist die Laplace-Rücktransformierte von $H(s)$ die Impulsantwort $h(t)$, denn die Faltung mit der Deltafunktion wirkt wie ein „neutrales Element" (s. (20.13)):

$$u_a(t) = h(t) * \delta(t) = h(t)$$

Die Impulsantwort liefert Aussagen über das Stabilitätsverhalten des Systems (s. W. Strampp et al. 2004, S. 282). In der Praxis ist die Sprungfunktion $\sigma(t)$ leichter zu realisieren als die Deltafunktion $\delta(t)$. Wenn man dann für $u_e(t)$ die Sprungfunktion $\sigma(t)$ wählt, erhält man als Ausgangsfunktion $u_a(t)$ die sogenannte **Sprungantwort** $a(t)$. Der Zusammenhang zwischen Impulsantwort $h(t)$ und Sprungantwort $a(t)$ ergibt sich durch die Faltung:

$$u_a(t) = h(t) * \sigma(t) = \int\limits_0^t h(\tau)d\tau$$

Die Übertragungsfunktion $H(s)$ ist eine komplexwertige Funktion mit der unabhängigen komplexen Variablen $s \in \mathbb{C}$. Sie hat im Allgemeinen die Form:

$$H(s) = \frac{b_m(s - s_1)(s - s_2)\ldots(s - s_m)}{a_n(s - p_1)(s - p_2)\ldots(s - p_n)}, \quad s \in \mathbb{C}$$

Dabei sind $\{s_i\}_{i=1\ldots m}$ die Nullstellen und $\{p_k\}_{k=1\ldots n}$ die Pole von $H(s)$ in der s-Ebene.

Beispiel 21.6

Betrachte die Differentialgleichung

$$u_a''(t) + 2du_a'(t) + \omega_0^2 u_a(t) = u_e(t)$$

mit den Anfangsbedingungen $u_a'(0) = 0$ und $u_a''(0) = 0$ und $0 < d < \omega_0$. Dann ist die Störfunktion $u_e(t)$ das Eingangssignal und die Lösung $u_a(t)$ ist das Ausgangssignal des Systems. Im Bildbereich (nach Laplace-Transformation) haben wir dann:

$$s^2 U_a(s) + 2ds U_a(s) + \omega_0^2 U_a(s) = U_e(s)$$

Es folgt

$$\left(s^2 + 2ds + \omega_0^2\right) U_a(s) = U_e(s)$$

und somit

$$U_a(s) = \frac{1}{\left(s^2 + 2ds + \omega_0^2\right)} U_e(s).$$

Damit ist die Übertragungsfunktion:

$$H(s) = \frac{U_a(s)}{U_e(s)} = \frac{1}{\left(s^2 + 2ds + \omega_0^2\right)} = \frac{1}{(s - p_1)(s - p_2)}$$

Die Gleichung

$$\left(s^2 + 2ds + \omega_0^2\right) = 0$$

ist die charakteristische Gleichung der Differentialgleichung (s. (13.29)) mit den Lösungen

$$p_1 = -d + j\sqrt{\omega_0^2 - d^2} \quad \text{und} \quad p_2 = -d - j\sqrt{\omega_0^2 - d^2}$$

Diese Lösungen sind die Polstellen (Pole) p_1 und p_2 der Übertragungsfunktion $H(s)$.

Wenn wir $\alpha := -d$ und $\omega_d := \sqrt{\omega_0^2 - d^2}$ setzen, erhalten wir:

$$p_1 = \alpha + j\omega_d \quad \text{und} \quad p_2 = \alpha - j\omega_d$$

Dann ist die Impulsantwort (s. Tab. 21.1):

$$h(t) = \frac{1}{2j\omega_d}\left(e^{(\alpha + j\omega_d)t} - e^{(\alpha - j\omega_d)t}\right) = e^{\alpha t}\frac{\left(e^{(j\omega_d)t} - e^{(-j\omega_d)t}\right)}{2j\omega_d}$$

Mit der Eulerschen Gleichung der Sinusfunktion (2.5) haben wir die Impulsantwort:

$$h(t) = e^{\alpha t}\frac{1}{\omega_d}\sin(\omega_d t) \tag{21.13}$$

und somit die Lösung der Differentialgleichung

$$u_a(t) = e^{\alpha t}\frac{1}{\omega_d}\sin(\omega_d t) * u_e(t).$$

Bemerkung 21.5

Die Übertragungsfunktion, eingeschränkt auf die imaginäre Achse $H(j\omega)$, heißt *Frequenzgang* $H(\omega)$ des Systems. $H(\omega)$ ist die Fourier-Transformierte der Impulsantwort $h(t)$ (s. M. Meyer 1998, S. 70).

Der Betrag $|H(j\omega)|$ heißt *Amplitudengang* und dessen logarithmische Darstellung $\log|H(j\omega)|$ über der Frequenz ω heißt *Bode-Diagramm*. Bode-Diagramme sind grafische Hilfsmittel, die bei der Kombination von Systemen benutzt werden (s. M. Meyer 1998, S. 81).

21.2.3 Pole in der s-Ebene, Stabilität und Instabilität

Ein System ist stabil, wenn es auf ein beschränktes Eingangssignal $u_e(t)$ mit einem beschränkten Ausgangsignal $u_a(t)$ reagiert. Man sagt, das System ist „BiBo-stabil" (BiBo steht für Bounded Input Bounded Output).[1] Die Lage der Pole und Nullstellen der Übertragungsfunktion $H(s)$ in der komplexen s-Ebene bestimmt das Verhalten der Impulsantwort $h(t)$ und damit das Stabilitätsverhalten des Systems. Es gilt:

Das System ist stabil $\Leftrightarrow$ Alle Pole von $H(s)$ liegen in der linken Halbebene: $\alpha < 0$

(s. Abb. 21.11).

Dies ergibt sich, wenn man aus der Übertragungsfunktion $H(s)$ die Impulsantwort $h(t)$ berechnet. Dann sind wie im Beispiel 21.6 die Realteile $\alpha = \mathrm{Re}(p)$ der Polstellen p von $H(s)$ die Exponenten der Amplitudenfunktion $e^{\alpha t}$ der Impulsantwort wie in (21.13). Und wenn die α negativ sind, fällt die Amplitudenfunktion exponentiell ab. Damit ist das System stabil. Umgekehrt gilt analog:

---

[1]Die formale Definition für BiBo-stabil lautet $\int\limits_{-\infty}^{\infty} |h(t)|dt < \infty$ (s. M. Werner 1999, S. 67).

Abb. 21.11 s-Ebene eines
stabilen Systems ($\alpha < 0$)

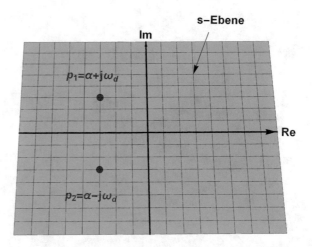

Das System ist instabil $\Leftrightarrow$ Ein Pol von $H(s)$ liegt in der rechten Halbebene : $\alpha > 0$

(s. Abb. 21.12).

Die Realteile $\alpha = \mathrm{Re}(p)$ der Polstellen p von $H(s)$ sind die Exponenten der $e^{\alpha t}$der Impulsantwort (21.13). Und wenn die α positiv sind, steigt die Amplitudenfunktion exponentiell an. Damit ist das System instabil.

Beispiel 21.7: Stabilität
Betrachte die Differentialgleichung (s. Abb. 21.13):

$$y''(t) + 2dy'(t) + \omega_0^2 y(t) = \delta(t) \quad \text{mit} \quad 0 < d < \omega_0$$

Abb. 21.12 s-Ebene eines
instabilen Systems ($\alpha > 0$)

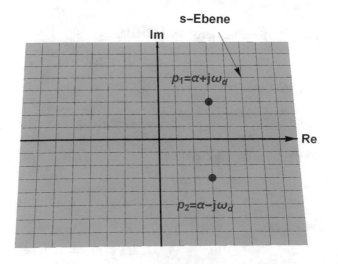

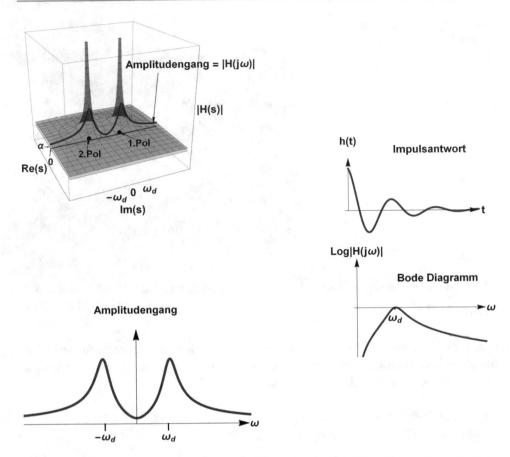

Abb. 21.13 Übertragungsfunktion und Bode-Diagramm eines stabilen Systems ($\alpha < 0$). Siehe auch Video zu Abb. 21.14

Dann ist die charakteristische Gleichung:

$$\lambda^2 + 2d\lambda + \omega_0^2 = 0$$

Mit den Lösungen

$$\lambda_{1,2} = -d \pm j\sqrt{\omega_0^2 - d^2} =: \alpha \pm j\omega_d$$

ist die Übertragungsfunktion

$$H(s) = \frac{1}{(s - p_1)(s - p_2)}$$

wobei gilt

$$\lambda_{1,2} = p_{1,2} =: \alpha \pm j\omega_d$$

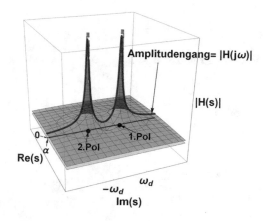

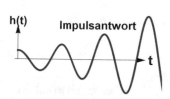

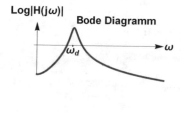

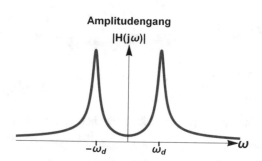

Abb. 21.14 Übertragungsfunktion und Bode-Diagramm eines instabilen Systems ($\alpha > 0$). Video
▶ sn.pub/onDolX: Wenn die Realteile der Polpositionen sich von negativ zu positiv ändern, wird
das System instabil

und die Impulsantwort lautet:

$$h(t) = e^{\alpha t} \frac{1}{\omega_d} \sin (\omega_d t) \tag{21.14}$$

Dabei liegen die Polstellen von $H(s)$ (= Nullstellen der charakteristischen Gleichung)
bei:

$$p_1 = \alpha + \mathrm{j}\omega_d \quad \text{und} \quad p_2 = \alpha - \mathrm{j}\omega_d \quad \text{mit} \quad \alpha = -d < 0$$

Da $\alpha < 0$ ist, klingt die Impulsantwort (21.13) exponentiell ab und das System ist stabil.

Beispiel 21.8: Instabilität

Betrachte die Differentialgleichung (s. Abb. 21.14):

$$y''(t) - 2dy'(t) + \omega_0^2 y(t) = \delta(t) \quad \text{mit } 0 < d < \omega_0$$

Dann ist die charakteristische Gleichung:

$$\lambda^2 - 2d\lambda + \omega_0^2 = 0$$

Mit den Lösungen

$$\lambda_{1,2} = d \pm \mathrm{j}\sqrt{\omega_0^2 - d^2} =: \alpha \pm \mathrm{j}\omega_d$$

ist die Übertragungsfunktion

$$H(s) = \frac{1}{(s - p_1)(s - p_2)}$$

wobei gilt

$$\lambda_{1,2} = p_{1,2} =: \alpha \pm \mathrm{j}\omega_d$$

und die Impulsantwort lautet:

$$h(t) = e^{\alpha t} \frac{1}{\omega_d} \sin(\omega_d t) \tag{21.15}$$

Dabei liegen die Polstellen von $H(s)$ (= Nullstellen der charakteristischen Gleichung) bei:

$$p_1 = \alpha + \mathrm{j}\omega_d \quad \text{und} \quad p_2 = \alpha - \mathrm{j}\omega_d \quad \text{mit } \alpha = d > 0$$

Da $\alpha > 0$ ist, steigt die Impulsantwort (21.15) exponentiell an und das System ist instabil.

Anhang

Liste der mathematischen Symbole

$\mathbb{N}$	Menge der natürlichen Zahlen $\{0, 1, 2, 3, \ldots\}$.
$\mathbb{Z}$	Menge der ganzen Zahlen $\{\ldots -3, -2, -1, 0, 1, 2, 3, \ldots\}$.
$\mathbb{Q}$	Menge der rationalen Zahlen.
$\mathbb{R}$	Menge der reellen Zahlen.
$\mathbb{R}^n$	Kartesisches Produkt (Menge aller n-Tupel von reellen Zahlen).
$\mathbb{C}$	Menge der komplexen Zahlen.
$[a, b]$	abgeschlossenes Intervall in $\mathbb{R}$.
(a, b)	offenes Intervall in $\mathbb{R}$.
$[a, b)$	halboffenes Intervall in $\mathbb{R}$.
$\mathbf{B} := \{x \mid x \in \mathbf{B}\}$	Menge aller x aus $\mathbf{B}$.
$\mathbf{A} \cap \mathbf{B}$	$\mathbf{A}$ geschnitten mit $\mathbf{B}$.
$\mathbf{A} \cup \mathbf{B}$	$\mathbf{A}$ vereinigt mit $\mathbf{B}$.
$\mathbf{A} \backslash \mathbf{B}$	Differenz $\mathbf{A}$ ohne $\mathbf{B}$.
$\emptyset$	leere Menge.
$f : \mathbb{R} \to \mathbb{R}$	Abbildung.
f^{-1}	Umkehrabbildung.
$:=$	Definition (A:=A wird definiert …).
$\wedge$	logische „und“-Verknüpfung.
$\vee$	logische „oder“-Verknüpfung.
$\Rightarrow$	Implikation (A $\Rightarrow$ B: aus A folgt B).
$\Leftrightarrow$	Äquivalenz (A $\Leftrightarrow$ B: A ist äquivalent zu B)
$\bigwedge\limits_{x} A(x)$	Quantor : für alle x aus A
$\bigvee\limits_{x} A(x)$	Quantor : es gibt ein x aus A
$\neg$	logische Negation („nicht …“)

© Springer Fachmedien Wiesbaden GmbH, ein Teil von Springer Nature 2020
H. Cycon, *Mathematik visuell und interaktiv*, https://doi.org/10.1007/978-3-658-30245-0

$\displaystyle\sum_{k=0}^{n} a_k$ Summe aller a_k für $k = 0$ bis n

$\displaystyle\sum_{k=0}^{\infty} a_k$ Reihe der a_k.

$n!$ „n Fakultät" = Produkt aller Zahlen 1 bis n.

$\vec{a} \cdot \vec{b} = \left(\vec{a}, \vec{b}\right)$ Skalarprodukt der Vektoren $\vec{a}$ und $\vec{b}$.

$\vec{a} \times \vec{b}$ Vektorprodukt der Vektoren $\vec{a}$ und $\vec{b}$.

$\left[\vec{a}\vec{b}\vec{c}\right]$ Spatprodukt der Vektoren $\vec{a}, \vec{b}$ und $\vec{c}$

$\frac{df(x)}{dx} = f'(x)$ Ableitung

$\frac{\partial f}{\partial x}(x,y) = f_x(x,y)$ partielle Ableitung nach x.

$\mathcal{F}$

○–●   Fourier-Transformation.

$\mathcal{L}$

○–●   Laplace-Transformation

Ш   Deltakamm

Nützliche Formeln zur Elektrotechnik

$u_L = L\frac{di}{dt}$ Induktionsgesetz.

$i_C = C\frac{du_C}{dt}, u_C = \frac{1}{C}\int i_C dt$ Kondensatorgleichungen.

$u = Ri$ Ohmsches Gesetz, R: Ohmscher Widerstand.

$\omega_0 = \frac{1}{\sqrt{LC}}$ Eigenfrequenz (Kreisfrequenz) des ungedämpften Reihen-schwingkreises.

$j\omega L$ induktiver Widerstand.

$\frac{1}{j\omega C}$ kapazitiver Widerstand.

$Z(\omega) = R + j\left(\omega L - \frac{1}{\omega C}\right)$ komplexer Widerstand.

$jX = j\omega L + \frac{1}{j\omega C}$ Blindwiderstand.

Literatur

Alt, W.: Nichtlineare Optimierung. Vieweg, Wiesbaden (2002)

Arens, T., et.al.: Mathematik, Aufl. 2. Spektrum Akademischer, Heidelberg (2012)

Argyris, J., et al.: Die Erforschung des Chaos. Vieweg, Berlin (1994)

Bärwolff, G.: Höhere Mathematik für Naturwissenschaftler und Ingenieure, Aufl. 2. Spektrum Akademischer (2006) (1. korrigierter Nachdruck 2009)

Berz, E.: Verallgemeinerte Funktionen und Operatoren. Hochschultaschenbücher-Verlag, Mannheim (1967)

Bronstein, I., et. al.: Taschenbuch der Mathematik, Verlag Harri Deutsch, Dresden (1999)

Crilly, T.: 50 Mathematical Ideas. Quercus Publ. Plc., London (2007)

Girod, B.: Lectures on Image and Video Compression. https://web.stanford.edu/class/ee368b/Handouts/04-RateDistortionTheory.pdf

Hellwig, K.E., Wegner, B.: Mathematik und Theoretische Physik, Bd. 1 und 2. de Gruyter-Lehrbuch, Berlin (1992/1993)

Jiu Zhang Suanshu, Neun Kapitel der Rechenkunst, Kapitel 8. https://de.wikipedia.org/wiki/Jiu_Zhang_Suanshu, https://www-history.mcs.st-and.ac.uk/HistTopics/Nine_chapters.html. Zugegriffen: 17. März 2020

Kragler, R.: Mathematica Notebooks Problemlösungen für Ingenieure, Addison-Wesley-Longman, Bonn CD-ROM, ISBN 3–38319–969–1 (1997)

Merzinger, G. et. al.: Formeln + Hilfen Höhere Mathematik, Aufl. 6. Binomi, Barsinghausen (2010)

Meyer, M.: Signalverarbeitung. Vieweg, Wiesbaden (1998)

Needham, T.: Anschauliche Funktionentheorie. Oldenburg, München (2001)

Neher, M.: Anschauliche Höhere Mathematik, Bd. 2. Springer Vieweg, Wiesbaden (2018)

Packel, E., Wagon, S.: Animating Calculus, Springer, New York (1997)

Papula, L.: Mathematik für Ingenieure, Bd. 2, Vieweg + Teubner, Wiesbaden (2009)

Papula, L.: Mathematische Formelsammlung für Ingenieure und Naturwissenschaftler. Vieweg & Sohn, Braunschweig (1990)

Pickover, C.A.: The Math Book. Sterling, New York (2009)

Reed, M., Simon, B.: Methods of Modern Mathematical Physics II Fourier Analysis, Selfadjointness. Academic New York (1975)

Schuster, H.G.: Deterministisches Chaos. VCH, Weinheim (1989)

Simon, B.: Basic Complex Analysis, American Mathematical Society, Providence (2015)

Strampp, W., Vorozhtsov, E.V.: Mathematische Methoden der Signalverarbeitung. Oldenbourg, München (2004)

© Springer Fachmedien Wiesbaden GmbH, ein Teil von Springer Nature 2020
H. Cycon, *Mathematik visuell und interaktiv,* https://doi.org/10.1007/978-3-658-30245-0

Wagon, S.: Mathematica in Aktion. Spektrum Akademischer Verlag, Heidelberg (1993)

Werner, M.: Nachrichtentechnik. Vieweg, Wiesbaden (1999)

Westermann, T.: Mathematik für Ingenieure, Aufl. 5. Springer, Berlin (2008)

Wußing, H.: 6000 Jahre Mathematik, Bd. I. Springer Spektrum, Berlin (2013)

Wüst, R.: Höhere Mathematik für Physiker, Aufl. 2, Bd. 1 und 2. Wiley-VCH, Weinheim (2002)

Stichwortverzeichnis

© Springer Fachmedien Wiesbaden GmbH, ein Teil von Springer Nature 2020
H. Cycon, *Mathematik visuell und interaktiv,* https://doi.org/10.1007/978-3-658-30245-0

Printed in the United States
by Baker & Taylor Publisher Services